特大型镍矿充填法开采技术著作丛书

高浓度大流量管输充填
技术与工艺

姚维信　姚中亮　刘洲基　莫亚斌　邓代强　王正辉　著

科学出版社

北　京

内 容 简 介

本书是《特大型镍矿充填法开采技术著作丛书》的第三册,主要介绍金川特大型镍矿充填系统和充填技术以及科研成果与技术改造。首先,概述了金川矿山充填技术的发展历程;然后,详细地介绍了金川镍矿的充填系统、充填技术与工艺以及工程应用;最后,概述了金川镍矿目前的充填技术存在的主要问题及发展方向,尤其对粗骨料充填技术、大流量充填系统、工艺设备和仪表的更新与升级、全尾砂和固体废弃物的综合利用以及深部充填技术等方面的初步研究成果进行了介绍及工业运用展望。

本书可供采矿、地质、流体力学和土木工程等领域从事矿山充填设计、生产管理、科学研究的科研人员以及大专院校和科研院所从事采矿教学的教师和研究生参考。

图书在版编目(CIP)数据

高浓度大流量管输充填技术与工艺/姚维信等著 . —北京:科学出版社,2014.3

(特大型镍矿充填法开采技术著作丛书)

ISBN 978-7-03-040249-3

Ⅰ.①高… Ⅱ.①姚… Ⅲ.①超大型矿床-镍矿床-金属矿开采-充填法 Ⅳ.①TD864

中国版本图书馆 CIP 数据核字(2014)第 048932 号

责任编辑:谷 宾 周 炜 / 责任校对:刘小梅
责任印制:张 倩 / 封面设计:陈 敬

斜 学 出 版 社 出版

北京东黄城根北街 16 号
邮政编码:100717
http://www.sciencep.com

骏杰印刷厂 印刷
科学出版社发行 各地新华书店经销

*

2014 年 3 月第 一 版 开本:787×1092 1/16
2014 年 3 月第一次印刷 印张:26 1/4
字数:529 000

定价:135.00 元

(如有印装质量问题,我社负责调换)

《特大型镍矿充填法开采技术著作丛书》序一

金川镍矿是一座在世界上都享有盛誉的特大型硫化铜镍矿床。自1958年被发现以来,金川资源开发和利用一直受到国内外采矿界的高度关注。由于镍钴金属是一种战略资源,对有色工业和国防工程起到举足轻重的作用,因此,加快和扩大金川镍钴矿资源的开发和利用,是金川镍矿设计与生产的战略指导思想。

采矿作业的连续化、自动化和集中化是地下金属矿采矿技术无可争议的发展方向。自20世纪80年代以来,国际矿业界对实现连续强化开采给予高度关注,把它视为扩大矿山生产、提高经济效益最直接和最有效的重要途径。随着高效的采、装、运设备的出现和大量落矿采矿技术的发展,井下生产正朝着大型化和连续化方向发展。金川特大型镍矿的无间柱大面积连续机械化分层充填采矿技术,正是适应了地下金属矿山开采的发展趋势。该技术的应用使得金川镍矿采矿生产能力逐年提高,目前已建成年产800万吨的大型坑采矿山。

金川镍矿所固有的矿体厚大、埋藏深、地压大、矿岩破碎和围岩稳定性差等不利因素,使金川镍矿连续开采面临巨大挑战。在探索适合金川镍矿采矿技术条件的采矿方法和回采工艺的过程中,大胆引进国际上最先进的采矿设备,在国内首次应用下向机械化分层胶结充填采矿技术,成功地实现了深埋、厚大矿体的大面积连续开采,为深部矿体的连续安全高效开采奠定了基础。

金川镍矿大面积连续开采获得成功,受益于与国内外高等院校和科研院所合作开展的技术攻关,也依赖于金川人的大胆创新、勇于实践、辛勤劳动和无私奉献。40多年的科学研究和生产实践,揭示了金川特大型镍矿高地应力难采矿床的地压规律,探索出采场地压控制技术,逐步形成了特大型金属矿床无间柱大面积连续下向分层充填法开采的理论和技术。

该丛书全面系统地总结了金川镍矿采矿生产的实践经验和技术攻关成果。该丛书的出版为特大型复杂难采矿床的安全高效开采提供了技术和经验,极大地丰富了特大型金属矿床下向分层胶结充填法的开采理论与实践;是我国采矿科技工作者对世界采矿科学发展做出的重要贡献,也是目前国内外并不多见的一套完整的充填法开采技术丛书。

王思敬

中国科学院地质与地球物理研究所研究员

中国工程院院士

2012年6月

《特大型镍矿充填法开采技术著作丛书》序二

金川镍矿是我国最大的硫化铜镍矿床。矿体埋藏较深、地应力高、矿体厚大、矿岩松软破碎具有蠕变性,很不稳固,且贫矿包裹富矿,给工程设计和采矿生产带来极大困难。

针对金川镍矿复杂的开采技术条件及国家对镍的迫切需求,在二矿区采取"采富保贫"方针。20世纪80年代中期,利用改革开放的有利条件,金川镍矿委托北京有色冶金设计研究总院与瑞典波立登公司和吕律欧大学等单位合作,进行了扩大矿山生产规模的联合设计。在综合引进瑞典矿山7项先进技术的基础上,结合金川的具体条件,在厚大矿体中全面采用了机械化进路式下向充填采矿法,并且在进路式采矿中选用了双机液压凿岩台车和6m³铲运机等大型无轨设备,这在世界上没有先例。这种开发战略为金川镍矿资源的高效开发奠定了坚实基础。

在随后的建设和生产过程中,有当时方毅副总理亲自主持的金川资源综合利用基地建设的指引,金川公司历届领导都非常重视科技攻关工作,长期与国内高校和科研院所合作,开展了一系列完善采矿技术的攻关。先后通过长时期试验,确定了巷道开凿的"先柔后刚"的支护系统,并利用喷锚网索相结合的新工艺,使不良岩层中巷道经常垮塌的现象得以控制。开发出棒磨砂高浓度胶结充填技术,改进了频繁施工的充填挡墙技术,提高了充填体强度和充填质量。试验成功全尾砂膏体充填工艺,进一步降低了充填作业成本。优化了下向充填法的通风系统,改善了作业条件。为了有效地控制采场地压,通过采矿系统分析和参数优化,调整了回采顺序,改进了分层道与上下分层进路布置形式,实现了多中段大面积连续开采,并实现了大面积水平矿柱的安全回收。这些科研成果不仅提高了采矿效率和资源回收率,而且还降低了矿石贫化,获得巨大的经济效益和社会效益;同时也极大地提高了企业的竞争力。金川镍矿通过数十年的艰辛努力,将原本属于辅助性的采矿方法发展成为一种适合大规模开采的采矿方法,二矿区年生产能力突破了400万吨;把原本是低效率的采矿方法改造成为高效率的安全的采矿方法,为高应力区矿岩不稳固的金属矿床开采提供了丰富的技术理论和实践经验。对采矿工艺技术的发展做出了可贵的贡献。

该丛书全面论述了金川特大型镍矿在设计和采矿生产中所取得的技术成果和工程经验。内容涉及工程地质、采矿设计、地压控制、充填工艺、矿井通风和安全管理等多专业门类,是目前国内外并不多见的充填法,特别是下向充填法采矿的技术丛书。该丛书中的很多成果出自于产、学、研结合创新与矿山在长期生产实践中宝贵经验总结,凝结了矿山工程技术人员的聪明智慧,具有非常鲜明的实用性。该丛书的出版不仅方便读者及相关工程技术人员了解金川镍矿充填法开采的理论与实践,也为国内外特大型金属矿床,特别是高应力区矿岩不稳固矿床的充填法开采设计和规模化生产提供了难得的珍贵技术参考文献。

中国恩菲工程技术有限公司研究员

中国工程院院士

2012年7月

《特大型镍矿充填法开采技术著作丛书》序三

近 20 年来,地下采矿装备正朝着大型化、无轨化、液压化和智能化方向发展,它推动着采矿工艺技术逐步走向连续化和智能化。在采掘机械化、自动化基础上发展起来的地下矿连续开采技术,推动着地下金属矿山的作业机械化、工艺连续化、生产集中化和管理科学化的进程,大大促进了矿山生产现代化,并从根本上解决了两步回采留下的大量矿柱所带来的资源损失,它是地下金属矿山采矿工艺技术的一项重大变革,它代表着采矿工艺技术的变革方向,是采矿技术发展的必然。

金川镍矿是我国最大的硫化铜镍矿床,矿床埋藏深、地应力高、矿岩稳定性差。针对这一采矿技术条件,金川镍矿与国内外科研院所和高等院校合作,采用大型无轨设备的下向分层胶结充填采矿方法,开展了一系列采矿技术攻关。通过"强采、强出、强充"的强化开采工艺,使采场围岩暴露时间缩短,有利于采场地压控制和安全管理,实现了安全高效的多中段无间柱大面积连续回采。在采矿方法与回采工艺、充填系统与充填工艺、采场地压优化控制及采矿生产管理等关键技术方面,取得了一系列重大成果,揭示了大面积连续开采采场地压规律,探索出有利于控制地压的回采顺序与采矿工艺。在科研实践中,对采矿生产系统、破碎运输系统、提升系统、膏体充填系统,进行了优化与技术改造,扩大了矿山产能,降低了损失与贫化,提高了矿山经济效益,为金川集团公司的高速发展提供了重大技术支撑。

该丛书全面系统地介绍了金川镍矿在采矿技术攻关和生产实践中所获得的研究成果和实践经验,是一套理论性强、实践性鲜明的充填采矿技术丛书。该丛书体现了金川工程技术人员的聪明才智,展现了我国采矿界的研究成果和工程经验,是国内外不可多得的一套完整的特大型矿床充填法开采技术丛书。

中南大学教授
中国工程院院士
2012 年 8 月

《特大型镍矿充填法开采技术著作丛书》编者的话

金川镍矿是我国最大的硫化铜镍矿床,已探明矿石储量 5.2 亿吨,含有镍、铜等 23 种有价稀贵金属。矿区经历了多次地质构造运动,断裂构造纵横交错,节理裂隙十分发育。矿区地应力高,矿体埋藏深、规模大、品位高,是目前国内外罕见的高地应力特大型难采金属矿床。不利的采矿技术条件使采矿工程面临严峻挑战。剧烈的采场地压活动,导致巷道掘支困难;大面积开采潜在着采场整体灾变失稳风险,尤其在水平矿柱和垂直矿柱的回采过程中面临极大困难。巷道剧烈变形,竖井开裂和垮冒,使"两柱"开采存在重大安全隐患,采场地压与岩移得不到有效控制,不仅造成两柱富矿永久丢失,而且将破坏上盘保留的贫矿,使其无法开采,造成更大的矿产资源损失。

众所周知,高地应力、深埋、厚大不稳固矿床的安全高效开采,关键在于采场地压控制。金川镍矿的工程技术人员以揭示矿床采矿技术条件为基础,以安全开采为前提,以控制采场地压为策略,以提高资源回收和降低贫化为目标,综合运用了理论分析、室内实验、数值模拟和现场监测等综合技术手段,研究解决了高应力特大型金属矿床安全高效开采中的关键技术。

本丛书揭示了高地应力复杂构造地应力的分布规律,探索出工程围岩特性随时空变化的工程地质分区分级方法,实现了对高应力采场围岩分区研究和定量评价;探索出与采矿条件相适应的大断面六角形双穿脉循环下向分层胶结充填回采工艺,实现了安全高效机械化盘区开采;采用系统分析方法进行了采矿生产系统分析,实现了对采场地压的优化控制;建立了矿区变形监测与灾变预测预报系统;完善了高浓度尾砂浆充填理论,解决了深井高浓度大流量管道输送的技术难题,形成了高地应力特大型金属矿床连续开采的理论体系与支撑技术,成功地实践了 10 万平方米的大面积连续开采。矿山以每年 10% 的产能递增,矿石回采率≥95%,贫化率≤4.2%;建成了我国年产 800 万吨的下向分层胶结充填法矿山,丰富了特大型金属矿床安全高效开采理论与技术。

本丛书是金川镍矿几十年来采矿技术攻关和采矿生产实践的系统总结。内容涉及矿山工程地质、采矿设计、充填工艺、地压控制、巷道支护、矿井通风、生产管理、数字化矿山、产能提升和深井开采等 10 个方面。本丛书不仅全面反映了国内外科研院所和高等院校在金川镍矿的科研成果,而且更详细地总结了金川矿山工程技术人员的采矿实践经验,是一套内容丰富和实践性强的特大型复杂难采矿床下向分层充填法开采技术丛书。

《特大型镍矿充填法开采技术著作丛书》编委会

2012 年 9 月于甘肃金昌

前　　言

金川镍矿是我国镍金属生产和冶炼基地，在铂族生产中占有重要地位。金川镍矿为特大型金属矿床，矿区地应力高、矿体厚大、埋藏深、围岩不稳固，是目前国内外不多见的难采矿床之一。针对金川镍矿不利的采矿技术条件，通过采矿方法论证和工程实践，选择了下向分层胶结充填采矿法。

充填技术与工艺对充填采矿的安全和高效生产起着至关重要的作用。为了满足不断增长的矿山产能提升的需要，金川镍矿在充填系统建设、系统优化和技术改造等方面开展了大量理论研究与工程实践，取得了丰富的研究成果，积累了诸多的工程经验。本书是对金川镍矿充填技术研究成果和工程实践的全面总结。

作为较早采用充填法采矿的金川镍矿，先后采用高浓度细砂自流输送胶结充填、全尾砂膏体泵送胶结充填以及井下废料人工搅拌进路胶结充填技术与工艺。结合矿山工程特点，从充填物料制备、棒磨砂加工、尾砂处理、物料运送与存储、高浓度管道自流和膏体泵送、深井充填管路布设与优化以及充填管道修复等方面，开展广泛和深入的研究，为提高矿山充填能力和安全高效生产奠定基础。

本书首先介绍金川镍矿 3 个生产矿山充填系统的特点以及在充填过程中暴露的问题；然后，详细论述金川镍矿充填开采理论和系统改造技术；最后，结合矿山实际，探讨充填管道布设、优化以及减阻输送的理论和工程实践。

矿山充填技术是一项直接面对采矿生产，解决充填生产难题的实用性技术。充填系统研究不仅在于理论，更重要的是与生产实践相结合。在金川镍矿几十年的充填采矿生产实践中，针对充填生产，研究解决了一系列技术难题。尤其针对我国首次引进的膏体充填技术，开展了理论研究与系统改造，由此所获得的研究成果目前并不多见。金川膏体充填技术与工艺不仅代表国内最新发展和技术水平，而且在国外也占有一席之地。同时，高浓度料浆自流输送的理论研究和工程应用也具有显著的工程特点。

随着我国对资源开发环境保护的日益重视，充填法采矿必将成为未来采矿的首选。目前有色和黑色煤矿的充填矿山日趋增多，本书所涉及的研究成果和工程经验，期望能够为未来资源开发、充填系统设计、工程建设、技术改造和生产管理提供有益的帮助。

在撰写本书过程中，参考和引用了金川镍矿充填技术研究的报告和学术论文，在书中不再一一标注，在此对相关研究单位和研究者表示衷心的感谢。

限于作者的知识水平，书中难免有不妥之处，请读者不吝指正。

目　　录

第1章 绪 论

1.1 金川镍矿概况

金川镍矿是世界上著名的多金属共生的大型硫化铜镍矿床,位于甘肃河西走廊中部龙首山下,分布在长约6.5km、宽约1km的范围内,探明矿石储量5.2亿t。镍金属储量550万t,位列世界同类矿床第3位,铜金属储量343万t,居中国第2位,伴生钴、金、银、铂族等17种元素,可回收利用的达14种之多。金川铜镍矿石产于超基性岩体中,矿床被划为4个矿区。

金川镍矿床发现于1958年,1959年成立永昌镍矿,1961年更名为金川有色金属公司,1964年生产出第一批电解镍。经过几十年的发展,金川有色金属公司目前已成为国际知名的镍、铜、钴、铂族金属及化工生产的特大型联合企业,2011年生产有色金属总量65万t,化工产品246万t,营业收入达到1200亿元以上,荣获我国工业领域综合性最高奖项——中国工业大奖,被国土资源部、财政部授予首批"矿产资源综合利用示范基地",位居14个有色金属示范企业之首。

金川有色金属公司目前生产矿山有龙首矿(一矿区)、二矿区、三矿区。其中,龙首矿始建于1959年,1963年对地表的矿体进行小露天开采,采用平硐-溜井开拓,人工及电耙出矿,日产矿石300t,为金川公司最初的选冶试生产提供矿石原料。1964年转入地下开采,采用下盘竖井开拓,初步设计用分层崩落法回采富矿,以有底柱的分段崩落法回采贫矿,贫富矿各600t/d。1973年成功进行了下向倾斜分层进路胶结充填采矿法试验,20世纪80年代初试验成功了下向高进路胶结充填采矿法。80年代中后期试验成功了六角形高进路下向胶结充填采矿法,成为龙首矿独具特色并沿用至今的主要采矿方法。目前采用竖井-平巷开拓系统及下向六角形高进路胶结充填采矿法,生产能力达到150万t/a。

二矿区为金川矿山中规模最大的矿区,占整个矿床总储量的76.5%。全区共发现351个矿体,主要矿体为1#和2#两个矿体,占二矿区总储量的99.31%。1#矿体为二矿区最大矿体,以富矿为主,占全区总储量的76.45%,是二矿区目前的开采对象。

二矿区是我国高地应力和围岩破碎的难采矿床之一,于1982年建成一期工程并投产。1986年开始二期工程设计,设计能力为264万t/a,矿山生产能力8000t/d,盘区生产能力1000t/d,于1995年完成。二期工程设计采用机械化下向分层水平进路胶结充填采矿方法,在1600m(矿体走向长)×150m(矿体平均厚度)的矿田内,按长100m×矿体厚度划分开采盘区。在盘区内沿矿体穿脉和沿脉布置进路,进路断面规格(宽×高)4m×4m。采用H128双臂液压台车凿岩、H928D铲运机出矿。出矿溜井设在脉外,盘区通风采用微正压机械通风系统。由于二矿区的矿岩破碎、整体稳定性差,加之开采工艺上存在缺陷,到1996年,开采盘区日生产能力长期徘徊在500~600t,与设计的盘区生产能力1000t/d存在较大差距。自1996年开始,矿山进行改扩建建设。改扩建工程设计生产能力 297 万 t/a,计划 2005 年完成。1997～2003 年,经过技术攻关,新工艺、新技术、新方法得以在二矿区开发应用,机械化充填采矿工艺技术得到了整体提升。在开拓系统、采矿工艺、充填工艺、通风系统和破碎围岩巷道支护等方面也取得了多项技术创新,二矿区各生产系统得到进一步优化,工艺流程更加合理。到 2003 年,二矿区生产盘区日出矿量超过 800t,矿山年出矿量超过 297 万 t,提前两年达到改扩建设计生产能力,突破了 300 万 t/a 大关。

2004 年以来,通过矿山充填砂浆滤水新工艺、H321 锚杆台车改造、BOOMER252 凿岩台车的应用以及复杂地质条件下坑内皮带运输系统稳定性与通风技术等技术攻关,矿山产量稳中有升。2004 年井下出矿达到 320 万 t,2007 年达到 365 万 t,2008 年突破 400 万 t,2010 年实现产量 450 万 t,成为我国有色金属地下开采生产能力最大、机械化程度较高的下向分层胶结充填采矿法矿山。

三矿区前身是金川公司的露天矿,主要负担一矿区西部贫矿开采,设计产量 165 万 t/a,1990 年 10 月闭坑。2002 年露天矿改名三矿区,同时二矿区 2# 矿体 F_{17} 以东矿体由三矿区负责开采。2009 年 IV 矿区也划归三矿区管理。目前,三矿区开采的是二矿区 2# 矿体 F_{17} 以西边角矿体和 F_{17} 以东 1150m 中段矿体。三矿区经多次整合并通过系统产能挖潜,2007 年实现出矿 100 万 t。为了进一步扩大规模,目前已将原设计的下向高进路胶结充填采矿法调整为下向分层机械化水平进路胶结充填采矿法。

1.2　矿山充填系统布置

金川铜镍矿矿床开采技术条件具有显著特点,具体如下。

1. 矿岩破碎、地应力大

矿床赋存于海西期含矿超基性岩体中,上盘围岩为二辉橄榄岩,下盘围岩主要为大理岩、二辉橄榄岩。矿区内断裂构造极为发育,对开采影响较大的断层有 F_{16}、F_{15}、F_{26} 等,使矿岩异常破碎。虽然矿岩单体抗压强度较高,但由于节理裂隙发育,整体稳定性差或极差,加之矿区原岩应力高,所以矿床开采过程中地压显现剧烈,采准巷道变形严重。

2. 矿体厚大

在全矿区共发现的 351 个矿体中,1# 矿体为最大矿体,占全区总储量的 76.45%,产于二矿区 4～28 行间的岩体深部,沿矿体走向长 1600m,平均厚度 98m。其中,富矿段长 1300m,厚 69m。

3. 矿石价值高

矿石特别是富矿,不但镍、铜品位高,而且还含有钴、金、银及铂族元素,矿石价值高。根据 1965 年的龙首矿设计,富矿段采用分层崩落法,贫矿段采用分段崩落法开采,但由于矿岩破碎、地应力大,致使采场作业条件差、损失贫化率大、木材消耗高,因此通过试验改用上向分层胶结充填采矿法,并逐步演变为下向高进路胶结充填采矿法。

二矿区设计采用充填采矿法,建成投产后,亦曾先后试验上向分层充填采矿法、大直径深孔采矿嗣后充填采矿法(VCR法),但均由于不能适应于二矿区矿岩破碎、地应力大的开采条件而未推广应用。所以,目前全部采用下向分层机械化水平进路充填采矿法。

30多年的生产实践证明,下向进路胶结充填采矿法能够适应金川矿床复杂的开采技术条件。特别是通过配套大型机械化设备、加强科学管理,其进路及盘区生产能力得到不断提高,矿石损失贫化指标均降至5%以下。高质量的充填体可有效地控制巷道与采场地压,安全作业条件可得到有效保证,并能实现"采富保贫"、充分回收利用矿产资源的目标。

根据满足采矿生产工艺要求和采矿成本的需要,矿山设计采用各不相同的充填系统,以达到不同采场的充填体强度要求。

充填系统一般由地面设施(厂房设备、仪表等)和井下输送管网组成。充填系统的配置可分为分散配置和集中配置两大类。集中配置便于集中管理,可以减少岗位操作人员,减少设备,从而降低工程投资。所以,只要条件允许,充填系统宜采用集中配置方案。

搅拌站的布局根据充填工艺流程一般采用单阶式布置,自上而下布置料仓、给料机、计量装置、搅拌设备、浆体输送设备及管道。单阶式布置占地面积小,布置紧凑,原材料流经各工序的时间短,工艺流程合理,生产效率高,便于实现机械化和自动化生产。搅拌站内部设备与装置必须充分考虑检修和操作方便,留有足够的空间。

由于金川镍矿的3个矿山均为地下开采,且全部采用下向进路充填采矿法,2010年矿石总产量接近800万t。为了满足不断提高的充填能力要求,金川镍矿共建有6座充填站,分别为龙首矿东部充填站、西部充填站、西二采充填站、二矿区西部充填站一期、二期和三矿区东部充填站。各充填站采用的充填方式及主体工艺设施如下。

1. 龙首矿东部充填站

在原中、东部粗骨料充填系统的基础上,改造而成的细砂管道自流输送充填系统,于2004年建成投产。系统主要设施及工艺流程为1个卧式砂仓,容积2000m³,仓内棒磨砂或戈壁砂经抓斗卸入3个24m³稳料仓。经稳料仓底部圆盘给料至皮带输送机,卸入容积为33m³的4#稳料仓。4#稳料仓底部ϕ2000mm圆盘给料机再定量给料至皮带输送机,最终将棒磨砂输送至砂浆搅拌桶。站内布置有1200t水泥仓及500t粉煤灰仓各1个。水泥或粉煤灰通过定量给料设备输送至各自的灰浆搅拌桶,搅拌均匀后由泵送至砂浆搅拌桶中。灰浆搅拌桶规格为ϕ1700mm×1800mm,电机功率为7.5kW。砂浆搅拌桶ϕ2000mm×2100mm,电机功率为45kW。灰浆和棒磨砂在砂浆搅拌桶搅拌均匀后,通过充填钻孔及管网自流输送至井下进行充填。充填料浆的灰砂比为1∶4,料浆浓度77%~79%,单套系统设计能力80~100m³/h,实际充填能力达到120m³/h。

2. 龙首矿西部充填站

该充填站于1992年建成投产,采用棒磨砂或戈壁砂及水泥作为充填料,充填方式为细砂管道自流输送。主要设施及工艺流程为1个卧式砂仓,容积2000m³,棒磨砂或戈壁砂经抓斗卸入2个容积为24m³稳料仓,再由圆盘给料机给料至皮带输送机,输送至4#稳料仓,4#稳料仓底部圆盘给料机及皮带输送机将棒磨砂或戈壁砂输送至砂浆搅拌桶。站内布置有 600t 水泥仓及粉煤灰仓各 1 个。水泥或粉煤灰通过定量给料设备输送至各自的灰浆搅拌桶,搅拌均匀后自流至砂浆搅拌桶中。灰浆搅拌桶规格为 ϕ1300mm× 1300mm,电机功率为 5.5kW,砂浆搅拌桶规格为 ϕ2000mm×2100mm,电机功率为 37kW。灰浆和棒磨砂在砂浆搅拌桶搅拌均匀后,通过充填钻孔及管网自流输送至井下进行充填。充填料浆的灰砂比为 1∶4,料浆浓度为 77%～79%,系统设计能力为 80～100m³/h,实际充填能力达到 120m³/h。

3. 二矿西部一期充填站

该充填站于 1982 年建成,采用棒磨砂或戈壁砂作为充填集料,水泥及粉煤灰作为胶结剂。原有 5 套制备系统,1991 年技改对 1#、2# 系统进行了拆除,目前只有 4#、5# 制备系统可同时充填作业,3# 系统备用,充填方式为细砂管道自流输送。站内布置有 3 个卧式砂仓(与二期共用),容积分别为 3630m³、1460m³ 和 1540m³。一、二期共用 3 台抓斗。棒磨砂或戈壁砂经抓斗卸入中间料仓,经圆盘给料机、皮带输送机及分砂小车向 3 套搅拌系统的过渡砂仓供砂。过渡砂仓底部经给料皮带及核子秤对砂石进行计量后输送至搅拌桶。站内布置有容积分别为 1450t 水泥仓及 930t 粉煤灰仓各 1 个。水泥经单管螺旋输送机、U 形螺旋输送机、斗式提升机,再由 U 形螺旋输送机输送至 4 楼的 3 个过渡灰仓。每个灰仓对应一套料浆制备系统。每个灰仓底部安装闸门、双管螺旋给料机、单管螺旋输送机及冲量流量计,分别向 3#、4#、5# 搅拌桶供给水泥。充填用水经流量计及电动调节阀检测和调节后加入搅拌桶。充填料浆搅拌均匀后经流量、浓度检测,最终通过充填钻孔及井下管道自流输送至井下充填。充填料浆的灰砂比为 1∶4,料浆浓度为 77%～79%,单套系统实际最大充填能力为 100m³/h。

4. 二矿西部二期充填站

该充填站于 1999 年建成投入使用,包括 2 套自流输送系统和 1 套膏体泵送系统。由于膏体泵送系统占用一套自流系统的供灰及搅拌设施,所以该充填站只有 1 套自流系统和 1 套膏体系统可以同时工作。该充填站设置了 6 个直径为 7m、有效容积为 520m³ 的立式砂仓。选厂尾砂泵送至砂仓后,采用循环水造浆,然后通过放砂管可分别向自流系统的搅拌桶或膏体系统的搅拌槽供给尾砂浆。

自流输送系统棒磨砂或戈壁砂经抓斗、中间料仓、圆盘给料机、皮带输送机及核子秤转运及计量后,加入高浓度搅拌桶。水泥仓容量 1450t,粉煤灰仓容量 930t。水泥及粉煤灰经各自的双管螺旋给料机、冲量流量计及单管螺旋输送机计量输送至高浓度搅拌桶,充填料浆的灰砂比为 1∶4,料浆浓度为 77%～79%,充填能力为 80～100m³/h。制备好的充填料浆经管道井、充填钻孔及井下管网自流输送至井下采场充填。

膏体泵送系统经技术改造及优化后,采用的工艺流程是:将尾砂仓放出的尾砂浆直接加入膏体搅拌槽,水泥则经给料计量后由原自流系统的搅拌桶制备成水泥浆,在地表由渣浆泵或软管泵直接加入膏体搅拌槽中;棒磨砂或戈壁砂经给料计量系统加入膏体搅拌槽,充填料各组分于膏体搅拌槽制备成膏体后,由 KSP140-HDR 型液压双缸活塞泵直接输送至井下采场进行充填,管道总长度最大达到 2500m。充填料配比参数为棒 $m_{磨砂}$∶$m_{尾砂}$ 为

$1:1\sim3:2$,灰砂比为 $1:4$,料浆浓度为 $76\%\sim80\%$,制备输送能力为 $80\sim100m^3/h$。

5. 三矿区充填站

该充填站为二矿区原一期工程的东部充填站,主要服务于 F_{17} 以东矿体开采的充填任务。系统采用棒磨砂及水泥作为充填料,充填方式为常规的高浓度细砂自流输送。卡车运来棒磨砂卸到卧式砂仓,用抓斗起重机取料,经圆盘给料机和皮带输送机输送到高浓度搅拌桶,罐车运来散装水泥,用压缩空气吹卸入水泥仓,经双管螺旋给料机给料及冲量流量计计量后输送至高浓度搅拌桶。充填料浆搅拌均匀后,经充填钻孔及井下管网自流输送至井下采场进行充填。

该充填站布置有 2 个高浓度搅拌桶,但棒磨砂的给料系统只有一套。因此,只能一套充填料浆制备系统运行。充填料浆的灰砂比为 $1:4$,料浆浓度为 $77\%\sim79\%$,充填能力为 $80\sim100m^3/h$。

1.3 金川镍矿充填技术发展

为了满足下向进路充填采矿法对充填质量的要求,同时满足矿山生产能力不断提高的充填能力要求,金川镍矿近 40 年来不断与国内外设计研究单位及大专院校合作,开展广泛而深入的研究。对充填材料、充填工艺及充填装备进行研究与开发,不但确保了金川镍矿实现安全高效生产,而且矿山充填技术也得到提高与发展;同时也推动了我国充填技术的进步,使其在国际充填领域占有一定地位。金川镍矿的充填技术与发展可划分为以下 3 个阶段。

1. 第一阶段

第一阶段为建矿后至 20 世纪 80 年代初,以龙首矿粗骨料机械化胶结充填为标志。金川镍矿在采用充填采矿法初期,在龙首矿建设了粗骨料简易充填系统,采用 $-40mm$ 戈壁集料为充填骨料,袋装水泥人工拆包,$0.4m^3$ 和 $0.8m^3$ 混凝土搅拌机制备,矿车-串筒溜放充填,采场进路中电耙倒运。

该种充填方式工人劳动强度大、作业效率低、生产能力小、作业环境差。后经多次改进,在龙首矿建成了粗骨料机械化充填系统,采用 $-25mm$ 戈壁碎石集料溜井存放,袋装水泥拆包机拆包,射流制浆或 $\phi1.2m$ 混凝土搅拌机制浆,水泥浆采用管道自流输送。水泥浆与骨料混合均匀后采用井下吊挂皮带运料加电耙倒运。

后者虽较前者有较大进步,但仍未实现充填料浆的管道输送,同样存在作业效率低、生产能力小、作业环境差等问题,最终被管道输送充填系统所取代。

2. 第二阶段

第二阶段为 20 世纪 80 年代~20 世纪末,以高浓度料浆管道自流输送充填技术的全面推广为标志,同时开展了膏体泵送充填技术研究,于二矿区建成了膏体泵送充填系统。在大量试验研究的基础上,分别在二矿区及龙首矿建成了高浓度料浆管道自流输送充填系统。采用的工艺为以 $-3mm$ 棒磨砂+河砂(戈壁砂)为集料,集料用火车运至砂池中并通过抓斗、中间料仓、圆盘给料机、核子秤进行给料计量,用小车分砂,散装水泥通过罐车气卸入水泥仓,并通过双管螺旋给料机、冲板式流量计进行给料和计量。水通过流量计及调节阀进行给料和计量,采用集散式控制系统和智能化仪表,使各物料配比、料浆浓度、搅拌桶液位均实现自动检测和调节;开展了粉煤灰替代部分水泥的试验研究及生产应用;在实现高浓度料浆管道自流输送充填的基础上,对充填进路挡墙进行了改进,由炉渣砖挡墙全部替代木质挡墙。同时,还开展了膏体泵送充填新技术的试验研究,引进德国 PM 公司KOS2170、KOS2140 型液压双缸活塞泵,德国 Schwing 公司 KSP140-HDR 型活塞泵,于1999 年在二矿区建成了膏体泵送充填系统。但高浓度料浆管道自流输送充填仍是金川矿山当时的主要充填方式。

3. 第三阶段

第三阶段为 2000~2011 年,以高浓度料浆管道自流输送系统挖潜、革新、改造及二矿区膏体泵送充填系统达到产能为标志。二矿区一、二期搅拌站投入使用后,随着矿山生产能力的不断提高,必须对充填系统进行挖潜、革新、改造,以提高充填能力。所以需要对制约充填系统能力的诸多因素进行改进,主要措施如下:

(1) 不断优化充填集料组成,改进集料供配料系统,从而提高了单套系统制备输送能力;

(2) 在大量试验研究的基础上,在充填料浆中添加减水剂、早强剂等,从而提高了充填料浆浓度及充填体强度;

(3) 对充填钻孔及井下充填管道材质、连接方式(快速卡箍连接、耐磨柔性接头等)进行优化选择,从而提高了充填料浆通过能力及使用寿命;

(4) 对采场进路充填挡墙材料及架设方式进行改进,从而提高了采场充填效率,缩小了分层道与进路交叉口的顶板暴露面积;

(5) 在进路挡墙处设置脱水设施,在充填管道进入进路口处设置导水阀,使进路充填体尽快脱水凝固并提高充填接顶率等。

针对二矿区膏体泵送充填系统建成使用后暴露的问题进行联合攻关。自 2003 年开始经过近 5 年的反复探索和试验研究,逐步解决了以下一系列关键技术难题:

(1) 取消了原有真空带式过滤机系统,在尾砂仓中采用循环水制浆工艺,并由尾砂仓直接放砂至膏体搅拌机中,从而使尾砂添加浓度稳定、流量可调;

(2) 将原有水泥地面活化搅拌制浆和 KOS2170 活塞泵输送至井下重新搅拌、二段泵送,改为地面搅拌制浆、渣浆泵或软管泵输送至地面膏体搅拌机中,避免了活化搅拌机挂壁严重以及水泥浆输送管道过长且易于堵塞的问题;

(3) 原系统中在 1250m 中段设有接力泵站,由于井下环境恶劣,该泵站 KSP140-HDR 活塞泵配电及控制系统容易出现故障,因此取消了该泵站,而改由地面输送泵一段直接将胶结膏体输送至采场进路进行充填,避免了地面井下两级泵站的匹配问题;

(4) 针对原有二段搅拌机轴头磨损及漏浆等问题,采用取消原一级搅拌、二段搅拌机轴瓦改为悬吊支撑,并将二段搅拌机槽体加高等措施,从而解决了搅拌机磨损及漏浆问题。加高槽体后,搅拌机容积更大,更有利于输送泵的平稳运行;

(5) 将水清洗管道改为地表风水联合清洗方式,保证了管道的清洗干净;

(6) 通过膏体料浆配比及控制参数优化,使膏体浓度更为稳定。

通过以上综合措施的实施,使二矿区膏体泵送充填系统逐步实现正常生产。2006 年充填料浆 83746m³,2007 年充填 156348m³,2009 年充填 20 万 m³,达到了充填系统的设计生产能力。

1.4 充填技术研究及成果

金川矿山历年来投入大量人力、物力及资金与国内外高等院校和科研院所合作,开展了一系列的科学研究。特别是在高浓度料浆管道自流输送充填和膏体泵送充填技术研究方面,取得了重大科研成果,为这两种充填方式的正常生产打下了坚实基础,也为我国甚至世界充填技术进步做出了突出贡献。

1.4.1 充填材料及配比研究

下向进路充填采矿法要求充填体 3 天、7 天、28 天单轴抗压强度分别达到 1.5MPa、2.5MPa、5.0MPa,以满足人工假顶下的安全作业要求。充填体由集料、胶结剂、水及各种添加剂组成。为了达到所需的充填体强度要求,实现管道自流输送,金川矿山对充填材料组成进行了广泛深入的研究。在生产过程中不断进行优化,以达到提高充填质量,降低充填成本,实现充填料浆顺利输送的目的。

1. 充填集料

对－3mm 棒磨砂、冲积砂(戈壁砂)、选矿尾砂、井下掘进废石(破碎至－16mm)等材料,进行基本物理化学性能测定及配比强度试验,为确定充填系统料浆制备的参数控制提供依据。

通过试验研究表明,－3mm 棒磨砂、戈壁砂、选矿尾砂(全尾砂或分级尾砂)、破碎废石均可作为充填集料。在充填集料组成中,棒磨砂、戈壁砂可相互替代,占集料比例大小对充填体强度影响较小。添加尾砂可改善料浆的和易性和保水性,有利于料浆的管道自流输送,但提高添加比例将降低充填料浆浓度,对充填体强度产生不利影响。由于高浓度料浆自流输送系统输送浓度受到限制,所以不宜添加尾砂;而在膏体泵送系统运行中,为了改善料浆的可泵性,防止堵管事故,可适当添加尾砂,但添加比例不宜超过骨料总量的 40%。

2. 胶结剂

胶结剂包括水泥的选择以及粉煤灰、冶炼渣等具有火山灰性质的物料特性研究。目前,充填采用的水泥均为 32.5 级增强复合水泥,其相对密度为 3.1,容重 1.1t/m³,细度(比表面积)3100～3300cm²/g,初凝时间＞45min,终凝时间＜10h,3 天抗折强度＞2.5MPa,28 天抗折强度＞5.5MPa;3 天抗压强度＞10.0MPa,28 天抗压强度＞32.5MPa。1994 年曾在龙首矿进行高水速凝单浆料全尾砂胶结充填工业试验,但由于充填体强度低、充填成本高而未能实现推广应用。

粉煤灰为燃煤发电厂锅炉烟气中收集到的细粉状物料,添加至充填料浆中可改善料浆的流动性,减少管道的磨损;同时,由于具有火山灰性质,可与水泥一起发生水化反应,从而可部分替代水泥,降低充填成本。但由于粉煤灰颗粒为真空球状,容重小,在充填料浆浓度较低时,更易产生离析,所以目前在二矿区高浓度料浆自流输送系统中未添加粉煤灰,而在膏体泵送系统中,干粉煤灰添加量为 150kg/m³。

金川集团股份有限公司闪速炉水淬渣具有一定的火山灰性质。对镍冶炼水淬渣经提铁(炼钢)后二次炉渣的研究表明,采用磨细的二次渣 300kg/m³,加上 1‰石灰、3‰石膏及 90kg/m³ 水泥组成的复合胶结剂,可以满足管道自流输送工艺要求。但由于多种因素制约,未能在生产中推广应用。

3. 添加剂

添加剂主要有早强剂和减水剂。早强剂可缩短充填体凝结时间,提高充填体的早期强度,并对充填体后期强度无明显的负面影响。减水剂能减少充填料浆用水量,在坍落度或流动性相同的条件下,相应地提高了充填料浆浓度,从而也提高了充填体强度。

目前二矿区自流充填系统及膏体泵送充填系统中,均添加有干粉状早强剂,添加比例为水泥量的 1.5‰,3 天和 7 天的充填体强度分别平均提高了 17.6‰和 16.3‰。膏体泵送系统中还添加 JKJ-NF 高效液态减水剂。减水剂添加比例为水泥用量的 1‰~1.5‰。试验表明,减水剂添加比例为水泥用量的 1‰和 2‰时,3 天和 7 天的充填体强度分别提高 2.5‰~40‰和 8.1‰~62‰,28 天强度则提高 3.6‰~45‰。当添加比例增大至 3‰时,28 天强度反而降低 8‰~19‰。

4. 水

充填系统用水主要有工业用水或井下排至地表的矿坑水。通过对金川矿山各种废水的测试结果表明,其 pH 和不溶物含量均不超过《混凝土用水标准》(JGJ63—2006)的规定范围,经沉淀后可以用作矿山充填用水。

1.4.2 充填料浆流变性能及输送参数

为了确定各不同集料所制备充填料浆的输送参数,金川矿山对多种充填料浆进行了广泛而深入的理论分析和实验室试验,并进行了环管试验和 L 形管道自流输送试验。在建立流变力学模型的基础上,分别采用 NXS-Ⅱ型旋转黏度计、德国 RV-Ⅱ黏度计和十字桨叶式测量头,测定全尾砂膏体的流变参数。采用两点式工作度仪、管式黏度计或专用旋转黏度计,测定加粗骨料的全尾砂膏体流变参数。

为了真实地反映生产实际情况,分别建立了渣浆泵水力输送环管试验系统及液压双缸活塞泵环管输送试验系统。前者重点研究高浓度料浆的管输特性,试验系统装有 4SP-7 型无极调速衬胶砂泵、浓度计、流量计、压力传感器及自动记录仪等;后者建在二矿区东部充填站,采用德国 PM 公司的 KOS2170 液压双缸活塞泵。管道上安装有浓度计、流量计、远传压力表及无纸记录仪等,可对各种配比的高浓度或膏体充填料浆进行环管试验,测定其流变参数及不同管径的输送阻力,为工业生产提供全尺寸的真实数据。

通过大量理论和试验研究,分析了高浓度充填料浆及膏体充填料浆的管输特性,提出了均质流、非均质流及两相流的临界流速,提出了金川水力坡度计算经验公式,获得了不同配比及浓度条件下管道输送阻力,为充填管网设计、充填料浆制备输送参数的确定以及膏体输送设备的选型提供了理论依据。

1.4.3 高浓度及膏体充填料浆制备技术

金川矿山特别是二矿区生产能力大,对充填体质量要求高,所用充填料组成复杂,所以对充填料浆制备技术要求高。历年来,金川矿山与国内外设计研究单位以及机械设备仪表制造厂家合作,开展充填料浆制备工艺及设备研究,为高浓度自流输送系统及膏体泵送系统的正常生产提供技术支撑,也为国内外类似矿山充填试验提供参考。

1. 高浓度充填料浆制备质量控制

实现高浓度料浆顺利自流输送的核心是充填料浆浓度及流量的稳定控制。特别是在充填料浆中含有棒磨砂、戈壁砂等粗集料(相对于尾砂而言)时,一旦充填料浆浓度波动较大或流量变化较大时,极易在管道中发生离析而堵管,同时严重降低充填体强度和整体性。为了保持充填料浆浓度及流量的稳定,金川矿山采取了多项技术及管理措施:

(1) 严格把握充填材料各组分质量,制定相关的技术标准。

(2) 采用先进的棒磨砂、戈壁砂、水泥、粉煤灰及水等各组分的给料计量设备,使各组分在系统运行时给料稳定可调。

(3) 采用先进的检测控制仪表,准确地测定各物料给料量、灰砂比、搅拌桶液位、充填料浆浓度及流量等系统运行参数;同时采用计算机控制系统实施模拟显示、反馈控制与调节,从而使系统处于设定工况下稳定运行。

(4) 建立健全相关的管理制度及操作规程,完善充填工区的机构设置及人员配备。制定合理的工资及激励制度,调动职工的积极性等。

2. 膏体制备质量控制

膏体充填料各组分配比的准确性及浓度稳定性是实现顺利泵送的关键因素。研究发现,当膏体浓度变化1%~2%时,管道输送阻力变化值将超过50%。浓度过高导致输送阻力增大,从而造成泵压不够或生产管道爆裂;而浓度过低则会造成料浆分层离析,存在堵管事故风险,并降低充填体质量。

由于泵送充填流量受到一定的限制,特别是由于多种因素的影响,可能导致临时停泵,浓度适中可实现一定时间的带料停泵,但浓度过低则将产生堵管。由于膏体泵送系统添加尾砂,除了采取和自流输送系统相同的技术及管理措施外,尾砂添加浓度及流量的稳定则是决定膏体制备质量的关键因素。

尾砂添加系统在尾砂仓外高压水制浆、真空带式过滤机脱水、风水联合制浆、砂仓循环水制浆等生产工艺研究的基础上,最终采用砂仓循环水制浆,直接放砂至搅拌槽,使放砂浓度和流量稳定可调,从而保证了膏体制备质量。

1.4.4　充填料浆输送管网优化

通过试验研究,确定金川矿山充填的主体集料为一3mm棒磨砂,主要充填方式为高浓度料浆管道自流输送胶结充填。由于棒磨砂棱角尖锐,磨蚀性强,加之在充填料浆浓度较低时,管内流速需大于临界流速,一般不低于 2m/s。所以导致充填钻孔及井下水平管道磨损十分严重。二矿区及龙首矿历年来不断对充填钻孔进行修复或重新打孔,从而导致钻孔网布置庞杂。为了解决上述问题,金川矿山开展了以下 2 个优化工作。

1. 优化充填钻孔及井下管道材质

二矿区生产初期,井筒中采用 ϕ152mm 普通钢管。由于材质差,管壁薄以及同心度及垂直度差,导致管道使用寿命短,少则通过 3000m³,多则通过 15000m³ 料浆就磨穿漏浆。而充填钻孔套管采用 ϕ152mm 普通钢管,最大通过料浆量为 42 万 m³ 时管壁就会磨损脱落而堵管。通过对比分析,目前全部采用钼铬双金属耐磨管和钢玉耐磨管,其使用寿命均可超过 100 万 m³。

2. 优化充填钻孔及水平管道管径

充填钻孔套管采用 ϕ219mm 耐磨管,壁厚 20mm,以降低料浆流速,减轻管道磨损。水平管道采用 ϕ133mm 耐磨管,壁厚 18～20mm,以使料浆流速大于临界流速。同时,将水平管道的法兰连接改为卡箍连接。多路充填管道与不同充填地点管道的互换研究采用耐磨柔性接头,将充填钻孔底部易磨穿的弯头埋入高标号混凝土中,磨穿后混凝土中的圆形通道仍可通过料浆。这些措施的实施均有助于充填料浆的顺利输送,从而提高了充填系统的生产能力。

1.5　存在问题及发展方向

按照金川公司"十二五"发展规划,矿山年出矿量要达到 1000 万 t,则年充填量接近 280 万 m³。其中,2010 年二矿区矿石生产能力 430 万 t,充填量约 150 万 m³。根据金川公司的"十二五"发展规划,到 2015 年二矿区年出矿量将达 500 万 t,年充填量接近 170 万 m³。考虑不均衡系数,充填量最大将达 195 万 m³,届时二矿区将呈现 850m 中段、1000m 中段及 1250m 中段以上贫矿多中段同时回采及充填的生产格局。由于深部开采条件更加复杂多变,地压大,因此对充填体的整体质量要求更高。虽经几十年努力,在充填技术方面取得了丰硕成果,保证了矿山安全正常生产,但现有充填系统仍存在诸多问题,其技术装备水平仍难于满足未来的矿山生产要求,具体体现在以下 3 个方面。

1. 自流输送系统工艺设备老化、流程复杂

二矿区一期搅拌站建于 1982 年,二期搅拌站建于 1997 年。由于原设计能力是满足 297 万 t/a 的生产规模,因此,现已无法满足日益扩大的矿山生产能力要求。其储砂、供砂、分砂等设施容量及供料能力严重不足;一期搅拌站水泥供料经多次倒运,设备多、工艺

繁琐、故障率高和维护量大;厂房除尘系统无法满足收尘要求。由于长期处于满负荷运行,其配电和供水等设施也达到了极限状态。

2. 充填设施配置不合理,充填能力难提高

一、二期搅拌站共用 1 个储砂池,一期搅拌站中的 5 套制备系统中 1#、2# 系统已拆除,3#、4#、5# 系统只能 2 套生产、1 套备用。二期搅拌站中膏体泵送系统运行时需占用自流系统作为水泥浆制备,只有膏体系统停运或检修时,自流系统方可独立运行。可见,整个二矿区实际只能同时运行 3 套制备系统,其中,一期 2 套和二期 1 套(或膏体或自流),矿山的整体配置已很难更改,充填能力无法进一步提高。

三矿区 36 行充填搅拌站,存在灰仓容积小,计量不稳等问题。三矿区 F_{17} 以东充填倍线过小,充填钻孔易产生"管喷"现象,出口压力过大,易造成管道磨损快。将来的 4# 矿体贫矿开发,需新建充填搅拌站。

龙首矿充填倍线值过大($N = 8 \sim 10$),目前充填在用的西部充填站,二级钻孔(平硐为 1571~1424m)因为露天坑地理位置的限制,钻孔布置位置已穿过了贫矿矿体。在西一贫矿开采过程中,会对现有二级以下钻孔造成破坏,影响中、西部采场的充填。

现西一采贫矿的上部为露天坑,露天坑边坡变形。自 1964 年 3 次炸药量为 230~762t 的基建大爆破之后,露天边坡变形急剧发展。经过近几年对露天边坡的观测,边坡已产生 4 条裂缝。变形破坏主要以裂缝、反翘陡坎、倾倒坍塌和松散岩堆滑移 4 种类型为主。随着西一采的建成开采,充填钻孔已无地方布置,现西部充填站将面临因无钻孔而被迫废弃的结果。

3. 膏体充填系统工艺及装备

膏体系统主体输送设备 KSP140-HDR 型液压双缸活塞泵是德国 Schwing 公司 20 世纪 80 年代的产品,现早已不再生产,其备品配件无从供给。整套膏体制备输送均采用单台套运行模式,虽经联合攻关已使该系统达到设计生产能力,但系统运行制约因素较多。一旦出现设备故障,产生管道堵管等现象,将严重影响系统的正常运行,降低系统的充填能力。

为了解决以上问题,金川矿山已开展或亟待开展的研究工作有以下 3 方面。

1. 实现大流量高浓度料浆自流输送胶结充填

目前二矿区高浓度料浆自流输送单套系统制备输送能力为 80~100m³/h,料浆浓度为 77%~79%,灰砂比全部采用 1:4,每天连续运行时间为 12~14h。膏体泵送充填系统制备输送能力为 60~80m³/h,料浆浓度为 82%~84%,水泥添加量为 300kg/m³,每天连续运行时间 12h。由于受多方条件的制约,现有的充填设施难以进一步提高充填生产能力,不能适应年出矿 500 万 t 及充填 195 万 m³ 的生产能力要求。为此,金川镍矿与中国恩菲工程技术有限公司合作,进行新建充填站的设计研究。经反复讨论,决定在二矿区二期搅拌站西侧新建 1 个充填搅拌站。站内设置 4 套高浓度料浆自流输送充填系统,单套系统制备输送能力提高至 150m³/h。提高单套系统充填能力可减少设备台套数,提高生产

效率,降低充填生产管理成本和综合能耗,增加企业经济效益。同时,可以确保充填能力达到195万 m³/a。

在研究设计过程中,进行充填能力的理论分析、充填料物理特性研究、大容量搅拌槽研制、大流量充填料浆环管试验、大流量高浓度充填料浆制备与输送工业试验等。根据整体工程进度,预计新充填站将于2014年投入生产使用。

2. 优化充填材料组成,提高充填生产能力及充填质量,降低充填成本

历年来金川矿山开展充填材料的试验研究工作,结果表明,棒磨砂、戈壁砂、破碎废石均可作为充填集料。其中,戈壁砂与棒磨砂和破碎废石相比,表面光滑,对管道磨损较小,替代棒磨砂对充填强度无负面影响。戈壁集料经筛分后可直接用于充填,在合理的运输距离内,可显著地降低充填成本;同时在矿山充填规模不断扩大的条件下,不需对棒磨砂加工车间进行扩容。所以,在今后的生产中,可加大戈壁砂添加比例。同时,开展废石和粗骨料自流充填以及酸浸尾砂充填技术的试验研究。

3. 确保膏体充填正常持续稳定生产,确立金川充填技术的领先地位

虽经联合攻关,解决了制约膏体充填正常运行的一系列技术难题,达到了设计生产能力,但系统中的核心设备——KSP140-HDR型液压双缸活塞泵为单台套运行,备品配件无从供应。一旦出现故障将直接导致系统停运。

近20年来,国内类似设备发展极快,其性能参数已超过国外20世纪80年代的产品,输送能力可达120m³/h,出口压力达12~16MPa。个别厂家已能生产矿山充填专用液压双缸活塞泵。为了确保膏体泵送充填系统正常持续生产,金川矿山有必要与国内有关厂家合作,研制适合金川矿区工况条件的充填专用输送泵,并采用一用一备的系统配置,以确保膏体充填系统的正常运行。

二矿区新充填搅拌站,拟选用供料更加稳定和计量准确的设备和仪表,采用更加先进的控制系统,以实现和达到完全集中自动控制,实现动力设备的集中控制和工艺参数的自动控制。并改造二期控制系统,使这两套PLC以工业以太网的形式联成网络并相互冗余,实现两个搅拌站共用一控制室,对两个搅拌站集中控制。组建充填生产管理网络,通过上位机对充填生产过程进行集中监控,对生产数据进行采集存储,在服务器上构建充填生产数据库,接入二矿区局域网,实现数据资源共享。自动化设备的选型上要本着上档次和先进性原则,避免重复投资。

金川矿山充填技术的发展方向,以满足金川矿山的安全高效和低成本生产为原则,以实现金川矿山充填全面、协调和可持续发展为指导思想,用5~10年的时间,将金川矿山充填系统建设成为国际先进、国内领先的生产系统。实现工业废料利用率最大化、工艺能力最优化、设备配制系列化和过程控制自动化,从而满足金川矿山充填法采矿的长远发展需要。

1.6　本章小结

金川矿山充填技术经过几十年的发展,目前在国内外具有重要的示范作用。本章从

金川公司概况开始,介绍了金川矿山充填系统的总体布置及充填技术的发展历程,总结了历年来金川矿山充填技术研究成果。在充填材料及配比、充填料浆流变性能及输送参数、高浓度及膏体充填料浆制备技术、充填料浆输送管网的优化等方面进行研究,紧密联系矿山生产实践,不仅解决了矿山充填存在的问题,而且也为各类充填矿山充填技术发展明确了方向。

第 2 章　金川矿山充填系统概述

为满足采矿生产工艺要求和降低采矿成本的需要,矿山生产中采用不尽相同的充填系统,以达到充填工艺技术条件。充填系统一般由地面设施(厂房、设备、仪表等)和井下输送管网组成。充填系统的配置可分为分散配置和集中配置两大类。集中配置便于集中管理,可以减少岗位操作人员、减少设备,从而降低费用。所以只要条件允许,充填系统宜采用集中配置方案。

搅拌站的布局根据充填工艺流程一般采用单阶式布置,自上而下布置料仓、给料机、计量装置、搅拌设备、浆体输送设备及管道。单阶式布置占地面积小、布置紧凑、原材料流经各工序的时间短、工艺流程合理、生产效率高,便于实现机械化和自动化生产。搅拌站内部设备与装置必须充分考虑检修和操作的方便,应留有足够的空间。

2.1　充填工艺与技术

当代胶结充填已成为充填采矿法的主流,而高浓度细砂(尾砂)管道自流胶结充填、全尾砂膏体泵送胶结充填、块石胶结充填等技术,是目前正在广泛应用和技术较成熟的充填工艺。金川镍矿在矿体埋藏深、岩石破碎、地压较大的复杂工程地质条件下,面临诸多的技术难题,这其中也包括充填采矿技术问题。在长期的大规模工业生产实践和国内外科技合作中,从未间断过开展充填采矿的试验研究,其中,一批重大问题多次列入国家重点科技攻关计划中,积累了丰富的充填采矿经验和大量的技术资料。在多中段、不预留矿柱的大面积回采方式下,在机械化下向水平分层胶结充填采矿技术、高浓度细砂管道自流充填工艺、全尾砂膏体泵送充填技术、充填系统计算机集散控制技术、充填体与围岩相互力学作用机理等方面均取得了重大进步,并多次荣获国家科技进步奖。金川镍矿的充填工艺及应用技术均处于国内领先地位。下面介绍金川矿山充填系统采用过的几种胶结充填技术。

2.1.1　高浓度细砂管道自流输送充填工艺

高浓度料浆管道输送具有不易离析、不沉淀和流动性好的特性,既节能节水、经济实用又安全可靠,使高浓度料浆管道自流胶结充填工艺在金川矿山获得大规模的推广应用。从 1982 年起,先后建成了 5 座工业生产自流充填搅拌站系统。至 2011 年充填量已达到 280 万 m³,占总充填量的 92% 以上,是金川矿山所采用的机械化下向水平进路分层充填采矿法、下向水平进路分层六角形充填采矿法以及下向高进路分层充填采矿法的主要充填方式。

金川高浓度细砂管道自流输送胶结充填,最初是以戈壁集料经棒磨水洗后的 —3mm 棒磨砂作为唯一充填骨料,以散装的 32.5# 普通硅酸盐水泥作为胶结剂,按一定的灰砂比搅拌成接近或超过临界浓度的料浆,依靠重力自流输送的充填技术。由此形成 28 天充填体强度达到工作底板($R_{28} \geqslant$3MPa)和工作顶板($R_{28} \geqslant$5MPa)的强度质量标准。如今,为了有效降低充填成本,又不断地试验采用天然砂、水淬渣和粉煤灰替代部分棒磨砂和水泥作为充填骨料和胶凝材料,并且都得到很好的应用。高浓度细砂管道自流输送胶结充填的生产控制,关键在于充填材料的质量、料浆制备、输送料浆浓度的稳定、采场准备和充填料浆的脱水等几个环节。

1) 充填材料

(1) 水泥。散装 32.5# 硅酸盐水泥,其质量符合《普通混凝土用碎石和卵石质量标准及检验方法》(GB/T 175—1999)的规定。

(2) 干粉煤灰。其质量符合《用于水泥和混凝土中的粉煤灰》(GB/T 1596—2005)和《混凝土拌合用水标准》(JGJ 63—1989)的规定。

(3) 棒磨砂。质量符合 Q/YSJC—ZB 01-2001 的规定。

(4) 天然砂。质量指标参照棒磨砂技术标准执行。

(5) 制浆水。质量应符合《混凝土拌合用水标准》(JGJ 63—1989)的规定。

2) 充填料配比

(1) 充填料浆的灰砂比为 1 : 4;

(2) 天然砂添加量不超过棒磨砂用量的 20%;

(3) 干粉煤灰从水泥上灰系统或单独均匀添加,最大添加量不得超过水泥给料量的 30%;

(4) 湿粉煤灰从供砂系统均匀添加,最大添加量不超过用砂总量的 10%;

(5) 每立方米砂浆材料用量应符合规定。

－3mm 棒磨砂每立方米充填砂浆材料用量见表 2.1。

表 2.1　－3mm 棒磨砂每立方米充填砂浆材料用量

浓度/%		灰砂比	密度/(kg/m³)	材料消耗/(kg/m³)		
质量分数	体积分数			水泥	砂	水
78	56.35	1 : 4	1984	310	1238	436

3) 其他技术指标

(1) 充填能力。单套系统制浆能力为 100~120m³/h。

(2) 充填体强度。$R_3 \geqslant$1.5MPa,$R_7 \geqslant$2.5MPa,$R_{28} \geqslant$5MPa。

(3) 砂浆浓度。砂浆质量分数为 77%~79%。

(4) 收缩率。砂浆收缩率为 8%~10%。

(5) 充填管径(内径)。ϕ100~110mm。

(6) 流速范围。3.5~4.2m/s。

(7) 料浆流态特征。高浓度,似均质浆体。

(8) 输送特征。依靠重力自流输送。

(9) 充填倍线值。充填倍线 4~5。

2.1.2 高浓度尾砂管道自流输送充填工艺

尾砂是金属矿山不可避免的工业废料,将尾砂用于矿山充填,不仅可以缓解尾砂在地表排放而造成的环境污染,而且可以替代其他人工加工的充填材料,从而降低充填成本。尾砂胶结充填工艺在国内外已经得到广泛应用,但大多数尾砂充填工艺都应用于上向胶结充填采矿法的矿山。

二矿区于1999年建成两套尾砂胶结自流充填系统。充填系统自投入试生产以来,经过不断的生产实践和技术改造,均已投入正常的生产应用。与高浓度细砂管道自流输送胶结充填相比,其充填骨料中掺入了30%~40%分级尾砂,充填控制环节更为复杂。

1. 尾砂供料系统控制

磨砂、水泥、粉煤灰等物料的供料采用常规方法。尾砂是靠重力从立式砂仓自流输送到搅拌桶与其他充填物料进行混合。尾砂供料量的控制是由计算机根据尾砂浓度,通过执行阀的开关程序来调节。尾砂胶结充填系统要求尾砂以质量分数为60%左右供给。尾砂浆浓度波动较大会影响充填料浆的制备浓度。尾砂的造浆浓度由分布在立式砂仓底部和中部的制浆水管加以控制。尾砂造浆控制要根据尾砂的存储时间和砂仓的料位高度来确定。

2. 主要技术工艺参数

1) 充填骨料

充填骨料为分级尾砂和−3mm棒磨砂,分级尾砂与棒磨砂的比例控制在3∶7~3∶2。

2) 胶凝材料

胶凝材料为32.5# 散装普通硅酸盐水泥和干粉煤灰。

尾砂胶结自流充填给定的砂浆配合比见表2.2。

表 2.2　物料配合比参数

物料配合比		质量分数/%	料浆密度 /(t/m³)	砂浆材料量/(kg/m³)			
磨砂∶尾砂	灰砂比			磨砂	尾砂	水泥	水
7∶3	1∶4	78	2.0034	857.08	375.04	312.53	440.76
6∶4	1∶4	78	2.0010	752.52	501.68	313.55	442.20

注:料浆质量分数为76%~79%;输送料浆流量100~120m³/h;料浆在充填进路中的自然流淌坡度为1°~3°;其他工艺指标同高浓度细砂管道自流输送胶结充填。

2.1.3 全尾砂膏体泵送胶结充填工艺

全尾砂膏体泵送胶结充填,是目前世界上最先进的充填工艺技术。在充分利用工业废料(尾砂、粉煤灰),降低充填成本和减少充填脱水等方面具有极大的优势。但膏体充填存在设备投资大、工艺复杂等问题。以下将对膏体泵送胶结充填工艺中的概念和工艺技术条件作较详细介绍。

全尾砂膏体胶结充填的特点是料浆呈稳定的粥状膏体,直至成牙膏状的稠料,其料浆像塑性结构体一样在管道中作整体运动。膏体中的固体颗粒不发生沉淀,层间也不出现交流,而呈柱塞状的运动状态,柱塞断面的核心部分速度和浓度基本不发生变化,只是润滑层的速度有一定的变化。细粒物料像一个圆环,分布在管壁周围起到"润滑"作用。膏体料浆的塑性黏度和屈服切应力较大。全尾砂膏体胶结充填料浆真实质量分数一般为75%~82%,添加粗粒惰性材料后的膏体充填料浆真实质量分数可达81%~88%;一般情况下,可泵性较好的全尾砂膏体胶结充填料浆的坍落度为10~15cm,全尾砂与碎石相混合的膏体胶结充填料浆的坍落度为15~20cm。金川全尾砂膏体泵送胶结充填系统工艺主要技术指标如下:

1. 充填骨料

充填骨料为分级尾砂和－3mm棒磨砂。分级尾砂中－30μm细颗粒含量小于20%。

2. 胶凝材料

胶凝材料为32.5$^{\#}$普通硅酸盐散装水泥和干粉煤灰。

膏体充填物料配合比及输送浓度见表2.3。

表 2.3　膏体物料配合比参数

膏体种类	质量分数/%	膏体材料用量/(kg/m³)				
		分级尾砂	磨砂	干粉煤灰	水	水泥
地面非胶结膏体	79~81	695	695	250	385	—
井下胶结膏体	77~79	585	585	210	388	220

注:①膏体坍落度:地面非胶结膏体150~200mm;井下胶结膏体180~240mm;②细颗粒含量:膏体物料中各固体物料所含－20μm细粒含量之和要大于15%;③分级滤饼:含水率小于25%;④水泥浆输送质量分数为60%~70%;⑤充填体强度为R_3≥1.5MPa,R_7≥2.5MPa,R_{28}≥5MPa。

2.1.4　井下废料人工搅拌进路打底充填工艺

1998年二矿区为尽量减少坑内废石运输和提升的压力,因地制宜地提出了坑内废石井下就近处理作为块石胶结充填料的方案。即利用机械化盘区大断面进路,先用－3mm棒磨砂浆充填形成厚2m的硬底板之后,用2m³小型铲运机将废石倒入已充填的充填面上,再充填上部2m高的空间,最后再用棒磨砂浆充填接顶,由此取得了很好的充填效果。在此基础上,经过技术攻关,2001年形成了现今的井下废料人工搅拌进路打底回填胶结充填技术。该工艺可以看成是干式充填和细砂胶结充填工艺的结合,属于块石胶结充填。该充填工艺虽然增加了充填作业工序,但较好的解决了坑内废石就近处理问题,矿石贫化小、生产能力大、废石提运少,并缓解了地表废石堆放对环境的污染,每年可处理毛石及废料4万~5万t,具有极好的经济效益和社会效益。

1. 主要技术指标

(1)充填骨料。掘进或采矿分出的废石(块度小于200mm),充填溢流出的砂浆,清理巷道的泥浆和天然砂。

（2）胶凝材料。32.5#散装普通硅酸盐水泥。

（3）灰砂比。1m³ 废料配 200kg 水泥。

（4）水灰比。0.55～0.7。

（5）充填体强度：$R_3 \geqslant 1.5MPa$，$R_7 \geqslant 2.5MPa$，$R_{28} \geqslant 5MPa$。

2. 回填施工技术要求

回填分两次进行，第一层回填高度为 600～800mm，全部回填平均高度不低于 1800mm。在回填时必须用振动棒同时振捣密实。振动棒插入点排列要均匀，可按"行列式"或"交错式"的次序移动(图 2.1)。其他采场准备与自流胶结充填相同。

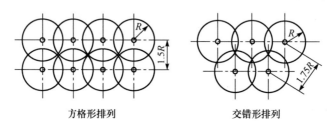

方格形排列　　　　　　　　　交错形排列

图 2.1　振动棒插入点排列

2.2　充填系统物料制备

胶结充填料中胶凝材料、水和添加剂不需预处理，而粗、细骨料如块石、棒磨砂、尾砂等一般均需要预处理。例如，块石要经过采集、破碎和筛分等工序，才可获得所需的粒径。磨砂同样要经过采集、破碎、筛分、棒磨除泥等过程。金川公司砂石厂就是为了供给金川矿山充填系统的砂石骨料而建造的。尾砂充填矿山大部分采用分级尾砂，需要采用旋流器对尾砂进行分级处理来获得充填物料。

2.2.1　棒磨砂生产工艺

为了保证金川镍矿大规模生产的需要，在进行广泛的调查研究和技术经济比较的基础上，选择了－3mm 棒磨砂和－25mm 细石作为主要的充填骨料。建设金川矿区充填砂石车间，对金川地区戈壁集料进行破碎和棒磨加工，生产出粒度为－25mm 的碎石集料和－3mm 的棒磨砂两种产品。碎石集料用于龙首矿粗骨料胶结充填工艺，而棒磨细砂用于二矿区和龙首矿高浓度料浆管道自流输送充填系统。

三矿区砂石厂老系统于 1982 年建成投产，设计能力为年产棒磨砂 126.36 万 t。根据产品质量的需要，采用强化预先筛分的两段一次闭路的破碎流程。破碎产品为－25mm 的砂石混合料。破碎后的砂石混合料，经磨砂分级产出粒度为－3mm 的棒磨砂。磨砂采用一段湿式棒磨开路磨砂和分级机、脱水仓两段脱水的工艺流程。磨砂流程可使－3mm 细砂的级配较为均匀，含水量稳定在 10%左右。于 2003 年增加了 1 个系列的磨砂分级，使系统产能达到 180 万 t/a。

为了满足金川矿山扩能后的充填棒磨砂用量,2008 年 6 月新建一条 250 万 t/a 的棒磨砂生产系统。砂石新系统设计结合老系统的生产实践和采石场原料特性,以"强化预先筛分"和"多碎少磨"为原则,破碎采用两段一闭路工艺流程。磨砂采用带预先筛分的一段开路磨矿流程;分级机溢流进行水力旋流器和螺旋分级联合分级作业,最大限度的提高细砂回收率,减少尾泥排放。通过高效浓密机浓缩,实现全系统水资源的重复使用。系统设备选用高效圆锥破碎机和大规格圆振动筛;分级作业增加了 FX300-PU×8 水力旋流器;尾泥浓缩采用 45m 高效浓密机。控制系统采用 DCS 工作站、智能电动机保护器、重锤式料位计、雷达液位计、电磁流量计等仪表和视频监控设备,实现整个工艺流程的在线监视和部分自动化控制。

新系统于 2009 年 5 月进入试生产阶段,2010 年碎矿系统处理原砂总量 187.46 万 t,生产棒磨砂成品 159.34 万 t。系统月平均原砂处理量 15.6 万 t,距设计生产能力 22.3 万 t/月相差 6.7 万 t。按照三矿区达产达标工作计划安排,2011 年 5 月至 7 月,三矿区组织砂石新系统的达产和达标工作。

砂石厂设计生产能力为棒磨砂 3830t/d,碎石集料 1000t/d。破碎流程采用强化预先筛分的二段一闭路流程,先破碎成粒度为 -25mm 的砂石集料,再进入一段湿法棒磨开路和螺旋分级二段脱水脱泥的磨砂分级工艺流程,产出 -3mm 棒磨砂。

2.2.2　尾砂处理

全尾砂粒度较细,不易脱水,浆体黏度大,难以提高浆体浓度。用其制备高浓度的胶结充填体存在脱水困难,且充填体强度低,对于早期强度要求较高的自流充填工艺不合适。尾砂的分级界限一般为 37μm。金川尾砂充填系统根据矿山的具体情况确定 30μm 和 20μm 的分级界限。经分级后的尾砂,其粒度较粗,易脱水,浆体黏度较小,容易提高浆体浓度。用其制备高浓度料浆的胶结充填体容易脱水,且强度较高,是制备高浓度料浆的重要材料。

1. 金川分级尾砂加工

二矿区西部第二搅拌站设计采用一、二选厂混合尾砂作为充填料。根据金川矿区尾砂高浓度料浆自流充填工艺,对尾砂粒度组成和尾砂仓浓度设计提出要求,尾砂中 -20μm 的含量不超过 30%。因此需要对尾砂进行脱泥和分级,除去部分 -30μm 的颗粒来达到充填设计的要求。

尾砂脱泥系统的工艺流程为:来自一选厂和二选厂浓度为 18%~20% 的混合料浆,通过分配池和给矿槽供给两台 φ3550mm×3550mm 搅拌槽。从搅拌槽由 6/4D-AH 渣浆泵输送到 φ250mm×8mm 旋流器组,经过旋流分级后的分级尾砂进入远距离泵送前的搅拌槽,由搅拌槽搅拌成浓度为 45%~50% 的尾砂浆,再由油隔离泵输送到生产现场待用。

2. 尾砂分级主要设备

用于尾砂脱泥分级的设备有脱泥斗、倾斜浓密箱、耙式分级机、螺旋分级机等。但设施最简单和配置最方便的设备仍属水力旋流器。

2.2.3　物料运送系统

1. 砂石料运输

通常用火车或汽车运送充填粗骨料。金川矿山充填系统的 −3mm 棒磨砂采用火车运输。河沙充填料采用自卸卡车运输。

2. 尾砂管道运输

管道输送与铁路运输相比具有技术先进、流程简单、输送环节少、工艺性好、管道密封输送不受气候和外界环境影响等特点,并且运输系统的自动化程度高,操作比较简单。尾砂长距离输送系统是基建投资和耗费运行能力的主要部分,要求整个管路系统既安全高效,又经济合理。

金川尾砂的输送距离为 3.1km,高差 68.656m,为向上输送。工艺流程的主要设备有 4 台 2DYH-140/50 油隔离泵、2 台 $\phi10\times10.4m^3$ 搅拌槽、2 台 D155-67×8 多级水泵和 $\phi180mm$ 耐磨钢管等。

3. 水泥运输

对于水泥等胶凝材料通常使用罐车运输。少数矿山建有自产水泥系统,依靠车辆或压缩空气将水泥通过管道输送到水泥仓。对于外购水泥的充填矿山,尽可能采用散装水泥,一般需要火车水泥罐车或汽车水泥罐车拉运,用压缩空气通过管道输送至水泥仓。大中型充填矿山由于水泥用量较大(金川矿山每年充填水泥用量 80 万 t 以上),散装水泥宜通过火车水泥罐车或汽车水泥罐车,从水泥厂运至充填站的水泥仓。

2.2.4　物料存储设施

1. 充填砂存储

充填料中的骨料包括砂、细石等,一般采用卧式砂仓存储,且必须有一定的储备量。储仓的容积应在每天平均充填量的 1.5 倍以上。足够的储备量是满足生产对充填材料需要的保证。

2. 尾砂存储

尾砂通常以浆体的形式储存。尾砂仓分为卧式砂仓和立式砂仓两大类。卧式砂仓又可分为电耙出料、水枪出料、抓斗出料 3 种;立式砂仓可建于地面,亦可建于地下。卧式砂仓建设的灵活性较大,只要能满足生产需要就行;而立式圆形砂仓建设的原则是高度为直径的两倍以上。当然,卧式砂仓也可以储存干尾砂或尾砂滤饼,也可以储存磨砂、天然砂等。根据实践经验,立式砂仓的防渗漏十分重要,从设计到施工应予以高度重视。

3. 胶凝材料储备

胶凝材料水泥和粉煤灰的储备,一般来说是在地面建圆形钢筋混凝土仓或圆形钢结构仓。水泥仓的有效容积应尽可能的大。因为一般矿山是依靠外运水泥来满足需求,供应量易受外部条件的影响,所以应尽量多储备水泥。设计中常采用水泥仓的有效容量有 500t、800t、1000t、1200t、1500t 等,而粉煤灰仓的有效容量设计中常取500~1000t。

2.3　龙首矿充填系统

金川矿山目前充填系统因建设时间不同,采矿方式和矿体赋存条件也不同,充填系统也各具特点。

2.3.1　充填系统简介

龙首矿始建于 1959 年,1963 年对地表矿体采用小露天开采。采用平硐-溜井开拓,人工及电耙出矿,日产矿石 300t,为金川公司最初的选冶试生产提供矿石原料。1964 年转入地下开采,采用下盘竖井开拓,初步设计采用分层崩落法回采富矿,有底柱分段崩落法回采贫矿,贫富矿生产能力均为 600t/d。1973 年成功进行了下向倾斜分层进路胶结充填采矿法试验。20 世纪 80 年代初试验成功了下向高进路胶结充填采矿法。80 年代中后期试验成功了六角形高进路下向胶结充填采矿法,成为龙首矿独具特色并沿用至今的主要采矿方法。

随着金川公司做大做强,国际化经营战略的发展需要和落实"打造千亿企业、建设百年金川"的总体战略思路,龙首矿的生产任务逐年提高。计划 2012 年出矿量 242 万 t,充填量 74 万 m³。按照龙首矿"十二五"发展规划,2015 年出矿量要达到 500 万 t,充填量将达到 170 万 m³。

龙首矿目前共有东部充填搅拌站、西部充填搅拌站、西二采区搅拌站、58#矿体搅拌站共 4 套充填系统。东部充填搅拌站承担 16 行以东各采场约 20 万 m³ 的充填量;西部充填搅拌站承担 16 行以西各采场 31 万 m³ 的充填量;西二采区搅拌站承担 55 万 m³ 的充填量(按照 165 万 t 出矿能力设计,充填量 55 万 m³),58#矿体搅拌站承担 1 万 m³ 的充填量,以上合计共 107 万 m³ 的充填量。

1. 东部充填系统

(1)龙首矿东部充填系统是在原中、东部粗骨料充填系统的基础上改造而成的细砂管道充填系统。由金川镍钴研究设计院和金川集团信息与自动化工程有限公司联合设计,2003 年 3 月开始施工,2004 年 7 月 20 日建成投产。该系统采用美国 A-B 公司的 PLC-SLC500 及先进的智能化仪表进行自动化控制,安全系数及自动化程度高,运行可靠,操作简单方便。砂浆输送采用双金属复合耐磨钢管,不仅输送能力大,而且安装方便。龙首矿东中部的充填能力为 100m³/h。简化了充填系统,减少了充填故障,提高了充填连续性,加强了充填质量控制。

（2）东部充填系统建有一座 12m×38m×4.5m 的卧式砂仓,仓容 2000m³,储料量最大为 3000t。砂仓分隔为大小 2 个料仓,仓中建有 2 台 15t 抓斗桥式起重机和 3 个 ϕ2m 的圆盘稳料仓,容积各 24m³。其中,1#、2#、3# 稳料仓储存棒磨砂。1# 圆盘的给料能力为 80t/h,2#、3# 圆盘的给料能力为 120t/h。砂石料经过 1#、2#、3# 皮带及 4# 稳料仓输送。1# 皮带长 42m,宽 0.8m,负责将 3 台圆盘供应的砂石料输送到 2# 皮带上。输送能力 250t/h。2# 皮带安装在地表皮带廊内,长度为 120m,宽 0.8m,将 1# 皮带输送的砂石料再倒运到 4# 稳料仓,输送能力 250t/h。4# 圆盘的下方安装长 7.1m,宽 0.5m 的 3# 皮带,输送能力为 160～180t/h,将 4# 圆盘的砂石料输送到砂浆搅拌桶。4# 稳料仓容积 33m³,在料仓底部装有 1 台 ϕ2m 的圆盘给料机,主要存放和输送来自 2# 皮带的砂石料,供料能力 200t/h。

（3）东部充填系统建有 1200t 水泥仓 1 座、500t 粉煤灰仓 1 座,分别用来储存水泥和粉煤灰。目前使用的两套灰浆制备系统,灰浆须在搅拌桶内制备均匀后,再由泵送到 ϕ2m×2.1m 砂浆搅拌桶内,充填能力 100m³/h,整个制浆过程分两级搅拌完成。

2. 西部充填系统

（1）龙首矿西部充填系统由金川镍钴研究设计院设计,金川集团公司建筑安装分公司和龙首矿共同施工,1992 年 12 月投产,主要服务于龙首矿西采区的细砂管道充填。该控制系统采用了浙江大学中控 DCS SUPCON JX-100 及先进的智能化仪表进行自动化控制。自动化程度高,运行可靠,操作简单方便。砂浆输送采用双金属复合耐磨钢管,设计输送能力 80m³/h,实际充填能力达到 100m³/h。

（2）西部充填系统建有 1 座 10m×45m×4.5m 的卧式砂仓,仓容 2000m³,最大储料量 3000t,分为大小 2 个料仓。砂仓中建有 2 台 10t 抓斗桥式起重机和 2 个 ϕ2m 的圆盘稳料仓,容积各为 24m³。1# 圆盘的给料能力 80t/h,2# 圆盘的给料能力 120t/h。砂石料经过 1 条长 37m,宽 0.5m 皮带输送,输送能力 160～180t/h。1#、2# 圆盘的砂石料通过这条皮带输送到砂浆搅拌桶。

（3）西部充填系统建有 600t 水泥仓、粉煤灰仓各 1 座,分别用来储存水泥和粉煤灰。目前使用的 2 套灰浆制备系统,灰浆须在搅拌桶内制备均匀后,自流到 ϕ2m×2.1m 砂浆搅拌桶内,充填能力 100m³/h,整个制浆过程分两级搅拌完成。

3. 西二采区充填系统

龙首矿西二采区充填系统由中国恩菲工程技术有限公司设计,金川集团公司工程建设有限公司组织施工,2010 年 12 月投产,主要服务于西二采区的细砂管道充填。该充填系统采用高浓度细砂自流胶结充填工艺,充填搅拌站建在地表 1737.5m 处,站内一楼设有低压配电室及 2 台加压泵和 2 套加压供水系统;二楼主要有自动化仪表集中控制室及安装搅拌系统的平台。平台上安装 3 套搅拌系统、3 台供砂用的 $\phi 2m$ 圆盘给料机、3 台上灰的双螺旋给料机、3 套皮带计量系统以及各系统的现场控制箱和检测仪表等。站内 15m 平台上安装 2 台皮带运输机及配套的减速装置和动力装置。3 楼设有 3 个容积为 150m³ 的棒磨砂缓冲砂仓,运输皮带的改向滚筒及卸砂用的 2 台犁式卸料器。在搅拌站房顶 27m 平台上建有 3 个容积为 300m³ 水泥仓,并安装 3 套 24 袋除尘系统及 64 袋收尘系统。每套砂浆制备系统由 1 个棒磨砂仓、1 个水泥仓和 1 个搅拌系统组成,共计 3 套制备系统,单套系统的制备能力 80m³/h。3 套系统中,2 套设有加压泵装置,1 套为自流输送。整个制浆过程为一级搅拌。砂浆输送管道采用钢玉复合钢管,设计充填能力 80m³/h。

该系统由充填搅拌站、棒磨砂皮带廊、棒磨砂厂房组成。充填搅拌站为充填系统的生产、调度、指挥和控制中心。棒磨砂皮带廊皮带主要承担棒磨砂运输。棒磨砂厂房承担火车运来的棒磨砂石料的临时储存,充填时转运至运输皮带实现采空区填充。

充填系统集中控制室设在充填搅拌站 2 楼,室内安装充填控制系统的 PLC 控制柜、JDPC 柜及高压系统直流电源柜。该控制系统采用 A-B 公司生产的 SLC5000 型 PLC 控制器,类似现场总线的控制模式,将现场仪表的检测数据及现场控制箱的传输信号,由 I/O 模块通过双 Cnet 网(一备一用)上传至控制 PLC,然后通过工业以太网将数据传输到上位机,实现远程、机旁两地控制。该控制系统自动化程度高,运行可靠,操作简单方便,故障少;同时降低了作业人员的劳动强度,改善了作业环境,提高了充填连续性,能够较好地控制充填质量。系统投产后,可满足生产需要。棒磨砂皮带廊内安装的运砂皮带是一条长距离运输皮带,长度约 1200m,带宽 800mm,带速 2.0m/s。胶带为 ST1250 钢绳芯胶带,采用变频启动装置驱动。动力装置为功率 2×160kW 的电机,胶带机头部设有 2 个犁式卸料器。整条皮带廊内同时安装消防和供暖设备,确保冬季充填时砂石料正常运输。棒磨砂厂房内主要设有 1 个 54m×21m×5.5m 的卧式砂仓、控制室和配电室;同时安装 1 台 $\phi 3m$ 圆盘给料机及 2 台 16t 抓斗桥式起重机。砂仓主要储存火车运来的棒磨砂;配电室提供整个厂房的动力及照明电源,控制室内主要安装控制 $\phi 3m$ 圆盘给料机的变频柜,用于调节砂石料运输量的大小。

4. 西二采区 58# 矿体充填系统

在 58# 矿体风井口附近设充填搅拌站,内设 1 个 $\phi 4m×8m$ 的水泥仓。水泥通过仓底 $\phi 175mm×2.5m$ 的双管螺旋喂料机给 $1.5m×1.5m$ 搅拌槽喂料。充填用棒磨砂在堆场存放,需要时用前装机取料给圆盘给料机喂料,经皮带输送到搅拌槽。搅拌好的料浆通过风井内铺设的充填管和各穿脉充填管自流输送到采场充填。在搅拌槽料浆出口管路上装设浓度计、流量计和电动管夹阀,用以检测和控制充填料浆的浓度和流量。

2.3.2 充填系统管网与充填钻孔

1. 充填管网

龙首矿充填管网由如下 3 级充填钻孔组成。

1) 一级充填钻孔

一级充填钻孔为从地表 1408～1682m 水平,位于东部制浆站搅拌楼房内。原设计 4 条 ϕ159mm 的镍铬合金材质钻孔,分别为 1#、2#、3#、4# 钻孔。正在使用的是 3# 钻孔,其余 1#、2#、4# 钻孔已报废。2010 年 3 月新建 4 条 ϕ299mm 镍铬合金材质钻孔,分别为 5#、6#、7#、8# 钻孔,目前尚未投入使用。

2) 二级充填钻孔

二级充填钻孔位于 1280～1408m,原设计 8 行充填回风盲井井壁预埋 6 条 ϕ159mm 的复合锰钢材质钻孔,现已全部磨破报废,目前使用井筒内悬挂 4 条临时充填管(1340～1400m),进行中采区 15～18 行采场的充填。2009 年新建 4 条 ϕ219mm 的复合锰钢材质钻孔,分别为 1#、2#、3#、4# 钻孔,正在使用 1# 钻孔服务东采区各采场的充填。

3) 三级充填钻孔

三级充填钻孔为 1220～1280m,原 7 行充填管道回风井井壁预埋 6 条 ϕ100mm 的双金属复合材质钻孔,现已全部磨破报废。目前使用井筒内悬挂 5 条临时充填管,其中,2 条在充填,3 条已磨破报废,担负东采区 E1005H—1007B 采场的充填。2011 年 8 月正在施工新建(1280～1165m)2 条 ϕ299mm、1 条 ϕ219mm 镍铬合金钻孔,分别为 1#、2#、3# 钻孔。龙首矿充填系统管网如图 2.2 所示。

2. 西部充填钻孔

西部充填钻孔分 3 级(图 2.3)。钻孔技术参数见表 2.4,钻孔使用情况见表 2.5 和图 2.4。

1) 地表钻孔房～平硐充填钻孔

地表钻孔房(1678m)～平硐共有 3 条钻孔。1# 钻孔(WI01)于 1993 年 1 月启用,2005 年 6 月上部 20～30m 处破损,累计充填量 97 万 m^3,暂停使用;2# 钻孔(WI02)于 2002 年 10 月启用,累计充填量 72 万 m^3,现使用中;3# 钻孔于(WI03)1993 年 1 月启用,2003 年 6 月上部 20～30m 处破损,累计充填量 67 万 m^3,暂停使用。

2) 平硐～1424m 充填钻孔

平硐～1424m 共有 6 条钻孔。1#、2#、3# 钻孔(WII01～WII03)于 1993 年同时启用,2002 年全部报废;后补充 4#、5#、6# 钻孔(WII04～WII06),在 2002 年同时启用。4# 钻孔由于严重偏斜未找到孔位;5# 钻孔 2007 年 1 月,用钻孔电视检测,发现 42m 处已破损,管壁已磨穿见到岩体,累计充填量 64.2 万 m^3;6# 钻孔 2006 年 5 月,上部 2m 处破损,已修复使用,累计充填量 60.9 万 m^3。

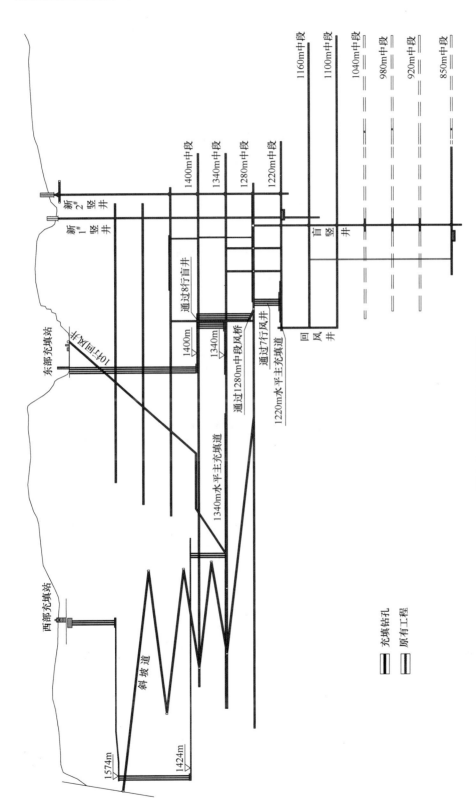

图 2.2 龙首矿充填系统管网

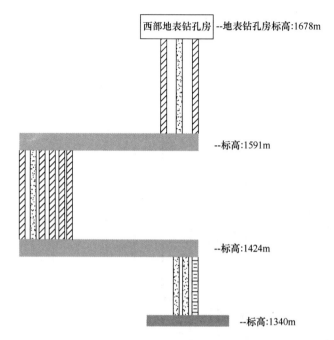

图 2.3　龙首矿西部充填钻孔分布图

▨▨表示已经报废或者停用的钻孔；▭▭表示备用的钻孔；▭▭表示
现在正在使用的钻孔

表 2.4　龙首矿西部充填钻孔主要技术参数

组序	孔号	孔口坐标			孔底坐标			孔深 /m	偏斜率 /%	孔径 /mm
		x	y	z	x	y	z			
地表至 1591m	WI01	9059.619	6047.287	1677.035	9059.594	6047.044	1589.475	88	0.28	$\phi180\times14$
	WI02	9058.409	6045.044	1677.148	9058.330	6045.216	1589.526	88	0.22	$\phi180\times14$
	WI03	9057.248	6042.913	1677.102	9056.975	6042.858	1589.339	88	0.32	$\phi180\times14$
1574～ 1424m	WII01～ WII03	—	—	—	—	—	—	143	—	$\phi133\times16.5$
	WII04	—	—	—	—	—	—	143	—	$\phi180\times14$
	WII05	8821.218	5708.158	1571.383	8822.154	5706.076	1428.655	143	1.60	$\phi180\times14$
	WII06	8823.028	5707.840	1571.309	8820.422	5707.587	1428.817	143	1.83	$\phi180\times14$
1424～ 1340m	WIII01～ WIII03	—	—	—	—	—	—	84	—	$\phi180\times14$

表 2.5　龙首矿西部充填钻孔使用情况表

钻孔区段	钻孔条数	孔号	启用时间	累计充填量/m³	使用状况
地表~平硐	3	WI01	1993 年 1 月	970000	2005 年 6 月上部 20~30m 处破损,暂停使用
		WI02	2002 年 10 月	720990	使用中
		WI03	1993 年 1 月	670000	2003 年 6 月上部 20~30m 处破损,暂停使用
平硐~1424m 中段	6	WII01	1993 年 1 月	410000	2002 年全部报废
		WII02	1993 年 1 月	410000	2002 年全部报废
		WII03	1993 年 1 月	410000	2002 年全部报废
		WII04	报废孔	0	由于钻孔打偏,未找到孔
		WII05	2002 年 6 月	642329	在 2007 年 1 月 12 日,用钻孔电视检测,发现 42m 处破损,仪器无法再深入检测
		WII06	2002 年 5 月	609421	2006 年 5 月上部 2m 处破损,已修复,使用中
1424~1340m 中段	3	WIII01	2005 年 9 月	201426	2006 年 7 月上口破损,已修复,使用中,服务于 15E-28W 采场;在 2007 年 1 月 12 日,用钻孔电视检测,发现 26m 处已破损,管壁已磨穿,见岩体
		WIII02	2005 年 9 月	249421	2006 年 7 月上口破损,已修复,使用中,服务于 15E-28W 采场
		WIII03	未启用	0	备用

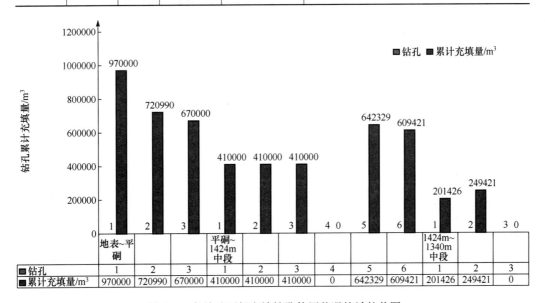

图 2.4　龙首矿西部充填钻孔使用状况统计柱状图

3) 1424~1340m 充填钻孔

1424~1340m 共有 3 条钻孔,钻孔使用情况如下:

(1) 1# 钻孔(WIII01)2005 年 9 月启用,2007 年 1 月用钻孔电视检测,发现 26m 处已破损,管壁已磨穿见到岩体,累计充填量 201426m³。

（2）2# 钻孔（WIII02）2005 年 9 月启用，2006 年 7 月上口破损已修复，累计充填量 249421m³。

（3）3# 钻孔备用。

西部充填钻孔使用情况和统计结果如图 2.4 和图 2.5 所示，具体情况如下。

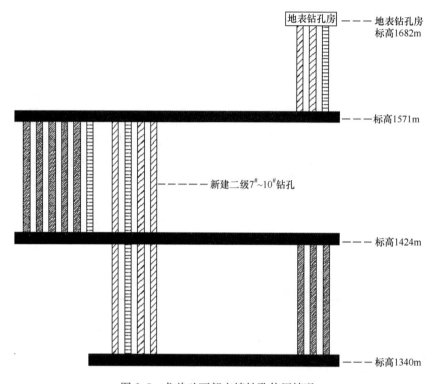

图 2.5　龙首矿西部充填钻孔使用情况

▨▨▨ 已经报废或者停止使用的钻孔
▱▱▱ 备用的钻孔
▭▭▭ 现在正在使用的钻孔

（1）地表钻孔房（1682m）～充填平硐钻孔（1588m）共有 3 条 φ159mm 的复合锰钢材质钻孔。1#、2#、3# 钻孔均进行多次修复。1# 钻孔目前正在使用，2#、3# 钻孔备用。

（2）平硐 1574～1424m 原有 6 条 φ159mm 的复合锰钢材质钻孔，1#、2#、3#、4# 和 5# 钻孔已破损全部报废，6# 钻孔也已出现多处磨穿孔壁现象，目前暂时维持使用。

（3）1571～1340m 于 2009 年新建 4 条 φ219mm 的复合锰钢材质钻孔，分别为 7#、8#、9#、10# 钻孔。8# 钻孔目前正在使用，主要服务中采区各采场的充填，7#、9# 和 10# 钻孔备用。

（4）1424～1340m 原设计有 3 条 φ100mm 的复合锰钢材质钻孔，现已全部损坏报废。

3. 东部充填钻孔

龙首矿东部充填钻孔分布如图 2.6 所示。钻孔的技术参数见表 2.6，钻孔使用情况见表 2.7 和图 2.7。

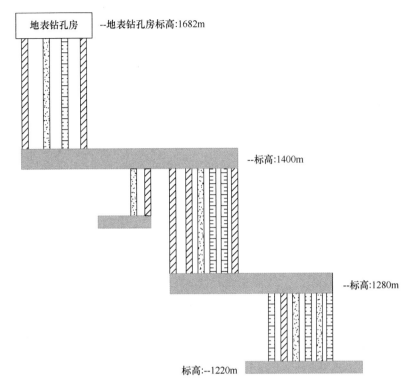

图 2.6　龙首矿东部充填钻孔分布示意图

▨▨表示已经报废或者停止使用的钻孔; ▭▭表示备用的钻孔;

▭▭表示现在正在使用的钻孔

表 2.6　龙首矿东部充填钻孔主要技术参数

组序	孔号	孔口坐标			孔底坐标			垂深 /m	偏斜率 /%	孔径 /mm
		x	y	z	x	y	z			
地表~ 1400m	EI01	8499.496	6782.69	1682.296	8503.54	6782.67	1409.19	279	1.48	$\phi180\times10.5$
	EI02	8500.302	6784.045	1682.233	8507.20	6773.63	1410.38	280	4.60	$\phi180\times10.5$
	EI03	8504.405	6784.82	1683.418	8524.11	6771.95	1412.72	277	8.69	$\phi180\times10.5$
	EI04	8506.24	6785.607	1682.496	8512.31	6770.14	1410.86	280	6.12	$\phi180\times10.5$
1400~ 1280m	EII01~ EII06	—	—	—	—	—	—	172	—	$\phi133\times16.5$
	EII07~ EII08	—	—	—	—	—	—	60	—	$\phi133\times16.5$
1280~ 1220m	EIII01~ EIII06	—	—	—	—	—	—	60	—	$\phi133\times16.5$

注:① 孔底 z 坐标为钻孔硐室顶部高程,垂深为钻孔内充填管道长度(至钻孔硐室底板);② EII07~EII08 通 1340m 中段。

表 2.7　龙首矿东部充填钻孔使用情况

钻孔区段	钻孔条数	孔号	启用时间	累计充填量/m³	使用状况
地表~ 1408m	4	EI01	2004 年 9 月	363478	2006 年 7~8 月,钻孔连续出现耐磨层脱落,9 月暂停使用
		EI02	2006 年 9 月	80843	2006 年 9 月正式启用
		EI03	未启用	0	备用
		EI04	2006 年 9 月	611	2006 年 9 月堵塞
1400~ 1280m	6	EII01	2004 年 9 月	56286	现破损,破口在 1340 中段以上 10m 左右,2005 年 8 月暂停使用
		EII02	未启用	0	备用
		EII03	2007 年 3 月		使用中
		EII04	2006 年 10 月	59545	使用中(于 2007 年 3 月 7 日破损)
		EII05	2005 年 7 月	50228	钻孔上口破损,于 2006 年 10 月暂停时用
		EII06	2005 年 8 月	55087	2006 年 7 月破损,具体位置不明,已暂停使用
1400~ 1340m	2	EII07	2005 年 8 月	201877	2006 年 9 月上口破损,暂停使用
		EII08	2006 年	43064	使用中,服务于 706~718 采场
1280~ 1220m	6	EIII01	未启用	0	备用
		EIII02	2004 年 9 月	102383	2006 年 10 月 1220m 中段以上 20~30m 处破损,暂停使用
		EIII03	2006 年 10 月	17540	使用中
		EIII04	未启用	0	备用
		EIII05	2004 年 9 月	80231	使用中
		EIII06	未启用	0	备用

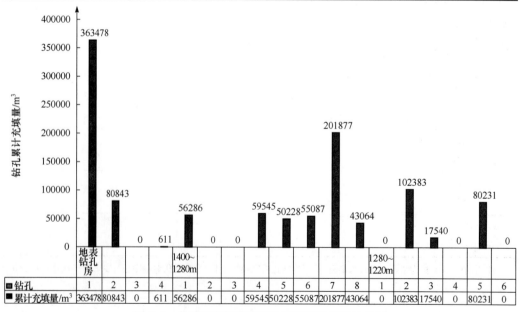

图 2.7　龙首矿东部充填钻孔使用状况统计柱状图

1) 地表~1408m 充填钻孔

龙首矿地表至 1408m 水平的充填钻孔工程位于龙首矿东部制浆站内。该工程共设计 4 条相同规格的钻孔,分别为 1#、2#、3#、4# 钻孔(EI01~EI04)。1# 钻孔于 2004 年 9 月启用,截至 2006 年 8 月,已累计充填 363478m³,在 2006 年 8~9 月,由于耐磨层连续脱落已暂停使用;2# 钻孔 2006 年 9 月正式启用,截至目前已累计充填量 80843m³;3# 钻孔未启用;4# 钻孔于 2006 年 9 月启用,充填 611m³ 后钻孔堵塞。

2) 1400~1280m 充填钻孔

1400~1280m 共计有 8 条钻孔,布置于 8 行盲井内。1#~6# 钻孔(EII01~EII06)通往 1280m 中段,7#、8# 钻孔(EII07~EII08)通往 1340m 中段。1# 钻孔 2004 年 9 月启用,现破损,破口在 1340m 中段以上 10m 左右,2005 年 8 月暂停使用,累计充填量 56286m³。2# 钻孔备用;3# 钻孔于 2007 年 3 月 8 日启用;4# 钻孔 2006 年 10 月启用,2007 年 3 月 7 日,在 1340m 水平以下出现破损,已累计充填 59545m³,暂停使用;5# 钻孔 2005 年 7 月启用,钻孔上口破损,于 2006 年 10 月暂停使用,累计充填量 50228m³;6# 钻孔 2005 年 8 月启用,2006 年 7 月破损,破损位置在 1280m 中段以上,具体位置不明,已暂停使用,累计充填量 55087m³;7# 钻孔 2004 年 9 月启用,2006 年 9 月上口破损,暂停使用,累计充填量 201877m³;8# 钻孔 2006 年启用,现使用中,累计充填量 43064m³。

3) 1280~1220m 充填钻孔

1280~1220m 共计有 6 条钻孔,布置于 7 行管道回风井内。1#(EIII01)、4#(EIII04)、6#(EIII06)钻孔处于备用状态;2# 钻孔(EIII02)2004 年 9 月启用,2006 年 10 月 1220m 中段以上 20~30m 处破损,暂停使用,累计充填量为 102383m³;3# 钻孔 2006 年 10 月启用,正使用中,累计充填量 17540m³;5# 钻孔 2004 年 9 月启用,正使用中,累计充填量 80231m³。龙首矿东部充填钻孔使用情况如图 2.8 所示。

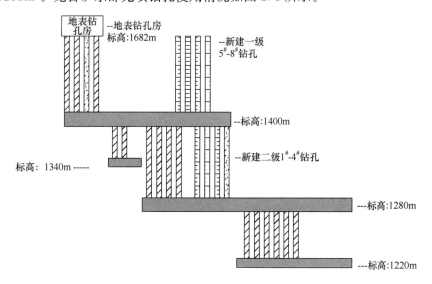

图 2.8　龙首矿东部充填钻孔使用情况

▨　表示已经报废或者停止使用的钻孔

▭　表示备用的钻孔

▭　表示现在正在使用的钻孔

4. 西二采区充填钻孔

西二采区充填钻孔如图2.9所示,使用情况如下。

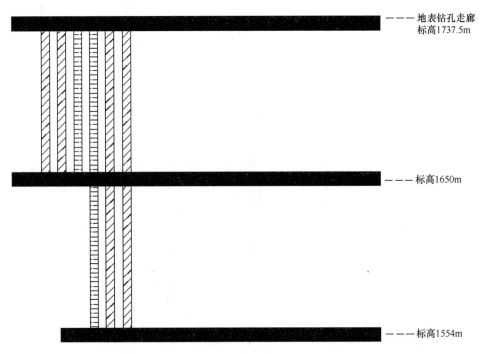

———地表钻孔走廊
标高1737.5m

———标高1650m

———标高1554m

图2.9　龙首矿西二采区充填钻孔使用情况图

▨▨▨　备用的钻孔

▭▭▭　现在正在使用的钻孔

　　地表钻孔走廊1737.5~1650m(充填回风道)设计有3条ϕ219mm的高铬复合管材质钻孔。1#钻孔目前正在使用,2#、3#钻孔备用,主要服务1554m中段以上1630m分段以下各采场的充填。由于充填倍线过大,充填料浆采用加压泵送至采空区。地表钻孔走廊1737.5~1554m(充填回风道)设计有3条ϕ219mm的高铬复合管材质钻孔。4#钻孔目前正在使用,5#、6#钻孔备用。6#钻孔为不耦合可修复钻孔,主要服务1430m中段以上1534m分段以下各采场的充填,充填料浆依靠自流输送至采空区。

　　井下各钻孔联络道、主充填道和采场穿脉充填道均使用ϕ133mm钢玉复合耐磨钢管,采场内充填回风井敷设的充填管为ϕ133mm矿用树脂管,规格与钢玉复合钢管配套。

2.3.3　充填进路准备

1) 平底

分层道底板回填0.3m厚的碎矿石,进路底板回填0.1~0.3m厚的碎矿石(回填碎矿石对下分层爆破时增加爆破自由面和保护充填体有一定效果),人工扒平,形成设计倾斜角,以利于充填。

2）吊挂

在扒平的碎矿石上铺设金属三角桁架和钢筋网。金属三角桁架两端吊环预埋至碎矿石中,以备下分层充填吊筋连接之用。吊筋弯钩长度 > 400mm,弯钩处相互缠绕连接。铺底钢筋网(网度 300mm×400mm)固定在三角桁架的底筋上,钢筋网与桁架拧结相连。吊挂用的桁架及金属网如图 2.10 和图 2.11 所示。

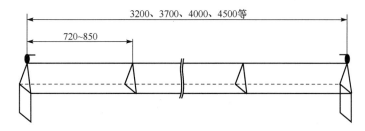

图 2.10　吊挂用的桁架(单位:mm)

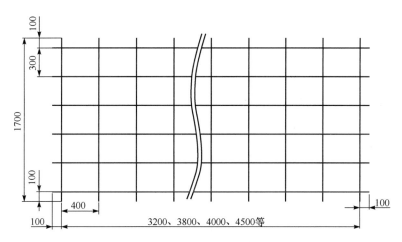

图 2.11　吊挂用的金属网(单位:mm)

3）充填挡墙

封口采用空心粉煤灰砖砌筑挡墙。砌筑之后,再喷射一层 100mm 厚混凝土加固挡墙,按《空心炉渣砖充填板墙技术标准》执行。

4）预支通风行人井和通风井

通风井采用 $\phi2m$ 铁盒子预留;通风行人井采用 $\phi2m$ 铁盒子预留,里面安装行人软梯。铁盒子密封严实,防止进灰。

5）实施充填

充填准备工作结束后,将充填料通过充填小井灌入采场。充填方式为细砂管道自流输送。采场充填72h后再进行下一分层切割工程的施工。

六角形高进路不设置专门的滤水装置,充填前在充填挡墙周围下挖集水坑。集水坑内嵌无底集水坑钢结构衬板,衬板四周间隙用碎石填实。衬板采用 6mm 厚的钢板进行无缝焊制,钢衬板内侧采用两根 $\phi30mm$ 的圆钢加固。集水坑中的污水采用水泵排至分段道排污管。

2.4 二矿区充填系统

2.4.1 充填系统简介

二矿区充填系统由一期、二期两个充填搅拌站组成。一期搅拌站由 3 套高浓度细砂管道自流充填系统组成。二期搅拌站为 2 套尾砂自流充填系统和 1 套尾砂膏体泵送充填系统组成。上述的 3 种充填工艺系统单套充填设计能力为 $60\sim80m^3/h$,自流充填料浆的设计质量分数 75%～78%。膏体充填料浆输送质量分数 78%～82%,充填钻孔 $\phi245\sim299mm$。主充填管路采用 $\phi133mm$ 耐磨管,部分充填回风道及生产盘区采用 $\phi108mm$ 无缝钢管。采场进路采用 $\phi108mm$ 聚氯乙烯增强塑料管,充填倍线为 3～6。设计充填体强度要达到 $R_3\geqslant1.5MPa$,$R_7\geqslant2.5MPa$,$R_{28}\geqslant5MPa$ 的矿山安全生产标准。

两个充填搅拌站的充填系统自建成以来一直使用至今。随着矿山生产能力的逐步加大,对充填体整体质量要求不断提高。二矿区经过多年的挖潜技术改造,工艺和设备环节得到了不断地优化和更新,生产组织和质量控制管理不断完善,现基本满足二矿区年产430 万 t 的大面积连续采矿对充填能力和充填体质量的要求。

1. 一期充填搅拌站

一期搅拌站于 1982 年建成,分为东、西部两个充填搅拌站。一期工程结束后,东部充填系统交付 F_{17} 以东采矿使用。原设计一期西部充填搅拌站为 5 套自流搅拌系统,由于 $1^\#$、$2^\#$ 搅拌系统与供砂、供灰系统不匹配,在 1991 年技术改造中,对 $1^\#$、$2^\#$ 搅拌系统进行了拆除。而 $3^\#$、$4^\#$、$5^\#$ 搅拌系统在 1989～1992 年也先后进行两次技术改造。目前,二矿区一期充填系统只有 $4^\#$、$5^\#$ 搅拌系统能够同时充填作业,$3^\#$ 系统备用。控制系统采用以可编程序调节器 KMM 为主体的工艺参数自动控制系统。主要设备有 3 台桥式抓斗起重机(与二期搅拌站共用)、1 台 $\phi3m$ 圆盘给料机、2 套 B1000 皮带输送机、2 套 $\phi500U$ 形螺旋输送机和 2 台 ZL450 斗式提升机。其工艺流程如图 2.12 所示。

2. 二期充填搅拌站

二期充填搅拌站由北京有色设计总院与金川镍钴研究设计院共同设计,1996 年开工建设,1999 年 8 月交付使用。该搅拌站包括 2 套料浆自流制备系统和 1 套膏体料浆制备系统。其中自流搅拌系统设计能力为 $80\sim100m^3/h$,膏体搅拌系统设计能力 $60\sim80m^3/h$,采用美国 HONEYWELL 公司 TDC3000 集散控制系统。

由于膏体系统工艺不完善,采用地表添加水泥方式一直占用其中 1 套自流系统的供灰及搅拌设施,所以二期充填搅拌站只有 1 套自流搅拌系统和 1 套膏体充填搅拌系统能同时使用。

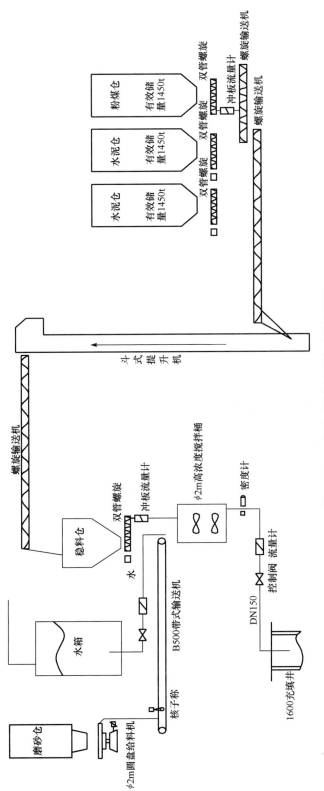

图 2.12 二矿区一期充填系统工艺流程图

1）自流充填系统

原设计二期尾砂自流充填系统采用粉煤灰代替部分水泥作为胶结物料。以选矿厂尾砂和棒磨砂作为充填骨料，其配比参数为 $m_{尾砂}:m_{棒磨砂}:m_{水泥}:m_{粉煤灰}=1:1:0.37:0.22$，充填能力 $80m^3/h$，料浆的质量分数 75%。

为了提高二矿区充填质量和充填能力，使二期充填系统具备使用棒磨砂按灰砂比 1∶4 打底充填的供灰、供水、供砂能力，根据西部一期搅拌站满足 4000t/d 采矿规模充填能力的实际经验，于 2001 年对原设计采用的尾砂、粉煤灰、棒磨砂、水泥高浓度料浆自流输送工艺进行技术改造，在保证原设计尾砂充填系统正常运行的前提下，使系统具备使用棒磨砂和水泥高浓度料浆自流输送工艺的能力，保证二矿区"十五"期间充填任务的正常完成。目前，每套自流搅拌系统具备棒磨砂和水泥按灰砂比 1∶4 打底充填的能力，料浆的质量分数达到了 $77\%\sim79\%$，实现高浓度料浆细砂管道自流充填。主要设备包括 5 条 B650 皮带输送机、2 条 B500 皮带输送机、2 个 $\phi300mm$ 双管螺旋、2 个 $\phi400$U 形螺旋以及 2 套搅拌设备。同时，由于膏体充填系统水泥添加方式的改造，占用了 2# 自流料浆制备系统。其工艺流程如图 2.13 所示。

2）膏体充填系统

二矿区膏体充填实验研究始于 1987 年，是国家"七五"期间金川公司和北京有色设计研究院（现为中国恩菲工程技术有限公司）共同合作的重大科研攻关项目。室内模拟实验结束后，于 1989 年年底开始在二矿区东部充填搅拌站做地表环管试验和半工业试验，历时两年后取得初步成功，并于 1991 年将该成果应用于二矿区二期充填搅拌系统。

膏体搅拌系统原设计能力为 $60\sim80m^3/h$，年生产能力 20 万 m^3，主要设备包括 2 台德国 Schwing 公司生产的 KSP140-HDR 双缸液压活塞泵、1 台 PM 公司生产的 KOS2170 双缸液压活塞泵。控制系统采用美国 Honeywell 公司的 TDC3000 集散控制系统；水泥活化搅拌、水平带式过滤机、双轴搅拌槽、尾砂旋流分级系统等设备均为国内自行设计制造。

由于尾砂供料系统存在严重缺陷，水泥浆制备与输送系统设计不合理，膏体输送管路连接方式不科学和系统环节复杂等原因，膏体系统一直不能达到设计生产能力。从 2000 年开始，二矿区针对膏体充填系统存在的问题，开展一系列的技术改造工作。通过对工艺系统环节简化完善和工艺参数的调整，2008 年膏体充填生产能力达到 20 万 m^3/a 的设计生产能力。尾砂膏体泵送充填系统如图 2.14 所示。

2.4.2　充填系统管网与脱水技术

二矿区井下充填管路共有 1600m、1350m、1250m、1200m、1150m、1100m 和 1000m 7 个工作平面，管线总长度超过 10000m。单套系统充填管线最长 2500m 左右。充填管路采用地表充填小井→充填联络道→充填钻孔→充填联络道→充填钻孔→充填联络道→充填小井→充填采场的水平充填管路与钻孔充填小井阶梯式接力布置方式。主系统管路均采用耐磨管连接，管道外径为 $\phi133mm$。充填回风道内采用 $\phi108mm$ 普通钢管，全系统管线内径为 $\phi100\sim108mm$。二矿区管线及钻孔布置如图 2.15 所示。

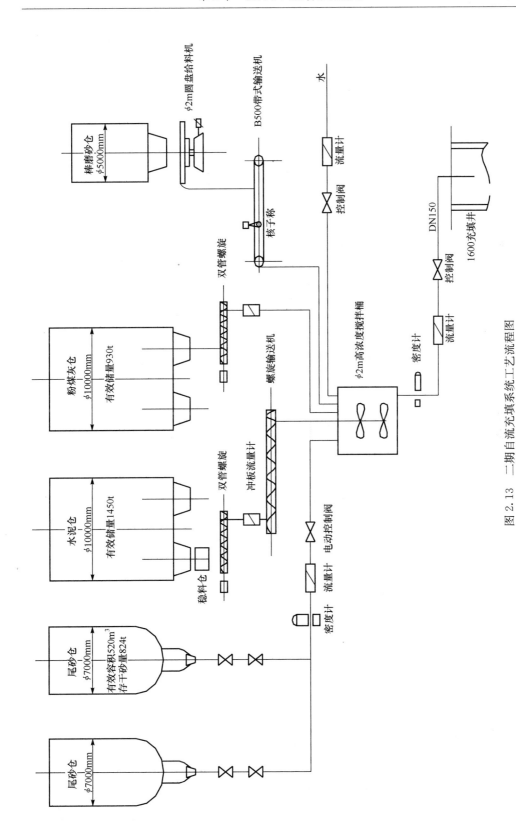

图 2.13　二期自流充填系统工艺流程图

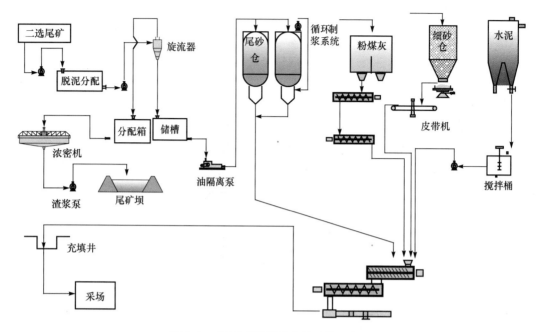

图 2.14　尾砂膏体泵送充填系统示意图

在高浓度自流充填中,对于 76%~78% 高浓度自流充填料浆,水占其总质量的 23%~25%,体积比则达到 45% 左右,水灰比极大。从实际充填采场测得每立方充填料浆自然析出的脱水量为 8%~10%,而充填体仍达到一定的强度。这归功于采场渗流脱水措施,使充填料浆产生固结沉陷,体积发生变化,从而减小了充填体孔隙率,使充填体致密性和强度增加。

2004 年,金川镍钴研究设计院与二矿区共同进行试验研究,成功开发了"矿山充填砂浆滤水新工艺"。利用予埋在挡墙中两根 $\phi100mm$ 砂浆滤水管,对正在充填的料浆进行实时脱水,有效地解决了料浆在长距离流淌过程中的离析。按工艺要求进行充填和布置的滤水管,每根滤水管的滤水能力为 2t/h,完全满足对高浓度自流充填料浆的脱水要求。

2.4.3　充填进路准备

下向分层进路胶结充填中,采场准备是整个充填工艺的一个重要组成部分,在提高充填体整体质量和保证充填生产作业顺利实施等方面具有重要作用。充填工艺及采矿方法的差异,使得采场准备工作也大不相同。金川矿区均有一套较为完整的充填准备工作标准。

1. 采场清底

待充填进路的清底,包括将进路内各种杂物、矿石和积水清理,进路两帮底角及底板平整,并与同层底板标高不超过 ±200mm。其目的是将待充填分层的底板作为下一回采分层的顶板,为下一分层采矿提供安全平整的人工充填体顶板。

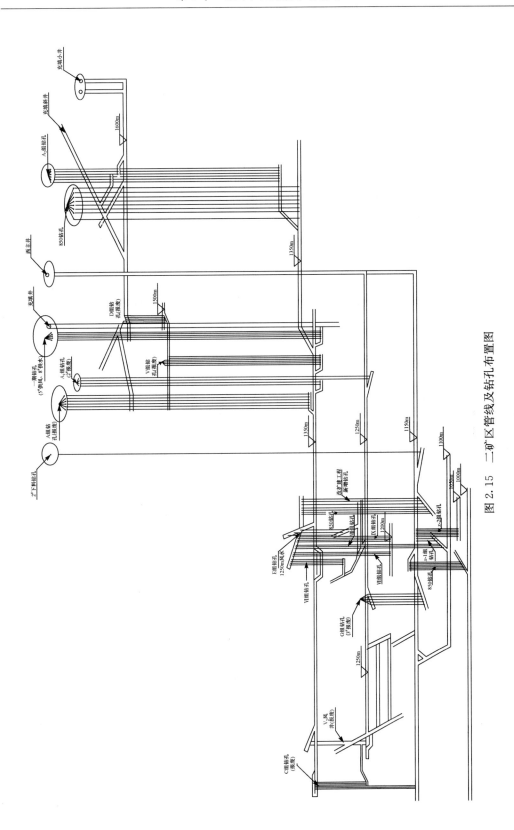

图 2.15　二矿区管线及钻孔布置图

2. 采场钢筋敷设

在矿山地压较大的下向分层胶结充填采矿中,为了加强充填体的整体性,防止因充填料浆的离析分层等原因导致充填体脱层冒落,在充填采场内敷设钢筋,从而增加充填体的整体稳定。实践证明,充填采场内敷设钢筋十分必要,特别对于服务期限较长,暴露面积较大的分层出矿道及进路交叉口处,其作用更为明显。

在下向充填采场中,充填体的顶板安全是回采的关键。从二矿区投产开始,先后与长沙矿山研究院、北京科技大学和中南大学等科研院所和高校开展了充填体作用机理的研究。研究表明,充填体中敷设吊挂钢筋,对于提高充填体强度作用明显。但在设计中对此不明确,不具有可操作性:二期工程初步设计说明书采矿部分对钢筋敷设吊挂也没有具体的设计说明;1989 年金川公司《矿山技术标准汇编》中铺底筋、吊挂筋采用人工现场编网;1997 年修订的《采掘工程质量验收标准》中钢筋敷设吊挂依旧采用人工现场编网,只是对编网提出要求;《矿山改扩建初步设计说明书》中未对钢筋敷设、吊挂方式和参数作具体要求,仅注释为确保采矿人员作业安全,在充填进路底板铺设钢筋加金属网,并与上部充填体联系。

鉴于敷设吊挂钢筋的重要性和根据现场实践工程经验,从 1999 年起,二矿区对钢筋敷设方式进行改进:底筋不再用人工方式逐根绑扎,改为网片结构。底筋网片网度 400mm×400mm,网片规格 2.25m×4.25m,在地表批量焊接加工。采用主副筋吊挂,底筋的主筋直径 ϕ12mm,副筋直径 ϕ6.5mm,吊筋直径 ϕ12mm。

机械化下向水平分层胶结充填采矿,采场钢筋的敷设由底筋网片和吊筋组成。底筋网片敷设标准:主筋直径为 ϕ12mm,网度 1000mm×1500mm;副筋直径 ϕ6.5mm,网度 300mm×500mm;主筋、副筋焊接成规格为 4800mm×2000mm 的网片,网片之间钩联牢固。

吊筋的敷设设计为:直径 ϕ12mm,网度 1000mm×1500mm,要求垂直吊挂在顶板上,并锁紧上部和顶板锚杆或预埋件联结牢固,达到使底筋通过吊筋和上部充填体连成一体,增加进路充填体的稳定性。无条件吊挂时,沿进路长度方向每 5m 打一横撑,纵向布置 ϕ6.5mm 钢筋,再将吊筋固定在 ϕ6.5mm 的钢筋上,横撑距底板高度不小于 2.0m。

3. 充填管及滤水管架设

充填钻孔采用 ϕ219～299mm 的耐磨管。在主充填管路中,主要采用 ϕ133mm 的耐磨钢管。一般充填道和充填小井至出矿分层道选用 ϕ108mm 普通无缝锰钢管。作为一次性使用的充填进路中的充填管,采用价格低廉的 ϕ108mm 聚乙烯增强塑料管。充填进路管路架设要求管路沿充填顶板平直铺设,并与锚杆或上层底筋牢固绑扎结实,管头位置应处在距掌子面 5～8m,并固定在最高点处,在超过 50m 的充填进路则要求架设两条充填管,以利于充填作业的安全及充填接顶。

在挡墙中预埋两根 ϕ100mm 砂浆滤水管,每根长 10m 左右。滤水端固定在进路的顶板上,滤水管出水口距离进路底板 100～400mm。有条件时,出水端接变径接头与 ϕ60mm 水管连接引至排水仓。

4. 砌筑充填挡墙

充填挡墙的安全可靠性对采场作业人员及设备的安全极其重要。在固定式充填挡墙中,炉渣空心砖挡墙已在机械化下向分层胶结充填中普遍应用。

炉渣空心砖充填挡墙的砌筑位置应尽量处于进路开口处,并在超过 50m 的充填进路中间砌一道 2.5m 高的充填挡墙。挡墙内外人工抹灰封闭。砌墙时先将墙基清净,再用高标号混凝土砂浆砌筑 600mm 宽的基础,然后再用砂浆将砖块上下层交错砌筑。墙体两端和两帮之间必须保证密实坚固,墙体厚度 600mm,并在挡墙上部预留一个规格为 600mm×800mm 的观察口,然后再在挡墙外表面喷射 25～30mm 的混凝土封闭,1 天后即可进行充填。

在岩石较破碎及其他情况下,造成采矿进路口呈喇叭口形状。由于采矿进路与分层道的交叉口充填顶板暴露面积较大,在地应力较大和充填顶板服务期限长的情况下,为了减少分层道跨度,缩小分层道顶板暴露面积,提高充填顶板稳定性,则采用炉渣空心砖砌筑外弧形挡墙,挡墙弧顶与分层道另一帮的距离不大于 5m,可有效限制出矿分层道充填顶板的暴露面积,减轻充填体片落的危险。

5. 采场充填顺序

充填进路保证 3 次充完接顶。第 1 次为打底充填,灰砂比 1∶4,充填高度 2m;第 2 次为补口充填,充填高度 1.5～2m;第 3 次为接顶充填。每次充填结束后,待充填料浆有一定的固结收缩后,再将沉淀出的清水及时排出或加装滤水管,边充填边脱水,为下一次充填做好准备。接顶充填时要加强观察充填情况。当充填料浆从挡墙顶部观察口溢出时,说明采场充填料浆已经充满,立即电话通知充填站停止充填;当清洗水到采场口时,为了保证充填充分接顶,也可将采场口三通打开或将充填塑料管断开,避免清洗管道水进入采场。

坚持"采一充一"的原则,充填从里向外依次进行(中间有小挡墙进路,第 1 次充填必须从里向外分两次进行)。充填分层道时一次充填长度不得超过 50m。一条进路尽可能做到两次充填结束;若条件不具备需要多次充填时,第 1 次充填高度必须为 2m 左右。每条进路从充填准备工作开始到充填接顶结束,必须在 7 天之内完成。废石回填进路在 10 天内完成,充填结束间隔 72h 以后,才能开始相邻进路的回采工作。

2.5　三矿区充填系统

2.5.1　充填系统简介

三矿区目前有一个充填搅拌站,其中 1#、2# 自流系统在 1986 年建成投产,3# 自流系统为 2010 年扩建,担负三矿区 F_{17} 以东和 F_{17} 以西井下采空区 45 万 m^3/a 的充填任务,均采用高浓度细砂管道自流输送。其中 1#、2# 系统共用一套皮带运输机。2010 年正式投入使用的 3# 系统为一套单独充填系统。每套充填系统的设计能力均为 80m^3/h,实际生

产能力达到 $100\sim110\mathrm{m}^3/\mathrm{h}$,由容积为 $700\mathrm{m}^3$ 的 2 个卧式砂仓、1 个 450t 水泥仓、2 个 200t 水泥仓、中控室、高位水池、$\phi245\mathrm{mm}$ 钻孔和 $\phi100\mathrm{mm}$ 输送管网组成。三矿区充填材料原一直采用风砂充填。3#新充填系统生产工艺流程如图 2.16 所示。1#、2#老充填系统的生产工艺流程如图 2.17 所示。

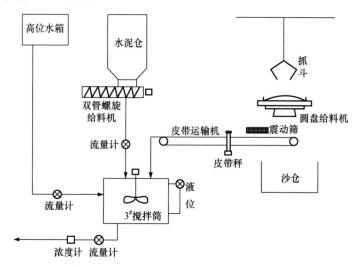

图 2.16　三矿区 3#新系统生产工艺流程

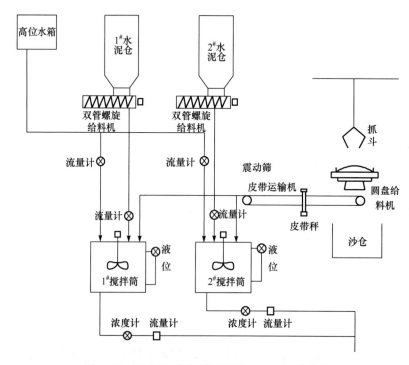

图 2.17　三矿区 1#和 2#老系统生产工艺流程图

　　F_{17} 以东充填搅拌站为原二矿区东部充填系统,现服务于三矿区 F_{17} 以西和 F_{17} 以东矿体。地表搅拌站工业设施包括砂仓、皮带廊、搅拌楼、高位水池等工程。原设计单位为北京有色冶金设计研究总院,施工单位为第八冶金建设工程公司,1974 年开工建设,1982 年 8 月竣工。

2003 年 36 行充填搅拌站改造列为矿山改扩建项目,主要改造内容为:新建 360m² 排班室,对搅拌站屋面、内外墙抹灰粉刷及搅拌楼结构柱加固,采暖改造,供电系统改造,仪表系统及其配套设施建设。新增一条上料皮带机、漏斗及相配套设施。2007 年 F₁₇ 以东深部开拓与扩能技术改造工程,设计充填搅拌站增加 1 套充填料浆制备系统。卧式砂仓向两端各扩建 3 跨 18m,增大砂仓储存量,搅拌楼扩建为 12m×6m,并在砂仓和扩建的搅拌楼之间增设 1 条皮带廊。增加的设备有抓斗桥式起重机、圆盘给料机、胶带输送机、双管螺旋给料机、高浓度搅拌槽以及仓顶布袋收尘器等。

2.5.2　充填系统管网及充填准备

1. 充填系统管网

三矿区充填管路系统由 F₁₇ 以东和 F₁₇ 以西两部分的管网组成。F₁₇ 以东管路系统为地表搅拌站→充填斜井→充填钻孔→井下 1200m 水平→充填回风井→井下采场。F₁₇ 以西管路系统为:搅拌站→充填钻孔→1400m 水平采场→1350m 水平采场→充填钻孔→1450m 水平采场。为了保证充填管材的安全可靠,延长服务周期,降低材料成本,经过长期试验,目前普遍应用的是陶瓷衬里和钼铬合金 ϕ133mm 耐磨材质管材。

2. 地表充填斜井

斜井由 36 行地表开口,通过斜巷将充填管道送至 42 行,斜井坡度 15°;开凿工程量 276.032m/2120.23m³;巷道内敷设风水管各 1 条;充填用 ϕ133×12 钢玉复合管 2 条。

位于 42 行下盘附近设计 2 条充填钻孔,与充填斜井充填管相连,将充填砂浆送至 1200m 水平主充填回风平巷。钻探成孔 ϕ350mm,孔深 532m,套管 ϕ245mm×28m 耐磨复合管 2 条。2007 年 F₁₇ 以东深部开拓与扩能技术改造工程,设计 6 条充填钻孔,目前完成 5 条钻孔施工。

3. 1200m 水平充填回风工程

主要包括充填钻孔联络道、充填回风沿脉道、充填回风穿脉道等工程,设计工程量 955m。采矿方法为机械化下向水平进路胶结充填采矿法。根据矿体水平宽度,沿矿体走向 150m 间隔划分盘区,采准工程设计采用脉内外联合布置。分段高度 20m,分层垂直高度 4m,每个分段服务 5 个分层,分段道与分斜坡道相连。充填管路接至充填进路中直接进行打底和接顶充填,充填准备与二矿区相同。

2.6　本　章　小　结

本章介绍了龙首矿充填系统、二矿区充填系统、三矿区充填系统及其各矿区充填管网及充填准备。金川矿山充填系统具有自身的特点,其充填工艺技术包括高浓度细砂管道自流输送胶结充填、高浓度尾砂管道自流输送胶结充填、全尾砂膏体泵送胶结充填及井下废料人工搅拌进路打底回填胶结充填。充填系统的物料为矿山自己制备,包括棒磨砂加工、尾砂储存等。

第3章 充填材料试验及强度特征研究

3.1 充填材料选择

组成充填体的材料可分为充填集料、胶结材料、添加剂和水等4个部分。充填集料是组成充填体的主要材料,其作用相当于混凝土中的砂石料,它构成充填体的骨架;胶结材料通过水化反应生成硅酸钙凝胶等水化产物而使充填体产生强度;添加剂用于改善充填料浆的流动性,并提高充填体强度;而水则提供胶结材料水化反应条件,并使充填料浆实现管道输送。

在决定采用充填采矿法后,充填材料及充填胶结剂的选用,对充填质量及充填成本具有重要意义。通常情况下,矿山根据其自身内外部技术经济条件和采矿方法的要求等,遵循来源可靠、成本低廉、充填料浆制备输送便利等基本原则,选取充填材料及配比。

目前国内外选用的充填集料主要有尾砂、重介质浮选尾矿、废石、河砂和戈壁集料等。胶结剂主要有普通硅酸盐水泥、复合硅酸盐水泥、矿渣水泥和钢渣水泥等。在保证充填质量的前提下,降低充填成本。目前,国内外广泛开展水泥代用品的研究与应用,如添加粉煤灰替代部分水泥,将矿渣及各种冶炼渣粉磨后添加活性激化剂,实现部分或完全替代水泥胶凝材料。

金川矿山对充填材料进行了广泛和深入研究。根据矿山所处的特殊地理环境及采矿方法对充填体强度的要求,对—3mm棒磨砂、冲积砂(戈壁砂)、选矿尾砂和井下掘进废石(破碎至—3mm)等材料,进行物理化学性能的测定及配比试验研究,为充填系统确定料浆制备控制参数提供试验依据。

下向进路充填采矿法要求充填体 3 天、7 天、28 天的单轴抗压强度分别达到1.5MPa、2.5MPa 和 5.0MPa,以满足人工假顶下安全作业要求。在大量试验研究基础上,自流输送系统采用的充填集料为—3mm 棒磨砂及冲积砂(戈壁砂);膏体充填系统采用集料为棒磨砂、冲积砂和尾砂。两种充填方式均采用 32.5# 增强复合水泥,并添加一定比例的早强剂,膏体充填系统另添加适量的粉煤灰。为了降低输送阻力,膏体系统中还添加一定比例的减水剂。

3.2 充 填 集 料

3.2.1 棒磨砂

金川砂石厂3个棒磨机系统设计年产细砂126万 t,是金川龙首矿和二矿区井下胶结充填所需粗砂和细砂原料的加工厂。主体工艺是将露天采出的戈壁集料砂卵石,先经破碎筛分制成粒径小于25mm 的粗集料,除部分直接送龙首矿做充填材料外,其余均需经棒磨机磨成小于 3mm 的细砂,供二矿区充填使用。破碎采用预先筛分的两段一闭路工艺流程,细磨采用一段湿式棒磨机开路和分级机脱水去泥的两段脱水工艺流程,最终加工成一3mm 的棒磨砂。一3mm 棒磨砂基本物化性能参数测定结果见表 3.1 和表 3.2。一3mm棒磨砂质量标准见表 3.3。

表 3.1　一3mm 棒磨砂物理性质

相对密度	容重/(t/m³)	孔隙率/%
2.67	1.41	47.1

表 3.2　棒磨砂化学成分测定

化学成分	Fe₂O₃	CaO	MgO	Al₂O₃	SiO₂	S
含量/%	1.92	3.4	0.87	8.69	74.48	0.024

表 3.3　棒磨砂质量标准

粒度范围/mm	>4.75	2.36~1.18	1.18~0.6	0.6~0.3
含量/%	0	14~18	22~26	18~22
含泥量按质量计不大于	7%			
含水量按质量计不大于	10%			

3.2.2　冲积河砂(戈壁砂)

戈壁砂由露天采出的戈壁集料砂卵石,经筛分后+5mm 进入砂石厂进行棒磨加工,而一5mm 直接运至充填站砂池中用于充填。冲积河砂物化性质参数见表 3.4 和表 3.5,戈壁砂质量标准见表 3.6。

表 3.4　戈壁砂物理参数

相对密度	容重/(t/m³)	孔隙率/%
2.66	1.56	41.4

表 3.5　戈壁砂化学成分测定结果

化学成分	SiO₂	Al₂O₃	MgO	CaO	Fe₂O₃	S	Fe	Ni
含量/%	36.31	3.39	28.15	3.86	0	0.67	9.51	0.198

表 3.6　戈壁砂质量标准

粒度范围/mm	>4.75	2.36~1.18	1.18~0.6	0.6~0.3
含量/%	≤3.5	18~24	16~22	15~21
含泥量按质量计不大于	7%			
含水量按质量计不大于	5%			

棒磨砂和戈壁砂颗粒较粗,采用组合筛进行筛分,对其中的较粗颗粒质量百分数进行

测定,对于较细的－0.5mm 筛余颗粒,采用 CILAS1064 型激光粒度分析仪进行激光粒度测定。两种材料的全粒级组成见表 3.7,相应的粒级组成曲线如图 3.1 和图 3.2 所示。充填用棒磨砂和戈壁砂储存砂池见图 3.3。

表 3.7　棒磨砂、戈壁砂全粒级组成

筛分孔径/mm	棒磨砂总量 10kg			戈壁砂总量 10kg		
	质量/g	分计百分含量/%	累计百分含量/%	质量/g	分计百分含量/%	累计百分含量/%
+20	0.0	0.00	0.00	0.0	0.00	0.00
20～12	16.0	0.16	0.16	4.6	0.05	0.05
12～10	28.5	0.29	0.44	8.2	0.08	0.13
10～8	41.6	0.42	0.86	16.6	0.17	0.30
8～5	372.7	3.73	4.59	728.2	7.28	7.58
5～4	490.8	4.91	9.50	962.4	9.62	17.20
4～3.536	570.7	5.71	15.21	696.9	6.97	24.17
3.536～1.768	1998.0	19.98	35.19	2031.8	20.32	44.49
1.768～0.891	1941.0	19.41	54.60	1842.0	18.42	62.91
0.891～0.707	1662.1	16.62	71.22	1150.6	11.51	74.42
0.707～0.636	380.5	3.81	75.02	365.4	3.65	78.07
0.636～0.445	945.5	9.46	84.48	552.3	5.52	83.59
0.445～0.3	43.8	0.44	84.92	43.0	0.43	84.02
0.3～0.18	358.8	3.59	88.51	383.5	3.84	87.85
0.18～0.15	147.7	1.48	89.99	173.9	1.74	89.59
0.15～0.1	263.9	2.64	92.63	329.3	3.29	92.88
0.1～0.075	147.5	1.47	94.10	184.8	1.85	94.73
0.075～0.05	150.1	1.50	95.60	166.9	1.67	96.40
0.05～0.02	190.5	1.91	97.50	143.9	1.44	97.84
0.02～0.01	73.3	0.73	98.23	48.6	0.49	98.33
0.01～0.005	57.9	0.58	99.81	49.6	0.50	98.83
0.005～0	119.1	1.19	100	117.5	1.17	100

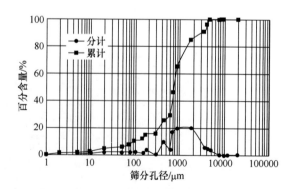

图 3.1　棒磨砂全粒级分布曲线

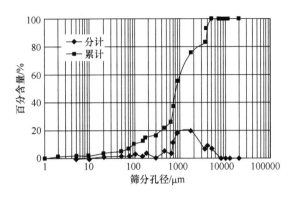

图 3.2 戈壁砂全粒级分布曲线

图 3.3 充填用棒磨砂和戈壁砂砂池

3.2.3 选矿尾砂

尾砂的物理化学性质测定结果见表 3.8 和表 3.9。用于充填的全尾砂及分级尾砂的质量标准见表 3.10 和表 3.11。从二矿区充填站尾砂仓放出的尾砂进行取样,测得其全粒级组成见表 3.12,粒级分布曲线如图 3.4 所示。

表 3.8 尾砂的物理性质

相对密度	容重/(t/m³)	孔隙率/%
2.83	1.14	59.72

表 3.9 尾砂的化学成分

化学成分	Ni	Cu	Co	Fe	Au(g/t)	Pt(g/t)	Pd	S	CaO	MgO	SiO₂	Al₂O₃
含量/%	0.28	0.2	0.017	9.9	0.069	0.05	0.05	1.63	3.09	27.79	36.41	7.77

表 3.10 全尾砂质量标准

颗粒级配	d_{10}	d_{50}	d_{90}
粒度范围/μm	1~3	25~45	130~150
杂质含量	粒度大于 1mm 的颗粒含量不超过 1%		

表 3.11 分级尾砂质量标准

颗粒级配	d_{10}	d_{50}	d_{90}
粒度范围/μm	10~45	80~140	170~210
杂质含量	粒度大于 1mm 的颗粒含量不超过 1%		
细颗粒含量	-30μm 含量按质量计不超过 20%		
含水率	含水量按质量计不大于 5%		

表 3.12　砂仓放出尾砂粒级组成

粒径/μm	−5	−10	−20	−50	−75	−100	−150	−180	+180
分计/%	8.89	5.03	6.32	19.9	20.8	18.21	16.79	2.99	1.07
累计/%	8.89	13.92	20.24	40.14	60.94	79.15	95.94	98.93	100

注:分布粒径:$d_{10}=5.90\mu m$,$d_{50}=62.18\mu m$,$d_{90}=124.35\mu m$,$d_{平均}=64.55\mu m$。

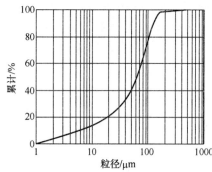

图 3.4　二矿充填站尾砂仓放出
尾砂粒级分布曲线

3.2.4　废石

　　金川镍矿属于超基性岩型硫化铜镍矿床。矿区出露的火成岩主要有吕梁期的伟晶质花岗岩、白云岩及正长岩。加里东期有花岗斑岩、超基性岩体及各类脉岩。从酸性到超基性、从深成岩至派生脉岩均有产出。其中与成矿有关的岩浆岩主要有超基性岩体及其派生的脉岩。

　　铜镍矿体赋存于含矿超基性岩体的中下部,富矿位于主矿体中心,贫矿位于四周。矿体围岩顶板主要为二辉橄榄岩,其次为大理岩。底板也以二辉橄榄岩为主,其次为橄榄辉石岩、绿泥片岩和大理岩。例如,$2^{\#}$ 矿体围岩顶板主要为二辉橄榄岩,占 60%;其次为大理岩,占15%。底板以二辉橄榄岩为主,占 35%;其次为橄榄辉石岩、蛇纹透闪绿泥片岩及大理岩,各占约 10%。

　　金川镍矿岩石物理性质参数测试结果见表 3.13。4 种岩石的基本物理力学性能见表 3.14,4 种岩石的化学成分见表 3.15。

表 3.13　岩石物理性质参数测试结果

岩石名称	密度/(g/cm³)	相对密度	孔隙率/%	自然吸水率/%	硬度	软化系数
大理岩	2.67~2.86	2.71~2.94	1.0~2.56	0.1~1.8	92~416	0.73~0.98
二辉橄榄岩	2.93	2.935	0.17	0.1~1.0	—	—
贫矿	3.02	—	1~1.5	0.1~0.5	—	—
富矿	3.05	3.07~3.12	0.81~2.2	0.1~0.9	—	—
特富矿	4.57	4.622	1.5	0.13~0.46	—	—
混合岩	2.62~2.70	2.71	—	0.25~0.37	370~474	0.49~0.88
花岗岩	2.62~2.69	—	—	—	312~485	0.79~0.92
辉绿岩	2.64~2.85	2.85	—	0.3	370~474	0.97
斜长角闪岩	2.65	—	—	—	312	0.62

表 3.14　岩石基本物理力学性能

岩石	表观密度/(kg/m³)	吸水率/%	压碎指标/%	抗压强度/MPa
橄榄辉石岩	2710	1.4	7.1	119
大理岩	2733	1.2	6.8	130
二辉橄榄岩	2690	1.5	6.6	118
混合样	2650	1.4	7.0	109

表 3.15　岩石化学成分分析　　　　　　　　（单位：%）

岩石	橄榄辉石岩	大理岩	二辉橄榄岩	混合样
SiO_2	42.3	5.5	13.9	70.5
Al_2O_3	7.7	0.7	1.2	12.1
Fe_2O_3	11.4	0.4	1.4	4.5
CaO	5.4	34	39.9	2.4
K_2O	1.8	0.03	0.04	6
MnO	0.1	0.1	0.08	0.1
MgO	24.4	19.2	12.8	0.9
TiO_2	0.7	—	0.07	0.4
SO_3	0.2	0.2	0.2	0.2
Na_2O	0.5	—	—	2.6
Cr_2O_3	0.3	—	—	—

3.3　水泥及胶结剂

3.3.1　水泥

目前金川矿山充填采用的水泥均为散装的 $32.5^\#$ 增强复合水泥,其性能指标如下:细度(比表面积)3100～3300cm²/g,初凝时间＞45min,终凝时间＜10h,3 天抗折强度＞2.5MPa,28 天抗折强度＞5.5MPa,3 天抗压强度＞10.0MPa,28 天抗压强度＞32.5MPa。$32.5^\#$ 增强复合水泥的物理化学性质测定结果见表 3.16～表 3.18 和图 3.5。

表 3.16　水泥化学成分

化学成分	SiO_2	Al_2O_3	MgO	CaO	Fe_2O_3	S
含量/%	21～24	4～7	4～5	64～67	2～4	3

表 3.17　水泥物理性质

相对密度	容重/(t/m³)	孔隙率/%
3.1	1.1	63.55

表 3.18　水泥粒级组成

粒径/μm	−5	−10	−20	−50	−75	−100
分计/%	30.34	15.80	23.61	28.12	2.13	0
累计/%	30.34	46.14	69.75	97.87	100	100

注:分布粒径 $d_{10}=1.16\mu m$,$d_{50}=11.36\mu m$,$d_{90}=36.47\mu m$,$d_{平均}=15.31\mu m$。

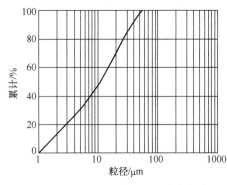

图 3.5　金川矿用水泥粒级分布曲线

3.3.2　粉煤灰

　　燃煤锅炉产生的粉煤灰已成为一种建材资源,其组分是由大部分具有火山灰性质的活性材料、碳粉及挥发份等惰性物质组成。化学反应机理与水泥有某些相似之处。在参与水泥水化时,同步生成数种胶凝水化产物,被公认为第二种胶凝物质。粉煤灰的化学成分、物理性质及粒级组成见表 3.19～表 3.21。

表 3.19　粉煤灰的化学成分

化学成分	SiO_2	Al_2O_3	CaO	MgO
含量/%	38.38	19.57	3.13	0.82

表 3.20　粉煤灰的物理性质

相对密度	容重/(t/m³)	孔隙率/%
2.2	0.6～0.8	59.72

表 3.21　粉煤灰的粒级组成

筛孔直径/mm	2.5	1.25	0.6	0.3	0.15	0.074	0.045	−0.045
筛余/%	0	0.5	0.6	0.6	6.21	40.64	30.43	21.02
累计筛余/%	0	0.5	1.1	1.7	7.91	48.55	78.99	100

3.4　添 加 剂

　　为了改善混凝土的工作性能,提高混凝土强度,国内外广泛研究应用各类添加剂,如早强剂、减水剂、增强剂、泵送剂等。近些年来,在矿山充填技术领域,无论是高浓度料浆充填还是膏体充填,都开始研究和使用混凝土外加剂。这是矿山充填工艺的进步,也是今后充填技术与工艺的发展方向。

3.4.1　充填添加剂种类

　　矿山充填工艺中常用的高效外加剂主要有早强剂和减水剂两种。早强剂能提高充填体早期强度和缩短凝结时间,对后期强度无明显影响;减水剂能减少拌合料的用水量,在坍落度相同的条件下,可以提高充填料浆的浓度。

早强剂分无机盐、有机盐和复合早强剂三大类。减水剂按化学成分可分为 7 类。

1. 早强剂

(1) 无机盐早强剂有氯化物系列和硫酸系列。氯化物系列有氯化钠、氯化钙、氯化钾、氯化铝等;硫酸系列有硫酸钠、硫酸钙、硫酸铝钾(明矾)等。

(2) 有机盐早强剂类系列。包括三乙醇胺、三异丙醇胺、乙酸钠、甲酸钙等。

(3) 复合早强剂是将有机和无机早强剂复合,或早强剂与其他外加剂的复合使用,一般比单组分的效果更好。

2. 减水剂

(1) 木质素磺酸盐类。主要成分为木质素磺酸盐,由生产纸浆的废料中提取各种木质素衍生物,有木质素磺酸钙、钠、镁等,此外还有碱木素。

(2) 多环芳香族磺酸盐类。主要成分为芳香族磺酸盐甲醛缩合物,原是煤焦油中各馏分,经磺化、缩合而成。目前国内品种多达数十种。

(3) 糖蜜类。以制糖副产品(废蜜)为原料,采用碱中和而成。

(4) 腐植酸类。以草炭、泥煤或褐煤为原料,用水洗碱溶液、蒸发浓缩、磺化、喷雾干燥而成,主要成分为腐植酸钠。

(5) 聚羧酸类。聚羧酸系减水剂是目前减水率最高的减水剂。

(6) 水溶性树脂类。三聚氰胺经磺化缩合而成,又称密胺树脂。

(7) 复合减水剂。与其他外加剂复合的减水剂,如早强减水剂、缓凝减水剂和引气减水剂等。

3.4.2　添加剂对充填料性能影响

早强剂的作用机理是与水泥矿物成分发生化学反应,加快水泥的水化反应速度和硬化速度;减水剂多数为表面活性剂,吸附于水泥颗粒表面使颗粒带电。颗粒间由于带相同电荷而相互排斥,使水泥颗粒被分散,从而释放颗粒间多余的水,达到减水目的。加入减水剂在水泥表面形成吸附膜,使水泥晶体生长更完善,网络结构更为密实,从而提高水泥石的强度及密实性。在充填料中掺入水泥重 0.2%～0.5% 的普通减水剂,在保持和易性不变的情况下,能减水 8%～20%,提高强度 10%～30%。例如,掺入水泥质量 0.5%～1.5% 的高效减水剂,能减水 15%～25%,提高强度 20%～50%。在保持水灰比不变的条件下,能使充填料的坍落度增加 50～100mm。

3.4.3　早强剂试验

为了提高充填体的早期强度,改善井下采场的安全生产环境,降低回采过程中的损失贫化,加快采充循环速度,二矿区和金川镍钴研究设计院合作进行了添加早强剂的实验室试验和工业试验研究。

1. 室内试验

试验材料选用二矿区充填生产用棒磨砂及 32.5# 普通硅酸盐水泥,早强剂选用 JB-C 型早强塑化剂。该种早强剂由磺酸基、羟基、醚基、钠离子、硫酸根离子和二氧化硅等组成。将采用不同灰砂比及不同早强剂添加比例的实验室试块强度测定结果列于表 3.22 中,由此可得出如下两点认识。

表 3.22　添加早强剂对比试验结果

序号	浓度/%	水泥用量/(kg/m³)	灰砂比	早强剂添加量占水泥质量/%	R_3/MPa	R_7/MPa	R_{28}/MPa
1	78	310	1∶4	0	1.54	2.9	5.43
2	78	310	1∶4	0.5	1.60	2.93	5.0
3	78	310	1∶4	1.0	2.52	4.80	7.43
4	78	310	1∶4	1.5	2.39	4.00	6.4
5	78	280	1∶4.52	0	1.40	2.26	4.6
6	78	280	1∶4.52	0.5	1.50	2.37	4.0
7	78	280	1∶4.52	1.0	1.83	3.01	4.8
8	78	280	1∶4.52	1.5	1.80	3.28	5.0
9	78	250	1∶5.17	0	1.25	2.20	4.0
10	78	250	1∶5.17	0.5	1.30	2.45	4.4
11	78	250	1∶5.17	1.0	1.32	2.46	3.8
12	78	250	1∶5.17	1.5	1.30	2.42	3.6
13	78	225	1∶5.85	0	1.13	1.95	—
14	78	225	1∶5.85	0.5	1.18	2.00	—
15	78	225	1∶5.85	1.0	1.20	2.21	—
16	78	225	1∶5.85	1.5	1.21	2.22	—

(1) 在充填料浆中添加早强剂,对充填体早期强度具有明显的促进作用。在水泥用量为 310kg/m³ 时,添加 1% 的早强剂,充填体 3 天和 7 天的强度分别提高 63.64% 和 65.52%;在水泥用量为 280kg/m³ 时,添加 1% 的早强剂,充填体 3 天和 7 天的强度分别提高 30.71% 和 33.18%。

(2) 在水泥用量为 280~310kg/m³ 时,添加 0.5% 的早强剂对充填体 28 天的强度有负面影响,而添加 1%~1.5% 的早强剂有利于提高充填体 28 天的强度。

2. 工业试验

在实验室试验的基础上,采用粉煤灰添加系统进行干粉状早强剂添加的工业试验。由于该供料系统双管螺旋最小给料能力为 4t/h,致使早强剂添加比例严重超过 1%~1.5%。后改为在二矿区一期充填站的供砂皮带廊,靠近 3m 圆盘给料机 15m 处,设计建设一个 30m³ 的早强剂添加料仓。在料仓底部安装微型螺旋给料机,给料能力 0~900kg/h,通过调节微型螺旋给料机的电机转速,实现早强剂的计量控制。该种添加方式一直在生产中得到应用。

　　工业试验过程中在地面搅拌桶下料管中取样,测定试块强度,对比测定结果见表 3.23。从试验结果可以看出,JB-C 型早强剂对充填体早期强度具有明显的促进作用。充填体 3 天强度可提高 4.6%～42.1%,平均提高 17.7%;7 天强度可提高 5.8%～55.8%,平均提高 16.3%。

表 3.23　添加早强剂工业试验对比结果

强度/MPa		编号												
		1	2	3	4	5	6	7	8	9	10	11	12	13
3 天	添加前	2.9	3.14	2.14	2.1	2.9	2	1.26	1.62	2.2	1.9	1.9	2	2.1
		2.7	2.9	2.24	2.2	3	2.1	1.42	1.46	2.5	1.9	2	1.9	1.8
		2.6	3.1	2.2	2	3.4	2.4	1.2	1.34	2.4	1.9	2.1	2.2	2
	添加后	3.3	3.4	2.84	2.2	3.8	2.2	1.6	1.94	3.2	2.5	2.1	2.1	2.4
		3	3.2	2.9	2.3	3.7	2.5	1.34	1.5	3	2.6	2.32	2.14	2.36
		3.1	3.3	3.3	2.2	3.4	2.1	1.4	1.6	3	3	2.1	2.5	2.4
7 天	添加前	3.6	3.8	3.8	2.74	3.7	3.2	1.64	1.9	4.5	2.6	2.6	2.7	2.7
		4.3	3.9	4.1	2.54	3.86	4.2	1.8	2.6	4.6	2.64	2.5	2.5	2.5
		4	3.8	4.3	3.3	4.5	3.1	1.64	2.6	4.9	2.7	2.3	2.4	2.4
	添加后	4.3	4.5	4.6	3.54	4.7	3.8	2.1	2.6	4.8	4.2	2.7	2.8	3.2
		4.2	4.4	4.9	2.7	4.1	3.6	2.1	2.6	4.2	4.2	2.8	3	3.6
		4.2	4	4.2	2.9	4.2	3.9	2.24	2.3	3.8	4.4	3	3.2	2.7
28 天	添加前	6.2	7.5	7	5.4	6.7	6.2	4.1	4.6	—	—	5.1	5.7	6.2
		6.4	7	6.6	5.6	7	6.4	3.4	5.4	—	—	5.6	5.8	6
		7.2	7.6	5.4	4.9	5.4	6.6	3	5	—	—	5.5	5.3	5.8
	添加后	6.2	6.5	5.8	5.4	7.2	4.9	3.4	5.6	—	—	5	5.6	5.2
		6.1	6	6.4	4.6	5	4	4	4.8	—	—	4.8	5.2	5.6
		6	6	6.8	5	5.4	5.4	3.8	4.7	—	—	5.3	5	5.1

3.4.4　添加减水剂试验

1. 木钙普通减水剂

　　采用木钙减水剂进行试验。添加前和添加后浆体的主要流动性参数试验结果见表 3.24 和表 3.25。

表 3.24　添加减水剂前不同废石尾砂配比用水量和主要参数

编号	抗压强度/MPa			水量/kg	稠度/cm	坍落度/cm	分层度/cm	扩散度/cm
	3 天	7 天	28 天					
1	1.54	2.55	5.15	441	9.3	23.5	2	42×46
2	1.93	3.05	5.26	405	9.1	23	1.1	49×40

注:编号 1 为废石尾砂比 6.5∶3.5;编号 2 为废石尾砂比 6∶4。

表 3.25 添加 0.8% 木钙后不同废石尾砂比用水量和主要参数

编号	抗压强度/MPa			水量/kg	稠度/cm	坍落度/cm	分层度/cm	扩散度/cm
	3 天	7 天	28 天					
m-1	1.50	2.47	5.22	439	9.2	23.3	1.8	44×45
m-2	1.82	2.93	5.34	402	9.2	23	1.6	46×46

注:m-1 为废石尾砂比为 6.5:3.5;m-2 为废石尾砂比为 6:4。

试验结果表明,在添加木钙普通减水剂后用水量有所减少的情况下,各主要试验指标变化不大。

2. 泵送减水剂

实验中在原有配合比的基础上,添加 2% 的减水剂。减水剂型号为 unf-jb 泵送减水剂,成分为萘磺酸盐甲醛缩合物。实验结果见表 3.26。

表 3.26 添加 2% unf-jb 高效泵送减水剂后不同废石尾砂配比用水量和主要参数

编号	抗压强度/MPa			水量/kg	稠度/cm	坍落度/cm	分层度/cm	扩散度/cm
	3 天	7 天	28 天					
b-1	1.48	2.28	4.87	441	8.5	24.8	1.8	50×51
b-2	1.35	1.7	3.28	405	7.1	26.6	176	71×70

注:b-1 为废石尾砂比为 6.5:3.5;b-2 为废石尾砂比为 6:4。

试验表明,在水量不变的情况下,添加 2% 减水剂后,各项指标均有所下降,不能达到合同所要求的指标。

3. 萘系减水剂

实验中在原有配合比的基础上分别添加 0.2%、1% 和 2% 的萘系减水剂。表 3.27 和表 3.28 分别给出了添加萘系减水剂后,废石与尾砂之比分别为 6.5:3.5 和 6:4 时的用水量和主要参数。

表 3.27 添加萘系减水剂后废石尾砂比为 6.5:3.5 时的用水量和主要参数

编号	添加量/%	抗压强度/MPa			水量/kg	稠度/cm	坍落度/cm	分层度/cm	扩散度/cm
		3 天	7 天	28 天					
n-1	0	1.54	2.55	5.15	441	9.3	23.5	2	42×46
n-2	0.2	1.36	2.12	3.97	441	7.9	25.5	1.5	56×55
n-3	1	1.52	2.53	5.67	390	9.0	23.5	1.1	42×45
n-4	2	1.54	2.65	5.68	373	9.0	23.5	1.3	46×45

表 3.28　添加萘系减水剂后废石尾砂比为 6∶4 时的用水量和主要参数

编号	添加量/%	抗压强度/MPa			水量/kg	稠度/cm	坍落度/cm	分层度/cm	扩散度/cm
		3 天	7 天	28 天					
n-5	0	1.93	3.05	5.26	405	9.1	23	1.1	49×40
n-6	0.2	1.36	2.2	3.88	405	7.4	23.8	1.6	44×47
n-7	1	1.90	2.91	5.85	377	9.1	23	1.2	46×47
n-8	2	1.90	3.15	6.23	360	9.1	23	1.1	46×47

试验表明,添加萘系减水剂后,在保持浆体其他指标基本不变的情况下,对配合比为 6.5∶3.5 的级配,水量减少可达 15%;对配合比为 6∶4 的级配,水量最高可减少 10%。

4. 聚羧酸系减水剂

实验中在原有配合比的基础上,添加 0.4% 和 1% 的聚羧酸系减水剂。表 3.29 和表 3.30 分别给出了添加聚羧酸系减水剂后,废石尾砂之比分别为 6.5∶3.5 和 6∶4 时的用水量和获得的主要技术参数。

表 3.29　添加聚羧酸系减水剂后废石尾砂比为 6.5∶3.5 时的用水量和主要参数

编号	添加量/%	抗压强度/MPa			水量/kg	稠度/cm	坍落度/cm	分层度/cm	扩散度/cm
		3 天	7 天	28 天					
j-1	0	1.54	2.55	5.15	441	9.3	23.5	2	42×46
j-2	0.4	1.54	2.53	5.73	393	9.2	23.5	1.3	44×46
j-3	1	1.79	3.25	6.71	345	9.3	23.5	0.7	47×49

表 3.30　添加聚羧酸系减水剂后废石尾砂比为 6∶4 时的用水量和主要参数

编号	添加量/%	抗压强度/MPa			水量/kg	稠度/cm	坍落度/cm	分层度/cm	扩散度/cm
		3 天	7 天	28 天					
j-5	0	1.93	3.05	5.26	405	9.1	23	1.1	49×40
j-6	0.4	1.87	2.96	6.12	381	9.5	23	1.0	49×46
j-7	1	1.85	3.46	7.13	342	9.1	23	0.8	49×48

试验结果表明,在添加聚羧酸系减水剂后,在保持浆体其他指标基本不变的情况下,对配合比为 6.5∶3.5 的级配,水量减少可达 20%。对配合比为 6∶4 的级配,水量最高可减少 15%,而且 28 天的强度有所增加。

5. 复合外加剂试验

前期试验表明,减水剂可以在不改变浆体流动性的同时减少水添加量。然而研究发现,添加剂对混凝土的早期强度改善不大。为了获得较好的早期强度,在聚羧系减水剂中配入早强剂,比例为 5∶1 时得到试验结果如表 3.31 所示。

表 3.31　复合外加剂试验结果

编号	添加量/%	抗压强度/MPa			水量/kg	稠度/cm	坍落度/cm	分层度/cm	扩散度/cm
		3 天	7 天	28 天					
f-1	1	1.93	4.31	6.22	339	9.0	23.5	1.0	48×46
f-2	2	2.15	4.65	7.03	340	8.9	23	0.9	47×47

注:f-1 为废石尾砂比为 6.5∶3.5;f-2 为废石尾砂比为 6∶4。

试验结果表明,通过添加早强剂,可以改善混凝土的早期强度;同时各个龄期的充填体强度也得到了改善。

3.4.5　外加剂 Minefill 501 试验

充填工艺中的设施布置与原材料属性,决定了充填方案的功能与效率。在保持充填设备与原材料现状的情况下,采用化学方案进一步优化与改善充填工艺的流变性与力学强度,提高充填工艺水平,是充填采矿所追求的目标。

2011 年二矿区与巴斯夫化学建材(中国)有限公司,开展了巴斯夫充填化学外加剂 Minefill 501 应用于金川矿区充填工艺的室内试验。该试验所用的细砂(棒磨)、复合水泥 32.5# 等材料均取自金川矿区充填站现场,并按其充填工艺控制指标制定试验方案。

1. 试验目的

通过采用化学外加剂方案对现行的细砂高浓度自流充填进行优化,以期达到如下目的:
(1)提高充填料浆浓度;
(2)提高充填浆料的管输流变性能,降低充填体管道内的流动阻力,减小管道输送中的磨损;
(3)提高料浆的流淌能力与均匀完整性;
(4)减少水泥用量;
(5)提高充填体的力学强度。

2. 试验设计

试验采用 1∶4 的灰砂比配制料浆,料浆浓度 78%,测试相关流变性能(坍落度/扩散度)、泌水率、容重、3 天、7 天和 28 天的抗压强度。
(1)灰砂比 1∶4 保持不变,掺用化学外加剂 Minefill 501,目标浓度为 83%。料浆流变性能与编号 1 的一致。提高充填浆料浓度,检测流变性能、容重、泌水率、泌水排干能力(单位时间的泌水量)、3 天、7 天和 28 天的抗压强度。
(2)灰砂比提高到 1∶5,浓度设定 80%,检测料浆扩散度、容重、泌水率、3 天、7 天和 28 天的抗压强度。
(3)掺用化学外加剂,目标灰砂比提高到 1∶5,浓度设定 83%,检测扩散度、容重、泌水率、3 天、7 天和 28 天的抗压强度。

（4）目标灰砂比提高到 1∶6、浓度设定 80％,检测扩散度、容重、泌水率、3 天、7 天和 28 天的抗压强度。

（5）掺用化学外加剂,目标灰砂比提高到 1∶6、浓度设定 83％,检测扩散度、容重、泌水率、3 天、7 天和 28 天的抗压强度。

目的 A:通过掺用充填化学外加剂 Minefill 501,找出达到满足现场施工的最大料浆浓度。

目的 B:通过检测各种龄期的抗压强度,找出满足施工条件的充填料浆最经济配合比。

3. 试验工具及器材

1）电动搅拌器

巴斯夫充填化学外加剂搅拌过程如图 3.6 和图 3.7 所示。

图 3.6　电动搅拌器　　　　　　　　　图 3.7　搅拌料浆

2）浓度仪和容重仪

料浆浓度及容重测试仪器如图 3.8 和图 3.9 所示。

图 3.8　料浆浓度测试仪　　　　　　　图 3.9　料浆容重测试仪

3）流动跳桌

料浆流动度测试使用流动跳桌。流动跳桌测试过程如图 3.10 和图 3.11 所示。

图 3.10　流动跳桌

图 3.11　流动度测试

4）坍落度桶

料浆坍落度测试过程如图 3.12 和图 3.13 所示。

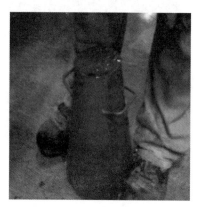

图 3.12　料浆坍落度测试

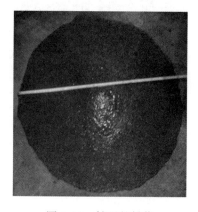

图 3.13　摊开的料浆

图 3.14　强度测试压力机

5）电子压力机与传感器

充填体试块强度测试使用的电子压力机与传感器如图 3.14 所示。试验采用 AU-TOMAX-5 型电子压力测试机和压力传感器，压力读数自动记录的精度为 0.01MPa。

4. 充填料浆配合比

通过一系列相关测试，得到新拌料浆的性能及各龄期抗压强度测试数据；同时还测试料浆的泌水率，试验结果见表 3.32。

表 3.32　新拌料浆的性能及各种龄期抗压强度

编号	灰砂比	浓度/%	Minefill 501 /(kg/t)	扩散度 /cm	流动度 /cm	容重 /(kg/m³)	泌水率 /%	抗压强度/MPa		
								3 天	7 天	28 天
1	1:4	78	0	110	27.3	1970	7.0	3.47	4.64	8.95
2	1:4	83	0.8	98	22.5	2150	1.0	6.12	8.62	13.74
3	1:5	80	0	110	27.4	2038	5.6	3.15	4.06	7.89
4	1:5	83	0.9	102	24.0	2110	3.2	4.61	6.84	11.64
5	1:6	80	0	120	30.0	2013	5.6	2.09	3.54	6.62
6	1:6	83	0.7	111	25.7	2139	3.2	3.70	5.29	8.65

5. 抗压强度分析

抗压强度的试件规格为 10cm×10cm×10cm 立方体模具,养护条件为温度 20℃±2℃,相对湿度 80% 以上。取试验编号 1 为目前充填施工的典型配比。对比编号 1、3、5 试验配比的试验结果显示,水泥用量减少,浓度由 78%(1 号)提高到 80%(3 号和 5 号),抗压强度在各个龄期均呈降低趋势(图 3.15)。

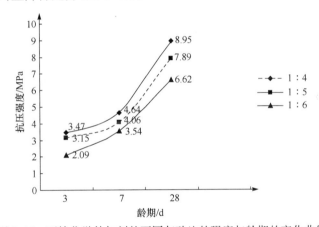

图 3.15　不掺化学外加剂的不同灰砂比的强度与龄期的变化曲线

在相同浓度和不同灰砂比的条件下,掺化学外加剂的充填料浆强度发展趋势如图 3.16 所示。对比 2 号、4 号和 6 号试验的配比说明,灰砂比是决定充填体抗压强度的最重要因素。

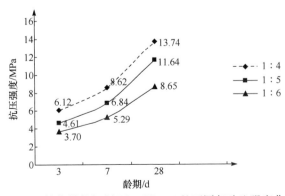

图 3.16　掺化学外加剂 Minefill 501 的不同灰砂比强度曲线

在相同的灰砂比条件下,保证具有相同的流变性能,掺化学外加剂 Minefill 501 改变浓度试验。两种浓度的强度对比(1 号对 2 号试验配比、3 号对 4 号、5 号对 6 号)试验结果如图 3.17～图 3.19 所示。

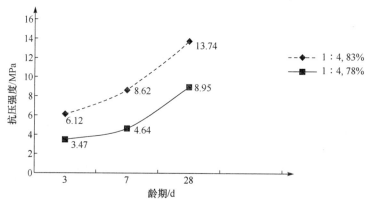

图 3.17　掺化学外加剂 Minefill 501 的 1 号与 2 号试验配比对比

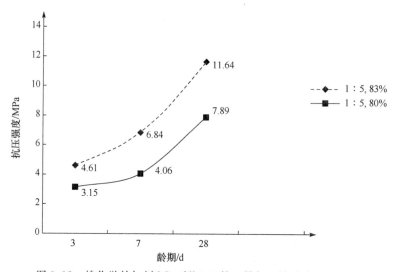

图 3.18　掺化学外加剂 Minefill 501 的 3 号与 4 号试验配比对比

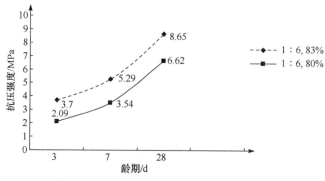

图 3.19　掺化学外加剂 Minefill 501 的 5 号与 6 号试验配比对比

如果以 1 号试验为基准发现,6 号试验结果与 1 号类似,即如果现行的充填配比 1 号满足设计要求,通过采用掺化学外加剂的工艺将灰砂比由原来的 1∶4 降低到 1∶6,换算成水泥用量由 20%(固体材料比)降低到 14%,节省水泥(14%～20%)/20%=30%。如果选择提高现行的充填配比(1 号),2 号和 4 号试验配比满足提高的需求,强度提高幅度达到 30%～76%(图 3.20)。

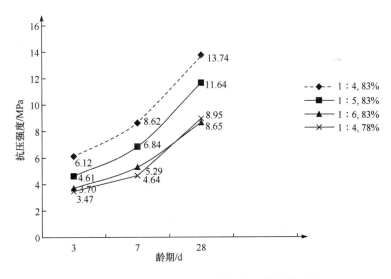

图 3.20　掺 Minefill 501 不同灰砂比的强度对比

6. 主要结论

采用充填化学外加剂 Minefill 501 改善了充填料浆的流变性,使得充填浓度的提高具有可实施性与可靠性。由于流变性能的改善,对充填骨料(砂)的级配的要求不再苛刻,可以采用更粗颗粒的棒磨砂,节省棒磨砂的加工成本。在相同灰砂比的情况下,充填体早期与后期强度均得到提高,采矿循环可加快,生产安全更有保障。在达到相同强度的情况下,通过降低水泥用量和提高浓度的方法,可降低充填成本。采用化学外加剂的充填料浆流变性能的改善,将降低管线的屈服压力,进而降低了管线的磨损,有利于管道维护。

3.5　充 填 用 水

金川矿山目前出矿能力达到 800 万 t/a,年充填量达到 270 万 m³,年充填用水量达到 125 万 m³,而矿坑废水年排放量为 158.4 万 m³。为了将废水用于充填,降低充填成本,对金川矿山的各种废水进行了化学元素分析,分析结果见表 3.33。

表 3.33　不同矿山排放废水的化学元素分析结果

分析元素	Al /(mg/L)	Ca /(mg/L)	Fe /(mg/L)	Mg /(mg/L)	Si /(mg/L)	Sr /(mg/L)	Cu /(mg/L)	Cl /(mg/L)	pH
二矿地表	0.0074	249.00	0.0054	31.23	5.27	11.52	0.0014	0.95	8.53
二矿井下	0.011	255.90	0.011	32.73	6.05	11.75	0.0013	0.94	9.51
龙首西二	0.030	107.80	0.045	41.97	7.20	5.36	0.0082	0.66	8.32
三矿井下	0.029	60.35	0.0055	20.16	6.90	2.43	0.0044	0.37	8.82
龙首地表	未检出	205.00	未检出	68.36	4.63	6.456	0.0050	0.94	8.02
龙首井下	未检出	207.60	未检出	68.94	4.73	6.57	0.0050	1.16	7.93

从测试结果可知,金川矿山废水的 pH、不溶物含量(Ca、Fe、Si 等)、Cl 含量、折算可溶物(Al_2O_3、MgO)含量、折算碱(CaOH)含量等指标均不超过《混凝土用水标准》(JGJ 63—2006)规定范围,经过沉淀后可用于矿山充填用水。

3.6　配比强度试验

金川矿山在不同的生产时期,根据不同的充填方式(粗骨料充填、高浓度管道自流充填或膏体充填),采用的充填集料、胶结剂、添加剂等也随之发生变化和调整。在优化过程中进行了大量实验室试块制作,获得了大量的试验强度数据及其他物理力学参数。为了规范所属矿山的充填作业,金川矿山制定了企业相关技术标准和操作规范。自 2004 年开始,高浓度料浆管道自流输送系统以棒磨砂及戈壁砂为充填集料,32.5# 增强复合水泥为胶结剂,统一按灰砂比 1∶4、料浆浓度 77%～79% 制备输送充填料浆。膏体充填系统则以棒磨砂、戈壁砂及尾砂为充填集料,尾砂添加比例占集料的质量比不超过 40%。采用 32.5# 增强复合水泥及粉煤灰为胶结剂,水泥添加量为 300kg/m³,粉煤灰添加量为 100kg/m³。两种充填方式中均添加有早强剂,膏体充填系统还添加有减水剂。

2010 年二矿区充填站分别对棒磨砂、戈壁砂、尾砂仓放出的尾砂及充填用散装水泥进行取样试验。根据坍落度试验观察料浆流动性能,按灰砂比为 1∶4、料浆浓度分别为 85%、82%、79%、76% 四组,试模规格为 7.07m×7.07m×7.07cm、每组试验分别进行 3 天、7 天、28 天和 60 天 4 个龄期的强度测试,得出各组试块不同浓度及龄期的单轴抗压强度见表 3.34。充填料浆凝固前后性态如图 3.21 所示。

表 3.34　棒磨砂、戈壁砂、全尾砂十水泥充填料配比试验结果

序号	充填材料	灰砂比	浓度/%	容重/(g/cm³) 3 天	试块强度/MPa 3 天	7 天	28 天	60 天
1-1		1∶4	85	2.187	3.492	8.14	13.42	17.020
1-2	$m_{水泥}∶m_{棒磨砂}=1∶4$	1∶4	82	2.159	1.333	3.32	7.20	8.686
1-3		1∶4	79	2.156	1.28	2.96	6.80	8.086
1-4		1∶4	76	2.141	0.906	2.626	5.433	6.080
2-1		1∶4	85	2.222	1.98	5.306	11.14	12.773
2-2	$m_{水泥}∶m_{戈壁砂}=1∶4$	1∶4	82	2.22	1.88	4.987	9.48	10.82
2-3		1∶4	79	2.167	1.226	2.486	5.433	7.426
2-4		1∶4	76	2.126	1.213	2.34	3.847	5.613
3-1	$m_{水泥}∶m_{集料}=1∶4$	1∶4	85	2.193	4.513	7.72	12.62	16.56
3-2	其中,$m_{棒磨砂}∶$	1∶4	82	2.185	3.833	5.606	7.64	11.853
3-3	$m_{戈壁砂}=8∶2$	1∶4	79	2.179	2.413	3.593	6.153	8.813
3-4		1∶4	76	2.12	2.113	3.226	4.147	5.713
4-1	$m_{水泥}∶m_{集料}=1∶4$	1∶4	85	2.208	5.38	9.093	11.67	17.040
4-2	其中,$m_{棒磨砂}∶$	1∶4	82	2.173	3.533	5.44	7.093	10.993
4-3	$m_{戈壁砂}=6∶4$	1∶4	79	2.126	2.347	4.26	6.533	8.900
4-4		1∶4	76	2.101	1.78	2.82	4.573	6.133
5-1	$m_{水泥}∶m_{集料}=1∶4$	1∶4	85	2.223	5.46	8.306	12.42	15.980
5-2	其中,$m_{棒磨砂}∶$	1∶4	82	2.156	1.787	4.326	7.913	9.273
5-3	$m_{戈壁砂}=4∶6$	1∶4	79	2.191	1.513	3.453	6.74	8.680
5-4		1∶4	76	2.098	0.88	2.126	4.633	5.180
6-1	$m_{水泥}∶m_{集料}=1∶4$	1∶4	85	2.164	3.36	7.293	11.54	14.04
6-2	其中,$m_{棒磨砂}∶$	1∶4	82	2.155	2.953	6.066	8.953	12.433
6-3	$m_{戈壁砂}∶m_{尾砂}=$	1∶4	79	2.142	2.387	3.793	6.82	9.800
6-4	6∶3∶1	1∶4	76	2.139	1.76	3.44	5.88	8.446
7-1	$m_{水泥}∶m_{集料}=1∶4$	1∶4	85	2.226	5.5	7.826	10.62	14.980
7-2	其中,$m_{棒磨砂}∶$	1∶4	82	2.264	4.58	6.106	8.607	13.480
7-3	$m_{戈壁砂}∶m_{尾砂}=$	1∶4	79	2.193	3.06	4.666	7.113	10.726
7-4	5∶3∶2	1∶4	76	2.192	2.58	3.84	6.753	10.006
8-1	$m_{水泥}∶m_{集料}=1∶4$	1∶4	85	2.329	5.566	8.113	12.98	16.820
8-2	其中,$m_{棒磨砂}∶$	1∶4	82	2.268	4.733	6.06	8.993	11.186
8-3	$m_{戈壁砂}∶m_{尾砂}=$	1∶4	79	2.201	3.08	4.873	7.300	9.126
8-4	4.5∶4.5∶1	1∶4	76	2.199	2.86	4.786	6.620	8.453

续表

序号	充填材料	灰砂比	浓度/%	容重/(g/cm³) 3 天	试块强度/MPa 3 天	试块强度/MPa 7 天*	试块强度/MPa 28 天	试块强度/MPa 60 天
9-1	$m_{水泥}$：$m_{集料}$＝1：4	1：4	85	2.202	4.32	6.113	7.206	11.820
9-2	其中，$m_{棒磨砂}$：	1：4	82	2.176	3.42	5.213	7.146	11.146
9-3	$m_{戈壁砂}$：$m_{尾砂}$＝	1：4	79	2.14	2.806	4.333	6.200	8.813
9-4	4：4：2	1：4	76	2.128	2.366	3.766	5.426	7.506

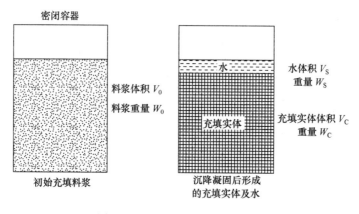

图 3.21　充填料浆凝固前后性态

若将调制或搅拌好的初始充填料浆置入一密闭容器中，料浆体积 V_0，质量 W_0，则充填料浆容重为

$$R_0 = W_0/V_0 \tag{3.1}$$

充填料浆沉降凝固后，在密闭容器的顶部产生泌水的体积 V_S 和质量 W_S。下部形成充填实体的体积 V_C 和质量 W_C。一般情况下可认为，充填料浆凝固前后体积不变，即 $V_0 = V_S + V_C$。所以，充填体容重 $R_C = W_C/V_C$ 或 $R_C = (W_0 - W_S)/(V_0 - V_S)$。充填料浆泌水率为泌出水量占初始充填料浆体积比的百分数为

$$F = V_S/V_0 \times 100\% \tag{3.2}$$

通过测定计算，获得 9 组配比条件下，不同浓度的充填体单位体积的各种材料消耗量及泌水率见表 3.35。通过测试得出各组试块不同浓度及龄期的单轴抗压强度后，部分试块破坏断面如图 3.22 所示。

表 3.35　棒磨砂、戈壁砂、尾砂＋水泥的不同配比料浆测试结果

序号	充填材料	灰砂比	配料浓度/%	实体浓度/%	容重/(g/cm³)	泌水体积比/%	单位体积材料消耗/(kg/m³) $m_{棒磨砂}$	$m_{戈壁砂}$	$m_{尾砂}$	$m_{水泥}$
1-1		1：4	85	86.27	2.183	3.11	1487.72	—	—	371.93
1-2	$m_{水泥}$：$m_{棒磨砂}$＝1：4	1：4	82	83.39	2.140	3.45	1410.34	—	—	352.59
1-3		1：4	79	83.30	2.125	10.25	1396.69	—	—	349.17
1-4		1：4	76	80.13	2.122	10.28	1350.87	—	—	337.72

续表

序号	充填材料	灰砂比	配料浓度/%	实体浓度/%	容重/(g/cm³)	泌水体积比/%	单位体积材料消耗/(kg/m³)			
							$m_{棒磨砂}$	$m_{戈壁砂}$	$m_{尾砂}$	$m_{水泥}$
2-1		1:4	85	86.00	2.173	2.46	—	1476.57	—	369.14
2-2	$m_{水泥}:m_{戈壁砂}=1:4$	1:4	82	84.26	2.170	5.57	—	1446.39	—	361.60
2-3		1:4	79	82.93	2.171	9.67	—	1428.02	—	357.01
2-4		1:4	76	79.83	2.171	9.84	—	1381.82	—	345.45
3-1		1:4	85	86.53	2.201	3.77	1202.92	300.73		375.91
3-2	$m_{水泥}:m_{集料}=1:4$	1:4	82	83.76	2.194	4.43	1159.42	289.86	—	362.32
3-3	其中，$m_{棒磨砂}$:	1:4	79	82.78	2.187	9.38	1146.09	286.52		358.15
3-4	$m_{戈壁砂}=8:2$	1:4	76	79.84	2.183	9.87	1106.41	276.60	—	345.75
4-1		1:4	85	86.32	2.214	3.28	903.13	602.09	—	376.31
4-2	$m_{水泥}:m_{集料}=1:4$	1:4	82	84.43	2.204	6.07	884.05	589.37	—	368.36
4-3	其中，$m_{棒磨砂}$:	1:4	79	82.07	2.201	7.87	866.36	577.57	—	360.98
4-4	$m_{戈壁砂}=6:4$	1:4	76	81.06	2.184	12.62	844.58	563.06	—	351.91
5-1		1:4	85	86.06	2.184	2.62	595.29	892.93	—	372.05
5-2	$m_{水泥}:m_{集料}=1:4$	1:4	82	84.63	2.154	6.39	577.19	865.78	—	360.74
5-3	其中，$m_{棒磨砂}$:	1:4	79	82.61	2.153	9.02	572.56	858.84	—	357.85
5-4	$m_{戈壁砂}=4:6$	1:4	76	81.36	2.149	13.11	557.52	836.29	—	348.45
6-1		1:4	85	86.69	2.198	4.10	896.90	448.45	149.48	373.71
6-2	$m_{水泥}:m_{集料}=1:4$	1:4	82	84.05	2.166	5.08	864.02	432.01	144.00	360.01
6-3	其中，$m_{戈壁砂}:m_{尾砂}=$	1:4	79	83.67	2.149	11.15	852.15	426.08	142.03	355.06
6-4	$6:3:1$	1:4	76	80.63	2.148	11.64	836.54	418.27	139.42	348.56
7-1		1:4	85	85.65	2.212	1.64	751.97	451.18	300.79	375.98
7-2	$m_{水泥}:m_{集料}=1:4$	1:4	82	84.13	2.173	5.25	718.42	431.05	287.37	359.21
7-3	其中，$m_{棒磨砂}$:$m_{戈壁砂}:m_{尾砂}=$	1:4	79	82.97	2.160	9.67	707.13	424.28	282.85	353.56
7-4	$5:3:2$	1:4	76	81.72	2.122	13.77	694.11	416.47	277.65	347.06
8-1		1:4	85	86.13	2.196	2.79	671.34	671.34	149.19	372.97
8-2	$m_{水泥}:m_{集料}=1:4$	1:4	82	85.14	2.181	7.54	652.16	652.16	144.92	362.31
8-3	其中，$m_{棒磨砂}$:$m_{戈壁砂}:m_{尾砂}=$	1:4	79	83.73	2.177	11.39	646.65	646.65	143.70	359.25
8-4	$4.5:4.5:1$	1:4	76	80.53	2.173	11.47	630.08	630.08	140.02	350.04
9-1		1:4	85	85.59	2.190	1.48	595.59	595.59	297.80	372.25
9-2	$m_{水泥}:m_{集料}=1:4$	1:4	82	84.05	2.185	5.08	576.92	576.92	288.46	360.57
9-3	其中，$m_{棒磨砂}$:$m_{尾砂}=$	1:4	79	82.97	2.163	9.67	565.24	565.24	282.62	353.28
9-4	$4:4:2$	1:4	76	79.86	2.165	9.84	548.31	548.31	274.15	342.69

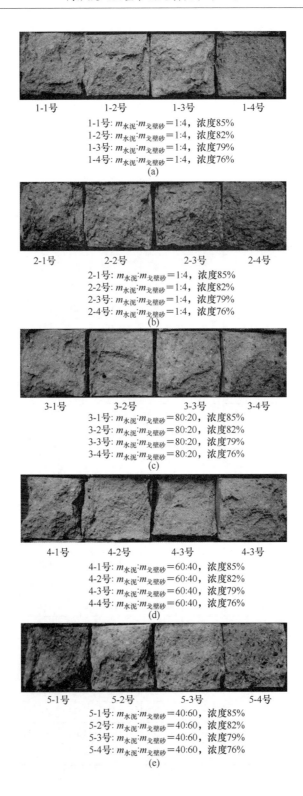

1-1号　　　　1-2号　　　　1-3号　　　　1-4号

1-1号: $m_{水泥}$:$m_{戈壁砂}$=1:4，浓度85%
1-2号: $m_{水泥}$:$m_{戈壁砂}$=1:4，浓度82%
1-3号: $m_{水泥}$:$m_{戈壁砂}$=1:4，浓度79%
1-4号: $m_{水泥}$:$m_{戈壁砂}$=1:4，浓度76%
(a)

2-1号　　　　2-2号　　　　2-3号　　　　2-4号

2-1号: $m_{水泥}$:$m_{戈壁砂}$=1:4，浓度85%
2-2号: $m_{水泥}$:$m_{戈壁砂}$=1:4，浓度82%
2-3号: $m_{水泥}$:$m_{戈壁砂}$=1:4，浓度79%
2-4号: $m_{水泥}$:$m_{戈壁砂}$=1:4，浓度76%
(b)

3-1号　　　　3-2号　　　　3-3号　　　　3-4号

3-1号: $m_{水泥}$:$m_{戈壁砂}$=80:20，浓度85%
3-2号: $m_{水泥}$:$m_{戈壁砂}$=80:20，浓度82%
3-3号: $m_{水泥}$:$m_{戈壁砂}$=80:20，浓度79%
3-4号: $m_{水泥}$:$m_{戈壁砂}$=80:20，浓度76%
(c)

4-1号　　　　4-2号　　　　4-3号　　　　4-3号

4-1号: $m_{水泥}$:$m_{戈壁砂}$=60:40，浓度85%
4-2号: $m_{水泥}$:$m_{戈壁砂}$=60:40，浓度82%
4-3号: $m_{水泥}$:$m_{戈壁砂}$=60:40，浓度79%
4-4号: $m_{水泥}$:$m_{戈壁砂}$=60:40，浓度76%
(d)

5-1号　　　　5-2号　　　　5-3号　　　　5-4号

5-1号: $m_{水泥}$:$m_{戈壁砂}$=40:60，浓度85%
5-2号: $m_{水泥}$:$m_{戈壁砂}$=40:60，浓度82%
5-3号: $m_{水泥}$:$m_{戈壁砂}$=40:60，浓度79%
5-4号: $m_{水泥}$:$m_{戈壁砂}$=40:60，浓度76%
(e)

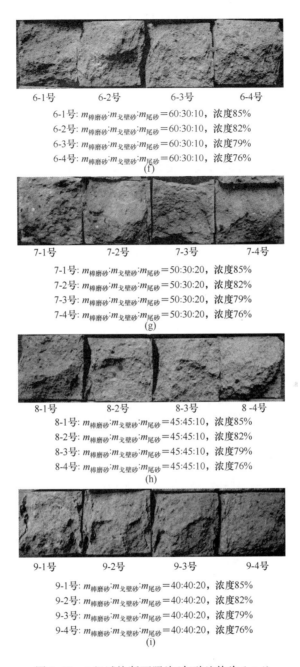

6-1 号：$m_{棒磨砂}:m_{戈壁砂}:m_{尾砂}=60:30:10$，浓度 85%
6-2 号：$m_{棒磨砂}:m_{戈壁砂}:m_{尾砂}=60:30:10$，浓度 82%
6-3 号：$m_{棒磨砂}:m_{戈壁砂}:m_{尾砂}=60:30:10$，浓度 79%
6-4 号：$m_{棒磨砂}:m_{戈壁砂}:m_{尾砂}=60:30:10$，浓度 76%
(f)

7-1 号：$m_{棒磨砂}:m_{戈壁砂}:m_{尾砂}=50:30:20$，浓度 85%
7-2 号：$m_{棒磨砂}:m_{戈壁砂}:m_{尾砂}=50:30:20$，浓度 82%
7-3 号：$m_{棒磨砂}:m_{戈壁砂}:m_{尾砂}=50:30:20$，浓度 79%
7-4 号：$m_{棒磨砂}:m_{戈壁砂}:m_{尾砂}=50:30:20$，浓度 76%
(g)

8-1 号：$m_{棒磨砂}:m_{戈壁砂}:m_{尾砂}=45:45:10$，浓度 85%
8-2 号：$m_{棒磨砂}:m_{戈壁砂}:m_{尾砂}=45:45:10$，浓度 82%
8-3 号：$m_{棒磨砂}:m_{戈壁砂}:m_{尾砂}=45:45:10$，浓度 79%
8-4 号：$m_{棒磨砂}:m_{戈壁砂}:m_{尾砂}=45:45:10$，浓度 76%
(h)

9-1 号：$m_{棒磨砂}:m_{戈壁砂}:m_{尾砂}=40:40:20$，浓度 85%
9-2 号：$m_{棒磨砂}:m_{戈壁砂}:m_{尾砂}=40:40:20$，浓度 82%
9-3 号：$m_{棒磨砂}:m_{戈壁砂}:m_{尾砂}=40:40:20$，浓度 79%
9-4 号：$m_{棒磨砂}:m_{戈壁砂}:m_{尾砂}=40:40:20$，浓度 76%
(i)

图 3.22　9 组试块断面照片(灰砂比均为 1∶4)

3.7　试验数据分析

金川矿山充填材料的选择必须以满足下向进路充填采矿法对充填质量的要求为前提,即充填体强度 $R_3>1.5\text{MPa}, R_7>2.5\text{MPa}, R_{28}>5.0\text{MPa}$。同时能够实现充填料浆的

顺利输送。充填料来源可靠、成本低廉,以满足大规模充填的需要。经近 30 年试验研究
并通过生产过程中的不断优化,目前生产中选用的充填集料、胶结剂和添加剂按企业技术
标准所制备的充填料浆均可实现管道输送,形成的充填体强度满足采矿方法的要求。综
合历年充填材料试验结果,可对金川矿山所用充填材料进行以下综合评价。

1. 充填集料的选择

目前高浓度自流系统采用的集料为棒磨砂及戈壁砂,膏体泵送系统采用棒磨砂、戈壁
砂及尾砂。2009 年 7～8 月曾进行破碎废石-全尾砂膏体泵送充填工业试验。试验结果
表明,井下废石经破碎后的最大粒径 20mm,也可满足充填工艺要求,充填体强度也满足
采矿方法要求,所以金川矿山充填集料选择余地较大。

2. 充填集料组成及强度特征

2010 年所做的 9 组配比中,棒磨砂与戈壁砂所占比例为 0～100%,尾砂所占比例为
10%～20%,灰砂比均为 1∶4。当充填料浆浓度为 79% 时,试块 3 天强度 1.226～
3.08MPa,7 天强度 2.486～4.873MPa,28 天强度 5.433～7.3MPa,60 天强度 7.426～
10.726MPa,由此发现以下 3 点规律。

(1) 适当添加尾砂有利于改善充填试块内部结构。在浓度低于 79% 时,可较大幅度
提高试块早期强度:配比 6～配比 9 的试块 3 天强度明显大于不添加尾砂的配比 1～配
比 5 的试块。当浓度≥82% 时,此种特征明显减弱。分析其原因,当浓度≤79% 时,不添
加尾砂的料浆明显产生分层及粗细骨料离析现象。添加适量尾砂后,此种现象明显降低。
水泥及尾砂比表面积远大于棒磨砂等粗集料,所以其表观浓度显得更高,料浆保水性及抗
离析性能更好,试块断面更为均匀密实。

(2) 提高料浆浓度对试块强度影响极大。当浓度从 76% 提高到 85% 时,试块各龄期
强度均大幅度提高。早期强度提高幅度达 100% 以上。提高浓度可减少充填料浆离析,
降低充填料浆在采场中的泌水率,提高充填体的整体性。试验数据表明,当各组配比料浆
浓度从 76% 提高到 82% 时,充填料浆泌水体积比可从 10%～12% 降低到 3%～5%。

(3) 试块长期强度普遍增幅较大。试块 60 天强度较 28 天强度增长幅度平均达
35.13%。9 组配比中即使浓度为 76%,其 60 天强度均达到了 5MPa 以上。浓度达到
82% 及以上时,各组试块 60 天强度普遍达到 10MPa,配比 4 $m_{棒磨砂}$∶$m_{戈壁砂}$ 为 6∶4、浓度
85%、灰砂比 1∶4 时,试块 60 天强度达到 17.04MPa。

3. 粉煤灰添加量对试块强度的影响

一般认为,粉煤灰水化反应较慢,只有在水泥产生水化反应后,在水泥水化产物的激
化下,方能生成硅酸钙凝胶,从而提高充填体的后期强度。膏体充填料配比试验结果表
明,当 $m_{全尾砂}$∶$m_{棒磨砂}$＝1∶0.5、水泥添加量 241kg/m³、粉煤灰添加量 120kg/m³、浓度
75% 时,试块 3 天、7 天、28 天强度分别为 0.599MPa、1.562MPa、4.585MPa,不能满足下
向进路充填采矿法的要求。所以无论是自流输送系统还是膏体泵送系统,水泥添加量对
充填体强度起关键作用,需要达到矿山所制定的技术标准要求。粉煤灰只能起到辅助胶

结作用。粉煤灰的另一重要作用是改善充填料浆的保水性及管道输送性能。由于粉煤灰颗粒细小且呈圆球状,可降低管道输送阻力,有利于防止堵管事故,所以在膏体系统中可添加适量的粉煤灰。但由于粉煤灰为真空球状、容重小,在浓度较低需脱水的条件下,粉煤灰颗粒将悬浮于充填料浆上部而更易于产生分层离析,所以在自流输送系统中不宜添加粉煤灰。

4. 早强剂

早强剂可缩短充填体凝结时间,提高充填体的早期强度,并对充填体的后期强度无明显的负面影响。目前在自流系统及膏体泵送系统中均添加有 JB-C 干粉状早强剂,添加比例为水泥量的 1.5%,充填体 3 天强度平均提高 17.6%,7 天强度平均提高 16.3%。

5. 减水剂

试验表明,在膏体充填料浆中添加 1%～2% 的 JKJ-NF 高效泵送减水剂,能够大大改善膏体充填料浆的初始剪切应力和黏度系数,充填试块 3 天强度提高 6.25%～40%,7 天强度提高 8.1%～62%,28 天强度提高 3.6%～45%。将添加量增大至 3% 时,28 天强度反而降低 8%～19%。所以减水剂合适的添加量为水泥用量的 1.5%～1.8%。

6. 水

金川矿山废水的 pH、不溶物含量等指标均不超过《混凝土用水标准》(JGJ63—2006)规定的范围,经过沉淀后用于矿山充填用水,可以满足充填生产要求,可节省充填成本。

3.8　本 章 小 结

类似于各类工程科学,充填材料试验研究及强度特征是充填采矿的基础。对各类充填材料选择的依据在于技术经济上的合理性。金川矿山对棒磨砂、冲积河砂(戈壁砂)、选矿尾砂以及废石充填集料的性质做了大量的研究工作。同时对水泥及胶结剂、粉煤灰和添加剂对充填料性能的影响也开展了诸多试验,由此获得了充填材料的配比试验成果,并进行优化分析和综合评价。

第4章　充填料浆输送性能研究

4.1　概　　述

金川镍矿建矿初期,在龙首矿采用粗骨料机械化胶结充填系统,制备好的充填料浆采用皮带及电耙多段倒运。虽其充填体强度可以满足下向进路采矿要求,但随着矿山生产能力不断提高及生产区域的扩大,该种充填方式的局限性日益凸显出来。所以实现充填料浆的管道输送就成为金川矿山实现大规模开采及高效率充填的必然选择。

充填料浆的管道输送具有效率高、能力大、成本低、占用井下作业空间小、布置灵活、易于维护和管理、受环境(如季节、气候、温度、湿度)影响及干扰小等诸多优点。国外于20世纪60年代开始采用管道输送充填料浆;国内于20世纪70年代开始研究该项技术。针对金川矿山的实际情况,充填料浆管道输送存在的技术难题主要有以下3个方面。

1. 充填物料组成复杂

为了满足下向进路充填采矿法对充填体强度的要求,必须实现高质量胶结充填。由于金川矿山尾砂较细,即使采用分级尾砂胶结充填也不能满足强度要求;加之矿石中有用成分含量较多,受选冶技术制约,不同历史时期矿石中有用成分不能得到充分回收利用,所以无论从技术上还是经济上都不宜采用国内外通常采用的尾砂(全尾砂或分级尾砂)胶结充填。

通过对金川矿山周边可用作充填集料的物料进行调查和分析,金川镍矿对多种物料进行了大量的试验研究。随着国内外充填技术的发展,在生产过程中不断进行优化,金川镍矿逐步形成了以−3mm 棒磨砂为主,−3mm 戈壁砂、尾砂(全尾砂或分级尾砂)、粉煤灰(干状或湿状)、−25mm 破碎废石(井下掘进废石破碎至 25mm 以下)、−25mm 碎石(地面粗戈壁料破碎至 25mm 以下)为辅的充填集料,以复合硅酸盐水泥为胶结剂的充填物料组成。随着充填方式的不断进步,金川镍矿的充填物料组成及配比也在不断改进与调整。

高浓度自流输送系统及膏体泵送系统先后采用的充填物料组成有 10 种:

(1) −3mm 棒磨砂+水泥+水;

(2) −3mm 棒磨砂+(−3mm)戈壁砂+水泥+水;

(3) 全尾砂+水泥+水;

(4) 全尾砂+(−3mm)棒磨砂+水;

(5) 全尾砂+(−3mm)棒磨砂+水泥+水;

(6) 全尾砂+(−3mm)棒磨砂+(−25mm)碎石+水;

(7) 全尾砂+(−3mm)棒磨砂+(−25mm)碎石+水泥+水;

(8) 分级尾砂+(−3mm)棒磨砂+(−25mm)碎石+粉煤灰+水泥+水;

(9) 分级尾砂+(−3mm)棒磨砂+(−3mm)戈壁砂+粉煤灰+水泥+水;

(10) 分级尾砂＋(－3mm)棒磨砂＋(－25mm)破碎废石＋粉煤灰＋水泥＋水。

2. 充填料浆浓度变化范围大,管流料浆呈现多种流态

不同的充填材料组成决定了充填料浆管道输送性能的复杂性。在自流输送系统中,充填料浆为－3mm棒磨砂＋水泥＋水。当料浆浓度＜76％,特别是水泥等细粒级物料添加量较少时(如灰砂比1∶6和1∶8),在管道中的料浆流态为典型的两相流;当料浆浓度＞78％,水泥等细粒级物料添加量较多时(如灰砂比1∶4),则呈现出近似的宾汉流体特性,管流流态则转变为结构流或柱塞流。

在膏体泵送充填系统中,为了实现充填料浆的顺利输送,充填物料配比和料浆浓度必须严格控制,防止堵管。在泵送系统投入生产的初期,曾试验采用非胶结充填膏体泵送至井下;同时将水泥制浆后泵送至井下,非胶结充填膏体及水泥浆于井下接力泵站重新混合搅拌后,再由液压双缸活塞泵输送至采场进路。泵送充填系统的充填料组成成分先后有棒磨砂、戈壁砂、粉煤灰、破碎废石、碎石及水泥。

3. 充填管网布置线路长,复杂多变

二矿区井下有1600m、1350m、1250m、1200m、1150m、1100m、1000m、950m共8个生产中段。井下充填管网采用充填小井、斜井、充填钻孔及水平管道的布置形式。目前最下部充填进路为978m分段,垂直高差＞700m,单套管路(即自地表充填料浆入口至进路出口)管道总长度达2500m,全矿布设充填管道总长度超过10000m。由于进路断面为5m×4m,进路长度一般不超过50m,单条进路体积≤1000m³,进路充填时分打底充填及接顶充填,一次连续最大充填量约500～600m³,一条进路充填结束即需充填其他进路。多条充填管道与多个充填地点需要进行频繁互换,这与大空场嗣后定点大量充填相比,无疑增加了充填辅助工作量,降低了充填工作效率。

为了解决上述技术难题,金川矿山与国内外多家设计研究机构和大专院校合作,开展了理论研究与实验室试验。为此建设了环管试验设施,对多种物料配比及浓度的充填料浆进行全尺寸模拟试验,测定了不同充填料浆的流变参数及管道输送阻力,总结出具有指导意义的理论计算方法,为充填管网设计提供了试验依据,同时也为矿山安全生产提供了重要保证。

4.2　充填料浆坍落度测定

坍落度测定具有直观、测定数据准确和易于实施等优点,是衡量混凝土及充填料浆流动性的常用测试手段。对金川矿山的水泥、棒磨砂、戈壁砂、尾砂等9组混合料浆进行坍落性能测试,试验结果见表4.1和图4.1。由此可见,随着料浆不断地被稀释,料浆坍落度不断增大。其中,配比1、配比6和配比9测试照片如图4.2～图4.4所示。

表4.1 金川矿山充填料浆坍落度试验数据

编号	1	2	3	4	5	6	7	8	9
灰砂比	1:4	1:4	1:4	1:4	1:4	1:4	1:4	1:4	1:4
配料	$m_{水泥}$:$m_{棒磨砂}$=1:4	$m_{水泥}$:$m_{戈壁砂}$=1:4	$m_{水泥}$:$m_{集料}$=1:4 $m_{棒磨砂}$:$m_{戈壁砂}$=80:20	$m_{水泥}$:$m_{集料}$=1:4 $m_{棒磨砂}$:$m_{戈壁砂}$=60:40	$m_{水泥}$:$m_{集料}$=1:4 $m_{棒磨砂}$:$m_{戈壁砂}$=40:60	$m_{水泥}$:$m_{集料}$=1:4 $m_{棒磨砂}$:$m_{戈壁砂}$:$m_{尾砂}$=60:30:10	$m_{水泥}$:$m_{集料}$=1:4 $m_{棒磨砂}$:$m_{戈壁砂}$:$m_{尾砂}$=50:30:20	$m_{水泥}$:$m_{集料}$=1:4 $m_{棒磨砂}$:$m_{戈壁砂}$:$m_{尾砂}$=45:45:10	$m_{水泥}$:$m_{集料}$=1:4 $m_{棒磨砂}$:$m_{戈壁砂}$:$m_{尾砂}$=40:40:20
88%	5	7.5	干硬性	干硬性	干硬性	干硬性	干硬性	干硬性	干硬性
86%	15	21.5	14	21.5	22.3	15.5	5.5	12	6
84%	23	26.5	23.5	25.5	26.5	24	18	23	20
82%	26	27	27	26.5	27.5	27	25	26	23.5
80%	27.5	27.3	27.7	27.5	摊开	27.5	26.5	27	26
78%	27.8	摊开	摊开	摊开	摊开	摊开	摊开	摊开	摊开
76%	摊开	摊开	摊开	摊开	摊开	摊开	摊开	摊开	摊开

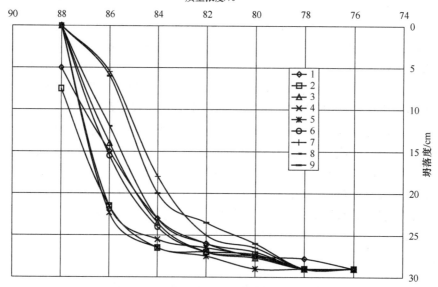

图4.1 金川镍矿充填料浆坍落度试验曲线

(a) 87.3%浓度砂浆的坍落度5cm   (b) 86%浓度砂浆的坍落度15cm

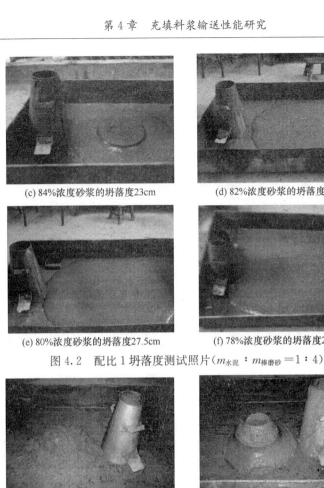

(c) 84%浓度砂浆的坍落度23cm　　　(d) 82%浓度砂浆的坍落度26cm

(e) 80%浓度砂浆的坍落度27.5cm　　　(f) 78%浓度砂浆的坍落度27.8cm

图 4.2　配比 1 坍落度测试照片($m_{水泥}$ ：$m_{棒磨砂}$ ＝1：4)

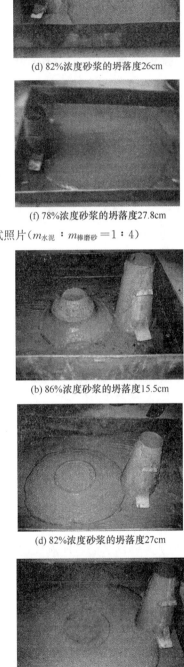

(a) 88%浓度砂浆的干硬性　　　(b) 86%浓度砂浆的坍落度15.5cm

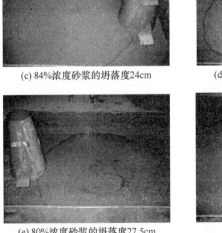

(c) 84%浓度砂浆的坍落度24cm　　　(d) 82%浓度砂浆的坍落度27cm

(e) 80%浓度砂浆的坍落度27.5cm　　　(f) 78%浓度砂浆的摊开

图 4.3　配比 6 坍落度测试照片($m_{水泥}$ ：$m_{集料}$ ＝1：4)，集料 $m_{棒磨砂}$ ：$m_{戈壁砂}$ ：$m_{尾砂}$ ＝60：30：10)

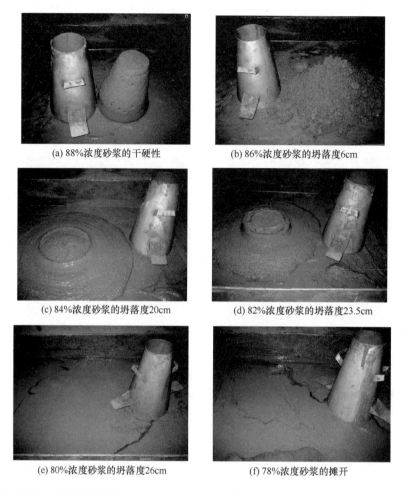

(a) 88%浓度砂浆的干硬性　　　　　(b) 86%浓度砂浆的坍落度6cm

(c) 84%浓度砂浆的坍落度20cm　　　(d) 82%浓度砂浆的坍落度23.5cm

(e) 80%浓度砂浆的坍落度26cm　　　(f) 78%浓度砂浆的摊开

图 4.4　配比 9 坍落度照片($m_{水泥}$：$m_{集料}$＝1：4，集料 $m_{棒磨砂}$：$m_{戈壁砂}$：$m_{尾砂}$＝40：40：20)

4.3　充填料浆流变性能研究

4.3.1　充填料浆流变模型

高浓度浆体和更高浓度的膏体流变特性的测试和研究,对深入了解高浓度(膏体)料浆在管道中的运动状态和变化特点,指导充填系统设计和工业生产,调节充填物料配比,确定管输参数,加强充填系统动态管理都具有实际意义。

4.3.2　充填料浆流变参数测定

金川矿山分别采用 RV-2 型桨叶式旋转黏度计、旋转圆板黏度测量仪、旋转圆筒式黏度计、两点式工作度仪等试验仪器,对不同物料组成的充填料浆流变参数进行了测定。不同浓度、不同灰砂比的全尾砂膏状充填料浆的静态屈服应力测量结果见表 4.2。采用二矿区东部充填站环管试验系统测试数据,获得金川全尾砂充填料浆屈服应力列于表 4.3

中。中国科学院成都分院非牛顿流体试验室对金川全尾砂浆和水泥尾砂浆进行了试验，获得的屈服应力见表 4.4。金川矿山各种物料组成及浓度的充填料浆流变参数测试结果见表 4.5～表 4.10。

表 4.2　金川全尾砂膏状充填料浆剪切屈服应力　　　（单位：Pa）

灰砂比	屈服应力/Pa				
	砂浆浓度71%	砂浆浓度73%	砂浆浓度75%	砂浆浓度76.5%	砂浆浓度78%
0∶1	428	863	1421	2209	4512
1∶4	545	1010	2431	4084	7353
1∶8	594	1088	2234	4215	6784
1∶10	666	1170	2612	4479	7431
1∶15	576	1070	2264	4281	7267
1∶20	766	1227	2453	4545	7546

表 4.3　金川全尾砂充填料浆剪切屈服应力　　　（单位：Pa）

料浆组成	砂浆类型			
	全尾砂浆			灰砂比1∶4砂浆
质量分数/%	72.2	75.8	78.9	78.1
屈服应力/Pa	144.4	271.5	564.5	208.7

表 4.4　金川全尾砂浆和水泥砂浆剪切屈服应力　　　（单位：Pa）

浓度/%	砂浆类型	
	全尾砂浆	$m_砂 ∶ m_{水泥} = 4 ∶ 1$ 加水泥
77.0	232	200
74.0	151	70
71.4	62	50
66.7	32	30
50.0	20	—

表 4.5　未加水泥的全尾砂膏体流变参数

序号	剪切速率/s	浓度66.7%		浓度71.4%		浓度74%		浓度77%	
		剪切应力/Pa	表观黏度/Pa·s	剪切应力/Pa	表观黏度/Pa·s	剪切应力/Pa	表观黏度/Pa·s	剪切应力/Pa	表观黏度/Pa·s
1	3.178	8.85	2.79	11.35	3.57	23.84	7.5	34.05	10.72
2	4.313	7.83	1.69	12.2	2.82	21.22	4.92	36.32	8.42
3	5.675	11.35	2.0	14.3	2.52	21.85	3.85	42.56	7.50
4	7.378	14.0	1.89	18.0	2.45	22.13	3.0	—	—
5	10.22	15.9	1.56	22.47	2.2	28.09	2.75	—	—
6	15.89	20.7	1.3	28.15	1.77	34.96	2.2	—	—
7	21.57	23.4	1.08	32.50	1.51	38.7	1.79	—	—
8	28.38	25.5	0.9	39.2	1.38	44.95	1.58	—	—

序号	剪切速率/s	浓度66.7%		浓度71.4%		浓度74%		浓度77%	
		剪切应力/Pa	表观黏度/Pa·s	剪切应力/Pa	表观黏度/Pa·s	剪切应力/Pa	表观黏度/Pa·s	剪切应力/Pa	表观黏度/Pa·s
9	36.89	28.9	0.78	44.6	1.21	53.0	1.44	—	—
10	51.08	30.9	0.60	52.5	1.03	—	—	—	—
11	63.59	33.2	0.52	—	—	—	—	—	—
12	86.26	36.3	0.42	—	—	—	—	—	—
13	113.5	41.0	0.36	—	—	—	—	—	—
14	147.6	49.9	0.34	—	—	—	—	—	—

表4.6 灰砂比为1∶4的全尾砂膏体流变参数

序号	剪切速率/s	浓度66.7%		浓度71.4%		浓度74%		浓度77%	
		剪切应力/Pa	表观黏度/Pa·s	剪切应力/Pa	表观黏度/Pa·s	剪切应力/Pa	表观黏度/Pa·s	剪切应力/Pa	表观黏度/Pa·s
1	3.178	4.994	1.572	7.264	2.286	9.194	2.893	30.08	9.466
2	4.313	5.998	1.391	7.970	1.848	7.945	1.842	32.35	7.501
3	5.675	7.151	1.260	9.080	1.6	10.78	1.900	39.16	6.9
4	7.378	8.275	1.122	11.185	1.516	13.62	1.846	43.91	5.592
5	10.22	10.39	1.077	14.62	1.431	18.16	1.778	—	—
6	15.89	14.42	0.907	22.25	1.4	24.06	1.514	—	—
7	21.57	15.32	0.816	24.40	1.132	27.24	1.263	—	—
8	28.38	17.03	0.600	27.24	0.96	31.78	1.120	—	—
9	36.89	17.88	0.484	28.60	0.755	37.46	1.015	—	—
10	51.08	23.27	0.456	38.02	0.744	45.97	0.9	—	—
11	63.59	27.24	0.429	44.27	0.696	54.25	0.854	—	—
12	86.26	32.92	0.382	52.78	0.612	—	—	—	—
13	113.5	37.46	0.330	—	—	—	—	—	—
14	147.6	42.56	0.288	—	—	—	—	—	—

表4.7 掺入−25mm细石的全尾砂膏体流变参数

编号	配合比				坍落度/cm	G	H	屈服应力/Pa	塑性黏度/Pa·s
	灰砂比	浓度/%	$m_{尾砂}$∶$m_{细石}$	$m_{水泥}$∶$m_{粉煤炭}$					
1-01		84	50∶50	0	4.0	4.8867	0.7733	326.48	1.9
1-02			40∶60	0	12.5	3.3114	0.5970	221.24	1.47
1-03		82	60∶40	0	7.5	4.0192	0.4437	268.52	1.09
1-04	1∶10		50∶50	0	11.0	3.742	0.3455	250.01	0.85
1-05			40∶60	0	25	1.1316	1.0148	75.60	2.50
1-06			60∶40	0	25.6	1.2119	0.7706	80.97	1.90
1-07		80	50∶50	0	26.5	0.6418	0.9365	42.88	2.30
1-08			40∶60	0	28.0	0.5157	0.8458	34.45	2.08

续表

编号	配合比				坍落度/cm	G	H	屈服应力/Pa	塑性黏度/Pa·s
	灰砂比	浓度/%	$m_{尾砂}$：$m_{细石}$	$m_{水泥}$：$m_{粉煤炭}$					
1-09			60：40	0	1.7	5.2194	0.5165	348.71	1.27
1-10		84	50：50	0	7.6	4.9304	0.3992	329.4	0.98
1-11			40：60	0	19.5	2.4841	0.4148	165.95	1.02
1-12			60：40	0	16.0	3.5016	0.1607	233.94	0.40
1-13	1：8	82	50：50	0	18.8	2.7928	0.3585	186.57	0.88
1-14			40：60	0	21.6	1.6687	0.4772	111.50	1.17
1-15			60：40	0	18.2	2.2016	0.1607	147.09	0.40
1-16		80	50：50	0	24.0	1.4216	0.1607	94.98	0.40
1-17			40：60	0	26.0	0.7716	0.1607	51.55	0.40
2-05				1：0.3	9.4	3.7616	0.2398	251.31	0.59
3-05				1：0.5	9.4	3.719	0.2276	248.49	0.56
4-05	1：10	82	50：50	1：0.7	7.8	3.6464	0.2082	243.61	0.51
5-05				1：10	8.8	3.5164	0.2082	134.83	0.51
6-05				1：1.2	9.2	3.3864	0.2082	226.24	0.51
7-05	1：10	82	50：50	掺减水剂	17	1.9879	0.0854	132.81	0.21

注：G 为屈服应力的量度；H 为塑性黏度量度。上述两个参数用来描述膏体的工作特性。

表 4.8　流变参数计算与管道阻力损失

序号	平均流速/(m/s)	阻力损失/(MPa/100m)	$8V_{cp}/D$ /s^{-1}	管壁切应力/Pa	管壁切变速率/s^{-1}	有效黏滞系数/(Pa·s)	表观黏滞系数/(Pa·s)	以μ_e定义的雷诺数Re_a	以μ_a定义的雷诺数Re_u	管道阻力/MPa(100m)$^{-1}$	相对误差/%
1	1.186	3.250	76.577	1007.6	119.65	13.16	8.409	35.113	23.01	3.234	-0.49
2	1.030	3.092	66.471	958.65	107.45	14.42	8.908	28.77	18.24	3.090	-0.06
3	0.960	3.000	61.979	930.22	101.75	15.01	9.128	26.18	16.33	3.023	+0.75
4	0.759	2.834	49.003	878.54	86.560	17.93	10.132	18.65	10.81	2.844	+0.34
5	0.636	2.722	41.086	844.09	77.171	20.54	10.918	14.51	7.91	2.733	+0.39
6	0.583	2.661	37.648	825.14	72.923	21.92	11.293	12.85	6.79	2.683	+0.82
7	0.451	2.603	29.133	807.05	63.634	27.70	12.655	8.876	4.156	2.573	-1.16

全尾砂＋水，$C_V=56.6\%$，$C_w=78.9\%$，$\gamma_\tau=2059$kg/m^3，$D=0.124$m，$\tau_0=564.538$Pa，$\eta=3.655$Pa·s

表 4.9　流变参数测试结果

编号	材料名称	M_1	M_2	M_3	料浆容重/(kg/m³)	坍落度/cm	质量分数/%	体积分数/%
6	全尾砂	—	—	—	2059	3.0	78.9	56.6
6-1		—	—	—	1976	14	75.8	52.2
6-2		—	—	—	1890	27	72.2	47.5
7	全尾砂、水泥	—	1:4	—	2052	3.5	78.1	55.0
8	全尾砂、棒磨砂、水泥、粉煤灰	6:4	1:8	1:0.5	2046	25.0	79.9	59.0
8-1					2051	12.5	80.5	59.8
8-2					2076	8.5	81.0	60.6
9		5:5	1:8	1:0.5	2051	22.5	80.4	59.8
9-1					2071	7.0	84.1	60.9
9-2					2100	5.0	82.2	62.6
10		4:6	1:8	1:0.5	2067	25.5	81.3	61.3
10-1					2076	19.0	81.6	61.8
11	全尾砂、细石、水泥、粉煤灰	6:4	1:8	1:0.5	2100	14.5	81.9	62.0
11-1					2130	5.0	82.9	63.6
11-2					2040	25.0	79.7	58.6
12		5:5	1:8	1:0.5	1946	27.0	76.5	53.8
12-1					2123	12.5	83.0	63.8
12-2					2140	6	83.6	64.9

注:M_1 为尾砂与细石(或棒磨砂)的质量比;M_2 为灰砂比;M_3 为水泥与粉煤灰的质量比。

表 4.10　流变参数测试结果

编号	料浆中各种物料的体积比例/%						屈服应力/Pa	黏度系数 η/(Pa·s)	过渡雷诺数 Re_c	过渡流速/(m/s)	赫氏数 He
	水泥	粉煤灰	尾砂	棒磨砂	细石	水					
6	—	—	56.6	—	—	43.4	564.638	3.655	2350	33.64	1336
6-1	—	—	52.2	—	—	47.8	271.528	2.72	2310	25.5	1115
6-2	—	—	47.5	—	—	52.5	144.395	1.519	2420	15.7	1819
7	10.34	—	44.68	—	—	45.0	208.701	1.558	2540	15.6	2718
8	5.56	3.94	28.84	20.66	—	41.0	94.480	1.88	2260	16.7	841
8-1	5.64	3.99	29.23	20.94	—	40.2	147.716	4.121	2180	35.0	274
8-2	5.71	4.04	29.52	21.23	—	39.4	206.155	4.437	2170	37.4	334
9	5.60	3.97	24.2	26.02	—	40.2	81.661	2.88	2.65	24.5	310
9-1	5.71	4.04	24.65	26.50	—	39.1	178.787	4.212	2168	35.6	321
9-2	5.87	4.15	25.34	27.24	—	37.4	345.057	5.016	2110	40.6	480

续表

编号	料浆中各种物料的体积比例/%					屈服应力/Pa	黏度系数 η/(Pa·s)	过渡雷诺数 Re_c	过渡流速/(m/s)	赫氏数 He
	水泥	粉煤灰	尾砂	棒磨砂	细石	水				
10	5.71	4.04	19.73	31.82	—	38.7	60.355	1.872	2205	16.1	547
10-1	5.76	4.07	19.89	32.08	—	38.2	78.995	2.675	2170	22.5	352
11	5.84	4.14	30.30	—	21.72	38.0	190.586	3.298	2210	27.9	569
11-1	6.00	4.24	31.05	—	22.28	36.4	299.547	4.533	2180	37.5	476
11-2	5.52	3.91	28.64	—	20.53	41.4	115.152	1.577	2360	14.7	1452
12	5.04	3.57	21.78	—	23.41	46.2	41.542	0.999	2330	9.7	1244
12-1	5.99	4.24	25.87	—	27.8	36.1	120.330	0.883	2155	31.5	263
12-2	5.08	4.31	25.27	—	28.24	35.1	215.104	4.017	2170	32.8	439

4.4　高浓度充填料浆管道输送试验

4.4.1　试验设施及配置

由于金川矿山充填物料的多重性与复杂性,在进行高浓度料浆自流系统输送管网设计时,为了避免理论计算带来误差,20 世纪 70 年代初在金川矿山建成了简易的闭路环管试验系统。随后又建成第一座满足充填材料试验和粗细骨料料浆管道输送试验的半工业试验场,包括国内少见的高层垂直管道模拟充填作业的开路试验系统。利用该系统既可进行高浓度料浆的开路试验,同时也可进行环管试验。

金川镍钴研究设计院的管道充填水力输送试验室,重点研究高浓度料浆管输特性。环管管径为 76mm、100mm 和 125mm,总长 210m。装备有 4SP-7 型衬胶砂泵,配 2KC-52 型直流电机,KGSF600/230 大功率可控硅无级调速。φ2m×1.5m 搅拌槽及分流箱、测流箱。MDJ-1 型同位素浓度计、LD-100 型电磁流量计、隔膜压力传感器及自动记录仪等测量仪表。环管输送试验室一侧建有高 23m、共 6 层的充填楼,楼中按重力自流充填制备站配备定量给料、计量和搅拌全套设备。试验物料用电动绞车提升并备有两个料仓(图 4.5)。试验系统由如下部分组成:

1. 砂浆制备部分

环管试验多为一次性配料,由人工给料或机械给料。人工给料是按照预定的配合比,依照搅拌桶面积所换算的液面高度,预先加入桶内,再将水泥和砂分别称量后加水并搅拌制成砂浆;机械给料要求连续、均匀、定量地供给水、水泥和砂。干料用机械提升卸入料仓,通过给料机分别向搅拌桶定量给料;清水先由水泵打入水箱,通过阀调节和电磁流量计监视,向搅拌桶定量供水。物料进入搅拌桶后,搅拌均匀,制成砂浆。

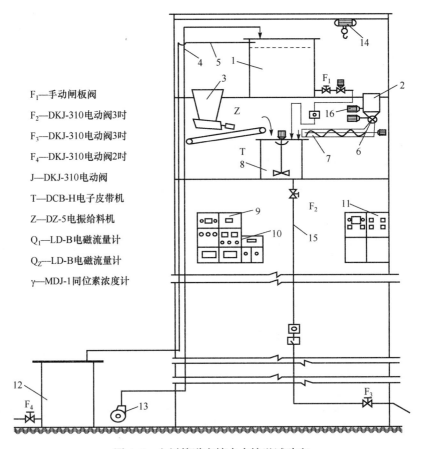

F₁—手动闸板阀

F₂—DKJ-310电动阀3吋

F₃—DKJ-310电动阀3吋

F₄—DKJ-310电动阀2吋

J—DKJ-310电动阀

T—DCB-H电子皮带机

Z—DZ-5电振给料机

Q₁—LD-B电磁流量计

Q₂—LD-B电磁流量计

γ—MDJ-1同位素浓度计

图 4.5　金川管道充填水力输送试验室

1. 高位储水箱；2. 储灰仓；3. 储砂仓；4. 进水管；5. 溢流水管；6. 星形给料器；7. 螺旋给料机；
8. 砂浆搅拌桶；9. 仪表控制屏；10. 硅整流箱；11. 电源动力屏；12. 低位储水池；13. 水泵 15m；
14. 电葫芦 5t；15. 充填管道 3in①；16. 震动器 3kW

2. 输送动力部分

管路输送动力的产生有两种方式,环管试验时为泵压输送,开路试验时为重力输送。泵压输送是选用合适的砂泵,利用砂泵产生压力对砂浆进行管路输送。泵的转速或压力必须即时可变,即可调节流体在管道中的流速(流量);砂浆重力输送是由垂直段的砂浆柱所产生的自然压力对砂浆进行输送。泵压输送的管路系统一般为闭路,重力输送的系统则为开路。

3. 管道输送部分

管道输送部分是由不同内径(ϕ80mm、ϕ100mm、ϕ125mm、ϕ150mm)的钢管成环形布置并用法兰连接而成。管路包括直管和弯管,弯管曲率半径和中心角不完全相同。为了

---

① 　1in＝0.0254m,余同。

观察砂浆在管道内的流动状态,在管路里安装观察管。观察管由透明的耐压玻璃或钢化玻璃制成。整个管路由砂泵出口到管路末端有一定的正坡度(5‰),便于砂浆的流动和结束试验后清洗管道。

4. 管路阻力测试

砂浆在管路中的运动阻力采用 U 形压差计或隔膜式压差计及压差自动记录仪进行测量。压差计或自动记录仪通过隔离罐中的清水传给压差计(图 4.6),隔离罐如图 4.7所示。根据不同测点压力值的大小,采用垂直压差计或倾斜压差计,选用水银或二碘甲烷作为工作液。

5. 流量和浓度测量

砂浆浓度采用浓度壶或同位素浓度计进行标定。通过相对密度反映砂浆浓度的变化情况,并通过注水或追加物料对浓度进行调节。砂浆流量由测流箱或电磁流量计测量。整个管路中布置了 7 对测点,包括 5对弯头测点和 2 对水平直线段测点。水平直线段两个测点的距离 10m,弯头两测点之间距离以其中心角的不同为 0.392～2.355m。测点压力均采用 U 形压差计测量。在水平直线段和 90°弯头的测点中,装有两对压差自动记录仪。在 2 对水平直线段间各装一个观察管。

在整个试验过程中,需对砂浆的流量和浓度进行测量。浓度测定有两种方式,一种是浓度壶,另一种是同位素浓度计。流量测

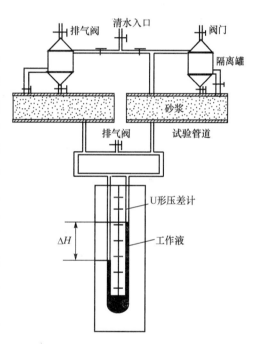

图 4.6　带隔离罐的 U 形管测压计

定也有两种方式,一种是流量箱,即测量砂浆注入流量箱的时间、容积和质量,得出流量和流速;另一种是电磁流量计,直接记录砂浆的瞬间流量和累计流量。

6. 供料

按照试验要求,先将清水加入搅拌桶内,然后用 T-45 型皮带机加入砂子和水泥。棒磨砂装入提料斗,用 5t 电葫芦提至搅拌楼上卸入砂仓。砂仓容积 4.8m³,可装 7.35t,料仓下部采用 DZ5 型电振给料机,将砂子直接给入搅拌桶。水泥采用人工拆包后装入水泥仓内,水泥仓容积 2.3m³,装入水泥 3.0t。水泥采用内径 150mm 螺旋给料机给入搅拌桶。水由楼下水泵扬至 6 楼 4.4m³ 水箱,利用溢流管形成稳定水头,水箱的出水管中有 2 个 4寸阀门和一台 LD-100 型电磁流量计,调节和监视供水流量。

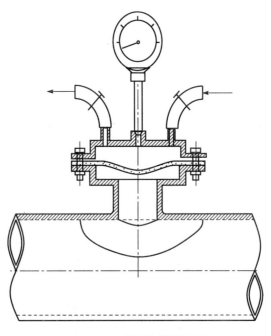

图 4.7　砂浆隔离罐结构图

7. 制浆

各种物料按照试验要求的给料量给入搅拌桶,经搅拌制成砂浆。搅拌桶容积约 1.9m³,配用 Z2-61 型直流电机,由 50A 硅整流装置进行调节。排浆口采用溢流方式,在搅拌桶上方设置 5 寸溢流口。当停止向搅拌桶供料后,为了使桶中砂浆能全部流入管道,便于清洗搅拌桶和管道,在搅拌桶底部设置 6 寸排浆口。为了使物料尽可能得到搅拌,在搅拌桶中央设置直径为 700mm 的无底空心圆桶。圆桶上端距搅拌桶上缘 300mm,下端距搅拌叶片约 300mm,使物料先进入圆桶,经搅拌后再上升至溢流口排出。为了使物料在 3.5m³ 的搅拌桶中搅拌均匀,搅拌器装有双层角度可调叶片,以便改善搅拌效果。

8. 动力和输送管道

由 4PS-7 型砂泵另配 100kW 大型直流电机,泵速由 KGSF-600/230 可控硅传动装置调节,使砂浆在试验管路中循环。开路试验时,试验管垂直段产生的自然压头作为整个管路输送的动力。为了节约试验用料量和延长观测水力输送参数的时间,试验管道采用 82mm 的钢管,垂直段长 12.8m,水平段长 40m,其间串有 3 个弯头,管道容积为 0.29m³。输送管路由直径 100mm 无缝钢管组成,其中包括 15°、30°、45°弯头各 1 个,90°弯头 2 个,管路总长 70m。从砂泵出口起,管路安装带有 5‰正坡度。在管路中串有 4 个带风咀三通,以便在试验管路堵塞时用高压风进行处理。

9. 观测

垂直管段水力坡度的观测是在垂直管段设两个测点,用 U 形水银压差计分别测量这两点的静压值,从而求得垂直管段的水力坡度。为了观测垂直段砂浆柱的高度,在垂直管与水平管的交界处安置一个压力表,通过压力表读数,计算砂浆柱的高度。水平段的直管和 90°弯管各设一对测点,采用 U 形压差计和压差自动记录仪,同时测量压差值。流量由安装在垂直管段的 LD-80 型电磁流量计测量。浓度采用浓度壶标定。

利用该套系统进行环管试验时,将水平环管及上料设备、搅拌槽、输送泵及可控硅调速装置、测量记录仪表以及空压机等组成闭路循环系统(图 4.8)。

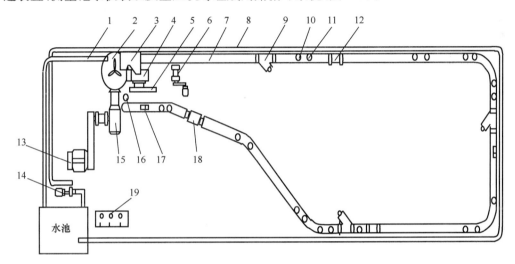

图 4.8　金川管道充填水力输送试验系统

1.加水管 ϕ100mm; 2.搅拌桶 ϕ2m×1.5m 双叶轮, N=250r/min;

3.分流箱; 4.测流量箱; 5.磅秤; 6.绞车; 7.砂浆输送管 ϕ100mm; 8.1in 水管;

9.堵塞处理三通; 10.橡胶薄膜隔离传压装置; 11.有机玻璃隔离传压装置;

12.耐压玻璃观察管 ϕ100mm; 13.2KC-52 型直流电机; 14.水泵 2BA-9 型;

15.4PS-7 型砂泵; 16.MDJ-1 型同位素浓度计; 17.压力表;

18.LD-100 型电磁流量计; 19.KGSF600/230 型可控硅

每次试验基本分为两个阶段进行。第一阶段为清水试验,试验的目的是测定试验管路的清水特性及检验试验系统和测试方法的可靠性;第二阶段为砂浆输送试验,这套管路试验系统经过对几个矿山的管道自流试验证明,使用比较方便,采集到的数据比较可靠,是一套可以为工业生产提供参数的模拟试验系统。

4.4.2　高浓度料浆管道输送特性

对管道输送的固液两相流体的运动状态,国内外的试验研究及论文和专著,都是建立在水砂输送试验基础上。在金川开展的环管输送试验中,除了进行清水试验和水砂输送试验之外,还在水砂混合物料中掺入一定比例的硅酸盐水泥(一般占固体物料总量的10%~20%,至少添加 3%~5%),水泥加入量按灰砂比 1:10~1:4 至 1:10~1:

20。研究目的是按实际充填生产的需要,真实地揭示胶结充填料浆在管道中的运动状态。

水泥在固液两相流中的作用主要体现在两个方面:一方面是由于水泥颗粒极细,大大提高了输送介质的黏度和悬浮作用,使较粗惰性固体物料混合在胶质状流体中;另一方面是由于水泥水化作用和砂浆在管路中的摩擦导致浆体温度上升,进一步提高了料浆黏度,增加了料浆的均匀性。实验证明,只要在输送料浆中保持一定比例的超细颗粒,就能使砂浆(甚至少量<10mm 的大颗粒)处于均匀分布固体颗粒的饱和状态。即使在流速很低的情况下,也会使粗颗粒悬浮一起向前运动。

为了进一步认识水泥在管道输送中的作用,进行了低灰砂比条件下的砂浆管路输送试验,水泥掺入量为砂浆质量的 3%～5%。观察其料浆的流态,悬浮力明显下降,离析和沉降趋势增大。由此可见,在低灰砂比的条件下,适当加入粉煤灰这类细颗粒物料,有利于改善料浆的输送性能。例如,在同等充填倍线条件下,灰砂比为 1∶6～1∶4 时输送十分通畅,而灰砂比为 1∶8 时,料浆会产生离析、沉淀甚至堵管。而添加粉煤灰之后,又改善了料浆的输送特性。

两相流体处于水力输送状态时,固体颗粒在水力作用下呈悬浮流动,其黏性系数接近常数,此种两相流体可视为牛顿流体。牛顿流体的运动存在雷诺数,遵循雷诺准则。当两相流体呈塑性结构流态时,固体颗粒相互之间在流动过程中几乎不发生相对位移,在流动中的黏性系数为常数或变数,必须克服初始切变力才能开始流动,这种流体称之为非牛顿流体。

国内外一些实验研究指出,料浆的临界流速开始随料浆浓度增加而增大。但浓度继续增大时,其临界流速反而减小。尤芬试验得出的曲线如图 4.9 所示。

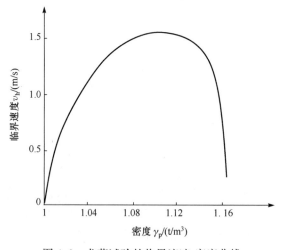

图 4.9　尤芬试验的临界流速-密度曲线

金川镍矿通过试验研究发现,含有一定量的细粒级固体物料在管道水力输送前,只要得到充分搅拌,其临界流速随浓度增高到一定值时就逐渐下降。当砂浆浓度接近临界流态浓度时,则临界流速接近零。尾砂和风砂料浆的临界流速与密度和浓度的关系曲线如图 4.10 所示。

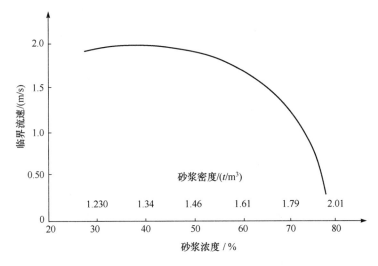

图 4.10　金川－3mm 砂浆临界流速与密度、浓度关系曲线

　　通常称大于临界流态浓度而小于极限可输送浓度的固液混合流体的浓度为"高浓度"。大于临界流态浓度的浆体呈似均质状态,可采用宾汉塑性流体模型来描述。小于临界流态浓度的浆体呈非均质状态,它遵循一般固液两相流体的运动规律。例如,金川－3mm 棒磨砂添加 10％～20％硅酸盐水泥混合成的砂浆,其质量分数为 77％(相应的体积分数为 55.33％)时,即达到了该种料浆的临界流态浓度。在此浓度下只要有 0.1m/s 的低流速,甚至短时间停留,固体颗粒也不会沉淀和堵管。这一现象是偶然发现的。在一次泵送闭环管道输送试验中突然断电,造成砂浆浓度较高而停止流动,试验人员认为必然会堵管,但 20min 后恢复供电,当重新启动砂泵时,砂浆又重新流动起来。在以后的闭环管路试验中,多次有意停泵的试验结果显示,只要是保持一定比例超细颗粒的高浓度料浆,即细颗粒固体与水形成了一个密度较高的介质,浆体中固体颗粒悬浮起来,在管路中停留 1h 左右,不会发生沉淀和堵管事故。

　　高浓度浆体中的固体颗粒在横断面上呈均匀分布状态,各点速度迹线大体平行于管道轴线,使流体速度的流线近于平行分布,没有浓度梯度。由于干扰沉降的影响因素增大,即使流速降低,管道底部最先沉淀的颗粒粒径由最大粒径而渐趋于固体物料颗粒的全粒级。所以,高浓度浆体是一种典型的非牛顿流体,不易发生离析和沉淀,在流动过程中表现为固体颗粒之间很少产生相对位移的结构流体,近似于膏体流动,只要施加压力使切应力大于初始切应力,料浆即可流动。

　　高浓度料浆具有良好的输送性能,即使在较低的流速条件下,也不发生固体颗粒的离析和沉淀。无论在半工业室内试验或现场工业试验中,还是充填生产实践中都证明了这一特点。

　　正因为高浓度料浆管道输送具有不易离析和沉淀,且在管道中短时间停留后又能重新流动的特性,既节能节水和经济实用又安全可靠,才使高浓度料浆管道自流胶结充填工艺在金川矿区获得大规模推广应用,先后建成了 11 条工业生产充填系统,产生了显著的经济效益。

高浓度料浆既可借助料浆形成的自然压头(依靠重力)来输送,也可采用泵压输送。高浓度料浆应属于非牛顿流体的范畴,一般情况下不能完全采用两相流理论来表征,因此,需要采用流变力学来描述。

研究揭示高浓度料浆管道输送特性,在理论上和生产实践上具有十分重要的意义,这是金川公司、长沙矿山研究院和北京有色冶金设计研究总院共同研究获得的重要发现。此前的研究认为,固液两相流体的极限可输送体积分数为49%,超过此值必然"迅即堵管"。但金川高浓度管道输送的多次试验证明,只要含有一定量的超细物料(−20μm含量>15%),体积分数达到56%~62%的砂浆在管道中可以实现正常流动,并且在短暂停止泵送的条件下也不会沉淀和堵塞管道。这主要在于高浓度料浆的流动状态已发生本质变化,由一般的固液两相流转变为结构流。由此可见,采用高浓度管道输送,能够以尽量少的水输送尽可能多的固体物料,实现较低的经济流速的料浆输送。

在管道输送过程中,高浓度料浆的临界浓度与固体颗粒粒径密切相关。平均颗粒较大的固体物料适合于采用较高的输送浓度,而平均颗粒较小的固体物料适合于采用较低的输送浓度。例如,对于−3mm棒磨砂充填骨料,其平均粒径为0.615mm,适合采用质量分数78%的高浓度输送;而对于平均粒径为0.054mm的分级尾砂,只能采用70%左右的质量分数进行管道输送。这是因为颗粒平均粒径大则比表面积小,相应的包裹物料表面的水量也小。因此,同样质量的固体物料,配制同样质量分数的大粒级砂浆所需水量也少(表4.11)。

表4.11　各种不同粒径砂浆浓度的状态

砂浆名称	充填骨料平均粒径/mm	极限可输送浓度/%	临界流态浓度/%		设计料浆浓度/%
			质量分数	体积分数	
尾砂胶结砂浆	0.054	73	70~71	47.0	—
风砂胶结砂浆	0.213	80	76~77	54.8	—
棒磨砂胶结砂浆	0.615	83	77	55.5	78

4.4.3　管道输送阻力损失影响因素分析

固体粒状物料的管道水力输送的关键技术在于:在固体物料输送量、输送距离和高差一定的条件下,选择适当的管径、浓度和流速,以达到可靠和经济地运行。水力输送管线设计需要确定在给定条件下的水力坡度这一最基本输送参数,以便进行不同参数条件下的技术经济比较,从而给出最佳输送条件。

在一定的压头作用下,浆体在管道中的流动必须克服与管壁的阻力和产生湍流时的层间阻力,统称为摩擦阻力损失或水力坡度。影响管道输送水力坡度的因素较多,但主要因素有固体颗粒粒径d、粒级不均匀系数δ、物料相对密度γ、浆体流速V、浆体浓度C、黏度η、温度T、管道直径D、管壁粗糙度Δ以及管路的敷设情况等。

针对−3mm棒磨砂几种不同体积分数与流速条件下的摩擦阻力,金川矿区进行了大量的现场实测,获得了大量的试验数据,由此绘制的一系列水力坡度与流速的关系曲线如图4.11所示。

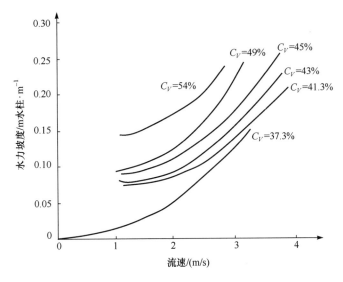

图 4.11 料浆管输水力坡降与流速(i-V)的关系曲线

从图 4.11 看出,不同体积分数的料浆管输阻力损失随流速的增大而增大,由此表明,料浆流动速度的急剧增加,管壁磨擦阻力也急剧增大。在常规的固液两相流实际应用中,应采用大于临界流速的速度进行输送。当料浆流速小于临界流速则容易发生堵管事故。

堵管事故是管道水力输送固体物料最令人担心的问题。除了有杂物进入管道堵塞以外,部分堵管主要是由于料浆浓度过高或料浆流速小于临界流速造成的。当料浆流速小于临界流速时,管道中紊流脉动垂直方向的分速度已不能维持固体颗粒完全悬浮,而颗粒干扰沉降的影响不足以起主导作用,在重力作用下,大而重的颗粒首先开始下降,管道底部出现慢速滑动和不移动的沉淀区,这个沉淀层越来越厚,最终造成管道堵塞。

高浓度料浆属于结构(似均质)流体,黏性大,固体颗粒在浆体中难以沉积,即使在停止流动的条件下浆体仍不失水,在短暂的停止流动后,在外力作用下容易重新流动。因此,对于金川矿区的高浓度胶结充填料浆来说,"临界淤积流速 V_k"的概念与量值已经不存在实际意义。

充填料浆管道输送无论是自流还是泵送,均采用较高的输送速度,输送速度一般为 2.0~4.0m/s。考虑到矿山大规模生产的需要,金川矿山高浓度料浆管道自流输送采用的流速为 2.8~3.2m/s。金川镍矿研究所采矿研究室早期的环管试验结果,揭示了一般料浆输送所遵循的规律:当料浆流速小于 3m/s 时,-8mm 破碎砂水泥料浆阻力损失比 -3mm 棒磨砂水泥料浆阻力损失大,-3mm 棒磨砂水泥料浆阻力损失比 -1.2mm 细砂水泥料浆阻力损失大。当流速大于 3m/s 时,颗粒大的料浆比颗粒小的料浆的阻力损失反而小。由此可见,当流速大于某一临界值后,料浆固体颗粒获得较大的动能,干涉阻止固体颗粒沉降的影响较大,一般呈现均质悬浮,因而减少了这部分能量损耗,造成大颗粒料浆流体阻力损失反而比小颗粒料浆的阻力损失小。

料浆输送速度的稳定程度也是影响管道阻力损失的重要因素。一般来说,输送速度越稳定,管输阻力损失也就越小。在管道直径、灰砂比和砂浆浓度相同的条件下,摩擦阻力损失随着颗粒粒径的增大而增大。因为颗粒粒径越大,其重力也越大,需要克服颗粒沉降的能量也就越多。但对于具有相同浓度的大粒径颗粒的料浆,在低流速区和在高流速区的阻力损失并不比小粒径的料浆阻力损失大(图 4.12)。

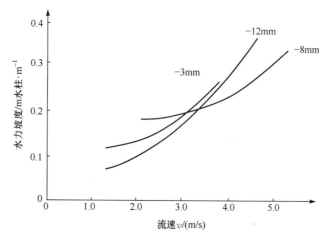

图 4.12　物料粒度对管道压力损失的影响

1. 固体颗粒粒径与级配对摩擦阻力损失的影响

表面呈多棱形多面体的大硬度和大粒径的固体颗粒充填料浆的阻力损失,比圆球形固体物料料浆的阻力损失大。在水力输送中,总是以加权平均粒径或等值粒径来大致反映整个固体颗粒的粗细。加权平均粒径的变化对似均质浆体阻力损失的影响很大。所以采用管道输送的固体物料料浆,不仅要考虑物料颗粒的平均粒径,而且还要严格选出颗粒的形状。料浆中固体颗粒虽大,但如果颗粒表面光滑,管道输送阻力反而比小粒径和表面呈多棱形多面体的充填料浆的阻力损失小。

一般认为,只要输送固体物料的粒径不超过管径的 1/3,含量不超过 50% 就可输送。但在实际应用中,为了保持料浆输送稳定性,固体颗粒的最大粒径不得超过输送管径的 1/6~1/5。

为了提高金川矿区下向分层充填人工假顶的胶结体强度,曾试验过采用 —15mm 粒径天然细石代替 20%~30% 的 —3mm 棒磨砂,浇注高强度人工假顶(楼板层)。由此获得的充填体强度明显提高,阻力损失比完全用 —3mm 棒磨砂料浆的小,发生堵管事故减少。但由于 —15mm 粒径的天然细石价格较高,未推广使用。

固体颗粒粒径大小和粒级的组成,不仅需要满足充填体的强度需要,而且还要满足料浆管道输送要求。固体颗粒粒径和粒级组成是决定料浆输送特性的重要因素。实践表明,对料浆管道输送来说,调整料浆颗粒组成和提高输送料浆的浓度,可以实现料浆流动性和稳定性的较好统一。显然,一种物料颗粒用作充填材料时,总存在一种最佳粒径级配,此时充填料的孔隙率最小,因而承载能力最强。

为了寻找某种松散材料的最佳颗粒级配,可采用级配指数法:

$$A_i = (d_i/D)^n \times 100\% \qquad (4.1)$$

式中，A_i 为某一种粒级的筛下百分率，%；d_i 为某一种粒级的粒径，mm；D 为充填材料中最大颗粒的粒径，mm；n 为物料级配指数。

还可采用塔博方程式来确定最佳粒级级配。符合塔博方程式 $d_{60}/d_{10} = 4 \sim 5$（d_x 为 $x\%$ 颗粒通过的筛孔直径）就是最佳颗粒级配。

2. 料浆浓度对摩擦阻力损失的影响

一般情况下，管输摩擦阻力损失随浓度的提高而增大。料浆浓度的提高也就意味着固体物料的增加。为了使浆体中所有固体物料悬浮，克服固体颗粒的重力所需要消耗的能量也相应增加，因此导致管道压力损失增加，水力坡度增大。在相同的流速下，当砂浆浓度增大，且细物料（如水泥、全尾砂）含量较多时，浆体黏度增加，对管道的压力损失明显增大。但抗干扰沉降作用也随之提高，固体颗粒沉降性减小，因而临界流速变小。当细颗粒含量增加到某一值时，浆体的流变特性发生由量变到质变的转折，导致高浓度均质浆体比低浓度浆体的压力损失增加近 1 倍。由图 4.13 可见，摩擦阻力损失与流速的关系曲线也由通常的下凹曲线变为上凸曲线。

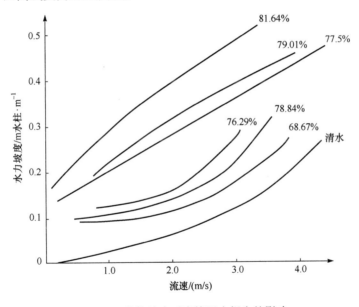

图 4.13　浆体浓度对摩擦阻力损失的影响

3. 输送管径对摩擦阻力损失的影响

输送管道的管径对摩擦阻力损失具有重要影响。图 4.14 给出了输送管道摩擦阻力损失与管径的关系曲线。由此可见，随着管径的增大，摩擦阻力损失随之减小。因为在一定时间内流过相同数量的料浆，大管径要比小管径接触面积小，因而摩擦阻力损失也随之减小。

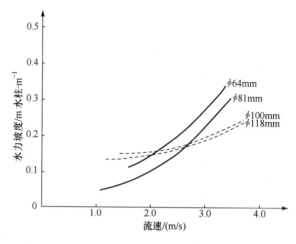

图 4.14　管径对摩擦阻力损失的影响

4. 管壁粗糙度对摩擦阻力损失的影响

输送管道的管壁粗糙度与摩擦阻力损失成正比,即管壁越粗糙,摩擦阻力损失也就越大;反之亦然。人们早就注意到,在输送介质中掺入超细物料,如水泥、粉煤灰和全尾砂等,虽然增加了浆体的黏度,但大大降低了管壁边界层的摩擦阻力。这是由于超细物料在管壁形成一层润滑膜,有助于减小管壁的摩擦阻力。图 4.15 给出了管壁较粗糙的钢管与管壁较光滑的塑料管,在相同输送条件下摩擦阻力损失的对比曲线。

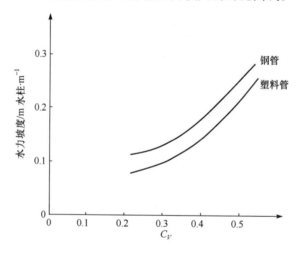

图 4.15　管壁粗糙度对摩擦阻力损失的影响

5. 料浆水灰比对摩擦阻力损失的影响

增大料浆水灰比,即增大料浆的水泥含量,有利于悬浮液成为重介质,使固体颗粒易于悬浮,从而减小料浆沿管壁流动的摩擦损失。反之,减少水泥含量等于降低固体颗粒所受的悬浮力,使浆体变成沉降型固液两相流,从而导致固体颗粒沉降速度必然增大,阻力损失也随之提高。水泥在固体料浆中不仅起到胶凝作用,还在管道输送过程中起到润滑剂的作用。所以水泥量的变化也必然影响料浆管道输送阻力损失的变化。金川矿区高浓度料浆管道自流输送胶结充填工艺设计水灰比一般为 1.41～2.5。实践证明,该水灰比是比较合理的。

6. 外加剂对摩擦阻力损失的影响

在料浆中加入外加剂(减阻剂)来降低料浆在管道输送中的阻力损失,从而减小料浆对管壁的摩擦阻力。减阻效果与料浆输送管壁层流附面层的稳定密切相关。由于不仅存在管壁的层流薄浆层,而且还存在中心稳定的周期扰动,才使减阻成为可能。当然,自发存在的层流附面层本身不会产生减阻效果,减阻有赖于人为能动地改变层流附面层的边界条件。通过加入外加剂,降低附壁区的流速梯度或增大层流附面层的厚度达到减阻的目的。管流添加剂产生的减阻现象称为托马斯现象,早在 1949 年,托马斯在管流紊流的有机溶液中,添加少量的聚甲苯丙稀酸甲酯后发现了减阻现象。

为了减小棒磨砂对输送管道磨损严重的问题,金川矿区曾做过不同减阻剂对高浓度棒磨砂料浆减阻试验。由于各种减阻剂作用机理及适用对象不尽相同,所以减阻效果也存在显著差异。

金川矿山的试验结果表明,以 CPA-1A 型输送剂对降低管道输送摩擦阻力效果较为明显。它不仅可增加水与固体颗粒的亲和力,有效地降低砂粒在料浆中的沉降速度,而且输送剂与管壁固体表面和水之间产生很好的亲和力,容易将水分子吸附到管壁上,增加薄浆层的厚度,起到润滑输送管道效果。正因为 CPA-1A 输送剂具有这两大功能,从而降低了料浆与管壁间的摩擦阻力。

龙首矿曾做过萘磺酸钠为主要成分的高效减水剂试验,使－3mm 棒磨砂浆浓度由78% 提高到 82%～84%,提高 4～6 个百分点,充填体强度提高 13%～16%,减阻效果十分显著。

7. 温度对摩擦阻力损失的影响

常温条件下,温度对管输阻力损失的影响并不显著,一旦温度过低或过高时,料浆温度对管输阻力产生显著影响。

大量试验表明,管道阻力损失在低温条件下对温度变化比较敏感;进入较高温度后,管道输送阻力受温度影响减弱。因此,在实际工程应用中,应采取措施尽量避开料浆管道在低温下运行。

综上所述,影响料浆管道输送阻力达到 8 个因素之多。在物料和管径确定后,以料浆的流速影响最大,浓度次之。

金川矿区充填生产实践表明,料浆的管道输送设计必须全面综合考虑上述多种因素。需要在大量试验研究的基础上,确定料浆管道输送的最佳参数,以期获得最佳的工艺技术和经济效益。经多年反复实践和试验研究,全面综合考虑了工艺技术及经济效益等诸因素,金川矿区最终采用了高浓度、低流速、小流量、大高差和长距离的管道自流输送方式,取得了很好的技术经济效果。金川矿山－3mm棒磨砂水泥砂浆管径 $\phi=100$mm 水平直管水力坡度实测结果见表4.12。

表 4.12　－3mm 棒磨砂水泥砂浆管径 $\phi=100$mm 水平直管不同流速时水力坡度实测值

灰砂比	砂浆浓度/% 质量	砂浆浓度/% 体积	砂浆密度 /(t/m³)	水力坡度(m水柱·m⁻¹) 1	2	3	4	5	6	7	8	9	10	11
1:6	0.618	0.37	1.64	3.72	3.61	3.15	2.72	2.58	2.26	2.12	1.66	—	—	—
				0.195	0.186	0.177	0.125	0.114	0.100	0.093	0.082			
	0.657	0.41	1.71	3.72	3.61	3.15	2.72	2.41	2.05	1.98	1.70	1.42	—	—
				0.227	0.197	0.163	0.138	0.117	0.099	0.098	0.082	0.071		
	0.689	0.45	1.77	3.72	3.50	3.18	2.97	2.80	2.51	2.36	2.12	1.80	1.45	0.64
				0.258	0.226	0.198	0.178	0.161	0.144	0.125	0.117	0.104	0.098	0.091
	0.719	0.49	1.83	3.17	3.12	2.97	2.90	2.81	2.54	2.43	2.29	2.03	1.60	1.04
				0.245	0.240	0.215	0.209	0.199	0.171	0.161	0.148	0.130	0.107	0.095
	0.763	0.54	1.93	2.76	2.72	2.62	2.55	2.41	2.23	1.70	1.45	1.24	—	—
				0.232	0.221	0.212	0.205	0.195	0.187	0.168	0.152	0.136		
	清水		1.0	0.97	1.35	1.44	1.70	1.95	2.03	2.13	2.42	2.69	2.91	3.34
				0.015	0.025	0.03	0.043	0.058	0.07	0.068	0.088	0.111	0.127	0.190

4.4.4　金川公式

针对棒磨砂胶结充填料浆开展了大量的试验,并对试验数据进行总结分析和处理。结合环管试验数据,采用参数组合和对数坐标作图法,获得了适用于金川料浆管道自流输送阻力损失计算的金川公式。在采用国内外实测数据进行分析比较后表明,金川公式的水力坡度计算结果相对误差较小,可以作为充填料浆管道水力输送固体物料阻力分析的计算公式。

金川公式如下:

$$i_j = i_0 \left\{ 1 + 108 C_V^{3.96} \left[\frac{gD(\gamma_g - 1)}{v^2 \sqrt{C_x}} \right]^{1.12} \right\} \qquad (4.2)$$

式中,i_j 为水平直管料浆水力坡度,mH_2O/m;i_0 为水平直管清水水力坡度,mH_2O/m;C_V 为料浆的体积浓度,%;g 为重力加速度,m/s^2;D 为管径,m;v 为流速,m/s;C_x 为颗粒沉降阻力系数。

$$i_0 = \lambda \frac{L}{D} \cdot \frac{v^2}{2g} \qquad (4.3)$$

根据对 $4''$ 无缝钢管的测定结果,摩阻系数 λ 值可按尼古拉兹公式计算,并考虑管道敷设的情况乘以系数 K,即

$$\lambda = \frac{K_1 K_2}{\left(2\lg \dfrac{D}{2\Delta} + 1.74 \right)^2} \qquad (4.4)$$

式中,K_1 为管道敷设系数,取 $1\sim1.15$;视管段间中心线的直线性选取;K_2 为管道接头系数,取 $1\sim1.18$;视管段法兰盘的焊接、其间的连接质量和接头数的多少选取;m_t 为料浆的体积分数,%;g 为重力加速度,m^2/s;D 为管径,m;V 为料浆流速,m/s;C_x 为颗粒沉降阻力系数。

$$C_x = \frac{4}{3} \times \frac{(\gamma_g - \gamma_0) g d}{\gamma_0 v_c^2} \tag{4.5}$$

式中,d 为物料颗粒粒径,cm;γ_g 为固体物料密度,t/m^3。

4.5　膏体充填料浆输送性能研究

1989 年金川矿山在二矿区东部搅拌站建立了地面膏体环管试验系统,用于研究膏体输送性能和流变参数,为建造膏体泵送充填系统的设计与生产提供依据。

在试验研究阶段,通过在金川矿区进行地表环形管路的泵压输送半工业试验,测定膏体泵压管道输送的流变参数。试验物料和粒级组成基本上与室内试验相同。在工业试验阶段,由于采用物料及物料粒级组成与试验研究阶段均发生变化,所以在膏体未下井充填之前,必须做工业化阶段膏体流变参数的测量,最终确定工业化生产阶段的膏体最优工艺参数。在膏体泵送充填工艺系统厂房外敷设了地表环形管路,膏体工艺参数的优化过程就是利用此环形管路来完成的。

4.5.1　环形管路系统的特征

为了检测不同条件下膏体流变参数和管输特性,环形管路系统具有以下特征:
(1) 由两种或 3 种不同的管径组成;
(2) 由相应的两种或 3 种不同变径管(直径不同,变径长度也不同)连接直管段;
(3) 由曲率半径不同的弯管连接直管段,以改变管路方向;
(4) 管道间的连接方式不同(快速接头与法兰盘连接);
(5) 管道材质不同(铸铁、钢管、耐磨管材的管内壁光滑程度不一样);
(6) 在直管段以及管道变化处(弯管处、变径管处)的两端安装压力传感器,以便检测该处的压力损失;
(7) 环形管道中必须接有一、两处 S 管。

4.5.2　试验系统与测试仪表

1. 膏状料浆制备系统

利用金川二矿区东部充填站原细石混凝土制备系统的预留位置以及周围的空闲场地,组建了半工业及工业试验的膏体制备系统。该系统包括两台可移动式上料皮带、两台连续搅拌机和一台双缸液压活塞泵。

每次试验时,按设计配比将尾砂、碎石(或－3mm 棒磨砂)、水泥、粉煤灰混合均匀后,采用铲运机送料,经过两段接力皮带机运至安装在充填站二楼的一段双轴叶片式搅拌机进料口;同时定量加入制备膏体所需的水,经过初步搅拌的物料下放到第二段双轴螺旋式搅拌输送机搅拌后,即可制成均匀的泵送膏状充填料,直接进入 PM 泵的喂料斗,以便进行泵压管道输送。膏状料浆制备系统如图 4.16 所示,试验研究阶段地面半工业试验环形管路系统如图 4.17 所示。

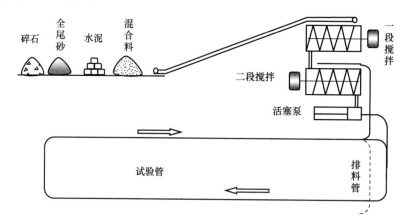

图 4.16　膏体料浆制备系统

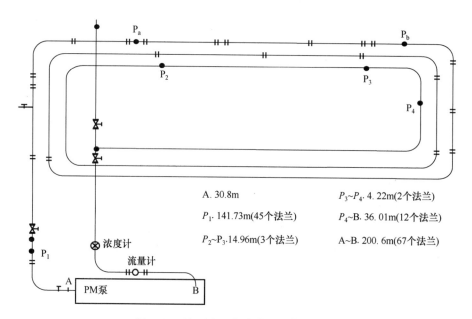

A. 30.8m

P_1. 141.73m(45个法兰)

$P_2 \sim P_3$.14.96m(3个法兰)

$P_3 \sim P_4$. 4.22m(2个法兰)

$P_4 \sim B$. 36.01m(12个法兰)

A~B. 200.6m(67个法兰)

图 4.17　地面半工业试验环形管路系统

2. 双缸活塞泵及管路系统

试验采用的全液压双缸活塞泵,是引进德国普茨迈斯特机械有限公司(Putzmeister-Werk Mdschiner Fabrik Gmbh)的 KOS-2170 型产品。泵最大出口压力 6MPa,额定流量为 50m³/h。管路系统由 ϕ102mm、ϕ124mm 和 ϕ143mm 三种管径组成,总长 200m。可按需要布置 1 圈、2 圈或 3 圈。

针对每种配料获取不同浓度和不同流速条件下的压力损失,所以在试验运行中采用循环方式,将管道中的物料返回到第二段双轴双螺旋式搅拌输送机的进料端。试验结束后,通过转换弯管将管道、搅拌机和 PM 泵中的膏体充填料浆排出,最后用海绵球、水或压气清洗管道。

3. 监测仪表

试验中采用如下 3 种仪表。

1) 同位素密度计

采用兰州同位素仪表研究所生产的 FB-2100 型微机工业密度计。

2) 电磁流量计

采用上海光华爱尔美特仪器公司生产的 MT-900 型电磁流量计,内径为 $\phi125mm$ 和 $\phi150mm$ 两种,可以满足与 PM 泵泵压相匹配的耐高压要求,压力可达到 6MPa。

3) 压力传感器

在试验的第一阶段采用 1 种管径,采用德国 WIKA 公司生产的插入式压力传感器。在第二阶段采用 3 种管径,采用航天工业部 701 研究所生产的 JP 型应变式压力传感器,量程分别为 0～3.1MPa、0～4.0MPa、0～5.0MPa、0～8.0MPa,数字显示基本稳定,读数可信。同时还选用了天津仪表厂生产的四通道无笔记录仪,可形象地观察泵压冲程及浓度和流量的瞬间变化。

4.5.3　试验方法与步骤

试验步骤如下面 13 步。

(1) 每次试验前按设计配比分别称量所需物料,并混合均匀。

(2) 上料前先用海绵球和水(或压气)清洗管路,并检查搅拌机和 PM 泵的喂料斗中有无杂物。

(3) 试验开始前先上 400～500kg 的尾砂、粉煤灰细粒物料,以便制成细粒料浆润滑管道;紧接着采用铲运机或人工正式向皮带机上料。上料速度通常控制在 20～40m³/h。

(4) 在第一段搅拌机干料入口处,按既定浓度连续定量加水,与干混合料同时进入第一段双轴叶片式搅拌机内。

(5) 物料进入第二段双轴双螺旋搅拌输送机,经再次搅拌形成均匀膏体,并在槽内达到一半以上的装满度之后,即可开泵输送。

(6) 当膏状料浆充满整个充填管路之后,通过转换弯管将料返回到双轴双螺旋搅拌输送机的进料端形成循环。

(7) 试验所需的物料加完,膏体须在系统中连续运转 10～20min,待浓度基本稳定之后,即可开始各种数据测试工作。

(8) 每次试验开始前,先标定 PM 泵活塞冲程周期,人工取样测定膏状料浆的坍落度和容重。与此同时,以铃声为信号,同时读取设在管道上的各点压力表、浓度计和流量计的读数。

(9) 每种配合比的物料通常是进行 3 种浓度测试。每种浓度改变 6～7 次流量,进行多次试验并读取相应的测试数据。

(10) 流量是通过改变活塞冲程的周期完成的,通常每一冲程是在 3~6s 内调节。

(11) 第二次和第三次浓度的改变采取两种办法:一种是由稀到浓,另一种是由浓到稀。前者在保证用料配合比不变的条件下,向前次试验过的膏状料浆中,掺加一定量的干混合料,以提高料浆浓度;后者在前次试验过的膏状料浆中,掺加一定量的水,以降低料浆浓度。每改变一次浓度,必须经过 10~20min 的连续循环搅拌,使其所有循环的膏状料浆基本均匀后,才能开始进行数据的读取。

(12) 对每种配比的物料进行 3 种浓度和 6~7 次试验。试验所需的时间通常控制在 1.0~1.5h,其中不包括上料准备和试验后的清洗工作。

(13) 试验结束后,将物料经转换弯管排至铲运机的铲斗中运走,并对试验系统的设备进行清洗。清洗的重点是 PM 泵的活塞缸、喂料斗以及管路,确保其内不残留粗粒料和胶结料浆。

根据膏体物料流变特性的试验研究可知,膏体可泵性主要取决于在压力状态下,膏体充填料的流变特性。以膏体形式输送物料时,膏体在管道中以“柱塞流”运动。膏体在管道内沿径向由外往里形成水膜层、浆层和柱芯。

水膜与薄浆层构成阻力很小的润滑层,柱芯被环状润滑层所包裹而呈悬浮状态。由于润滑层的黏度系数和屈服应力很小,在外力作用下,使润滑层达到流变程度时,柱芯的切应力尚未克服自身的屈服应力而形成“柱塞流”。如果膏体充填料在泵送过程中,始终保持“柱塞流”状态而柱芯内部不发生相对运动,并且不会因通过弯管和接头处增加阻力而产生急剧变化。由此可以认为,这种充填物料具有良好的可泵性。因此,膏状充填料在泵压的作用下,有极少量的水和稀浆被挤出是不可避免的,也是必要的。少量的水和稀浆的泌出,对形成“柱塞流”所必需的润滑层起着决定性作用。但是在压力作用下的泌水过快,会造成剩下的物料过多失水、失浆而丧失流动能力,导致摩擦阻力急剧增加而堵管。与此相反,如果在泵压作用下水和稀浆析出量不够,无法形成润滑层,虽然稳定性好,但摩擦阻力过大,难在工业生产中输送。

图 4.18 所示的为 1997 年随同膏体泵送工业生产系统附属工程建成的第 4 套环管试验系统。根据需要分别进行长 60m 的闭环管路试验或长 250m 的开路试验,试验的管径 150mm。管上安装有 Schwing 公司随泵订购的远传压力传感器。试验的主要设备、仪表均使用泵送车间生产装置。

4.5.4　膏体泵压输送阻力试验结果分析

根据膏体泵送环管试验,实测管径 124mm 的水平直管内的摩擦阻力损失结果见表 4.13。由此可见,直径 ϕ124mm、曲率半径为 1.2m 的 90°弯管,当流量由 15m³/h 增加到 55m³/h 时,管道阻力损失由 0.05MPa 增加到 0.12MPa。

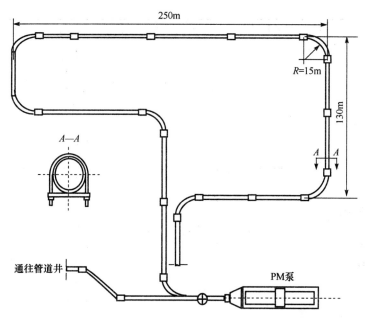

图 4.18　金川西部第二搅拌站环管试验系统

表 4.13　水平直管摩擦阻力损失

序号	物料名称及配比	料浆容重 /(kg/m³)	坍落度 /%	质量分数 /%	体积分数 /%	平均流速 /(m/s)	阻力损失 /(MPa/100m)
1	全尾砂	2059	3.0	78.9	56.6	1.186	3.250
						1.030	3.092
						0.960	3.000
						0.759	2.834
						0.636	2.722
						0.583	2.661
						0.451	2.603
1-1	全尾砂	1976	14.0	75.8	52.2	1.495	1.982
						1.228	1.829
						1.077	1.722
						0.960	1.636
						0.647	1.444
						0.601	1.398
						0.489	1.331
1-2	全尾砂	1890	27.0	72.2	47.5	0.498	0.694
						0.562	0.750
						0.759	0.833
						0.960	0.889
						1.147	0.955
						1.375	1.028

续表

序号	物料名称及配比	料浆容重 /(kg/m³)	坍落度 /%	质量分数 /%	体积分数 /%	平均流速 /(m/s)	阻力损失 /(MPa/100m)
2	全尾砂、水泥 $m_2=1:4$	2052	3.5	78.1	55.0	0.464 0.751 0.900 1.030 1.273 1.495	0.951 1.055 1.149 1.194 1.272 1.333
3	全尾砂、棒磨砂 水泥、粉煤灰 $m_1=60:40$ $m_2=1:8$ $m_3=1:0.5$	2046	25.0	79.9	59.0	0.444 0.626 0.837 0.960 1.129 1.322 1.528	0.500 0.611 0.722 0.777 0.833 0.916 0.972
3-1	全尾砂、棒磨砂 水泥、粉煤灰 $m_1=60:40$ $m_2=1:8$ $m_3=1:0.5$	2051	12.5	80.5	59.8	0.469 0.653 0.857 0.947 1.147 1.273 1.689	0.97 1.124 1.610 1.428 1.595 1.727 2.056
3-2	全尾砂、棒磨砂 水泥、粉煤灰 $m_1=60:40$ $m_2=1:8$ $m_3=1:0.5$	2076	8.5	81.0	60.6	0.483 0.715 0.857 0.987 1.129 1.403 1.563	1.222 1.472 1.611 1.750 1.917 2.159 2.333
4	全尾砂、棒磨砂 水泥、粉煤灰 $m_1=60:40$ $m_2=1:8$ $m_3=1:0.5$	2051	22.5	80.4	59.8	0.441 0.570 0.751 0.923 1.147 1.322 1.564	0.564 0.626 0.809 0.982 1.003 1.166 1.278
4-1	全尾砂、棒磨砂 水泥、粉煤灰 $m_1=50:50$ $m_2=1:8$ $m_3=1:0.5$	2071	7.0	81.1	60.9	0.495 0.631 0.715 0.935 1.111 1.297 1.680	1.083 1.250 1.333 1.528 1.722 1.917 2.222

序号	物料名称及配比	料浆容重 /(kg/m³)	坍落度 /%	质量分数 /%	体积分数 /%	平均流速 /(m/s)	阻力损失 /(MPa/100m)
4-2	全尾砂、棒磨砂 水泥、粉煤灰 $m_1 = 50 : 50$ $m_2 = 1 : 8$ $m_3 = 1 : 0.5$	2100	5.0	82.5	62.6	0.441 0.631 0.759 0.935 1.094 1.375 1.528	1.722 2.028 2.278 2.333 2.445 2.889 3.078
5	全尾砂、棒磨砂 水泥、粉煤灰 $m_1 = 40 : 60$ $m_2 = 1 : 8$ $m_3 = 1 : 0.5$	2067	25.5	81.3	61.3	0.419 0.570 0.800 1.015 1.186 1.348 1.767	0.383 0.455 0.549 0.665 0.722 0.750 0.969
5-1	全尾砂、棒磨砂 水泥、粉煤灰 $m_1 = 40 : 60$ $m_2 = 1 : 8$ $m_3 = 1 : 0.5$	2076	19.0	81.6	61.79	0.486 0.647 0.818 0.973 1.111 1.250 1.495	0.599 0.666 0.722 0.865 0.964 1.024 1.190
6	全尾砂、棒磨砂 水泥、粉煤灰 $m_1 = 60 : 40$ $m_2 = 1 : 8$ $m_3 = 1 : 0.5$	2100	14.5	81.9	62.0	0.492 0.621 0.847 0.987 1.094 1.297 1.639	1.000 1.139 1.278 1.500 1.611 1.682 1.833
6-1	全尾砂、棒磨砂 水泥、粉煤灰 $m_1 = 60 : 40$ $m_2 = 1 : 8$ $m_3 = 1 : 0.5$	2130	5.0	82.9	63.6	0.464 0.583 0.500 0.900 1.077 1.129 1.463	1.583 1.694 1.944 2.056 2.256 2.377 2.603

续表

序号	物料名称及配比	料浆容重 /(kg/m³)	坍落度 /%	质量分数 /%	体积分数 /%	平均流速 /(m/s)	阻力损失 /(MPa/100m)
6-2	全尾砂、棒磨砂 水泥、粉煤灰 $m_1=60:40$ $m_2=1:8$ $m_3=1:0.5$	2040	25	79.7	58.6	0.475 0.583 0.809 0.947 1.077 1.403 1.767	0.569 0.642 0.722 0.777 0.839 0.941 1.056
7	全尾砂、棒磨砂 水泥、粉煤灰 $m_1=50:50$ $m_2=1:8$ $m_3=1:0.5$	1946	27	76.5	53.8	0.434 0.554 0.818 0.987 1.111 1.322 1.699	0.222 0.277 0.333 0.388 0.416 0.444 0.500
7-1	全尾砂、棒磨砂 水泥、粉煤灰 $m_1=50:50$ $m_2=1:8$ $m_3=1:0.5$	2123	12.5	83.0	63.9	0.446 0.570 0.828 0.911 1.045 1.186 1.564	0.805 0.889 1.083 1.250 1.389 1.500 1.722
7-2	全尾砂、棒磨砂 水泥、粉煤灰 $m_1=50:50$ $m_2=1:8$ $m_3=1:0.5$	2140	6.0	83.6	64.9	0.417 0.579 0.792 0.935 1.077 1.228 1.564	1.194 1.333 1.500 1.611 1.778 1.972 2.250

注：m_1——全尾砂：棒磨砂（细石）；m_2——水泥：砂子；m_3——水泥：粉煤灰。

4.5.5 影响管道阻力损失的主要因素

根据试验结果，揭示了影响膏体管道输送阻力损失的主要因素如下面5种。

1. 管道流速对管道阻力损失的影响

膏体管道输送压力损失随着流速增大而呈线性增加，但浓度不同也有所差异。一般情况下，浓度越高，压力损失随流速增加的速度也就越快（图4.19）。

2. 料浆浓度对阻力损失的影响

料浆浓度对阻力损失的影响十分敏感,当膏体的浓度相差 1%,管道阻力损失可能相差 50%~100%(图 4.20)。

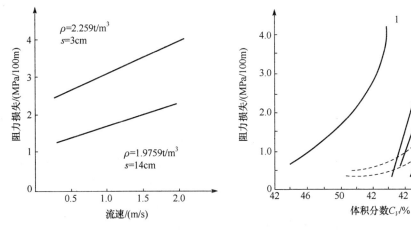

图4.19　全尾砂膏体阻力损失与流速的关系　　　图4.20　压力损失与体积分数的关系

3. 充填物料粒度对压力损失的影响

在保证膏体充填料中 $-20\mu m$ 含量不低于 20% 的条件下,在全尾砂中添加不同比例的棒磨砂或细石制备的膏体,与相同浓度的全尾砂相比,压力损失显著降低,并且随着粗颗粒加入量的增加,降低幅度也随着增加(图 4.21~图 4.23)。

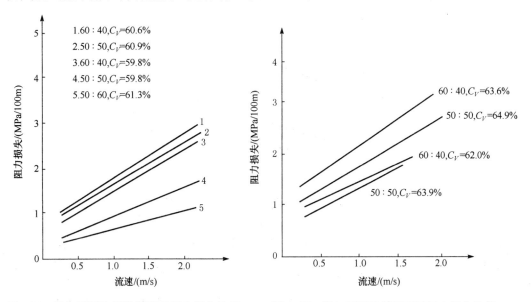

图4.21　添加不同比例棒磨砂时压力损失比较　　　图4.22　添加不同比例细石时压力损失比较

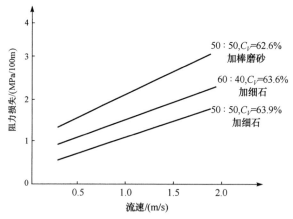

图 4.23　添加不同比例细石、棒磨砂时压力损失比较

　　膏体充填料的粒级组成直接影响可泵送膏体的最高浓度、最低浓度以及最佳浓度。根据金川矿山 3 种管径的试验资料,确定了全尾砂输送料浆的最高浓度为 79%,而全尾砂加棒磨砂(50∶50)或全尾砂＋细石(50∶50)的最高输送浓度都为 84%。根据有关文献介绍,南非将 d_{50} 作为膏体混合料粒度组成的判别准则评价泵送膏体压力损失,试验结果表明,d_{50} 的微弱变化确实会引起膏体压力损失的急剧变化。

　　4. 加水泥对压力损失的影响

　　在膏体中添加水泥不仅是满足充填体的强度要求,对膏体输送的可泵性条件也起到了良好的作用。水泥浆可以包裹骨料表面,填补骨料间隙,润滑管壁,保证膏体流动过程中的稳定性,并降低摩擦阻力(图 4.24)。当水泥添加量过多,会使膏体黏度增加,从而增大摩擦阻力损失。在金川的环管试验中,超细粒级的胶结剂约占 10%,其中水泥约占 6%,粉煤灰约占 4%。

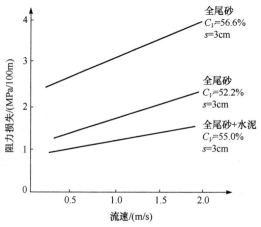

图 4.24　加水泥或不加水泥时,压力损失的比较

　　5. 输送管径对压力损失的影响

　　在输送相同的流量下,压力损失随管径增大而减小;反之亦然。但随着物料的配比、料浆浓度和流速等条件的不同而略存在差异(图 4.25)。

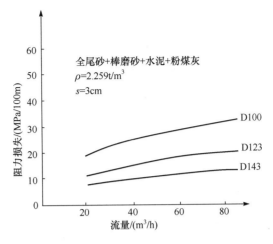

图 4.25　不同管径的阻力损失与流量的关系

4.5.6　膏体管道输送减阻方法

1. 现有的减阻方法

减阻是实现物料管道稳定输送节约能源和稳定输送的关键措施。为此,各国学者开展了许多理论研究和现场试验。金川矿山与国内多家设计研究单位及大专院校开展合作,开展了大量的减阻理论及实用技术的研究。

通常,管道输送的减阻方法有以下几种措施:

(1) 在输送的浆体中加入高分子添加剂,改变浆体的流变性,以实现减阻目的;

(2) 在输送的浆体中加入纤维材料,改变浆体的流动结构,以实现减阻目的;

(3) 在高黏度浆体中充气,使气泡起到滚珠效应,达到减阻效果;

(4) 在浆体中加入少量的细颗粒,可以抑制浆体的紊动,减小浆体在输送中的紊动能耗;

(5) 以低黏度的流体局部置换高黏度的流体,改变浆体的局部剪切变形性能,实现减阻目的。

2. 减阻试验及分析

1) 实验室减阻试验

中国科学院成都分院非牛顿流体实验室,采用一种天然资源——魔芋水溶液作为高分子聚合物的代用品,对金川矿山尾矿浆的减阻力学性质进行了实验室试验研究,为此设计了一套以高压空气作动力,对尾砂浆进行空气搅拌的"暂冲式"管道减阻试验装置。从实验结果发现,魔芋水溶液作为添加剂,可以降低尾矿浆输送阻力,尤其在输送压力较高时,其减阻效果更为明显。

研究认为,采用从输送管壁面施加减阻剂的方法,是解决高浓度料浆管道减阻输送途径之一。并发现,在尾砂膏体中添加水泥和粉煤灰均可以降低剪切应力、表观黏度和阻力系数,有利于改善管道输送条件。

2) 环管减阻试验

为了探索金川膏体充填料浆管道输送减阻效果,在北京有色冶金设计研究总院的水力管道试验室,选用了 3 种减阻剂进行管输料浆的减阻试验。试验的管路由内径 35mm、长 13.5m 的环形管路组成。为了使料浆在输送中保持恒温,在环管周围安装了 ZX-2 型冷却装置控制的冷却水套。由于受砂泵限制,全尾砂料浆的质量分数采用 63%,灰砂比 1:4,管内流速 0.4~2m/s。3 种减阻剂的添加量如下:

(1) 天津 YNB 型泵送剂的添加量分别为水泥质量的 1%、1.5% 和 2%;

(2) 中国科学院成都分院 1 号减阻剂的添加量分别为水泥质量的 1%、1.5%;

(3) 六偏磷酸钠 $(NaPO_3)_6$ 的添加量为水泥质量的 0.5%。

上述 3 种不同减阻剂的试验结果见表 4.14~表 4.16。

表 4.14　天津 YNB 型减阻剂减阻效果

项目	平均流速/(m/s)							备注
	0.4	0.6	0.8	1.0	1.2	1.4	1.6	
不加减阻剂的阻力损失 i_m	1.22	1.27	1.31	1.35	1.382	1.405	1.430	—
加 1% 减阻剂的阻力损失 i_{m_1}	1.115	1.165	1.20	1.24	1.27	1.295	1.32	—
比较 $i_{m_1}/i_m \times 100/\%$	91.4	91.7	91.6	91.9	91.9	92.2	92.3	平均 91.9
加 1.5% 减阻剂的阻力损失 i_{m_2}	0.81	0.82	0.83	0.837	0.847	0.857	0.867	—
比较 $i_{m_2}/i_m \times 100/\%$	66.4	64.6	63.4	62.0	61.3	61.0	60.6	平均 62.8
加 2% 减阻剂的阻力损失 i_{m_3}	0.88	0.89	0.90	0.915	0.925	0.942	0.965	—
比较 $i_{m_3}/i_m \times 100/\%$	72.1	70.1	68.7	67.8	66.9	67.0	67.5	平均 68.6

表 4.15　中国科学院成都分院 1 号减阻剂减阻效果

项目	平均流速/(m/s)							备注
	0.4	0.6	0.8	1.0	1.2	1.4	1.6	
不加减阻剂的阻力损失 i_m	1.22	1.27	1.31	1.35	1.38	1.405	1.430	—
加 1% 减阻剂的阻力损失 i_{m_1}	1.145	1.18	1.22	1.25	1.27	1.297	1.32	—
比较 $i_{m_1}/i_m \times 100\%$	93.9	93.1	93.1	92.2	91.9	92.3	92.3	平均 92.7
加 1.5% 减阻剂的阻力损失 i_{m_2}	0.965	1.01	1.05	1.10	1.13	1.165	1.197	—
比较 $i_{m_2}/i_m \times 100\%$	79.1	79.5	80.4	81.1	81.8	82.9	83.7	平均 81.2

表 4.16　六偏磷酸钠的减阻效果

项目	平均流速/(m/s)							备注
	0.4	0.6	0.8	1.0	1.2	1.4	1.6	
不加减阻剂的阻力损失 i_m	1.22	1.27	1.31	1.35	1.382	1.405	1.430	—
加 0.5% 减阻剂的阻力损失 i_{m_1}	1.14	1.175	1.20	1.225	1.248	1.265	1.280	—
比较 $i_{m_1}/i_m \times 100\%$	93.4	92.5	91.6	90.7	90.3	90.0	89.5	平均 91.9

试验结果表明,3 种减阻剂以天津 YNB 型泵送剂效果最为显著。当添加量为 1.5%

时效果最好。此外，根据以上试验结果，对添加天津 YNB 型泵送剂的膏体坍落度进行检测和比较，其结果见表 4.17。

表 4.17　添加 YNB 型减阻剂之后膏体坍落度的变化

添加量(水泥质量的比例)/%	全尾砂＋水泥＋粉煤灰，浓度73%，灰砂比 1:4, $m_{水泥}$:$m_{粉煤灰}$=1:0.5		全尾砂＋细石＋水泥＋粉煤灰，灰砂比=1:8, $m_{尾砂}$:$m_{细石}$=50:50,$m_{水泥}$:$m_{粉煤灰}$=1:0.5	
	坍落度 S/cm	比较 S/S	坍落度 S/cm	比较 S/S
0	10.5	1	8.0	1
0.5	10.5	1	9.2	1.15
1.0	11.0	1.05	12.5	1.56
1.5	17.0	1.62	15.0	1.88
2.0	15.0	1.43	18.0	2.25
2.5	24.5	2.35	17.0	2.13

国内外有可供选用的多种减阻剂，如 PONIMEN、膨润土、水玻璃等。在膏体充填工业生产中应用减阻剂需增加一套减阻剂制备与定量给入装置，如同选矿厂药剂定量给入装置一样，才能达到预期效果。

3）其他减阻方法

注入减阻装置是另一种减阻方法。该方法是沿充填管线安装减阻环，通过环形喷嘴均匀地将微量清水或减阻剂喷入管道内壁，形成一层极薄的润滑膜，从而降低边界层的剪切应力，能够获得较好的减阻效果。为了使减阻剂连续、自动和定量地给入，需要一台带计量泵的制备装置。计量泵从一个容器中将高分子聚合物和水的混合物吸出，根据泥浆泵的输送压力，将减阻剂注入输送管道。目前该添加方法在国内还是一大难题。因为给入液体的压力必须大于泵送膏体管道内的压力，而膏体输送泵是高压泵，计量泵输出压力必须要超过膏体输送泵压力，才能实现注液任务。

4.6　L 形管道流变特性试验

4.6.1　试验装置及充填料浆配比

开展各种充填料浆的流变性能研究，L 形管道试验装置是测定流变参数的可选方法之一。L 形管道试验装置由料浆斗、垂直管及水平管组成。通过配制不同材料组成、不同浓度的充填料浆，测定料浆在该装置中的流动参数，如料浆流量、流速和静止状态下垂直管中料柱高度等，并结合试验装置的几何参数，即可以进行理论计算，求出不同配比及不同浓度的充填料浆初始剪切应力(或屈服剪切应力)τ_0 和料浆的黏性系数 η，进而推导出不同管径的输送阻力，为充填管网的设计提供理论依据。

为了开展金川矿山不同配比与不同浓度的充填料浆流变性能研究，采取 5 种不同集料组成的充填料浆进行自流输送试验，各组配比材料组成见表 4.18，试验装置如图 4.26 所示。针对配方 1 和配方 5 两种情况进行分析研究。

表 4.18　自流输送试验配比表

编号	充填集料组成	灰砂比	试验浓度/%
配比 1	棒磨砂	1：4	85、82、79、76
配比 2	戈壁砂	1：4	85、82、79、76
配比 3	$m_{棒磨砂}：m_{戈壁砂}=6：4$	1：4	85、82、79、76
配比 4	$m_{棒磨砂}：m_{戈壁砂}：m_{尾砂}=6：3：1$	1：4	85、82、79、76
配比 5	$m_{棒磨砂}：m_{戈壁砂}：m_{尾砂}=4：4：2$	1：4	85、82、79、76

图 4.26　充填料浆流变参数测试装置

1. 配方 1

$m_{水泥}：m_{棒磨砂}=1：4$，不同浓度充填料浆的自流输送状况如图 4.27 所示。

2. 配方 5

$m_{水泥}：m_{集料}=1：4$，集料组成 $m_{棒磨砂}：m_{戈壁砂}：m_{尾砂}=40：40：20$。不同浓度充填料浆自流输送状况如图 4.28 所示。

(a) 料浆浓度85%，坍落度23.0cm

(b) 85%料浆管口流动状态

(c) 料浆停止流动后竖管中的料浆柱

(d) 料浆在料箱中的流动状态

(e) 料浆浓度82%，坍落度26.0cm

(f) 82%料浆管口流动状态

(g) 料浆停止流动后竖管中的料浆柱

(h) 料浆在料箱中的流动状态

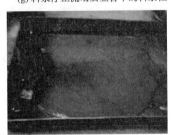

(i) 料浆浓度79%，坍落度27.8cm

(j) 79%料浆管口流动状态

(k) 料浆浓度76%摊开

(l) 76%料浆管口流动状态

图 4.27　配方 1 的 L 管自流输送试验照片

(a) 料浆浓度85%，坍落度20.0cm

(b) 85%料浆管口流动状态

(c) 料浆停止流动后竖管中的料浆柱

(d) 料浆在料箱中的流动状态

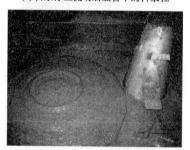

(e) 料浆浓度82%，坍落度23.5cm

(f) 82%料浆管口流动状态

(g) 料浆停止流动后竖管中的料浆柱

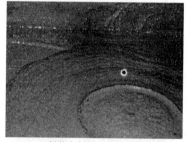

(h) 料浆在料箱中的流动状态

(i) 料浆浓度79%，坍落度26.0cm

(j) 79%料浆管口流动状态

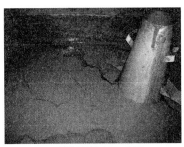

(k) 料浆浓度76%，摊开　　　　　　　　(l) 76%料浆管口流动状态

图 4.28　配方 5 自流输送试验照片

4.6.2　试验数据分析

含有一定比例$-20\mu m$ 颗粒的充填料浆,当浓度较高和坍落度为 $18\sim25cm$ 时,料浆的流变特性既不同于牛顿流体,也不同于其他固体颗粒和水组成的固液两相流。牛顿流体(如清水)无抗剪切强度。当流体沿管道流动且流速较低时为层流状态,流速较高时则为紊流。浆体的流动阻力主要与其黏度及流速有关。剪切应力与剪切速率的关系曲线$\left(\tau\sim\dfrac{\mathrm{d}u}{\mathrm{d}y}\right)$为一条过坐标原点的直线。固液两相流沿管道的流动则完全处于紊流状态,固体颗粒必须在水流的带动下呈悬浮、跳跃、滑动或滚动等方式向前运动。其显著特征是液体(水)的流速与固体颗粒流速存在差异,一旦管内流速降低到临界流速以下或静止不动时,固体颗粒将在自重作用下沉淀于管道底部,在管道中产生分层和离析现象。

高浓度充填料浆的流变特性可采用宾汉流体来表征,即流体具有一定的初始抗剪切变形能力。当流体沿管道流动时,浆体产生的摩擦阻力可由下式表示:

$$\tau=\tau_0+\eta\frac{\mathrm{d}u}{\mathrm{d}y} \tag{4.6}$$

式中,τ 为管壁剪切应力,Pa;τ_0 为初始剪切应力(或屈服剪切应力)Pa;η 为黏性系数,Pa·s;$\mathrm{d}u/\mathrm{d}y$ 为料浆的剪切速率,s^{-1}。

宾汉流体在压力条件下沿管道流动时的受力如图 4.29 所示。

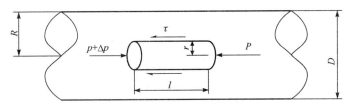

图 4.29　输送管道内流体受力图

取长度为 l,半径为 r 的一段圆柱体,得出该圆柱体的受力平衡方程为

$$(p+\Delta p)\pi r^2=p\pi R^2+2\pi Rl \tag{4.7}$$

即

$$\tau_r = \Delta p \frac{r}{2l} \quad\quad (4.8)$$

将式(4.6)代入式(4.8)得

$$\frac{\mathrm{d}u}{\mathrm{d}r} = \frac{1}{\eta}\left(\frac{\Delta p \cdot r}{2l} - \tau_0\right) \quad\quad (4.9)$$

对 r 进行积分,根据边界条件 $r=R$,$u=0$,求得流速在管内的分布函数为

$$u = \frac{1}{\eta}\left[\frac{\Delta p}{4l}(R^2 - r^2) - \tau_0(R-r)\right] \quad\quad (4.10)$$

式中,Δp 为长度为 l 的管道流体两端压力差;R 为管道半径。

由式(4.10)可知,管内不同点的流体的剪切速率及剪切应力随 r 的变化而变化。当 $r=R$ 即在管壁内,剪切速率及剪切应力达到最大;而越靠近管道中心,两者也就越小。当剪切应力小于流体屈服应力 τ_0 时,浆体的剪切速度为零。

根据式(4.9),令 $\mathrm{d}u/\mathrm{d}r=0$,可得出该值的变化范围为

$$r_0 = \tau_0 \frac{2\Delta p}{l} = 2\tau_0/i \quad\quad (4.11)$$

式中,i 为单位管道长度的压力损失,即输送阻力或水力坡降,Pa/m。

由式(4.10)可知,宾汉流体在管道内流动时,料浆的流速分布不象牛顿流体那样呈抛物线分布,而是在 $r<r_0$ 的范围内流速相同,即在该范围内流体不产生相对运动。不同半径处的流层之间不产生质点交换,即产生所谓的柱塞流或称"结构流"。宾汉流体在整个管道中的流速分布与管径有关:当 $R>r_0$ 时,只是在管道中心产生柱塞流或"结构流";当 $R \leqslant r_0$ 时则流速在整个管道内均匀分布,即形成整管柱塞流或"结构流"(图4.30)。

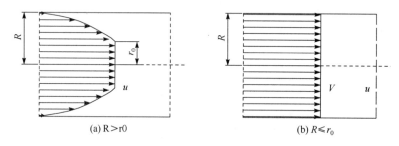

(a) R>r0   (b) R≤r0

图4.30 宾汉体管内流动时流速分布图

在柱塞流或"结构流"的范围内,流体质点既不产生相对运动又不发生质点交换,从而减少了输送过程的内摩擦损失,流体沿管道的流动只是沿管壁的"滑移"。

大量生产实践证实,含有细微颗粒的料浆沿管道输送时,由于压力的作用,浆体物质及细微颗粒被挤向外层,在管壁形成润滑层,从而有效降低了管道输送阻力。正是由于宾汉流体的上述输送特性,尤其是浆体所固有的屈服剪切应力 τ_0,使得料浆在管内流速较小甚至短暂停止流动的情况下,充填料中的粗颗粒也不会产生沉降、离析等现象,即料浆具有良好的稳定性,堵管的危险较小。因此,与固液两相流的流动特性存在根本上的差异性。

4.6.3　结构流输送阻力分析与计算

根据宾汉流变方程式(4.7),并考虑管道全断面输送,料浆输送流速为 u,则根据伯努利方程可得出下式:

$$\frac{8u}{D}=(\tau/\eta)\left[1-\frac{4}{3}\left(\frac{\tau_0}{\tau}\right)+\frac{1}{3}\left(\frac{\tau_0}{\tau}\right)^4\right] \tag{4.12}$$

一般认为,τ_0/τ 的值较小,该值的高次幂可以忽略,故可得出近似的管壁剪切应力计算表达式如下:

$$\tau=\frac{4}{3}\tau_0+8\eta\frac{u}{D} \tag{4.13}$$

式中,D 为管道直径,m。

充填料浆自流输送试验装置结构尺寸如图 4.31 所示,充填料浆在流动时的受力状态如图 4.32 所示。

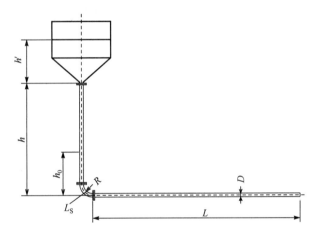

图 4.31　自流输送 L 管试验装置与结构

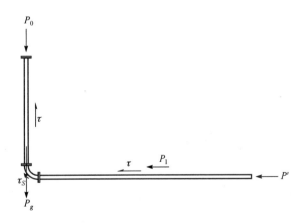

图 4.32　自流输送 L 管内流体受力分析图

根据能量导恒定律,可得出如下公式:

$$P_0 + P_g = P_1 + P' \tag{4.14}$$

式中,P_0 为进口处压力,计算公式如下:

$$P_0 = \gamma h' \frac{\pi}{4} D^2 \tag{4.15}$$

式中,P_g 为料浆自重压力,计算公式如下:

$$P_g = \gamma \cdot h \frac{\pi}{4} D^2 \tag{4.16}$$

式中,P_1 为沿程阻力损失,计算公式如下:

$$P_1 = P_{直} + P_{局} = \tau(h+L)\pi D + \sum_{i=1}^{n} \xi_i \gamma \frac{u^2}{2g} \tag{4.17}$$

式中,P' 为出口压力损失,计算公式如下:

$$P' = \gamma \frac{u^2}{2g} \cdot \frac{\pi}{4} D^2 \tag{4.18}$$

式中,γ 为料浆容重,N/m³;u 为料浆流速,m/s;g 为自重加速度,9.8m/s²;ξ_i 为局部阻力损失系数。

料浆沿程损失中的局部损失包括弯管损失、接头损失等。局部阻力的计算较为复杂,为了简化起见,一般取直管段阻力损失的 10%~20%,通常在实际分析时取 10%。

则将上述各项代入式(4.17),化简后得

$$\frac{\gamma D}{4}(h+h') = 1.10\tau(h+L) + \gamma \frac{u^2 D}{8g} \tag{4.19}$$

随着试验过程的进行,料斗内料浆料面下降,流速逐渐降低,最终停止流动。此时竖管内料柱高度为 h_0,料浆自重压力与管道静摩擦阻力相平衡,这时即可按以下公式计算料浆的屈服剪切应力:

$$\tau_0 = \frac{\gamma h_0 D}{4(h_0+L)} \tag{4.20}$$

在试验过程中,分别配制不同浓度的充填料浆,测定其坍落度与容重。同时测定料浆在管道中的流速 u,则根据式(4.19)、式(4.20)即可分别计算相应的 τ_0、τ。同时根据式(4.13)可计算出料浆的黏性系数 η,即

$$\eta = \frac{(3\tau - 4\tau_0)D}{24u} \tag{4.21}$$

试验装置 $h=1.2$m,$h'=0.24$m,$D=0.06$m,$L=2.06$m。将表中测试数据与试验装置参数代入以上各式,求得不同浓度充填料浆流变参数见表 4.19。

表 4.19　金川公司充填料浆流动性试验结果及输送流变参数计算结果

配方	质量分数/%	坍落度/cm	料浆容重 /(t/m³)	料浆容重 /(N/m³)	料浆流速 /(m/s)	静止料柱高度/cm	屈服剪切应力/Pa	黏性系数/Pa·s
配方1	85	23	2.115	20727	0.181	14.5	20.4450	3.8891
	82	26	2.066	20246.8	1.080	7.5	10.6687	0.6958
	79	27.8	1.907	18688.6	1.801	3.5	4.6833	0.3855
	76	摊开	1.904	18659.2	2.445	2	2.6912	0.2632

配方	质量分数/%	坍落度/cm	料浆容重		料浆流速	静止料柱	料浆流变参数	
			/(t/m³)	/(N/m³)	/(m/s)	高度/cm	屈服剪切应力/Pa	黏性系数/Pa·s
配方2	85	26.5	2.12	20776	0.357	12.5	17.8284	2.0451
	82	27	2.049	20080.2	1.441	7	9.8987	0.5037
	79	27.3	1.961	19217.8	2.076	3	4.1378	0.3287
	76	摊开	1.957	19178.6	2.712	1.5	2.0796	0.2330
配方3	85	25.5	2.141	20981.8	0.230	25	34.0614	2.4363
	82	26.5	2.07	20286	1.233	7.8	11.1013	0.5820
	79	27.5	2.028	19874.4	1.975	3.5	4.9805	0.3539
	76	摊开	1.908	18698.4	2.207	2.5	3.3630	0.2989
配方4	85	24	2.108	20658.4	0.000	46.6	57.1664	1922.4390
	82	27	2.056	20148.8	0.967	11	15.3205	0.7255
	79	27.5	1.91	18718	1.982	5	6.6533	0.3247
	76	摊开	1.898	18600.4	2.070	3	4.0049	0.3193
配方5	85	20	2.157	21138.6	0.000	53	64.8849	1582.9301
	82	23.5	2.074	20325.2	0.687	18	24.4991	0.9018
	79	26	1.954	19149.2	1.622	5.5	7.4695	0.4227
	76	摊开	1.952	19129.6	1.848	3.5	4.7938	0.3769

根据不同浓度的全尾砂充填料浆流变参数,分别按以下公式计算工业生产时不同充填料浆的浓度、流量及输送管道内径时的输送阻力及可实现顺利输送的充填倍线。其中,料浆流速 u 的计算公式如下(表4.20):

表4.20　不同料浆流量及管径时料浆流速计算结果　　（单位:m/s）

管道内径/mm	料浆流量/(m³/h)								
	70	80	90	100	110	120	130	140	150
80	3.87	4.423	4.976	5.529	6.082	6.635	7.188	7.741	8.294
90	3.058	3.495	3.932	4.369	4.805	5.242	5.679	6.116	6.553
100	2.477	2.831	3.185	3.539	3.892	4.246	4.600	4.954	5.308
110	2.047	2.34	2.632	2.924	3.217	3.509	3.802	4.094	4.387
125	1.585	1.812	2.038	2.265	2.491	2.718	2.944	3.171	3.397
140	1.264	1.444	1.625	1.806	1.986	2.166	2.347	2.528	2.708
150	1.101	1.258	1.415	1.573	1.73	1.887	2.045	2.202	2.359

$$u = \frac{Q}{3600 \times \frac{\pi}{4} D^2} \tag{4.22}$$

式中，Q 为充填料浆流量，m^3/h。

输送管道单位长度浆体输送阻力的计算式如下：

$$i = \frac{16\tau_0}{3D} + \frac{32\eta u}{D^2} \tag{4.23}$$

式中，i 为管道单位长度流动阻力，Pa/m。

配方 1、配方 2、配方 3、配方 4 和配方 5 的料浆浓度分别为 85%、82%、79% 和 76%，不同料浆流量及不同管径的料浆流动阻力计算结果见表 4.21～表 4.25。

表 4.21　配方 1 的充填料浆流动阻力计算值　　　　（单位：kPa/m）

浓度/%	管径/mm	料浆流量/(m³/h)						
		60	70	80	90	100	110	120
85	80	65.872	76.623	87.375	98.126	108.878	119.63	130.381
	90	41.484	48.196	54.91	61.620	68.332	75.045	81.757
	100	27.513	31.917	36.321	40.725	45.128	49.532	53.936
	110	19.038	22.046	25.054	28.062	31.07	34.078	37.086
	125	11.695	13.499	15.303	17.107	18.910	20.714	22.518
	140	7.657	8.803	9.95	11.096	12.242	13.389	14.535
	150	5.946	6.816	7.686	8.556	9.426	10.296	11.166
82	80	12.253	14.176	16.1	18.023	19.947	21.871	23.794
	90	7.837	9.038	10.239	11.440	12.641	13.842	15.043
	100	5.296	6.08426	6.872	7.660	8.448	9.236	10.024
	110	3.746	4.284	4.822	5.361	5.899	6.437	6.975
	125	2.392	2.714	3.037	3.36	3.682	4.005	4.328
	140	1.637	1.842	2.047	2.252	2.457	2.662	2.868
	150	1.313	1.469	1.624	1.780	1.936	2.091	2.247
79	80	6.707	7.773	8.838	9.904	10.97	12.036	13.102
	90	4.27	4.935	5.6	6.266	6.931	7.596	8.262
	100	2.869	3.306	3.742	4.179	4.615	5.051	5.488
	110	2.016	2.314	2.612	2.911	3.209	3.507	3.805
	125	1.273	1.451	1.630	1.809	1.988	2.167	2.346
	140	0.86	0.974	1.087	1.201	1.315	1.428	1.542
	150	0.684	0.77	0.856	0.943	1.029	1.115	1.201
76	80	4.545	5.273	6.000	6.728	7.456	8.183	8.911
	90	2.885	3.339	3.793	4.248	4.702	5.156	5.610
	100	1.932	2.23	2.528	2.826	3.124	3.422	3.72
	110	1.352	1.555	1.759	1.963	2.166	2.37	2.573
	125	0.847	0.969	1.091	1.213	1.336	1.458	1.58
	140	0.568	0.646	0.723	0.801	0.878	0.956	1.033
	150	0.449	0.508	0.567	0.626	0.684	0.743	0.802

表 4.22　配方 2 的充填料浆流动阻力计算值　（单位：kPa/m）

浓度/%	管径/mm	料浆流量/(m³/h)						
		60	70	80	90	100	110	120
85	80	35.111	40.765	46.419	52.072	57.726	63.38	69.033
	90	22.234	25.764	29.293	32.823	36.352	39.882	43.412
	100	14.845	17.161	19.477	21.793	24.109	26.424	28.74
	110	10.355	11.936	13.518	15.1	16.681	18.263	19.845
	125	6.452	7.40	8.349	9.298	10.246	11.195	12.143
	140	4.296	4.899	5.502	6.104	6.707	7.31	7.913
	150	3.379	3.836	4.293	4.751	5.208	5.666	6.123
82	80	9.015	10.408	11.80	13.193	14.586	15.978	17.371
	90	5.803	6.672	7.542	8.411	9.28	10.15	11.019
	100	3.95	4.521	5.091	5.661	6.232	6.802	7.373
	110	2.817	3.207	3.597	3.986	4.376	4.765	5.155
	125	1.824	2.058	2.291	2.525	2.759	2.992	3.226
	140	1.268	1.416	1.565	1.713	1.862	2.01	2.159
	150	1.02798	1.14065	1.25332	1.36599	1.47866	1.59133	1.70400
79	80	5.727	6.636	7.545	8.453	9.362	10.270	11.179
	90	3.649	4.216	4.783	5.350	5.917	6.485	7.052
	100	2.454	2.826	3.198	3.570	3.942	4.314	4.687
	110	1.726	1.98	2.234	2.488	2.742	2.997	3.251
	125	1.091	1.244	1.396	1.548	1.701	1.853	2.006
	140	0.739	0.836	0.933	1.03	1.126	1.223	1.320
	150	0.588	0.662	0.735	0.809	0.882	0.956	1.029
76	80	4.003	4.647	5.291	5.935	6.579	7.223	7.867
	90	2.535	2.938	3.34	3.742	4.144	4.546	4.948
	100	1.694	1.957	2.221	2.485	2.749	3.012	3.276
	110	1.182	1.362	1.542	1.722	1.902	2.083	2.263
	125	0.737	0.845	0.953	1.061	1.169	1.277	1.385
	140	0.491	0.56	0.629	0.697	0.766	0.835	0.903
	150	0.387	0.439	0.491	0.543	0.595	0.647	0.699

表 4.23　配方 3 的充填料浆流动阻力计算值　　　　（单位:kPa/m）

浓度/%	管径/mm	料浆流量/(m³/h)						
		60	70	80	90	100	110	120
85	80	42.682	49.417	56.153	62.888	69.623	76.358	83.093
	90	27.247	31.452	35.657	39.861	44.066	48.271	52.476
	100	18.369	21.128	23.887	26.645	29.404	32.163	34.922
	110	12.957	14.841	16.726	18.61	20.494	22.378	24.263
	125	8.233	9.363	10.493	11.623	12.753	13.883	15.013
	140	5.606	6.324	7.043	7.761	8.479	9.197	9.915
	150	4.481	5.026	5.571	6.115	6.66	7.205	7.750
82	80	10.394	12.003	13.612	15.221	16.83	18.439	20.048
	90	6.685	7.689	8.694	9.698	10.703	11.707	12.712
	100	4.546	5.205	5.865	6.524	7.183	7.842	8.501
	110	3.239	3.689	4.139	4.59	5.04	5.49	5.94
	125	2.093	2.363	2.633	2.903	3.173	3.443	3.713
	140	1.452	1.624	1.795	1.967	2.138	2.310	2.482
	150	1.176	1.306	1.436	1.566	1.697	1.827	1.957
79	80	6.202	7.18	8.159	9.137	10.115	11.093	12.072
	90	3.96	4.570	5.181	5.792	6.403	7.013	7.624
	100	2.67	3.071	3.471	3.872	4.273	4.673	5.074
	110	1.884	2.157	2.431	2.705	2.978	3.252	3.526
	125	1.197	1.361	1.526	1.69	1.854	2.018	2.182
	140	0.816	0.92	1.024	1.129	1.233	1.337	1.441
	150	0.652	0.731	0.81	0.89	0.969	1.048	1.127
76	80	5.181	6.009	6.834	7.661	8.487	9.313	10.14
	90	3.294	3.810	4.326	4.842	5.358	5.874	6.389
	100	2.210	2.548	2.887	3.225	3.564	3.902	4.241
	110	1.55	1.781	2.012	2.244	2.475	2.706	2.937
	125	0.975	1.114	1.253	1.391	1.53	1.668	1.807
	140	0.657	0.745	0.833	0.921	1.009	1.097	1.185
	150	0.52	0.588	0.654	0.721	0.788	0.855	0.922

表 4.24 配方 4 的充填料浆流动阻力计算值 （单位：kPa/m）

浓度/%	管径/mm	料浆流量/(m³/h)						
		60	70	80	90	100	110	120
85	80	31891.4	37205.998	42520.596	47835.194	53149.792	58464.391	63778.989
	90	19910.65	23228.53	26546.407	29864.285	33182.162	36500.04	39817.917
	100	13064.205	15241.065	17417.924	19594.783	21771.643	23948.502	26125.362
	110	8923.717	10410.542	11897.366	13384.19	14871.014	16357.839	17844.663
	125	5352.289	6243.93	7135.572	8027.214	8918.855	9810.497	10702.138
	140	3402.104	3968.758	4535.413	5102.067	5668.721	6235.376	6802.03
	150	2582.014	3012.011	3442.008	3872.005	4302.002	4731.999	5161.996
82	80	13.055	15.061	17.066	19.072	21.078	23.083	25.089
	90	8.42	9.673	10.925	12.177	13.429	14.681	15.933
	100	5.746	6.568	7.389	8.211	9.032	9.854	10.675
	110	4.109	4.671	5.232	5.793	6.354	6.915	7.476
	125	2.673	3.009	3.346	3.682	4.019	4.355	4.692
	140	1.867	2.081	2.294	2.508	2.722	2.934	3.15
	150	1.518	1.681	1.843	2.005	2.167	2.33	2.492
79	80	5.829	6.727	7.625	8.522	9.42	10.318	11.215
	90	3.757	4.317	4.877	5.438	5.998	6.559	7.119
	100	2.561	2.929	3.296	3.664	4.032	4.399	4.767
	110	1.829	2.08	2.332	2.583	2.834	3.085	3.336
	125	1.187	1.338	1.489	1.639	1.79	1.94	2.091
	140	0.828	0.923	1.019	1.115	1.211	1.306	1.402
	150	0.672	0.745	0.818	0.89	0.963	1.035	1.108
76	80	5.563	6.446	7.328	8.211	9.094	9.976	10.859
	90	3.544	4.095	4.646	5.197	5.748	6.299	6.85
	100	2.383	2.744	3.106	3.467	3.829	4.19	4.552
	110	1.676	1.923	2.17	2.417	2.664	2.91	3.157
	125	1.059	1.207	1.356	1.504	1.652	1.8	1.948
	140	0.717	0.811	0.905	1.00	1.094	1.188	1.282
	150	0.571	0.642	0.714	0.785	0.857	0.928	1.00

表 4.25　配方 5 的充填料浆流动阻力计算值　　　（单位：kPa/m）

浓度/%	管径/mm	料浆流量/(m³/h)						
		60	70	80	90	100	110	120
85	80	26260.465	30636.488	35012.511	39388.535	43764.558	48140.581	52516.604
	90	16395.424	19127.353	21859.283	24591.213	27323.143	30055.072	32787.002
	100	10757.975	12550.394	14342.813	16135.233	17927.652	19720.071	21512.49
	110	7348.624	8572.871	9797.117	11021.363	12245.61	13469.856	14694.102
	125	4407.818	5141.993	5876.168	6610.342	7344.517	8078.692	8812.867
	140	2801.96	3268.542	3735.123	4201.704	4668.286	5134.867	5601.449
	150	2126.656	2480.714	2834.772	3188.83	3542.888	3896.946	4251.004
82	80	16.591	19.084	21.577	24.07	26.563	29.056	31.549
	90	10.79	12.346	13.903	15.459	17.015	18.572	20.128
	100	7.433	8.454	9.476	10.497	11.518	12.539	13.56
	110	5.373	6.07	6.768	7.465	8.162	8.86	9.557
	125	3.555	3.973	4.391	4.81	5.228	5.646	6.064
	140	2.528	2.794	3.06	3.326	3.591	3.857	4.123
	150	2.081	2.283	2.485	2.686	2.888	3.09	3.292
79	80	7.51	8.679	9.848	11.016	12.185	13.354	14.522
	90	4.82	5.55	6.28	7.009	7.739	8.468	9.198
	100	3.271	3.749	4.228	4.707	5.185	5.664	6.143
	110	2.324	2.651	2.978	3.305	3.632	3.959	4.286
	125	1.495	1.691	1.887	2.083	2.28	2.476	2.672
	140	1.032	1.157	1.281	1.406	1.531	1.655	1.78
	150	0.833	0.927	1.022	1.117	1.211	1.306	1.40
76	80	6.572	7.614	8.656	9.698	10.74	11.782	12.824
	90	4.187	4.838	5.488	6.139	6.789	7.44	8.09
	100	2.816	3.243	3.67	4.097	4.523	4.951	5.377
	110	1.982	2.273	2.565	2.856	3.148	3.439	3.731
	125	1.253	1.428	1.603	1.778	1.953	2.128	2.302
	140	0.849	0.96	1.071	1.183	1.294	1.405	1.516
	150	0.676	0.761	0.845	0.929	1.014	1.098	1.182

对于矿山充填管网而言，在自流输送条件下，若垂直管道的高度为 H，水平管道的长

度为 L,则根据能量守恒原理,可得出:

$$\gamma H = i(H+L) + \sum_{i=1}^{n}\xi_i\gamma\frac{u^2}{2g} + \gamma\frac{u^2}{2g} \qquad (4.24)$$

取局部阻力及出口损失之和为管道沿程阻力的 15%,则上式变为

$$\gamma H = 1.15i(H+L) \qquad (4.25)$$

即

$$\frac{H+L}{H} = \frac{\gamma}{1.15i} \qquad (4.26)$$

$(H+L)/H$ 为管道总长与垂直管道高度之比,即充填倍线。根据上述计算结果,可得到配方1、配方2、配方3、配方4、配方5的不同料浆浓度、不同流量以及不同管道直径条件下,实现顺利自流输送的允许充填倍线的计算结果见表4.26~表4.30。其中,表中"—"均无法实现自流输送。

表 4.26 配方 1($m_{水泥}:m_{棒磨砂}=1:4$)可实现自流输送倍线

浓度/%	管径/mm	料浆流量/(m³/h)								
		70	80	90	100	110	120	130	140	150
85	90	—	—	—	—	—	—	—	—	—
	100	—	—	—	—	—	—	—	—	—
	110	—	—	—	—	—	—	—	—	—
	125	1.335	1.178	1.054	—	—	—	—	—	—
	140	2.047	1.811	1.624	1.472	1.346	1.24	1.149	1.071	1.003
82	90	1.948	1.72	1.539	1.393	1.272	1.17	1.084	1.009	0.944
	100	2.894	2.562	2.298	2.084	1.906	1.756	1.628	1.518	1.421
	110	4.109	3.651	3.284	2.985	2.735	2.524	2.343	2.187	2.05
	125	6.487	5.797	5.24	4.781	4.394	4.068	3.786	3.54	3.324
	140	9.558	8.60	7.817	7.165	6.613	6.14	5.729	5.371	5.055
79	90	3.293	2.902	2.594	2.345	2.139	1.967	1.82	1.694	1.584
	100	4.916	4.343	3.889	3.521	3.217	2.961	2.743	2.555	2.391
	110	7.022	6.221	5.583	5.065	4.634	4.271	3.961	3.692	3.458
	125	11.196	9.968	8.983	8.175	7.50	6.929	6.438	6.012	5.639
	140	16.687	14.944	13.53	12.36	11.377	10.539	9.815	9.185	8.631
76	90	4.859	4.277	3.82	3.451	3.147	2.892	2.675	2.489	2.327
	100	7.277	6.419	5.742	5.194	4.742	4.362	4.038	3.759	3.517
	110	10.432	9.224	8.268	7.491	6.847	6.306	5.843	5.444	5.096
	125	16.739	14.866	13.371	12.149	11.131	10.271	9.534	8.896	8.338
	140	25.133	22.437	20.263	18.473	16.974	15.7	14.603	13.65	12.814

表 4.27　配方 2($m_{水泥}$：$m_{戈壁砂}$＝1：4)可实现自流输送倍线

浓度/%	管径/mm	料浆流量/(m³/h)								
		70	80	90	100	110	120	130	140	150
85	90	—	—	—	—	—	—	—	—	—
	100	1.053	—	—	—	—	—	—	—	—
	110	1.514	1.336	1.196	1.083	—	—	—	—	—
	125	2.441	2.164	1.943	1.763	1.614	1.488	1.38	1.287	1.205
	140	3.688	3.284	2.96	2.694	2.471	2.283	2.121	1.981	1.858
82	90	2.617	2.315	2.076	1.882	1.72	1.585	1.469	1.369	1.281
	100	3.862	3.43	3.084	2.802	2.567	2.368	2.198	2.051	1.922
	110	5.445	4.855	4.38	3.99	3.664	3.387	3.149	2.942	2.761
	125	8.485	7.62	6.915	6.329	5.835	5.413	5.047	4.728	4.447
	140	12.327	11.158	10.191	9.378	8.686	8.088	7.568	7.11	6.705
79	90	3.964	3.494	3.123	2.824	2.577	2.37	2.193	2.041	1.909
	100	5.914	5.226	4.681	4.239	3.873	3.566	3.303	3.077	2.88
	110	8.44	7.48	6.716	6.093	5.577	5.141	4.768	4.445	4.164
	125	13.438	11.971	10.792	9.825	9.017	8.332	7.743	7.232	6.785
	140	19.995	17.918	16.232	14.836	13.661	12.659	11.793	11.039	10.375
76	90	5.677	4.994	4.457	4.025	3.669	3.371	3.117	2.899	2.71
	100	8.52	7.508	6.711	6.067	5.536	5.09	4.711	4.384	4.1
	110	12.245	10.814	9.683	8.766	8.008	7.37	6.827	6.358	5.95
	125	19.735	17.498	15.716	14.264	13.057	12.039	11.168	10.414	9.756
	140	29.787	26.533	23.92	21.776	19.984	18.465	17.16	16.028	15.035

表 4.28　配方 3($m_{水泥}$：$m_{集料}$＝1：4，$m_{棒磨砂}$：$m_{戈壁砂}$＝60：40)可实现自流输送倍线

浓度/%	管径/mm	料浆流量/(m³/h)								
		70	80	90	100	110	120	130	140	150
85	90	—	—	—	—	—	—	—	—	—
	100									
	110	1.229	1.091	—	—	—	—	—	—	—
	125	1.949	1.739	1.57	1.431	1.314	1.215	1.13	1.056	—
	140	2.885	2.591	2.351	2.152	1.984	1.84	1.716	1.607	1.512
82	90	2.294	2.029	1.819	1.648	1.507	1.388	1.286	1.198	1.122
	100	3.389	3.008	2.704	2.456	2.25	2.075	1.926	1.797	1.684
	110	4.781	4.261	3.844	3.5	3.213	2.97	2.76	2.579	2.42
	125	7.464	6.699	6.076	5.559	5.123	4.751	4.429	4.148	3.9
	140	10.863	9.825	8.968	8.249	7.636	7.108	6.649	6.245	5.887

续表

浓度/%	管径/mm	料浆流量/(m³/h)								
		70	80	90	100	110	120	130	140	150
79	90	3.781	3.336	2.984	2.699	2.464	2.267	2.099	1.954	1.828
	100	5.628	4.979	4.463	4.045	3.698	3.406	3.157	2.941	2.754
	110	8.011	7.109	6.39	5.802	5.314	4.902	4.549	4.243	3.976
	125	12.694	11.328	10.228	9.322	8.564	7.92	7.366	6.884	6.462
	140	18.787	16.874	15.314	14.018	12.925	11.99	11.18	10.473	9.851
76	90	4.267	3.7590	3.358	3.035	2.768	2.545	2.355	2.191	2.049
	100	6.38	5.632	5.041	4.562	4.167	3.834	3.551	3.307	3.093
	110	9.128	8.08	7.247	6.57	6.009	5.536	5.132	4.783	4.479
	125	14.597	12.982	11.688	10.629	9.746	8.998	8.357	7.801	7.315
	140	21.83	19.521	17.654	16.113	14.819	13.717	12.768	11.942	11.216

表 4.29　配方 4($m_{水泥}$：$m_{集料}$=1:4,$m_{棒磨砂}$：$m_{戈壁砂}$：$m_{尾砂}$=6:3:1)可实现自流输送倍线

浓度/%	管径/mm	料浆流量/(m³/h)								
		70	80	90	100	110	120	130	140	150
85	90	—	—	—	—	—	—	—	—	—
	100	—	—	—	—	—	—	—	—	—
	110	—	—	—	—	—	—	—	—	—
	125	—	—	—	—	—	—	—	—	—
	140	—	—	—	—	—	—	—	—	—
82	90	1.811	1.604	1.439	1.305	1.193	1.1	1.02	—	—
	100	2.668	2.371	2.134	1.94	1.778	1.641	1.524	1.422	1.333
	110	3.751	3.349	3.025	2.758	2.534	2.344	2.18	2.038	1.913
	125	5.823	5.237	4.758	4.36	4.023	3.735	3.485	3.266	3.073
	140	8.421	7.636	6.985	6.437	5.968	5.563	5.209	4.898	4.621
79	90	3.77	3.337	2.993	2.714	2.482	2.286	2.12	1.975	1.85
	100	5.558	4.938	4.442	4.037	3.7	3.414	3.17	2.958	2.773
	110	7.824	6.981	6.302	5.744	5.276	4.879	4.537	4.241	3.98
	125	12.164	10.934	9.929	9.094	8.388	7.784	7.261	6.804	6.401
	140	17.626	15.971	14.6	13.446	12.461	11.61	10.868	10.215	9.636
76	90	3.95	3.482	3.112	2.814	2.568	2.361	2.185	2.034	1.902
	100	5.894	5.208	4.665	4.224	3.86	3.553	3.292	3.066	2.87
	110	8.412	7.455	6.693	6.073	5.557	5.123	4.751	4.43	4.149
	125	13.395	11.932	10.757	9.792	8.987	8.303	7.717	7.208	6.761
	140	19.935	17.863	16.181	14.789	13.617	12.618	11.755	11.002	10.34

表 4.30　配方 5($m_{水泥}$: $m_{集料}$ = 1 : 4, $m_{棒磨砂}$: $m_{戈壁砂}$: $m_{尾砂}$ = 4 : 4 : 2)可实现自流输送倍线

浓度/%	管径/mm	料浆流量/(m³/h)								
		70	80	90	100	110	120	130	140	150
85	90	—	—	—	—	—	—	—	—	—
	100	—	—	—	—	—	—	—	—	—
	110	—	—	—	—	—	—	—	—	—
	125	—	—	—	—	—	—	—	—	—
	140	—	—	—	—	—	—	—	—	—
82	90	1.432	1.271	1.143	1.039	—	—	—	—	—
	100	2.091	1.865	1.684	1.534	1.41	1.303	1.212	1.133	1.063
	110	2.912	2.612	2.368	2.165	1.995	1.849	1.724	1.614	1.517
	125	4.448	4.025	3.675	3.381	3.13	2.914	2.726	2.561	2.415
	140	6.326	5.776	5.315	4.921	4.582	4.287	4.027	3.797	3.592
79	90	3.00	2.652	2.376	2.152	1.966	1.81	1.677	1.562	1.462
	100	4.441	3.938	3.538	3.211	2.94	2.711	2.515	2.345	2.197
	110	6.282	5.592	5.039	4.585	4.206	3.885	3.61	3.371	3.162
	125	9.846	8.823	7.993	7.305	6.726	6.233	5.807	5.435	5.108
	140	14.394	12.994	11.843	10.879	10.06	9.355	8.743	8.206	7.732
76	90	3.439	3.031	2.71	2.45	2.236	2.056	1.903	1.771	1.657
	100	5.129	4.532	4.06	3.677	3.36	3.093	2.866	2.67	2.499
	110	7.318	6.486	5.824	5.285	4.837	4.459	4.136	3.856	3.612
	125	11.647	10.377	9.356	8.519	7.819	7.225	6.715	6.273	5.885
	140	17.322	15.526	14.067	12.859	11.842	10.974	10.224	9.571	8.996

4.7　试验数据分析

　　水泥、棒磨砂、戈壁砂、尾砂等充填料浆呈现的不同特性是不同充填骨料性质的综合反映。换句话说,充填材料的物理化学性质不同,其工作性能也存在差异。

　　充填物料的相对密度、容重、粒级组成和孔隙率等性能指标,对水力输送、充填质量和充填能力都产生直接影响。充填料的容重和孔隙率随着充填料的压缩程度不同而发生变化。孔隙率越大,结构越蓬松,压缩系数越大,强度则越低。自然堆积状态下的充填料,其松散容重最小,孔隙率最大。充入采空区后,随着时间的延长,液相的水排出,在自重的作用下,固相充填物料颗粒逐渐沉缩,孔隙率相应减小,料浆容重逐渐增大,强度则进一步提高。根据上述实验室的试验结果,可以获得金川矿山充填材料及制备的料浆管道输送特性。

1. 充填料浆的坍落度

为了确定充填料浆可流动的浓度范围及流动性态,根据水泥、棒磨砂、戈壁砂、尾砂充填料浆的基本物理参数进行了坍落度试验。试验采用分步逐级稀释的办法,依照试验内容,配制各种充填料浆。根据料浆性质,初始浓度定为 88%,并逐级加水逐级测定,直到料浆出现严重离析为止;同时拍照进行对比观察。

金川矿山充填料浆坍落度试验结果发现,当料浆浓度为 88% 时,配方 1 的坍落度为 5cm,配方 2 的坍落度为 7.5cm,配方 3 至配方 5 的物料仍为干硬性,此时料浆均不具流动性。为了确定合适的流动参数,对料浆继续加水,将浓度降为 86% 时料浆呈泥塑状,此时各配方料浆的坍落度范围为 5.5~22.3cm,仍不具流动性。但可明显看出,对于添加了尾砂的配方 3 至配方 5 的料浆,浓度相同时尾砂添加多的料浆坍落度小,流动性较差。这说明细粒级的尾砂加入后料浆保水性得到提高,只有适当降低浓度才可达到理想的流动状态。当配制的料浆浓度降到 84% 时,配方 1 至配方 2 的料浆坍落度范围为 23~26.5cm,料浆已经具有流动性,流动效果一般。配方 3 和配方 4 的料浆坍落度分别达到 24cm 和 23cm,但添加尾砂较多的配方 4 和配方 5 的料浆坍落度则分别为 18cm 和 20cm,虽然初具流动性,但效果并不理想。当浓度降为 82%、80%、78% 时,各配方的料浆坍落度范围为 23.5~27.5cm,料浆流动性明显改善,基本无离析、泌水等不良现象的发生。当浓度降为 76% 及以下时,料浆的保水性能降低,泌水迅速增加,各配方料浆水砂分离,开始出现离析现象。

2. 充填料浆管道输送性能

试验结果及理论分析可知,充填料浆沿管道的输送阻力 i 与充填料浆的流变参数 $(\tau_0、\eta)$、输送流速 u 及管道直径 D 密切相关。对于特定的矿山而言,充填骨料组成一般变化不大。为了实现充填料浆的顺利输送,需要对输送阻力影响因素综合分析与研究,确定合适的充填料浆制备参数,布设适当的充填管网,使充填系统在合理的工况下顺利运行。

对于二矿区结构流的胶结充填工艺,影响充填料浆输送性能的因素有如下 5 个。

1) 充填料粒级组成

实现充填料浆在管道中呈柱塞流或"结构流",并在 1~2m/s 的低流速甚至短暂静止流动的条件下,不产生沉淀离析及堵管,国内外通常要求充填料中的 $-20\mu m$ 颗粒含量不得低于 15%。但根据金川矿山试验结果,充填料浆中 $-20\mu m$ 的极细颗粒主要来源于作为胶结剂的水泥。水泥自身含 $-20\mu m$ 的极细颗粒达到 69.75%,棒磨砂和戈壁砂中 $-20\mu m$ 的极细颗粒含量分别仅为 2.5% 和 2.16%,尾砂中 $-20\mu m$ 的极细颗粒含量为 20.24%。总体考虑不难算出各配方充填料中 $-20\mu m$ 的极细颗粒含量分别依次为 15.950%、15.678%、15.896%、15.841%、15.787%、17.288%、18.707%、17.247% 和 18.680%。由此可见,配比试验所选择的配方均具备要求充填料中 $-20\mu m$ 的颗粒含量不低于 15% 的要求。$-20\mu m$ 的颗粒含量越大,充填料浆的保水性能越好,料浆越不易产生离析分层等现象,在低流速条件下堵管可能性减小。实验室的试验结果可以证实,各种配方的充填料浆浓度为 79% 时,料浆稳定性良好,试块强度也满足采矿要求,在管道中流动性良好,未产生离析分层现象,也未出现管道堵塞现象,最终形成的充填体整体性良好,强度均匀稳定。

2)屈服剪切应力 τ_0

屈服剪切应力的物理意义为料浆在初始状态下抵抗剪切变形的能力,也可理解为料浆抗离析沉淀的能力。屈服剪切应力与料浆浓度具有直接的关系。从试验结果可见,充填料浆浓度自85%降到76%时,τ_0 值大幅度减小,相应的坍落度也随之增大。显然,τ_0 值过大,管道输送时静摩擦力也随之增大,从而加大了管道输送阻力。为了降低 τ_0,可在充填料浆中添加减水剂实现减阻输送。

3)黏性系数 η

料浆在运动状态下所产生的抵抗剪切变形的能力称为黏度系数。黏度系数与料浆浓度、颗粒级配、颗粒形状等因素有关。试验结果表明,充填料浆浓度在85%时,各种配方的充填料浆黏性系数很大,而当浓度降为82%、79%、76%时,η 值迅速降低。显然,η 值过大,料浆在输送过程中产生过大的摩擦阻力。例如,各种配方料浆浓度为85%时,不同料浆流量实现的自流输送的充填倍线均较小。如此大的输送阻力根本无法实现管道自流输送,只有采用高压活塞泵方可进行料浆输送。当料浆浓度降至82%时,由 η 所产生的输送阻力虽然有所降低,但可实现自流输送充填倍线有限,无法满足大规模的生产要求。当料浆浓度降为79%时,由于料浆流动阻力显著降低,几乎可实现表中所列各种流量及管径下的自流输送充填倍线,可以顺利地实现管道自流输送。当料浆浓度降为76%时,出现沉降离析现象,此浓度不宜作为自流输送浓度。

4)管内流速 u

充填料浆在管道中的流速与料浆输送量成正比,与管道内径的平方成反比。由于全尾砂结构流可实现低流速输送,为了降低管道输送阻力,可适当增大输送管径,由此可扩大自流输送的充填倍线范围。

5)输送管道内径 D

料浆浓度和输送管道内径是决定料浆输送阻力的两个关键因素。从计算公式可知,输送阻力的第一项与 D 成反比,第二项则与 D 的 4 次幂成反比(考虑流速的影响),所以加大管道内径可极大地降低管道输送阻力。例如,料浆浓度为82%,流量为 $80m^3/h$ 时,管道内径从 80mm 增大至 150mm,输送阻力显著降低,相应地充填倍线范围得到扩大。所以对结构流体充填或膏体充填而言,由于不受临界流速的限制,加大输送管径是国内外管道输送的发展趋势,如澳大利亚 Mount Isa 矿膏体充填料浆输送管径达到 200mm,这对于两相流充填是不可能的。

4.8　本章小结

充填料浆管道输送性能研究对于矿山充填设计具有现实意义。通常在料浆坍落度测定的基础上,进行料浆流变性能分析,建立料浆流变模型。在充填料浆流变参数测定的过程中,利用试验设施测定流变参数,分析影响管道输送阻力的主要因素,提出高浓度或膏体充填料浆管道输送减阻方法,为管道布置及降低管道磨损提供理论依据。

第 5 章　高浓度管道自流输送系统及应用

5.1　二矿区高浓度自流输送系统

二矿区充填系统包括一期、二期工程的两个搅拌站。鉴于供砂系统、供灰系统、供水系统、管道输送系统的限制,整个二矿区充填系统实际上同时运行的只有 3 套,即 3 套自流输送系统或 2 套自流输送系统加 1 套膏体系统。

5.2　一期充填站制备输送系统

5.2.1　平面布置及工艺流程

一期充填料浆制备输送系统建成于 1982 年,分为东、西部两个充填搅拌站。一期工程结束后,东部充填系统交付 F_{17} 以东使用。原设计的一期西部充填搅拌站有 5 套自流输送系统。由于 $1^{\#}$、$2^{\#}$ 制备系统与供砂、供灰系统不匹配,在 1991 年技术改造中,对 $1^{\#}$、$2^{\#}$ 制备系统进行了拆除,$3^{\#}$、$4^{\#}$、$5^{\#}$ 制备系统在 1989~1992 年先后进行了两次技术改造。目前,二矿区一期充填系统只有 $4^{\#}$、$5^{\#}$ 制备系统同时充填作业,$3^{\#}$ 系统备用。

一期充填料浆制备输送系统采用棒磨砂或戈壁砂作为充填集料,水泥及粉煤灰作为胶结剂。主要设备为 3 台桥式抓斗起重机(与二期制备站共用)、1 台 $\phi 3m$ 圆盘给料机、2 套 B1000 皮带输送机、2 套 $\phi 500U$ 形螺旋输送机和 2 台 ZL450 斗式提升机。控制系统采用以可编程序调节器 KMM 为主体的工艺参数自动控制系统,系统的平面布置如图 5.1 所示。

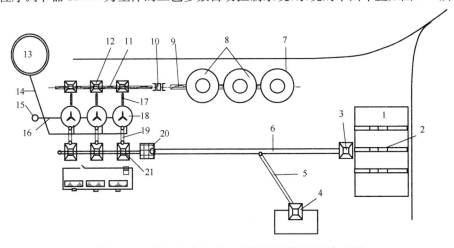

图 5.1　一期细砂高浓度自流胶结充填站平面布置图

1.棒磨砂仓;2.抓斗;3.供砂漏斗;4.供湿粉煤灰漏斗;5.粉煤灰输送皮带;6.棒磨砂输送皮带;7.干粉煤灰仓;
8.水泥仓;9.$1^{\#}$螺旋输送机;10.立式斗式提升机;11.$2^{\#}$螺旋输送机;12.供灰仓;13.高位水池;14.供水管道;
15.充填小井;16.输浆管;17.双管喂料机;18.搅拌桶;19.$3^{\#}$皮带;20.振动筛;21.供料漏斗

5.2.2 砂石料供料系统

1. 砂石料的加工与储存

胶结充填料中胶凝材料、水和添加剂不需预处理,而粗、细骨料如块石、棒磨砂和尾砂等一般均需要预处理。例如,块石要经过采集、破碎、筛分等工序才可获得所需要的粒径。金川矿山的砂石厂是为了供给金川二矿区－3mm棒磨砂充填系统和龙首矿－25mm碎石充填系统而建造的。单套系统充填料浆制备工艺流程如图5.2所示。

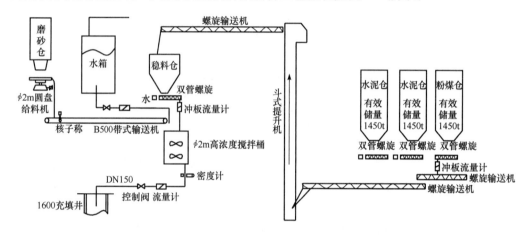

图5.2 一期细砂高浓度自流胶结充填系统工艺流程图

为了保证金川镍矿大规模生产的需要,在调查研究和技术经济比较的基础上,选择了－3mm棒磨砂和－25mm细石作为主要的充填骨料。为此建设了金川矿区充填砂石车间,对金川地区戈壁集料进行破碎和棒磨加工,生产出粒度为－25mm的碎石集料和－3mm的棒磨砂两种产品。碎石集料应用于龙首矿粗骨料胶结充填工艺,棒磨细砂应用于二矿区和龙首矿高浓度料浆管道自流输送充填系统。

砂石厂设计生产能力为－3mm棒磨砂3830t/d,－25mm碎石集料1000t/d。破碎流程采用强化预先筛分的两段一闭路生产流程。从戈壁滩开采的戈壁集料最大粒径可达100mm以上,先破碎成粒度为－25mm的砂石集料,1/3直接供龙首矿做为骨料充填,其余2/3进入一段湿法棒磨开路和螺旋分级两段脱水脱泥的磨砂分级工艺流程,产出－3mm棒磨砂。磨砂工艺流程见图5.3。

1)充填粗骨料运送

充填粗骨料通常采用火车或汽车运输。金川镍矿的充填系统用－25mm细石集料和－3mm棒磨砂均用火车运输。

2)粗骨料存储

充填料中的骨料包括砂、细石等,充填系统必须有一定的储备量,储仓容积应为每天平均充填量的1.5倍以上。足够的储备量是满足生产对充填材料需要的保证。一、二期工程的两个搅拌站共用1个储砂厂房,厂房内设计3个砂仓,分别为1#砂仓、2#砂仓和

$3^{\#}$ 砂仓,容积分别为 $3630m^3$、$1460m^3$ 和 $1540m^3$。

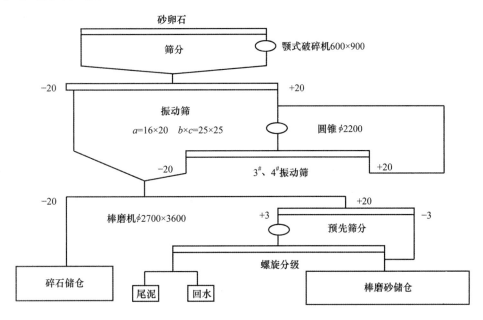

图 5.3　棒磨砂加工工艺流程图(单位:mm)

2. 砂石料的给料与计量

充填砂仓目前有一、二期共用的 3 台桥式抓斗起重机,从西至东编号依次为 $1^{\#}$、$2^{\#}$、$3^{\#}$ 抓斗吊,起质量分别为 15t、15t、10t。两台 15t 抓斗吊均由大连起重机械厂生产,抓斗容积均为 $3m^3$,1985 年 1 月投入使用。$1^{\#}$ 抓斗吊先后在 1996 年、2003 年和 2006 年进行过 3 次大修,$2^{\#}$ 抓斗吊大修过两次。$3^{\#}$ 10t 抓斗吊由银川起重机械厂生产,1996 年 12 月安装投产,抓斗容积 $2m^3$,2004 年大修过 1 次。

棒磨砂等砂石料经抓斗起吊后卸入一期搅拌站中间料仓中,料仓底部安装有 $\phi 3m$ 封闭式圆盘给料机,圆盘转数为 $1.3\sim3.9r/min$,生产能力为 $113\sim338t/h$,最大能满足一期两套系统同时充填用砂需求。圆盘给料机给料后再经 $1^{\#}$、$2^{\#}$ 两条皮带输送机输送至充填料浆制备车间。$2^{\#}$ 皮带中间有分砂小车来回移动,分别给 3 套搅拌系统的过渡砂仓供砂。

$1^{\#}$ 和 $2^{\#}$ 皮带输送机之间装有 1 台振动筛,用来筛除砂子中的杂物和大块石。1999 年振动筛经改造后,其规格为 $2620mm\times1100mm$,筛网网度为 $50mm\times40mm$,滤砂能力为 320t/h。3 套搅拌系统过渡砂仓底部均安装有 $3^{\#}$ 给料皮带。皮带上安装有核子秤,对砂石料给料量进行计量。棒磨砂等砂石料经上述工艺设备给料及计量后,进入立式搅拌桶中进行高浓度料浆制备。

5.2.3　水泥及粉煤灰供料系统

水泥胶凝材料均采用罐车方式运输及压气卸料至水泥仓中。大中型充填矿山由于水泥用量大,一般采用散装水泥。散装火车水泥罐车和汽车水泥罐车是向胶结充填制备站运送散装水泥的首选设备。利用矿山的压缩空气或水泥罐车自带的压气设施,将散装水泥吹入水泥仓。金川的两大矿山每年的充填水泥用量在 20 万 t 以上。散装水泥通过火车水泥罐车或汽车水泥罐车从水泥厂运至充填现场水泥仓(图 5.4)。

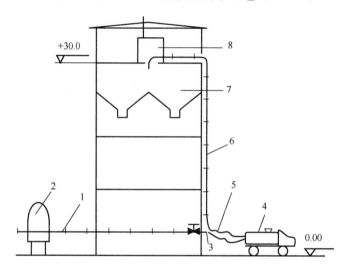

图 5.4　水泥风力入库设施示意图

1.供风管;2.风包;3.供风高压软管;4.水泥罐车;5.输送高压软管;6.输送钢管;7.水泥仓;8.除尘器

采用粉煤灰替代部分水泥时,干状粉煤灰采用与水泥相同的运输及卸料形式。一期搅拌站布置有 2 个储量为 1450t 的水泥仓和 1 个储量 930t 的粉煤灰仓。水泥仓及粉煤灰仓顶均安装有布袋式除尘器,型号见表 5.1。

表 5.1　胶结充填制备站常用袋式除尘器

型号	过滤面积/m²	滤带条数	设备压损/kPa	除尘效率/%	含尘浓度/(g/m³)	过滤气速/(m/min)	处理空气量/(m³/h)	喷吹压力/MPa	喷吹气量/(m³/min)	质量/kg	外形尺寸/m
DMC-28B	18	24	1~1.2	99	3~5	3~4	3240~4320	0.6~0.7	0.072	540	1×1.4×2.357
DMC-36	27	36	1~1.2	99	3~5	3~4	4950~6480	0.6~0.7	0.108	850	1.4×1.4×3.65
XLG-24	26	—	<3.5	99.9	—	1.5~2	2336~3115	—	—	—	—

当制备站内的压缩空气压力达到 0.3~0.4MPa 时,风力输送水泥的高度可达 30m 以上。如图 5.4 所示,压缩空气的供风管管径为 $\phi75\sim108$mm,最后变至 $\phi50$mm;风包起到储能和油水分离器的作用;供风高压软管管径为 $\phi150\sim125$mm。

散装水泥卸入水泥仓后,通过底部 $\phi400$mm×3000mm 单管螺旋输送机输送到灰仓 1楼,然后通过 $\phi500$mm、$L=40$m 的 U 形螺旋输送到搅拌站 1 楼,再用两台 ZL450 斗式提升机提升到 4 楼,并通过 $\phi500$mm、$L=30$m 的 U 形螺旋输送到 4 楼的 3 个过渡灰仓中。

每个过渡灰仓对应 1 套充填料浆制备系统。每个过渡灰仓下面安装 1 个手动平板闸门、1 个 $\phi300mm\times2500mm$ 双管螺旋给料机、1 台单管螺旋输送机,分别向 3#、4#、5# 搅拌桶供给水泥。过渡灰仓底部双管螺旋给料机下方安装有冲板式流量计,实现对水泥给料量进行计量。

5.2.4　水及供料系统

一期搅拌站用水直接从高位水池至二矿区的主水管上引出。水压及水量基本满足一期 3 套系统的充填用水。在向搅拌桶供水的管路上安装有流量计和电动调节阀,以实现对供水量的检测与调节。

5.3　二期充填站制备输送系统

5.3.1　二期充填站布置及工艺流程

二期充填制备站由北京有色设计研究总院与金川镍钴研究设计院共同设计,1996 年开工建设,1999 年 8 月交付使用。该搅拌站包括 2 套自流料浆制备系统和 1 套膏体料浆制备系统。自流制备系统和膏体制备系统设计能力分别为 $80\sim100m^3/h$ 和 $60\sim80m^3/h$,采用美国 HONEYWELL 公司 TDC3000 集散控制系统。

当膏体系统充填时,目前采用地表制备水泥浆,并将水泥浆添加至膏体搅拌机中,所以一直占用其中 1 套自流系统的供灰及制备设施,因此二期充填搅拌站只有 1 套自流制备系统和 1 套膏体充填制备系统可以同时使用。

与一期充填系统不同的是,二期自流充填系统设计采用尾砂和棒磨砂作为骨料,粉煤灰代替部分水泥作为胶结料,其配比参数为 $m_{尾砂}:m_{棒磨砂}:m_{水泥}:m_{粉煤灰}=1:1:0.37:0.22$,充填能力 $80m^3/h$,质量分数 75%。

根据西部一期制备站满足 4000t/d 采矿规模充填能力的实际经验,为了提高二矿区充填质量和充填能力,使二期充填系统具备使用棒磨砂按灰砂比 1:4 打底充填的供灰、供水和供砂能力,2001 年对原设计采用的尾砂、粉煤灰、棒磨砂、水泥的高浓度料浆自流输送工艺进行技术改造,在保证原设计尾砂充填系统运行的前提下,使系统具备使用棒磨砂和水泥的高浓度料浆自流输送工艺的能力,保证了二矿区"十五"期间充填任务的正常完成。

目前,每套自流制备系统具备水泥和砂料按灰砂比 1:4 打底充填的要求,料浆质量分数达 78%,实现了高浓度料浆细砂管道自流充填,二期自流充填系统主要设备包括 5 条 B650 皮带输送机、2 条 B500mm 皮带输送机、2 套 $\phi300mm$ 双管螺旋、2 套 $\phi400U$ 形螺旋以及两套搅拌设备。由于膏体充填系统水泥添加方式的改造,占用了 2# 自流料浆制备系统。二期自流充填系统工艺流程如图 5.5 所示。

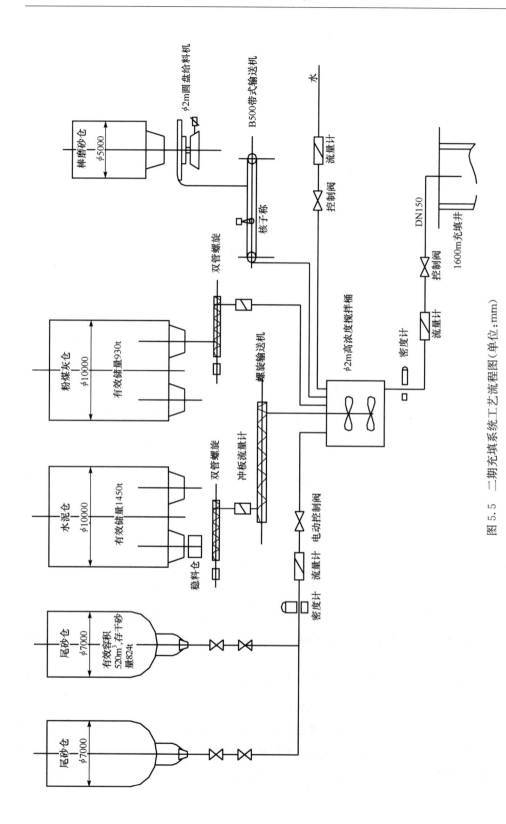

图 5.5 二期充填系统工艺流程图 (单位: mm)

5.3.2　尾砂处理

1. 尾砂适用范围

金川矿山全尾砂粒度较细,不易脱水,浆体黏度大,难以提高浆体浓度,且强度低,用其制备高浓度料浆的胶结充填体脱水困难,对于早期强度要求较高的自流充填工艺不合适。所以需对全尾砂进行分级,溢流细粒级进入尾矿库,而底流粗砂则用作充填集料。尾砂分级界限一般为 $37\mu m$。根据矿山的具体情况,金川尾砂充填系统曾经确定 $30\mu m$ 和 $20\mu m$ 的分级界限。经分级后的尾砂,其粒度较粗,易脱水,浆体黏度较小,浆体浓度容易提高。用其制备高浓度料浆的胶结充填体脱水容易,且强度较高,是制备高浓度料浆的重要材料。

2. 分级尾砂的加工

二矿区二期搅拌站设计采用一、二选厂混合尾砂作为充填料。根据金川矿区尾砂高浓度料浆自流充填工艺,对尾砂粒度组成和尾砂浓度设计要求,尾砂 $+30\mu m$ 的含量至少要达到 $60\%\sim65\%$,而全尾砂中 $+30\mu m$ 颗粒的含量只占 54.2%(表 5.2)。因此,需要对尾砂进行脱泥和分级,以除去部分 $-30\mu m$ 的颗粒来达到矿山充填设计要求。

表 5.2　金川矿山一、二选厂混合尾砂分级前的颗粒分析结果

粒径/mm	各级比例/%	累级比例/%
>0.074	28	28
0.074~0.056	2.59	30.59
0.056~0.043	2.59	33.18
0.043~0.031	23.08	56.26
<0.031	43.74	100

尾砂脱泥系统的工艺流程为:来自一选厂和二选厂浓度为 $18\%\sim20\%$ 的混合料浆,通过分配池和给矿槽供给两台 $\phi3550mm\times3550mm$ 搅拌槽。从搅拌槽由 6/4D-AH 渣浆泵输送到 $\phi250mm\times8mm$ 旋流器组。经过旋流分级后的分级尾砂进入远距离泵送前的搅拌槽,由搅拌槽搅拌成浓度为 $45\%\sim50\%$ 的尾砂浆,再由油隔离泵输送到二期搅拌站尾砂仓。尾砂脱泥脱水流程如图 5.6 所示,分级后的尾砂粒度如图 5.7 所示。

3. 尾砂分级的主要设备

可应用于尾砂脱泥分级的设备有脱泥斗、倾斜浓密箱、耙式分级机、螺旋分级机等。但设施最简单,配置最方便仍属水力旋流器。水力旋流器结构如图 5.8 所示。影响水力旋流器工作性能的主要因素是结构参数、进料口压力和进料浓度。

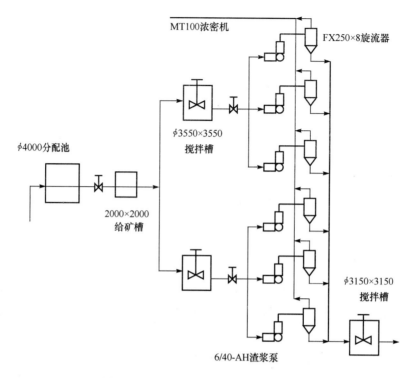

图 5.6 尾砂脱泥脱水流程图(单位:mm)

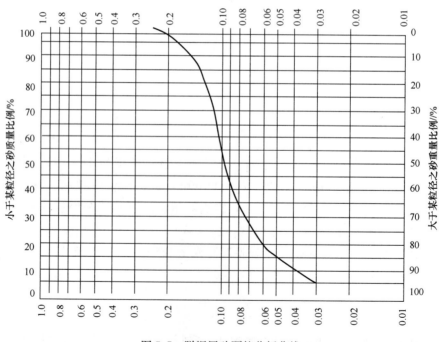

图 5.7 脱泥尾砂颗粒分析曲线

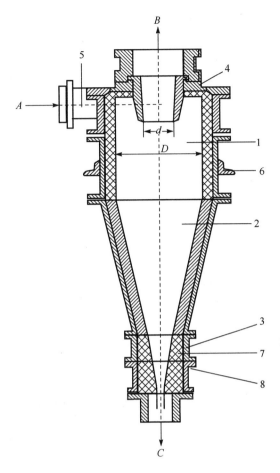

图 5.8　衬胶水力旋流器

A.进料；B.溢流；C.沉砂；1.圆柱体；2.圆锥体；3.排砂口；

4.溢流管；5.进料管；6.耐磨橡胶内衬；7.金属加强环；8.压气入口

1) 水力旋流器直径 D

旋流器的处理能力随直径 D 的增加而急剧增加。当直径小时,有利于降低分级粒度。直径 D 一般为 $\phi200\text{mm}\sim500\text{mm}$。金川尾砂脱水脱泥分级原采用 $\phi250\text{mm}$ 旋流器,难以满足矿山充填对分级尾砂粒度的要求,后改用 $\phi500\text{mm}$ 旋流器后效果良好。

2) 进料管直径 d_i

增大进料管直径 d_i 则可加大尾砂处理量,但溢流粒度变粗。一般 $d_i=(0.08\sim0.25)D$。金川矿山选用 d_i 为 $\phi100\text{mm}$。

3) 溢流管直径 d_1

在进料口压力不变的条件下,增加溢流管直径 d_1 能使分级粒度和处理量近似正比例增加。d_1 一般在试验或试生产过程中选定并调整好,在生产过程中保持不变。一般 $d_1=(0.2\sim0.4)D$。金川矿山选用 $d_1=150\text{mm}$。

4) 排砂管直径 d_2

加大排砂管直径 d_2 则沉砂量增大并混入细粒级,而溢流量减少。当 d_2 较小时排砂困难,溢流中有较多的粗粒级。从实验可知,d_1 和 d_2 共同决定分级尾砂的产率、分级粒度和分级效率。当 d_1/d_2 为一定值时,分级指标通常为一定值。

5) 锥角 α

锥角 α 增大可降低旋流器的高度,处理量略有减少,但溢流的粒度增大。锥角小则分级效果好。锥角的范围 $\alpha=15°\sim30°$,一般为 $20°$。

6) 进料口压力

进料口压力稳定使分级效果好,最好能实现 $0.1\sim0.2\text{MPa}$ 的静压给料。

7) 进料浓度

进料浓度低可获得较好的分级效果,浓度高则溢流粒度大。由于各矿山的尾砂条件差别很大,旋流器分级的各项结构参数和操作参数最终要以试验数据为准。

4. 物料运送系统

1) 尾砂的管道运输

尾砂管道输送与其他输送方式相比具有技术先进、流程简单、输送环节少、工艺性能好、管道密封输送不受气候和外界环境影响等特点,并且运输系统的自动化程度高,操作比较简单。尾砂长距离输送系统是基建投资和耗费运行能量的主要部分,要求整个管路系统既安全高效,又经济合理。金川选矿厂至二矿区二期充填站的输送距离为 3.1km,高差为 68.656m,为向上输送。尾砂输送主要设备有 4 台 2DYH-140/50 油隔离泵,2 台 $\phi10\text{m}\times10.4\text{m}^3$ 搅拌槽,2 台 D155-67×8 多级水泵和 $\phi180\text{mm}$ 钢管等(图 5.9)。

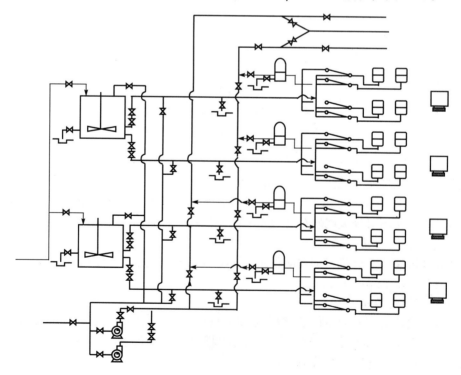

图 5.9　尾砂输送泵站流程图

2) 油隔离泵及其调速装置

2DYH-140/60 油隔离泥浆泵的主要参数为:设计流量 140m³/h,设计压力 6.0MPa,设计浓度 40%~60%,是一种输送固液两相流体的往复式活塞泵,其主要特点是压头较高,被输送的介质不直接接触活塞缸,最远输送距离可达 26km,最大输送高度可达 200m。

油隔离泥浆泵的主要缺点是对被输送介质的粒度要求较高(直径小于 1mm 达 90%以上),要求介质的相对密度大于水。然而在灰浆中,有部分比水轻的玻璃空心微珠浮在水面,有的甚至进入油中,这样就容易造成活塞缸内各部件的磨损。曾经出现如隔离罐裂纹,易损件寿命短等问题。经过科研、设计和制造等部门在材质、热处理方面的研究,目前已经进行改进。油隔离泥浆泵输送物料时,一般在吸入端应有 0.02MPa 左右的灌注压力。为了保证灌注压力,在泵入口前设 1 搅拌槽,入口距离小于 10m。

3) 油隔离泥浆泵的工作原理

电动机的转动经过皮带和变速箱减速后,传至偏心轴、连杆、十字头机构,带动活塞作往复运动。当活塞向左移动时,活塞右侧活塞缸的空间增大,与右侧相连的隔离罐上部的透平油被吸入活塞缸内,同时流体经入口阀箱、Z 形管,从隔离罐的下部进入,这时隔离罐内的油水界面上移,完成吸入行程。当活塞向右移动时,油缸内回油阀门已关闭,迫使油水界面下移,把流体从隔离罐压出,完成一个排出过程。活塞不断地往复运动,流体不断由入口管吸入,由出口管排出达到连续输送流体的目的。

主泵的调速是保证启动和经济正常运行的重要手段,用于浆体输送主泵的调速有液力驱动、涡流联轴器、带液体变阻器的绕线电机、变级鼠笼式电机、液力剪力联轴器、变频调速器等。金川尾砂输送设备调速采用变频调速装置。变频调速是改变同步电动机或异步电动机定子供电电源频率,从而改变电动机同步转速的调速方法,其调速特性基本上保存了异步电动机固有机械特性,具有效率高、调速范围宽、精度高、调速平滑等优点。选用日本电器公司 THYFRECVT200S-550kW 通用变频器,具有全数字化控制、高可靠性、高性能、多功能的特点。

阀门是浆体管道输送的重要部件,它的寿命和可靠性直接影响到整个输送系统运行的好坏。在考虑管壁厚度时既要计算静压,又要计算动压,并充分考虑浆体的水击作用,关注其稳定性。现使用较多的阀门有球阀、旋塞阀、衬胶阀、胶管阀、颗粒泥浆阀和三片式矿浆阀等。金川用于尾砂输送的阀门具有较高的压力,因而选用颗粒泥浆阀有手动、电动、气动及液压 4 种操作方式。颗粒泥浆阀是一种平板阀门,具有较好的密封性且不易磨损。阀板孔洞与输送管内径一致,故阻力小,工作平稳,使用寿命较长,但其水封系统较复杂,价格较贵。

4) 尾砂浆体管道输送参数

输送管径的选择要根据尾砂浆输送量和尾砂浆的流变性能确定。金川委托北京有色冶金设计研究总院的管道输送试验室进行试验,确定了管道输送参数,并对分级尾砂的流变特性进行了试验研究,其试验结果见表 5.3 和表 5.4。

表 5.3　脱泥尾砂浆体流变试验参数

质量分数/%	体积分数/%	pH	浆温/℃	$\eta \times 10^{-5}$ /g·s·cm^{-2}	$\mu_0 \times 10^{-5}$ /g·s·cm^{-2}	μ_{rs}	μ_{rd}	μ_{rd}/μ_{rs}
40.5	18.98	7.55	25.8	1.905	0.8975	2.123	2.194	1.033
45.0	21.97	7.57	25.8	2.597	0.8975	2.894	2.835	0.980
50.0	—	7.60	25.0	3.593	0.9033	3.978	3.871	0.973
55.0	29.61	7.60	24.5	5.063	0.9246	5.476	5.460	0.997
60.0	34.05	7.60	25.8	7.042	0.8975	7.846	7.990	1.018

注:τ_w 为管壁切应力;τ_B 为宾汉极限切应力;τ_0 为屈服切应力;η 为刚度系数;$\mu_{rs} = \eta/\mu_0$ 为相对黏度($\mu_{rd} = 0.430643011 e^{8.577687434 C_V}$);$\mu_{rd}$ 为计算黏度;μ_0 为清水黏度系数。

表 5.4　脱泥尾砂浆体不淤临界流速表

质量分数/%	体积分数/%	浆体容重/(t/m³)	D50mm 临界流速/(m/s)	D166mm 临界流速/(m/s)
51.6	35.47	1.676	1.22	1.78
49.3	25.07	1.478	1.15	1.68
38.8	17.91	1.342	1.11	1.62
29.8	12.75	1.243	1.16	1.70

根据尾砂浆的流变特性,进行多种运行方式的比较。为了使整个系统处于最佳经济状态,在实际运行中选用了 D180×(7+5)mm 钢塑复合管,设计 3 条管线,总长 3093.6m。其中,2 条管线工作,1 条管线备用。该钢塑复合管全部埋在地下,直至二矿区二期搅拌站。钢塑复合管具有强度高、抗腐蚀、耐冲磨、抗黏着、安装维护方便和质量轻等特点。全程采用压力输送,输送浓度波动范围为 45%~50%,流量为 134.7~156.9m³/h,管内流速为 2.28~1.96m/s。

5)冲洗装置

按照正常操作程序,对于长距离管道在停机后应加水冲洗。为此应设一套供水系统以便冲洗用。该装置一般包括水源或蓄水池、供水泵和相应的清水管道与阀门。对于尾砂输送系统,为了保证事故停机或油隔离泥浆泵出现问题时,能够对管道中的尾砂进行冲洗,保证使尾砂不沉淀,以免造成管道堵塞。为此选用 D155-67×8 多级离心水泵,扬程 $H=536$m,流量 $Q=155$m³/h。采用尾矿回水作为清洗水源,保证管道的正常使用要求。同时,在油隔离泥浆泵、多级泵、阀门或管线出现问题时,为了不造成尾砂沉淀堵塞管道,在管线最低点设 1 返砂泵站。当出现事故时,可将尾砂浆放到返砂泵站内的搅拌槽,启动 3/2C-AH 渣浆泵,把尾砂浆扬送到砂浆分配槽。

5. 尾砂细骨料的存储

尾砂通常以浆体的形式储存。尾砂仓分为卧式砂仓和立式砂仓两大类。卧式砂仓又可分为电耙出料、水枪出料、抓斗出料 3 种方式。立式砂仓可建于地面,也可建于地下。卧式砂仓建设的灵活性较大,只要能满足生产需要就行。立式圆形砂仓建设的原则是直径不小于 9m,高度为直径的 2 倍以上。当然,卧式砂仓也可以储存干尾砂或尾砂滤饼,还可以储存磨砂、风沙、河砂等。根据实践经验,立式砂仓的防渗漏是十分重要的问题,从设计到施工必须予以高度的重视。

6. 胶凝材料的储备

水泥和粉煤灰两种胶凝材料的储备,一般来说,都是在地面建圆形钢筋混凝土仓或圆形钢结构仓。水泥仓的有效容积应尽可能大些,因为一般的矿山都是依靠外运水泥来解决需求的,供应量易受外部条件的影响,所以应尽量多储备水泥。一般来说,水泥仓的储量应在每天需求量的 5 倍以上。设计中常采用的水泥仓的有效容积有 500t、800t、1000t、1200t、1500t 等,而粉煤灰仓的有效容积设计中常取 500~1000t。

5.3.3　充填料浆的制备及输送

浆体充填料或膏体充填料的制备是通过专用搅拌设备来完成的。搅拌越充分,料浆也就越均匀;如果搅拌不均匀,不仅会降低充填体强度,而且还会影响充填料浆的顺利输送,甚至造成堵管事故。目前国内的搅拌设备主要有浆体普通型混合搅拌机、水泥浆强力乳化搅拌机、浆体强力活化搅拌机、供膏体制备的专用双叶片式搅拌机和双轴双螺旋搅拌输送机等。

金川二矿区二期搅拌站自流输送充填系统,采用普通立式搅拌桶搅拌制备高浓度充填料浆。普通立式搅拌桶为非标准设备,由工作部分(搅拌立轴、搅拌叶片),支撑部分(轴承装置、机座)和驱动部分(电动机、皮带轮)组成。在搅拌桶正常工作的条件下,砂浆在上、下叶轮之间的强烈混合形成两个循环区。上叶轮和桶壁之间的进浆液面呈凹兜形,浆面高度(通常称为液位)以 1.4~1.5m 为宜。若凹兜形遭到破坏,说明叶片磨损严重,搅拌桶处于不正常工作状态,应立即采取恢复措施,换上新的叶片。

高浓度强力搅拌槽经过工业性负荷联动试验后,进行许多改进才定型生产,成为目前金川矿山充填料浆制备的标准设备。设备技术参数如下:

(1) 槽体直径×高度为 $\phi2000$mm×2100mm;

(2) 有效容积 5.5m³;

(3) 叶轮直径 $\phi650$mm;

(4) 叶轮数量。上左旋 1 个,下右旋 1 个;

(5) 叶轮转速为 240r/min;

(6) 电机功率为 40kW;

(7) 生产能力为 60~80m³/h;

(8) 正常搅拌浓度为 75%~80%;

(9) 料浆在槽内搅拌时间(入口—出口)4~5min。

金川矿山高浓度强力搅拌设备主要具有以下特点:

(1) 槽体设计布置合理,砂子、水泥顺叶轮旋转方向从叶轮外缘斜向进料;

(2) 上左旋叶轮使浆体下压,下右旋叶轮使浆体上翻,高浓度浆面呈鱼鳞状;

（3）槽底成上凸球面形避免沉砂淤积，放浆口置鼠笼防止大块杂物进入管道；

（4）槽体有料位计，上限 1.5m，下限 1.1m，在此范围内为正常作业区；

（5）搅拌槽与给排料系统均采用柔性软联结，清洗、维修方便。

生产实践表明，砂浆及水泥进料以斜向进料比垂直进料好；砂浆落点以在叶轮外缘附近好；顺叶轮旋转方向进料比逆向好。

5.4 粗骨料充填料浆制备及输送

当采用粗骨料低标号混凝土充填时，在地表制备水泥浆，粗骨料与水泥浆在井下进行混合，机械耙运至进路进行充填。

5.4.1 水泥浆的制备

水泥由水泥仓底部漏斗放出，经单管（或双管）螺旋给料机均匀给料，冲板流量计计量后进入灰浆搅拌桶。螺旋给料机根据设定的给灰量，由变频器控制给料。制浆用水经电磁流量计计量后给入搅拌桶，按设计要求灰浆浓度制成浆体，供搅拌粗骨料混凝土或细砂料浆用。在灰浆输送管路上装有流量计和密度计检测灰浆流量和浓度。

5.4.2 粗骨料充填料的制备

制备好的水泥浆通过管道自流或泵压输送到井下搅拌站，与砂石井底漏斗放出的砂石混合料，经跌落槽跌落式搅拌形成质量分数 83%～87% 的低标号混凝土。采用机械耙运方式充填采空区，也可由地表通过卧式连续搅拌机，将混合料与水泥浆搅拌成低标号混凝土，靠自重经下料管或充填井放至井下充填采空区。

5.5 二矿区充填管网组成

金川是我国最早采用高浓度料浆管道自流输送胶结充填工艺的矿山，5 个充填站全部采用垂直钻孔与水平（或倾斜）管道相配合的管道输送系统。30 年来的充填实践证明，由垂直钻孔与水平（或倾斜）管道相配合的料浆管道输送系统，只要管理得当，掌握好浆体管道输送的规律性，就能够取得很好的效果。

金川二矿区二期充填站目前生产所使用的充填管网如图 5.10 所示。由此可见，二期自流系统及膏体泵送系统均位于地表 1680m 水平，各自的充填料浆输送管道经地表二期充填小井及斜巷进入 A2 组充填钻孔到达 1350m 中段，再经 587.7m 水平管道到达 Ⅵ 组钻孔，最终通过 Ⅶ 组钻孔、Ⅷ 组钻孔、850m 钻孔及水平管道，到达各中段或分段盘区进路。充填 978m 分层东、西两端的进路时，最大管路总长超过 2500m（包括钻孔），最大垂直深度 702m。

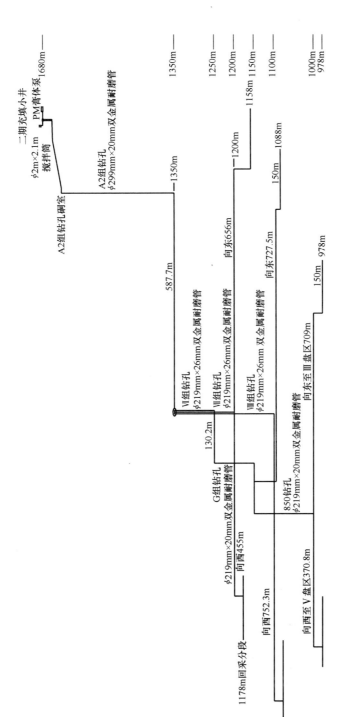

图 5.10　金川二矿区二期充填站目前生产所使用的充填管网

图中未标明的水平管道均为 φ133mm×11.5mm 刚玉复合耐磨管

充填小井 φ108mm×5mm 普通钢管，进路 DN100 塑料管

5.6 充填钻孔设计及应用

5.6.1 垂直管道(钻孔)使用概况

由于高浓度棒磨砂充填料浆具有极大的磨蚀性,金川矿山历年来施工了大量的充填钻孔。为了保证充填作业的正常进行,30年来,矿山一直对充填钻孔设计、充填钻孔材质、充填钻孔施工方法及质量控制、延长充填钻孔的使用寿命、改善充填料浆输送及磨蚀性能等方面,开展了大量研究及工程实践,积累了丰富的工程经验。

二矿区一期工程初始阶段,东部充填站在36行措施井筒中架设了2条ϕ152mm普通无缝钢管,西部充填站在16行充填井筒中架设了4条ϕ152mm普通钢管做充填管用。这6条垂直无缝钢管使用寿命很短,少则充填3000m³料浆,多则充填15000m³料浆。管壁多处磨穿漏浆,不得不停止使用。分析原因,皆因材质差、管壁薄、架设垂直度和同心度不好所致。实践说明,对充填管道来说,采用明管架设的垂直管道部分(不管是长段或短段)并不适宜,宜采用垂直钻孔。

二矿区所采用的垂直钻孔,孔径有ϕ300mm、ϕ245mm、ϕ219mm、ϕ200mm、ϕ179mm、ϕ152mm6种,使用寿命长短也是依此顺序排列。ϕ300mm钻孔充填料浆为168万m³,ϕ152mm钻孔最多充填料浆为42万m³,因管壁磨损脱落堵塞钻孔,且无法处理,只能采用钻机将其钻通,复用后一般只能充填4万~5万m³就失去使用功能。

以上数据充分说明,在采用$-$3mm棒磨砂做骨料,没有实施满管输送料浆的情况下,大孔径钻孔比小孔径钻孔耐磨且使用寿命较长。

5.6.2 ϕ300mm钻孔使用情况分析

ϕ300mm充填钻孔在充填料浆达到168万m³后废弃,比其他孔径平均使用寿命长10倍以上,技术经济效益十分显著。该钻孔深度425m,套管内径ϕ300mm,管壁厚10mm。管外径ϕ320mm,岩体荒孔直径ϕ620mm,管壁后注浆厚度150mm。ϕ300mm钻孔具有良好的使用效果,分析其主要原因有下面4个。

(1)垂直度好,偏斜度仅为1°12′,因而管壁受砂浆摩擦较均匀。通常钻孔的垂直度越好,使用效果也就越好,这是垂直输送管道所共有的特性。

(2)钻孔内套管孔径大,在使用过程中,从未发现有管壁和管箍磨损脱落的情况。由于管径大,浆体在垂直下落时,相对减轻了料浆与管壁的直接冲击摩擦,延长了钻孔的使用寿命。

(3)钻孔套管壁后所注水泥为52.5#油井高标号水泥,浓度为70%~75%,厚度150mm,且采用高压固井技术注浆,使水泥浆更加密实,水泥浆凝固后的强度大于15MPa。使用过程中,管壁局部会有磨穿。采用专用的摄像机摄像,观察到管壁磨损十分严重,但高强度水泥浆所形成的圆形通道耐磨性能更好,从而保证了钻孔的继续使用。

(4)钻孔套管为高锰耐磨钢管,且管壁较厚,使用寿命会延长。

在二矿区一期工程试充填的初始阶段,东部采区1250m水平以上采用上向分层胶结充填采矿法,充填体强度较低,故多采用河砂或河砂与棒磨砂混合物料,这比单纯采用棱角尖锐的棒磨砂对管壁的磨损要小。

由于金川矿区地压大,挤压钻孔发生错位,导致 $\phi300mm$ 钻孔最终被废弃,这并不是钻孔自身因磨损破坏的原因。二矿区历年施工及使用的充填钻孔概况见表 5.5。

表 5.5　金川二矿区历年施工及使用的充填钻孔概况

充填量统计时间截止 2008 年 12 月 25 日

钻孔状态	钻孔名称	孔数	钻孔外径/mm	壁厚/mm	材质	钻孔号	钻孔标高/m	充填量/万 m^3	钻孔使用情况
在用钻孔	A2 组	6	245	10	西安钼铬双金属	2	1600/1350	74.73	2006 年 12 月 15 日启用,现用于二期系统充填
						3	1600/1350	0.00	备用钻孔
						4	1600/1350	0.00	备用钻孔
						5	1600/1350	82.10	2007 年 2 月 16 日启用,现用于一期Ⅳ系统充填
						6	1600/1350	94.23	2006 年 12 月 12 日启用,现用于一期Ⅴ系统充填
						7	1600/1350	0.00	备用钻孔
	Ⅵ组	4	219	26	西安钼铬双金属	1	1350/1250	99.93	2005 年 7 月 5 日启用,现正在使用
						2	1350/1250	0.00	备用钻孔
						3	1350/1250	63.17	2005 年 7 月 5 启用,2007 年 10 月 24 日,在 1250 以上 12m 左右堵孔
						4	1350/1250	37.89	2007 年 10 月 29 日投入使用
	Ⅶ组	3	219	26	西安钼铬双金属	1	1350/1200	59.33	2006 年 11 月 17 日启用,现用于 1200m 副中段 1#～3# 盘区充填。2007 年 10 月 1 日,上部漏,修补后 10 月 5 日正常使用,2009 年 5 月 8 日钻孔掉石头,共计充填 70.83 万 m^3
						2	1350/1200	67.45	2006 年 4 月 1 日启用,现用于 1200m 副中段 4#～6# 盘区充填
						3	1350/1200	17.31	2006 年 4 月 1 日启用,11 月 17 日因Ⅷ组钻孔施工倒 1# 孔,现停用
	G 组	5	219	20	西安钼铬双金属	1	1250/1150	39.80	2002 年 7 月 9 日开始使用,2004 年 5 月 18 日在 1m 以下漏,焊好后重新使用(现备用)
						2	1250/1150	91.35	2006 年 9 月钻孔口至以下 2m 处磨漏修补,现用于 1000m 中段 4#～8# 盘区充填
						3	1250/1150	44.12	2002 年 7 月 9 日启用,在钻孔 2m 处多次焊接,2005 年 5 月 25 日堵管
						4	1250/1150	98.77	原膏体钻孔,现用于 1000m 中段 4#～8# 盘区自流充填
						5	1250/1150	94.24	2006 年 10 月 17 日钻孔钻孔口至以下 5m 处磨漏修补,现用于 1000m 中段 1#～3# 道充填
	1150～1100m 通风钻孔	1	133	11.5	耐磨管		1150/1100	4.95	2008 年 11 月 1 日与 G 组钻孔配合使用从 1100 副中段为 1000m 中段 1#～3# 盘区充填

充填量统计时间截止 2008 年 12 月 25 日

钻孔状态	钻孔名称	孔数	钻孔外径/mm	壁厚/mm	材质	钻孔号	钻孔标高/m	充填量/万 m³	钻孔使用情况
报废钻孔	D组	4	146	20	普通钢管	1	1600/1500	44.82	2005 年 12 月 11 日启用，2006 年 7 月 29 日钻孔口至以下 2m 处磨漏修补，11 月 22 日堵管
						2	1600/1500	53.37	2005 年 11 月 11 日启用，2006 年 6 月 26 日钻孔口至以下 2.6m 处磨漏修补，11 月 24 日钻孔内壁脱落，现正在使用 2007 年 2 月 14 日钻孔从 1500m 以上 30m 处堵管
						3	1600/1500	不祥	报废
						4	1600/1500	不祥	报废
	V组	6	146	20	普通钢管	1	1500/1350	0.00	钻孔未投用
						2	1500/1350	0.00	钻孔未投用
						3	1500/1350	0.00	钻孔未投用
						4	1500/1350	26.10	与 D 组 1# 孔配合使用，2006 年 7 月钻孔口至以下 2m 处磨漏修补，现停用
						5	1500/1350	20.51	与 D 组 1# 孔配合使用，现停用
						6	1500/1350	50.53	与 D 组 2# 孔配合使用，2006 年 7 月钻孔口至以下 2m 处磨漏修补。2007 年 2 月 14 日起停用
	A组	6	219	20	普通钢管	1	1577/1350	47.51	1995 年 8 月 12 日启用，1997 年 3 月 21 日堵管，钻透后用到 1998 年 4 月 29 日堵管，后下 ϕ133mm 用于充膏体，已堵管
						2	1577/1350	59.64	1995 年 5 月 4 日启用，1997 年 4 月 8 日堵管，钻透后下 ϕ146mm 套管用于膏体系统水泥管，2004 年 4 月 15 日堵管
						3	1577/1350	50.61	1994 年 7 月 1 日启用，1995 年 8 月 10 日堵管，钻透后用到 1996 年 7 月 28 日堵管，下套管用到 1999 年 4 月 26 日堵管
						4	1577/1350	42.49	1997 年 5 月 4 日启用，1998 年 7 月 3 日堵管，钻透后用到 1999 年 5 月 8 日在 1600～1500m 堵管
						5	1577/1350	33.89	1997 年 3 月 2 日启用，1997 年 4 月 3 日堵管，钻透后用到 2000 年 6 月 15 日在 1350～1500m 堵管
						6	1577/1350	72.09	1997 年 4 月 8 日启用 1998 年 3 月 25 日堵管，钻透后用到 2000 年 1 月 27 日堵管，后下 ϕ146mm 管于 2005 年 7 月 2 日掉石头停用

续表

充填量统计时间截止 2008 年 12 月 25 日

钻孔状态	钻孔名称	孔数	钻孔外径/mm	壁厚/mm	材质	钻孔号	钻孔标高/m	充填量/万 m³	钻孔使用情况
报废钻孔	A1 组	4	299	40	钼铬双金属	1	1577/1350	168.8	2000 年 6 月 8 日启用,2005 年 3 月 20 日堵管。2008 年 3 月大修完毕
						3	1577/1250	170.51	2000 年 6 月 8 日启用,2004 年 12 月 31 日钻孔掉石头,2005 年 6 月 24 日堵管。2008 年 3 月大修完毕,2009 年 4 月用于主井工区下光缆
				20		5	1577/1250	136.82	2002 年 7 月 9 日启用,于 2005 年 1 月 1 日钻孔掉石头,2006 年 12 月 11 日堵管
	C 组	6	219	20	普通钢管	1#～3#	1350/1250	不详	报废
						4#～6#	1350/1138	不详	报废
	V2 组	2	219	40	锰钢	1#～2#	1350/1250	不详	报废
	E 组	3	219/146	20	普通钢管	1#～3#	1350/1250	不详	膏体充填钻孔,状况不详
	一期	8	245	10	普通钢管	1#～8#	1600/1350	不详	除 5#、8# 磨漏后用于 1350m 水平供风、供水外其余均报废
	Ⅰ组	2	不详	不详	不详	不详	1350/1300	不详	报废
	Ⅱ组	2	不详	不详	不详	不详	1350/1250	不详	报废

5.6.3　充填钻孔设计

1. 套管直径计算

最小套管直径计算公式为

$$D = 0.384 \sqrt{\frac{A}{C_w r_m V b}} \qquad (5.1)$$

式中,D 为最小套管直径,mm;A 为每年输送料浆总量,万 t/a;C_w 为料浆质量分数,%;r_m 为料浆的密度,t/m³;V 为料浆输送的平均速度,m/s;b 为每年工作天数,天。

最大套管直径的计算公式为

$$D = KG \qquad (5.2)$$

式中,D 为最大套管直径,mm;G 为固体颗粒最大粒径,mm;K 为系数,取值范围 60～100。岩体稳固地压小时可取 60,岩体破碎地压大时取 100。

套管内径的大小应在最小与最大值之间选取。对于具体充填套管管径,在满足有关技术参数的条件下,根据选择的几种不同管径进行综合技术经济比较后,方能确定出合适的管径。

实践经验表明,采用棒磨砂作骨料且未采用满管输送的充填管道系统,充填钻孔的直径可适当选大些,选用 φ200～300mm 为宜。若采用尾砂作骨料且采用满管输送的充填管道系统,充填钻孔的直径可适当小些,选用 φ100～150mm 为宜。选择材料时尽可能采用耐磨管材,虽然一次性投资大些,但从最终使用效果来看,经济效益显著。

2. 充填钻孔套用管材壁厚计算

推荐比较普遍采用的公式如下：

$$\delta = \frac{PD}{2[\sigma]} + K \tag{5.3}$$

式中，δ 为管材壁厚，mm；P 为管道所受最大工作压力，MPa；D 为套管的内径，mm；$[\sigma]$ 为管材的抗拉许用应力(MPa)，$[\sigma]$ 的取值范围：焊接钢管 $[\sigma]=60\sim80$MPa，无缝钢管 $[\sigma]=80\sim100$MPa，铸铁钢管 $[\sigma]=20\sim40$MPa，特殊管材依据产品质量检验说明书；K 为磨蚀腐蚀量，mm，钢管 $K=2\sim3$mm，铸铁管 $K=7\sim10$mm。

在实际设计时，管材壁厚的选取可比计算值适当大些。

5.6.4 充填钻孔施工技术

垂直充填钻孔显然是充填料浆管道输送的咽喉，所以施工技术要求严格，从而延长使用寿命。根据钻孔所穿过岩层的稳定程度，充填钻孔横断面结构有 4 种形式，依照成本的高低的排序是：套管内装充填管、套管作充填管、钻孔内装充填管、钻孔作充填管。前 3 种金川矿区都使用过，且以套管作充填管为多；最后 1 种钻孔直接作充填管因金川矿区岩体太过于破碎，且地应力大而没有采用。

通过多年生产实践，金川矿山总结出较为成熟的施工技术有以下几点：

(1) 钻孔应尽可能垂直，其偏斜率应不大于 0.9%；

(2) 荒孔直径应大于成孔直径 100~150mm，保证足够的套管壁后注浆厚度；

(3) 下套管前必须用高压清水冲洗钻孔；

(4) 套管必须导正于中心；

(5) 套管间用梯形螺纹管箍连接，管箍长度以 150~200mm 为宜，保证套管间连接的牢固性；

(6) 必须采用油井高标号水泥高压固管，保证套管内无异物、畅通；

(7) 施工钻孔的垂直度直接关系到钻孔的使用寿命，所以在钻孔施工中，必须随时采用专用仪器测试偏斜度，用于指导施工，确保偏斜度控制在 1°30′ 以内；

(8) 为了延长套管使用寿命，套管应尽可能选取高强度耐磨抗腐蚀加厚的管材，如内衬铸石管、夹套式铸石管、加筋铸石管和双金属耐磨管等管材。

钻孔施工时，开孔钻头应根据地表岩层条件，适当选取大于设计孔径 100mm 的钻头。钻进到地表以下 2~5m 时，套上 2~5m 套管，防止地表岩层破碎塌陷影响施工。此后再用设计孔径的钻头钻进。在充填钻孔内径较大而水平管道内径较小时，采用变径弯头连接，且由于钻孔底部压力较大、磨损严重，尽量采用厚壁耐磨管。弯头连接方式，一般采用法兰或快速卡箍连接。法兰或卡箍耐压等级应满足设计要求。二矿区充填钻孔底部与水平管道连接如图 5.11 所示。

图 5.11　充填钻孔底部连接

5.6.5 充填钻孔使用管理

为了保证充填钻孔的畅通,必须严格按照充填工艺技术要求与操作程序和充填料浆工艺参数进行充填。在垂直钻孔底部安装事故排浆阀,且要有钻孔硐室。遇到充填管线全线堵塞事故而短时间又不能处理时,首先及时将事故排浆阀打开。一般来说,钻孔里的料浆可依靠自重排出,若依靠自身重力不能及时排出时,用铁锤敲击管壁,采用振动方式排出料浆,避免钻孔发生堵塞事故,造成不必要的经济损失。在上述方法仍无效时,则采用自下而上或自上而下钻机扫孔的方式进行疏通。

事故排浆阀是一个三通阀,因井下潮湿、粉尘大,阀门丝杠易生锈,开启十分困难。为了方便开启,需经常加些润滑油。每天充填之前,将其开启转动再关闭之。后来将三通阀门改为三通盲板形式。遇到堵塞时,盲板可轻易打开,效果比三通阀门好。

5.6.6 钻孔与管道磨损检测及处理方法

尽管采取措施可减小充填管道的磨损,但充填系统中的钻孔和管道磨损总是不可避免的。为了确保安全生产和料浆的顺利输送,随时掌握和了解钻孔和管道的磨损程度是十分必要的。通常采用专用摄像机、测厚仪、金属探伤仪来检测磨损情况。若要研究管道磨损的规律性,必须对管道长时期地进行定点监测。

采用专用摄像机检测充填钻孔磨损时,摄像机镜头在同一平面内布置 3 个摄像镜头,相互间夹角为 120°。当用细钢丝绳缓慢向钻孔内下放时,摄像机就可将钻孔内壁磨损情况全部摄影下来,且显示清晰。金川二矿区已成功地采用日本产专用摄像机对几条钻孔进行检测(图 5.12),为揭示充填钻孔磨损规律提供了可靠的监测信息。

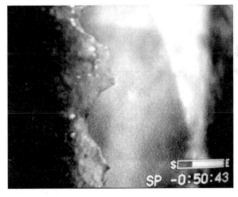

图 5.12 管壁磨损情况

日本产专用摄像机技术规格:摄枪 CCD、探摄头 $F_{1.2}$、监视器 JEC、记录仪 JVC DR-AX638、变压器 HD95。图像清晰、效果良好。

对水平或倾斜充填管道磨损的检测可采用 CCH-12 型高灵敏度超声波测厚仪或金属探伤仪。充填工在井下手提测厚仪,靠近管道,慢慢行走,由此可测得管壁的厚度。在实际生产中,工人对易磨损的部位,可采用小铁锤沿管壁四周轻轻敲击。当管壁磨损很薄时(一般剩下 1mm 左右),管壁就发生下凹,此时说明此管道不可再用,需更换新管,以保证安全顺利充填。

采用专用摄像机可以检测充填钻孔的磨损程度。当发现钢管磨损严重后,目前还没有更有效的修复技术,仅发现采用类似小爆破原理修补套管内壁的方法。当钻孔内套管内壁磨损严重甚至掉块造成钻孔堵塞时,只能采用钻机将其钻开,也别无其他办法。

在生产实际中,当弯管内的料浆流向发生改变,必然导致管道磨损严重。为了继续使用管道,可采用近似等于该弯管的曲率半径的废弯管来焊补磨损处。一般来说,水平直管使用时间较长,一旦磨穿可焊补之,但大多数情况下不再修复。

在垂直充填钻孔下连续的弯管,要承受料浆加速流动的冲击力和料浆流向改变引起的法向摩擦力,导致弯管极易磨损。通常弯管修复不太现实。因为弯管处的管道有时 10 多分钟就磨穿,最好也不超过 72h。因此,在实际工程的应用中,大多将弯管埋入高标号的混凝土中,一旦弯管磨穿,高标号混凝土形成的圆形通道还能够通过料浆。实践证明,这是延长弯管寿命的有效措施之一。

二矿区井下现在共有 1600m、1350m、1250m、1200m、1150m、1100m 和 1000m 共 7 个工作平面,管线总长度超过 10000m,单套系统管线最长 2500m 左右。主系统管路均采用耐磨管连接。管道外径 $\phi133mm$,充填回风道内大多采用 $\phi108mm$ 普通钢管,全系统管线内径为 $\phi100\sim108mm$。

二矿区一期和二期工程设计的充填钻孔一般都存在管径小($\phi152\sim219mm$)、管壁薄($\delta=15\sim20mm$)、充填寿命短(5 万~25 万 m^3)等问题,对充填生产造成了严重影响。在近几年施工的充填钻孔中,对技术参数进行了重大改进。通过合理选择钻孔最佳施工位置、采用分段设计形式、选用大孔径耐磨套管以及提高钻孔的垂直度等技术措施,已将内衬 $\phi299mm$ 的 KTBCr28 型合金耐磨管作为矿山充填钻孔的设计推荐标准。该推荐标准的实施,大幅度延长了充填钻孔的使用寿命,单孔自流充填量从原来的 25 万 m^3 提高到 100 万 m^3 以上,由此获得了显著的经济效益。例如,金川二矿区在 A1 组钻孔的设计中,采用了新工艺施工,钻孔套管选用了 KTBCr28 型合金材料,单孔充填量已超过一期钻孔的 5 倍,目前仍处于良好的使用状态(表 5.6)。

表 5.6 新施工充填钻孔使用情况

钻孔名称	套管外径/mm	壁厚/mm	套管材质	钻孔号	钻孔标高/m	充填量/万 m^3	钻孔使用情况
A2 组	245	20	16Mn 耐磨管	1	1600/1350	105.2	现用于二期系统充填
				2	1600/1350	0.00	备用钻孔
				3	1600/1350	0.00	备用钻孔
				4	1600/1350	107.16	现用于一期Ⅳ系统充填
				5	1600/1350	110.5	现用于一期Ⅴ系统充填
				6	1600/1350	0.00	备用钻孔
D 组	146	20	普通钢管	1	1600/1500	44.82	报废
				2	1600/1500	53.37	报废
V 组	146	20	普通钢管	1	1500/1350	26.10	报废
				2	1500/1350	20.51	报废
				3	1500/1350	50.53	报废
A1 组	299	20	KTBCr28 型合金耐磨管	1	1577/1350	168.8	报废
				2	1577/1250	170.51	2005 年 6 月 24 日堵管 2008 年 3 月大修完毕
				3	1577/1250	136.82	2006 年 12 月 11 日堵管 2008 年 3 月大修完毕

5.7　充填管材的选择及使用效果

5.7.1　金川充填料浆输送特点

水力输送是将固体物料制成浆体或膏体,在重力或泵压的作用下输送。输送距离从几十米到数百公里不等。我国从 20 世纪 80 年代初开始试验研究固体颗粒和浆体的长距离管道输送技术,在 90 年代得到长足发展。管道输送规模越来越大,扬程越来越高,距离越来越远,已经成为一种新型的固体物料运输方式,使得固体物料的管道输送技术在工业上获得了广泛应用。

近 20 年来,我国浆体管道输送特别是高浓度料浆(或膏体)管道自流(或泵送)输送技术已达到了国际先进水平。随着短距离(矿山充填)与长距离浆体管道输送技术的发展,浆体管道水力输送理论也得到发展并日趋成熟。

近 20 年来,各大专院校和科研院所编著出版了一批矿山充填专著,结合矿山尾矿输送和充填工艺技术特点,都有专门重点论述管道水力输送的基本理论和计算方法,特别对高浓度浆体和膏体(结构流)管道输送理论具有新的发展。由于管道输送固体物料是一种效率高、成本低、占地少、无污染、不受地形、季节和气候影响的现代化运输方式,因此在我国的应用具有很大的发展空间。

金川是以生产镍铜钴和铂族金属为主的大型采选冶联合企业,浆体管道输送技术在矿山、选矿厂、湿法冶炼厂以及热电站得到广泛应用。输送的物料有尾矿、精矿、水泥浆、水泥砂浆、井下泥浆、铁渣、钴渣、粉煤灰浆等。输送浓度有低浓度、中等浓度、高浓度和特高浓度(膏体);输送距离从 200～13500m,各种管道总长 63km;管径 80～640mm;输送设备有从德国引进的 KOS2170 型、KSP140HDR 型全液压双缸活塞泵、国产的 2DYH～140/6 与 2YJB～120/25 油隔离泵和多种离心式渣浆泵;储存与处理设备有 100m 大型浓密机、10m×10.5m 大型搅拌槽、30m 水平带式真空过滤机等;管材有夹套铸石管、钢胶复合管、16Mn 耐磨管以及合金耐磨管等;管道敷设有明设和埋设;输送方式有重力自流和泵压力流。尤其是在井下矿山发展了高浓度管道自流输送和膏体泵压输送技术,创造了金川的充填技术和设计方法,并积累了丰富的工程经验,取得了良好的效果。

在进行大量的理论分析、试验研究和工程实践的基础上,逐步发展形成了新的充填理论和充填体力学学科。总结金川矿山充填料浆管道输送技术,可以归纳出以下几个特点:

(1)运输物料成分复杂。有单一物料输送,又有多种物料混合输送,还有掺入胶凝材料的胶结料浆输送。运输物料除分级尾砂或全尾砂外,还有河砂、海砂、冲积砂、风砂、棒磨砂、水泥、粉煤灰和冶炼炉渣等。

(2)充填骨料粒径变化大。水砂充填的骨料粒径 0～80mm,砂浆充填的骨料粒径 0～10mm,尾砂充填的骨料粒径 0～0.1mm。

(3)输送浓度差别大。一般水砂充填的质量分数 30%～50%,尾砂充填料的质量分数 60%～70%,高浓度料浆输送的质量分数 74%～78%,膏体输送的质量分数达到 75%～88%。

(4)输送距离长,相对高差大。尾砂供料管路长度通常在 5km 以内,最长不超过 20km,充填管路的高差从几百米到两三千米不等。

（5）井下充填绝大多数采用重力自流。

（6）浆体正常流动的持续时间短，间隙频繁。由于采矿方法的不同和作业工序上的差异，同一作业点在不同的时间内，待充填的采空区体积变化大，对充填量要求不统一，导致充填料管路浆体输送的时间短则 10～20min，长则 5～6h 甚至更长。

（7）充填管路经常带入空气。采用开路重力自流充填或膏体充填，当操作不当时，空气会进入管路，形成不稳定的和复杂的多相流。

（8）卸料点分散、多变。1 套管径为 $\phi100$～150mm 的充填系统，其生产能力为 80～140m³/h，服务于 1 个或几个采区，卸料点随时变化；

（9）充填管道难以下行全程满管输送，管道磨损严重。采用粗砂充填的垂直开路系统，充填钻孔上部和钻孔底部转向水平的弯曲部分易磨损。

5.7.2　耐磨管与普通管比较分析

自流充填棒磨砂充填料浆的特性和输送流速，对充填输送管道的磨损影响巨大。原采用 $\phi133$mm 和 $\phi103$mm 无缝钢管作为充填管，使用寿命仅为 20 万 m³ 左右。随着充填量的增大，管路磨损造成的不正常停车故障率也随之增加。通过长达 3 年多和选用不同耐磨管材进行对比试验后，水平管道最终选取钼铬双金属耐磨管和 $\phi133$mm 钢玉耐磨管（陶瓷）两种耐磨管。管道单节长度 3m，采用卡箍连接，能够满足二矿区自流充填输送的高流速、高压力和高磨损的特点。

从 2003 年起，二矿区对井下的管线实施标准化改造，将主充填系统所有普通钢管全部替换为耐磨管，并将充填回风道内的非标管统一尺寸，提高互换性，加快更换管线的速度，减少员工的劳动强度，也提高了充填系统的纯作业时间。现使用的耐磨管主要有 $\phi133$mm 钼铬双金属耐磨管和 $\phi133$mm 钢玉耐磨管（陶瓷）两种。从近年来的使用情况来看，弯管及钻孔底部承受冲击较大部位，采用钼铬双金属耐磨管效果最佳，目前井下弯管全部采用此管。各种管道的性能和效益见表 5.7。二矿区水平充填管道及井下卡箍连接如图 5.13 和图 5.14 所示。

表 5.7　耐磨管与普通钢管成本比较

名　　称	管壁厚/mm	耐磨层/mm	单位质量(kg/m)	单价/(元/t)	平均使用寿命/万 m³
钼铬双金属耐磨管	14	9	43	12500	≥120
钢玉耐磨管	11.5	6.5	37	12500	≥100
普通无缝钢管	5	0	13	6700	20

图 5.13　$\phi133$mm 双金属耐磨管

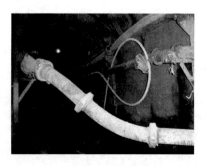

图 5.14　井下充填耐磨管卡箍连接

5.8　充填生产管理

搅拌站管理是为了保证生产正常运行,从而满足矿山充填系统生产能力不断增长的需求。同时根据充填任务指令和质量要求,对充填材料质量、物料配比、浆体制备及各类设备进行调控、计量、联络、检验进行全面管理,确保充填质量满足井下回采作业的安全要求。

5.8.1　地面充填站作业程序

1. 采场准备

质量检查人员对充填采场清底、采场钢筋敷设、充填管架设、充填挡墙砌筑等充填准备工作进行全面检查。检查合格后签发充填通知单,送交生产调度安排充填。充填通知单内容包括充填地点、进路规格、充填量、料浆配比及浓度要求等。

2. 设备检查与检修

每班充填前应对各充填设备及仪表进行检查和维护,对充填管路进行检查和更换。

3. 料浆制备

(1) 料浆制备前工作。先采用高压风对充填管路进行清洗检查,确保管路畅通及管路正确连接。采场见风后,电话通知充填控制室。控制室打铃通知各岗位人员即可开始充填。

(2) 开启搅拌槽。先向搅拌槽加水并供给水泥,以制备水泥灰浆(质量分数为40%～50%)。对充填管道进行润滑及引流,并时刻保持搅拌桶设定液位。下灰浆 3min 后即可加棒磨砂等集料,同时按要求调节灰砂配比。待系统运行参数稳定后,在工控机上设定各控制参数,随后将集料、水泥、水给料量、搅拌槽液位、充填料浆浓度及流量投入自动控制状态。15min 内,料浆质量分数可快速提升至 76%～78%。充填过程中,各给定量的波动状况由仪表控制系统进行自动调节。

(3) 采场充到预定的充填量后,由采场充填作业人员电话通知充填控制室操作人员停止充填。操作员按先停砂,再停水泥的顺序操作。然后根据充填地点的远近再下 5～6m³ 的水冲洗管路。搅拌桶放空后关闭底阀就可开启高压风,对充填管路进行清洗直至干净。

(4) 尾砂自流系统基本程序同上,只是在充填开车前须提前 10～20min,对尾砂仓的尾砂进行制浆,保持正常充填时尾砂浆浓度及流量的稳定。

4. 采场充填顺序

充填进路保证 3 次充完接顶。第 1 次为打底充填,灰砂比 1∶4,充填高度 2m;第 2 次为补口充填,充填高度 1.5～2m;第 3 次为接顶充填。补口及接顶充填的灰砂比均为 1∶4。每次充填结束后,待充填料浆有一定的固结收缩后,再将沉淀出的清水及时排出,为下一次充填做好准备。接顶充填时要加强对充填情况的观察。当充填料浆从挡墙顶部观察口溢出时,说明采场充填料浆已满,立即电话通知充填站停止充填。清洗水到采场口时,为保证充分接顶,可将采场口三通打开或将充填塑料管断开,避免管道冲洗水进入采场。

5.8.2 采场充填准备

在下向胶结充填中,采场准备工作是整个充填工艺中的重要组成部分,对提高充填体质量和保证充填作业的顺利实施,均起到举足轻重的作用。充填工艺及采矿方法的不同,采场准备工作也存在较大差异。二矿区在生产实践中,总结出一套较为完整的充填准备工作标准。

1. 采场清底

待充填进路的清底包括将进路内各种杂物、矿石、积水的清理,进路两帮底角及底板的耙平,并与同层底板标高不超过±200mm。清底的目的是为下一分层采矿时,提供安全平整的人工充填体顶板。因此,待充分层的底板即为下一回采分层的顶板。

2. 采场钢筋敷设

在矿山地压较大的下向胶结充填采矿中,为加强充填体的整体性,防止因充填体内离析分层导致充填体脱层冒落,在充填采场内敷设钢筋,增加充填体的整体稳定性。实践证明,采场敷设钢筋是十分必要的。特别是对于服务期较长、暴露面积较大的分层出矿道及进路交叉口处,其作用更为重要。

进路内钢筋敷设标准是:底筋采用 $\phi6mm$ 钢筋,按网度 40mm×400mm 进行编织。网点用多股 24# 铁丝帮扎牢固(大多采用 $\phi6mm$ 钢筋点焊好的成片底网),吊挂筋采用 $\phi8\sim10mm$ 的钢筋,以网度 1200mm×1200mm 和底网的纵横筋交叉处,采用弯钩管将钢筋端点弯曲成锁口钩,并锁紧上部和顶板锚杆或预埋件联结牢固,从而达到使底筋通过吊筋和上部充填体连成一体,增加进路充填体的稳定性。充填进路钢筋敷设工艺和参数如图 5.15 所示。

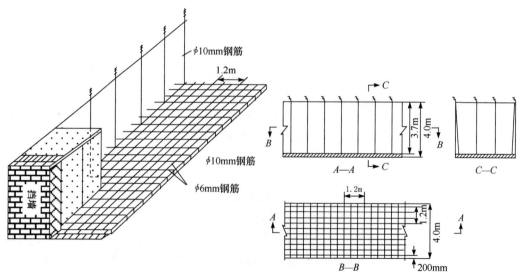

图 5.15 充填进路钢筋敷设示意图

龙首矿采用机械化分层倾斜六角形进路充填法采矿,首先将桁架底梁用于充填进路底筋的铺设。充填进路采用 $\phi150\sim200mm$、长 3.4m 坑木作底梁,底梁间距为 1.5m,两底梁中间放一根 $\phi8mm\times3m$ 钢筋做横筋,沿进路方向铺 4 根 $\phi8mm$ 钢筋作纵筋,底梁两端各套一个用 $\phi10mm$ 钢筋焊成的直径为 $\phi220mm$ 的吊环,作为吊挂之用。吊筋粗 $\phi10mm$,在进路两帮的吊筋上,按间距 1m 沿进路方向绑扎两根 $\phi6.5mm$ 的护帮钢筋。每条充填进路铺设的底梁和钢筋形成网状,并用钢筋吊挂在上一层底梁吊环上。该方法铺设效率高,可使该层充填体和上一层充填体连成一体,充填体整体质量得到提高。为节约木材,根据大断面巷道桁架支护经验,近年来采用 $\phi10mm$ 钢筋为骨干,构成三角形钢筋桁架底梁,效果良好(图 5.16)。

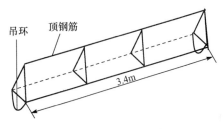

图 5.16　三角衍架示意图

3. 充填管架设

在主充填管路中,主要采用 $\phi133mm$ 耐磨钢管。一般充填巷道和充填小井至出矿分层道,选用 $\phi108mm$ 普通无缝锰钢管。作为一次性使用的充填进路中的充填管,采用价格低廉的 $\phi108mm$ 聚乙烯增强塑料管。充填进路中的管路架设,沿待充进路顶板平直铺设,并与锚杆或上层底筋牢固绑扎结实,管头位置应处在距掌子面 1/3～1/2 处。在长度超过 40m 的充填进路则要求架设两条充填管,以利于充填作业的安全及充填接顶(图 5.17)。

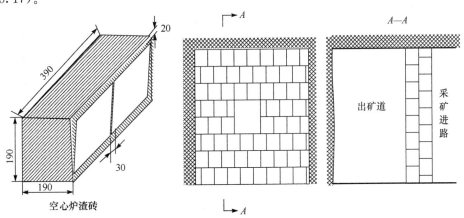

图 5.17　炉渣空心砖充填挡墙(单位:mm)

4. 外弧形充墙挡墙

由于金川镍矿矿岩破碎,在爆破作用下,采矿进路与出矿分层道交叉口呈现喇叭口形状,导致充填体顶板暴露面积大。在地应力较高和充填顶板服务期较长时,为提高充填体顶板稳定性,在交叉口处采用炉渣空心砖砌筑外弧形挡墙(图 5.18),能够有效地限制出矿分层道充填顶板的暴露面积,降低充填体片落的危险。实践证明,在严格挡墙砌筑标准,杜绝挡墙渗漏现象,一次充填高度不超过 2m 的高浓度料浆条件下,可以保证挡墙的坚固牢靠。

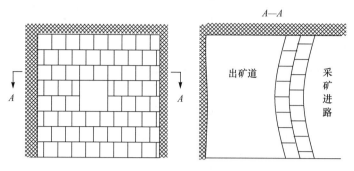

图 5.18 炉渣空心砖外弧形充填挡墙

5.8.3 充填管路的检查与清洗

利用压缩空气检查、清洗充填管路,这是自流输送充填工艺技术的一次革新,其主要作用表现在以下几个方面:

(1) 每次充填前,用压风检查管路是否畅通;

(2) 每次充填结束后,采用少量的水和高压风即可将充填管路清洗干净;

(3) 在充填堵管事故发生时,可用高压风处理充填管路。

与大量采用清水清洗充填管路相比,压缩风清洗技术的应用,避免用水检查充填管路,由此减少清洗充填管路用水量 60% 以上。该技术不仅节约用水,还可保证采场料浆的设计浓度,提高充填体质量,减少料浆脱水量及其造成的采场泥水污染环境。

1990 年,金川二矿区成功研制出用于检查清洗充填管路的"风力喷射器"。此后,又于 1999 年试验和成功应用了地表压风三通,使压风清洗管路技术获得进一步发展和完善。风力喷射器主要由单向逆止阀、喷射嘴及喷射底座 3 部分构成,风力喷射器的结构如图 5.19 所示。

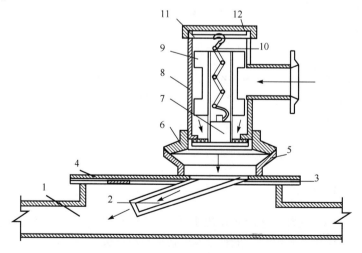

图 5.19 喷射结构示意图

1.喷射管;2.喷嘴;3.密闭垫;4.底件压板;5、6.快速连接法兰;
7.阀芯;8.阀体;9.阀筒;10.拉簧;11.挂筋;12.阀盖

　　生产实践证明,在地表充填水平管不低于搅拌桶 4m 的情况下,在正常充填时,因负压的作用,进风管不产生返浆堵塞现象。与喷射器相比,使用维护简单、费用低、风量大、效率高和操作方便。清洗和检查充填管道的压风装置,可由地表充填管道上的压风三通和井下充填管道上串接的压风喷射器组成(图 5.20)。在充填倍线值较小的充填管线上,也可单独使用地表压风三通,对整个充填管道进行检查清洗,即可获得非常好的效果。

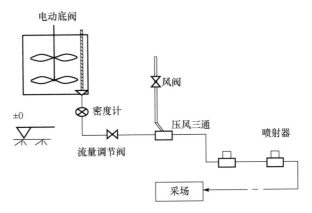

图 5.20　典型风力清洗管路示意图

　　(1) 压风装置的安装及风压。压风三通只要安装于地表水平充填管上,并在流量调节阀后,喷射器须串接于井下各中段水平充填管上,其间隔距离及串接数量可由实际情况确定。风源压力一般为 0.4~0.6MPa。

　　(2) 操作方法。根据风源情况及生产条件可单个操作,也可安装总风阀一次性操作。比较合理的操作顺序是,由最远端的喷射器至最近喷射器和压风三通依次开启,这样可有效避免钻孔下弯管在压风清洗管道时的堵塞。利用地表压风三通时,应使料浆完全通过压风三通后再关闭,关严搅拌桶底阀才可开启。

5.8.4　进路充填脱水

　　高浓度自流输送系统充填料浆浓度为 76%~79%,充入采场进路后仍需脱水。通过对金川二矿区二期自流系统实际运行过程中取样,获得的充填料浆制备参数及瓶装料浆沉降参数见表 5.8 和表 5.9。瓶装料浆沉降后自由水所占比例如图 5.21 所示。从表 5.8和表 5.9 可知,目前二矿区二期自流系统充填料浆浓度变化范围较大。浓度计显示的浓度为 71.77%~78.28%,平均 76.25%。瓶装料浆沉降后自由水所占比例(脱水率)为4.663%~20.38%,平均 10.924%。

表 5.8　充填料浆取样测试结果

编号	取样时间	二矿区自流充填系统运行参数瞬时值					
		棒磨砂/(t/h)	水泥/(t/h)	水/(t/h)	搅拌液位/m	浓度/%	料浆流量/(m³/h)
1	2010.7.29 12:50	140.14	40.09	13.76	1.49	75.08	—
2	2010.7.29 12:55	140.14	38.89	13.7	1.48	75.09	—

续表

编号	取样时间	二矿区自流充填系统运行参数瞬时值					
		棒磨砂/(t/h)	水泥/(t/h)	水/(t/h)	搅拌液位/m	浓度/%	料浆流量/(m³/h)
3	2010.7.29 17:00	138.74	44.97	12.44	1.5	71.77	—
4	2010.7.29 17:05	140.17	41.83	12.41	1.5	71.77	—
5	2010.7.30 17:00	140.21	41.97	20.1	1.5	77.59	—
6	2010.7.30 17:05	139.91	33.86	20.06	1.5	77.13	—
7	2010.7.31 10:00	140.15	47.38	25.32	1.5	76.85	—
8	2010.7.31 10:05	140.16	42.16	25.37	1.49	76.39	—
9	2010.7.31 13:00	140.15	43.16	29.18	1.5	78.28	—
10	2010.7.31 13:05	138.02	47.82	29.13	1.48	77.32	—
11	2010.8.2 13:00	138.69	37.94	27.66	1.39	77.35	—
12	2010.8.2 13:05	137.98	41.99	27.53	1.39	77.38	—
13	2010.8.2 15:00	137.29	42.92	25.89	1.4	76.89	—
14	2010.8.2 15:05	138.7	43.23	25.26	1.38	76.89	—
15	2010.8.2 16:00	140.12	45.07	25.14	1.41	76.89	—
16	2010.8.2 16:05	139.41	49.37	25.19	1.41	77.37	—

表5.9　二矿区自流系统充填料浆取样测试结果

编号	取样时间	取样瓶料参数测定						
		体积/cm³	净总重/g	净浆重/g	初始容重/(g/cm³)	沉后浓度/%	沉后容重/cm³	脱水率/%
1	2010.7.29 12:50	579	1114	1085	1.924	77.054	2.039	6.563
2	2010.7.29 12:55	579	1135	1113	1.960	76.551	2.064	5.354
3	2010.7.29 17:00	579	1146	1123	1.979	73.217	2.078	5.181
4	2010.7.29 17:05	579	1113	1094	1.922	72.996	2.014	4.663
5	2010.7.30 17:00	579	1084	1056	1.872	79.613	1.978	6.218
6	2010.7.30 17:05	579	1051	1015	1.815	79.818	1.931	7.599
7	2010.7.31 10:00	579	998	917	1.724	83.508	1.908	15.371
8	2010.7.31 10:05	579	1035	966	1.788	81.747	1.960	13.299
9	2010.7.31 13:00	579	996	904	1.720	86.091	1.925	17.271
10	2010.7.31 13:05	579	1044	990	1.803	81.462	1.950	10.708
11	2010.8.2 13:00	579	974	865	1.682	86.898	1.915	20.380
12	2010.8.2 13:05	579	1026	957	1.772	82.856	1.942	13.299
13	2010.8.2 15:00	579	1007	954	1.739	81.083	1.876	10.535
14	2010.8.2 15:05	579	991	918	1.712	82.887	1.883	14.162
15	2010.8.2 16:00	579	995	924	1.718	82.685	1.884	13.644
16	2010.8.2 16:05	579	1020	968	1.762	81.450	1.903	10.535

图 5.21　二矿自流系统料浆沉降后自由水所占比例

从系统运行所测试的参数及开关机程序可知,充填料浆充入采场后,脱水率超过
10%,加上引管水及洗管水的影响,充填料浆在采场进路中离析较严重。充填料浆在
进路中离析使分次充填的充填体之间产生明显的分界线,特别是当充填料浆脱水不能
及时排出而在进路中富集时,造成进路底部充填体与第二次充填体之间形成一层厚
300~800mm、强度低的泥浆层,这会严重影响充填体的整体性,给进路安全回采带来安
全隐患。

充填料浆在进路中离析造成的另一个问题是充填体坡积角大,充填接顶困难。通过
对二矿区 1150m 中段和 1000m 中段多个采矿盘区进路调查发现,无论是否添加尾砂,充
填料浆在进路中均存在离析现象。没有添加尾砂的充填料浆在进路中的坡积角达到
7°~11°,添加尾砂的充填料浆在进路中的坡积角为 2°~3°。充填体坡积角大,即使采用
多次接顶充填,但在充填进路超过 40m 的条件下,充填接顶十分困难,致使在大体积充填
体中存在未充满的空洞,这样充填体对矿体顶底板的支护作用减弱,从而给矿山地压管理
带来不利影响。

1. 脱水方案

为了解决以上问题,矿山开展了进路充填料浆脱水试验,研究建立采场进路充填滤水
技术规范。通过多方案比较及工业试验,最终采取的方案为:在待充填进路挡墙内侧,布
置 1~2 根直径 ϕ100mm、长 5000mm 的软式透水管。透水管上均匀钻凿 ϕ20mm 透水孔,
外包土工布,一端悬挂于进路顶板,另一端穿过充填挡墙而伸出挡墙外。充填作业时,将
充填管道接至进路最里端 8m 左右,使充填料浆自里向外流动,以防充填料浆堵塞透
水管。

实施该滤水方案后,进路脱水效果良好,如二矿区三工区Ⅳ盘区 25# 进路长度 46m,
进路中间没设挡墙,自里向外充填,透水管滤水量 2~4m³/h。充填结束后 30min 水全部
滤干,实测充填体坡积角仅为 0.62°。

2. 脱水处理与排放

进路充填所脱出的水不能直接向分层道排放,否则将影响分层道的正常使用。实际
生产中采取的措施是将挡墙外透水管接上 ϕ63mm 塑料管。当回采分层底板标高不低于
采准分段巷道底板标高时,透水管排出的水通过变径接头及 ϕ63mm 塑料管直接排放至
水仓。当回采分层底板标高低于采准分段巷道底板标高时,透水管排出的水通过变径接

头及 ϕ63mm 塑料管排放至缓冲水仓,再用泵排放至水仓。采场充填过程中料浆脱水如图 5.22 所示。

图 5.22　二矿下向进路充填挡墙外侧脱水管排水

5.8.5　充填堵管及处理

　　二矿区井下主充填管线有 4 条,其中 3 条为自流充填系统使用。主充填管道经过 1600m、1350m、1250m、1200m、1150m、1000m 共 6 个中段。各盘区的充填管线又经多层充填通风道及充填小井进入充填采场,管线总长度超过 1×10^4m。单套系统管线最长在 2500m 左右,最大落差 672m,具有充填管线长、倒口多、人员巡检困难和时间长等特点。一旦发生堵管事故,不但需要花费大量的人力进行及时处理,同时严重影响充填生产作业的正常进行。堵管事故处理不及时,致使充填料浆在管道中凝固,将导致充填管道报废,由此造成重大经济损失。所以预防堵管事故的发生,及时处理堵管事故一直是金川矿山充填技术攻关的重大课题。

　　1. 堵管事故原因分析

　　充填管道堵塞的根本原因是由于充填料浆在管道中流速低于临界流速,充填料浆在管道中离析而使粗颗粒在管道底部或局部富集,管道输送压力低于料浆流动阻力,从而使料浆流速进一步降低。流速降低又加剧充填料浆离析,最终导致充填料浆停止流动而发生堵管。

　　由于金川矿山主要充填方式为高浓度棒磨砂自流输送胶结充填,与国内外其他矿山采用全尾砂或其他细集料充填相比,棒磨砂颗粒较粗。虽制备料浆的输送浓度达到 76%~79%,但仍未达到料浆完全具备抗沉淀离析的浓度,料浆脱水率达到 3%~8%。一旦出现管道料浆流速过低时,很难避免堵管事故的发生。

　　根据金川矿山充填系统生产的实际状况,并结合国内外各种充填方式,分析影响充填系统堵管的 3 个主要因素:

　　1) 充填物料组成及浓度

　　充填物料组成及配比是基础,浓度是关键。充填物料的选择必须根据矿山内外部条件以及采矿方法对充填体的质量要求,通过试验研究确定。充填物料组成及配比确定后,决定充填料浆能否顺利自流输送的主要影响因素有:物料粒级组成、充填料浆浓度和充填管网布置参数等。当充填物料(包括水泥及其他胶结剂)中$-20\mu m$的极细颗粒质量比例达到$15\%\sim20\%$、料浆坍落度为$25\sim27cm$、料浆脱水率小于3%左右时,充填料浆具有一定的抵抗沉淀离析能力,因此,在管道输送过程及采场流动中呈现结构流性态。在管道输送过程中,极细颗粒趋向于管壁而形成润滑层,即使在流速下降甚至停止流动时,短时间内也不会出现粗颗粒沉淀离析。也就是说,在充填物料组成满足结构流或膏体充填配比的要求时,充填料浆浓度越高,堵管的可能性也就越小,这已为国内外众多矿山的生产实践所证实。充填料浆浓度越高,浆体初始剪切应力τ_0、黏性系数η也就越大,因此管道输送的阻力也就越大。在充填管网参数一定时(如管径、材质、充填倍线等),料浆流速及流量将随之降低。所以,在充填物料组成及充填管网布置参数一定的条件下,充填料浆浓度与流量存在一定的自平衡关系。

对于金川高浓度棒磨砂自流充填系统,充填料浆浓度为$76\%\sim79\%$,浆体仍不具备抵抗沉淀离析的能力,特别是料浆浓度低于77%时,一旦出现管道内流速低于临界流速时,料浆中棒磨砂等粗颗粒沉淀离析就导致堵管事故发生。

2) 充填料浆的稳定性

充填物料各组分的稳定均匀给料、充填料浆的充分搅拌、进入管道的充填料浆浓度及流量的连续稳定,是确保充填料浆顺利自流输送、避免堵管事故的另一个重要因素。在充填系统运行的过程中,充填物料中任何组分给料量的波动,都将使充填料浆输送性能发生变化。特别当发生停电、停水、设备故障、仪表误差过大甚至失效、井下管道爆裂等非正常停车的极端情况下,进入充填管网中的料浆浓度及流量均将发生剧烈变化。这些原因致使充填料浆浓度过低、流量变小,极易产生充填料浆在管内沉淀离析,从而导致堵管事故发生。

3) 充填管网布置参数及质量

优化充填管网布置参数,选择耐磨性能优越,连接更换便利的充填管材,使料浆流量及管内输送速度在合理的工况下运行,也是实现充填作业正常顺利进行、防止堵管事故的重要因素之一。特别是金川采用棒磨砂等粗骨料充填,充填料浆对管道磨损较为严重的条件下更为显著。充填钻孔的塌孔、充填管道的磨穿、爆裂、接头漏浆、连接方式不当、变径过急、弯头曲率半径过小、耐压等级过低、出现反坡、过多折返、管内存留或混入杂物和充填结束管道清洗不净等不利因素,都是引起充填料浆输送不顺甚至堵管的原因。

2. 堵管事故处理方法

充填堵管后一般应在$6\sim8h$内处理完毕,否则,含有水泥的充填料浆在管道内凝结造成管道报废,严重危及充填系统。堵管处理必须首先保证人员安全,由于充填料浆自重作用,管道中的压力较大,特别是钻孔底部。因此,必须自上而下逐段将充填钻孔顶底部接头卸开,尽快将充填钻孔疏通。一旦堵管处理不当,导致充填钻孔报废将造成巨大的经济损失。当卸开充填钻孔顶底部接头并采用水、压气冲洗等措施仍无法疏通充填钻孔时,可在钻孔底部架设地质钻机对钻孔进行扫孔。钻孔底部架设钻机困难时,则在钻孔上部架设钻机自上而下钻进,使钻孔得到恢复。水平管道堵塞不严重时,可采用高压水或压风,按照 30～50m 或更长的距离进行分段清洗;当堵塞严重或充填料浆已在管内凝结时,必须将管道逐节拆开,逐节清理。料浆凝结强度较高时需钻机清扫。

二矿区经过几十年的充填法开采,井下单套系统管线平均长度达到 2500m 左右,涉及 7 个中段。充填系统发生堵管,要在 6～8h 完成堵管的处理难度极大。传统的堵管处理方法是利用地表与井下高度差形成的水压,再通过管路上的三通进行逐段处理。

针对这一现状,工程技术人员根据井下现场实际情况,利用经过充填管道铺设沿线的井下生产、返修的水管,采用 φ108mm 塑料管的一端与井下供水管路连接,另一端加工成带 φ133mm 卡盘的短接,直接与充填管路实现对接。再将水阀门设置在作业人员方便开启的地方,形成井下处理堵管的自备水系统。现场作业人员根据需要,随意控制水量,不受通信系统限制,这一处理技术已经在矿山应用。通过几次堵管事故的处理,成效非常明显。与传统方法相比,该处理方法具有以下 3 个优点。

1) 提高堵管处理效率,为事故处理赢得时间

传统方法是从 1600m 中段开始逐个中段处理,上一个中段未处理开,后一个中段的作业人员只能被动等待。而新方法是井下每个中段的作业人员可以同时作业,极大地提高了工作效率,为堵管处理赢得了时间。

2) 实现用水量的随意控制,不受通信系统影响

传统方法是每打开一个三通都需要通过控制室联系下水。由于管路长,沿程压力损失大,不仅耗水量大,浪费水严重,而且因通信设备受潮无法正常联络,影响管路处理。新方法是每个中段作业人员根据堵管情况自己控制用水量。由于供水管路短,压力损失小,从而提高了处理效率,同时还节约了大量新水。

3) 降低井下作业人员的劳动强度

传统方法处理堵管因供水管路长,沿程压力损失大,每隔 10m 左右就要打开一个三通,既浪费水,效率也低。新方法由于供水管路较短,压力损失小,每次处理 30～50m 管线,降低了作业人员的劳动强度。

3. 预防堵管事故的措施

1) 优化充填料组成,减少充填料浆离析

为了满足下向进路充填采矿法对充填体强度的要求,采用棒磨砂、戈壁砂、破碎废石等作为充填集料是必然的选择。这些集料较尾砂等细集料相比,达到结构流或膏体浓度时更易于产生离析,堵管处理更为困难。由于充填料浆离析及堵管与充填料浆制备输送浓度及流量密切相关,所以优化充填料组成,提高充填料浆的保水性能,避免充填料浆离析,是实现充填系统正常工作,控制料浆浓度,减少堵管事故的关键技术。

充填料组成优化主要是使充填料粒级组成更为合理,从而使 $-20\mu m$ 的细颗粒含量(包括水泥及其他胶结剂)满足结构流或膏体充填料配比要求。充填料易于搅拌均匀,充填料浆保水性能好,浆体具备抵抗沉淀离析能力,实现顺利自流输送,并且充填体强度满足采矿作业要求。

实现该目的的主要途径有添加减水剂、发泡剂、活性微粉等手段。

（1）减水剂。减水剂能对充填料浆中水泥及其他细物料产生强烈的分散作用。在相同浓度的条件下,大幅度提高充填料浆的流动性和坍落度,或在相同流动性和坍落度条件下,提高充填料浆浓度,减少充填料浆脱水,提高充填体强度。金川矿山通过多次试验研究,确定了添加 0.5%～1.5%高效减水剂,能减水 15%～25%,提高强度 20%～50%。在保持水灰比不变的条件下,能使充填料浆坍落度增加 50～100mm。

（2）发泡剂。添加发泡剂可使充填料浆中水的表面张力降低,搅拌过程中在充填料浆中形成直径为 20～1000μm 的封闭气泡。水的表面张力越低,气泡直径越小。发泡剂的添加可以改善充填料浆的和易性,减少充填料浆的离析与脱水。金川三矿区试验结果显示,当减水剂添加量为 6.9kg/m³,发泡剂添加量为 0.13L/m³ 时,充填料浆浓度达到85%,充填体气泡含有率达到 25%。灰砂比为 1∶4 时,充填试块 28 天的抗压强度达到 5.12MPa。

（3）活性微粉。具有火山灰性质、能与水泥一起或在添加激化剂后能生成胶凝性水化产物的细粒级物料称为活性微粉。多种工业生产副产品或废料均具有火山灰性质,如高炉炼铁水淬渣（又称矿渣）、钢渣、粉煤灰、赤泥（氧化铝生产废料）等。将这些物料粉磨至水泥细度或更细后添加至充填料浆中,一方面可增加－20μm 的极细颗粒含量,提高充填料浆的保水性能,减少充填料浆脱水;另一方面还可与水泥一道发生水化反应,从而提高充填体强度,降低充填成本。

上述关键技术的开发和应用,可以制备出高浓度不脱水的充填料浆。由于充填料浆具有不离析和不堵管特性,能够从根本上解决充填堵管技术难题。

高浓度不脱水的充填料浆的另一优点,还能够在进路充填中具有良好的流平性,使得进路充填体坡积角更小,有利于进路的充填接顶。

2）实现充填系统正常运行,减少非正常停车

严格按充填站操作程序及规程进行操作,实现充填系统在设定的工况下稳定运行,避免充填作业过程中的非正常停车。这是减少堵管事故、实现充填料浆顺利输送的主要措施。这要求充填系统各工艺设备、检测调节仪表及计算机系统、井下充填钻孔及管网始终处于完好状态,各物料给料量连续稳定、计量准确;同时在生产组织管理上做到人员配备齐全,责任明确,协调有力。

5.9　井下排泥排水

高浓度料浆管道自流输送胶结充填工艺存在两大缺点:一是充填成本高,二是给井下采场造成泥水污染。为了减少坑道污染,确保安全生产,必须有良好的排泥排水设施。

5.9.1　排泥系统

二矿区矿山井深超过 600m,原设计的排泥系统采用排泥罐将水仓底部的沉淀细泥扬到储泥库;然后用水仓排出的清水经过储泥库将细泥带走（图 5.23）。

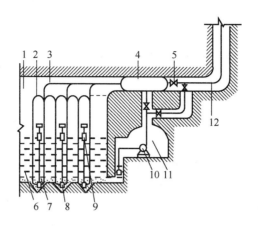

图 5.23　金川二矿区原设计排泥系统示意图
1.水仓；2.压缩空气供风管；3.排泥管；4.储泥库；5.闸门；6.清水；7.沉淀泥砂；8.排泥罐；
9.排泥罐盖的开闭气缸；10.高压清水泵；11.水泵房；12.总排水管

设计的排泥系统在建成后的试车过程中,由于高压清水压力大(9MPa),当清水进入排泥库时,排泥库周围的围岩连续发出响声,潜在岩石破裂发生重大事故,从而系统被迫停止使用。由于排泥设施不能运行,只得采用人工装车运到地表排卸的方法进行清理。

5.9.2　排泥系统革新与改造

1. 采场排水

充填前在充填挡墙外砌筑高 1.5m 的挡水墙,其溢流和滤出的充填废水由水泵抽至集水坑。每个生产盘区建立集水坑,集水坑内嵌无底集水钢结构衬板,衬板四周间隙用碎石填实。衬板用 6mm 的钢板进行无缝焊制,钢衬板内侧用两根 $\phi 30mm$ 的圆钢进行加固。集水坑中的污水用水泵排至分段道排污管直至矿山排水排泥硐室。

2. 矿山集中排水排泥

革新与改造后的排泥系统是在原有排泥系统基础上进行的较大修改。在水仓、排泥仓、储泥库、高压清水泵、总排水管维持不变的基础上,另外开凿井下排泥硐室,安装真空吸泥泵、排泥罐及两台 KOS2140 泵。该泵由德国 PM 公司生产,为双活塞泵,出口泵压 13MPa,流量为 30m³/h,改进后的排泥系统如图 5.24 和图 5.25 所示。

水仓使用一段时间后在底部沉淀一厚层细泥砂。当沉淀较多影响污水储存需要清理时,首先用真空泵将水仓中的泥浆吸入储泥罐,然后打开压缩空气风源的闸门。压缩空气由供风管进入到储泥罐,将泥浆经过排泥管道送入储泥库。当储泥库储满泥浆后开动 KOS2140 泵加压,将泥浆压入高压排水总管,随同清水一起扬至地表。

改造后的排泥系统于 1992 年投入运行,开始运转一直正常,但 PM 泵的双孔板和管路中的止回阀经常损坏。根据德国 PM 公司建议,将泵出口的"S"阀改装成盘阀,以适应带砂细泥浆的磨损,防止泥浆回流反冲磨损双孔板。国外经验说明,采用 KOS 双活塞泵进行深井坑内矿山排泥是可行的。

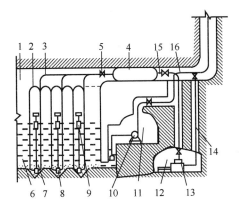

图 5.24 金川二矿区革新后的排泥系统示意图

1.水仓；2.压缩空气供风管；3.排泥管；4.储泥库；5.闸门；6.清水；7.沉淀泥砂；8.排泥罐；
9.排泥罐盖的开闭气缸；10.高压清水泵；11.水泵房；12.硐室；13.KOS2140 双活塞泵；
14.双活塞泵排泥管；15.双活塞喂泥管；16.总排水管

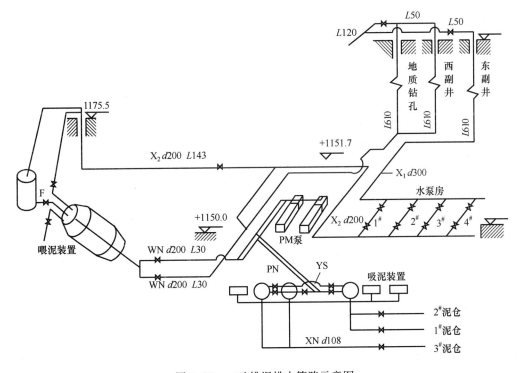

图 5.25 二矿排泥排水管路示意图

X₁.排水管；X₂.高压水管；PN.排泥管；XN.吸泥管；WN.喂泥管；
YS.高压风管；▷◁.阀门；d.公称直径(mm)；L.地段管道长度(m)

3. 二矿区排水排泥系统设计优化

1) 排水排泥系统概况

(1) 1150m 中段系统。1150m 中段排水排泥系统由东、西部两个排污系统构成。东部Ⅰ～Ⅲ盘区的泥水通过排污钻孔(1178～1150m水平)排到1150m水平的1#、2#中转水仓；西部Ⅳ～Ⅵ盘区的泥水通过排污钻孔(1198～1150m水平)排到1150m水平的7#、8#中转水仓后，再倒仓至1150m水平的1#、2#中转水仓。然后由中转水仓集中排放至西副井井底中心水仓，从1150m中心水仓排至地表。

(2)1000m中段系统。1000m排水排泥系统是二矿区井下最大的中央排污系统，承担1000m中段的生产污水及部分850m工程污水集中排出任务。1000m中段东、西部各盘区的泥水通过东、西两翼的4条排污钻孔，分别排至1000m中段的东、西部中转水仓后，再排到1000m水平中心水仓。从1000m中心水仓通过两条排污钻孔排至地表；931m水平水仓的水通过1150～941m管缆井排到1150m水平的1#、2#中转水仓，然后由1150m水平中心水仓排到地表。

(3)850m中段系统。850m中段的泥水通过排污管线，经过978m废石倒运系统、978～1000m行人通风小井、1000m平面到1000m中心水仓。

2)排水排泥系统存在的问题

(1)近年来1200m副中段泥水较多，平均泥水量达25m³/d。不仅污染巷道，而且给1200m副中段开展返修、充填和通风等的各项工作带来极大困难。

(2)承担1150m中段西部盘区泥水中转作用的7#、8#水仓，1150m水平西部的7#、8#水仓与1158m分段西部工程存在立体交叉，使工程严重变形开裂，已不能承担1150m中段西部盘区污水、污泥的中转排放作用，严重影响1150m中段污水和污泥的排放。

(3)二矿区目前生产的最低水平的931m水仓，承担皮带道、1000m以下主斜坡道等地段泥水的全部排放任务。然而，941～1150m水平管缆井变形破坏十分严重，井内排污管路无法维护(现已使用备用管线)，一旦井筒出现问题，931m水仓的水将无法处理；另外931m水仓的水排到地表中转环节多，泥水不能混排。

(4)1000m水仓现有的沉淀方式占用水仓的有效容积，造成泥浆直流进入配水仓和吸水小井，使多级清水泵不能完全在正常的工况下运行；水仓内沉淀的泥浆极易分层板结，导致真空泵抽吸困难；喂泥仓在喂泥过程中经常出现堵塞，清泥效率低下。

3)排水排泥系统技术改造的必要性

(1)1200m副中段泥水较多，平均泥水量达到25m³/d，亟待解决污水、污泥的排放方式，以减少对巷道的污染，降低1200m副中段的返修、充填和通风等的工作难度。

(2)1150m水平西部的7#、8#水仓与1158m分段西部工程存在严重的立体交叉，导致工程严重开裂变形，已不能承担1150m中段西部盘区污水、污泥的中转排放，迫切需要研究1150m中段西部盘区泥水排放问题，从而降低井下环境污染问题。

(3)由于941～1150m水平的管缆井变形破坏十分严重，一旦井筒出现问题，931m水仓的水将无法处理，使工程面临较大的运行风险，直接威胁1#、2#皮带系统设备安全，也需要开展研究加以解决，以降低井筒运行风险，最终实现泥水不能混排。

（4）泥浆清理工作仍以人工清理为主，难以实现全过程连续机械化作业进行泥浆清理，这势必会造成井下大面积环境污染和淹没巷道的危险。

（5）随着集中处理泥水量的逐步增加，1000m 排水排泥系统面临紧张局面。如果不采用高效的沉淀方式，泥水不能及时分离，无法实现"以水带泥"工艺，导致 1000m 中央排污系统无法正常运行。

4）排水排泥系统优化内容

（1）针对 1200m 副中段泥水较多的状况，研究污水、污泥的排放方式及解决办法，并提出解决对策；

（2）研究 1150m 中段西部盘区泥水排放问题，提出解决措施，从而降低井下环境污染，实现 1150m 中段西部盘区污水、污泥的中转和排放；

（3）研究 931m 水仓排水面临的运行风险，提出解决方案，降低 1#、2# 皮带系统的危害；

（4）探索二矿区泥浆清理及管理方式，提出泥浆清理全过程连续机械化的泥浆清理方案；

（5）预计集中处理泥水的最大量，提出高效沉淀方式，实现泥和水及时分离，彻底实现"以水带泥"工艺，确保 1000m 中央排污系统正常运行。

4. 排水排泥系统优化设计

1）1200m 副中段排水排泥系统优化设计

（1）存在问题与原因分析。1200m 副中段西至 2 行风井，东至 24 行，全线长 1200 余米，为 1150m 中段的充填回风副中段。原设计没有考虑污水排放问题，无完整的排水排泥系统。随着二矿区生产任务的日益加大，充填量不断增加，清洗充填管道等正常处理次数不断上升，导致 1200m 副中段泥水较多，平均泥水量达到 25m³/d，致使泥水不能及时排出，造成巷道污染严重。若不进行技术改造，有可能发生淹井事故。

（2）污水排放方式研究。1200m 充填回风副中段污水排放，是沿用二矿区目前的污水、污泥排放方式还是探索其他排放方式，曾经一度困扰金川镍矿。结合 1200m 副中段的实际泥水量，最后确定采用"以水带泥"的排污方式。

考虑 1200m 充填回风副中段污水主要集中于 9～21 行及 Ⅶ 充填钻孔联络道中，决定在 18 行沿脉道内沿老坑道方向新建 1 个水仓，水仓硐室与老坑道贯通。并开挖 1 条水沟。水沟一端与水仓连接，另一端西至 9 行，东至 21 行。同时从 1200m 副中段老坑道口至钻孔联络道挖 1 条水沟与沿脉道水沟连通，沿脉道的污水通过水沟流入水仓。污水经沉淀后，清水通过水泵和排污管沿老坑道排至主斜坡道，流入 1150m 中央水仓。水池上部加盖木板防止人员坠入；同时也可作为充填工的休息硐室。以水带泥的排污系统如图 5.26 所示。

（3）实施方案。1200m 副中段新建排污系统改造总工程量为 777m/366m³，支护量 64m³。2007 年 11 月 22 日完成的设计如图 5.27 所示，实施方案如下面两点。

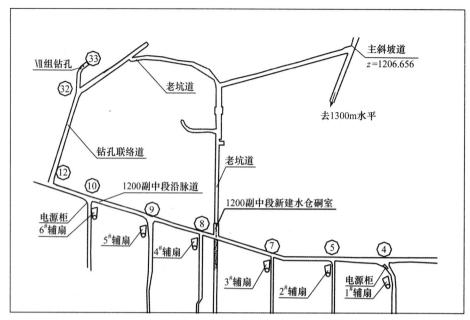

图 5.26　1200m 副中段新建排污系统布置图

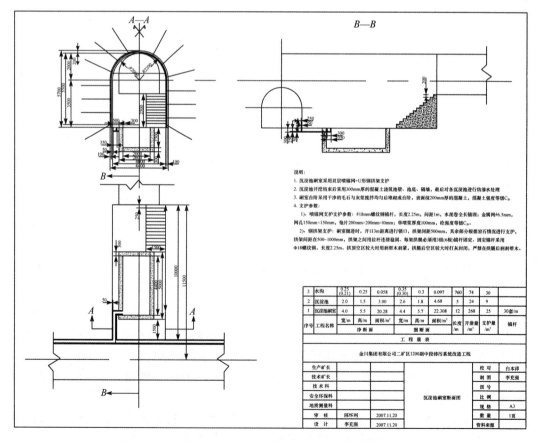

图 5.27　1200m 副中段排污系统改造沉淀池及硐室断面图

① 新建水仓硐室与老坑道底板高差为 2.5m。为了与老坑道准确贯通,沿老坑道中心方向掘进净断面规格(宽×高)为 4.0m×5.5m 的硐室,长度 12m,采用全断面双层喷锚网＋U 形钢拱架支护。掘进产生的毛石堆填到老坑道对面坑道内,堆填后用板墙封闭。水仓开挖后采用 300mm 厚的混凝土浇筑池壁、池底、隔墙,并在水池上部加盖 30mm 厚木板。混凝土强度等级为 C30,最后对沉淀池进行防渗处理。硐室与老坑道底板高差位置设计行人台阶,便于人员行走,台阶采用干净的毛石与灰浆搅拌均匀后的混凝土堆砌而成。台阶表面抹 200mm 厚的混凝土,混凝土强度等级为 C20。

② 9～21 行沿脉道左侧开挖 1 条水沟。1200m 副中段老坑道左侧开挖 1 条长 760m 的水沟延伸至钻孔联络道与沿脉道水沟连通。开挖时须预留 0.3% 的坡度与水仓连接。开挖后沟底、沟壁抹 50mm 厚的混凝土,混凝土强度等级为 C20。

2)1150m 中段 7#、8# 水仓改造

(1)7#、8# 水仓改造必要性。1150m 中段排水排泥系统由东西部两个排污系统构成,7#、8# 水仓承担 1150m 中段西部盘区泥水中转任务。由于该水仓现所处位置与 1150m 分段西部工程立体交叉,在垂直方向的距离非常近(图 5.28),且处于破碎围岩中。因此 1158m 分段工程施工导致水仓顶底板的支护体开裂变形严重。加上Ⅶ盘区溜井联络道的开口施工,造成 7#、8# 水仓开裂变形更加严重,水仓严重渗水,使工程失去作用,直接影响 1150m 中段污水、污泥的排放。

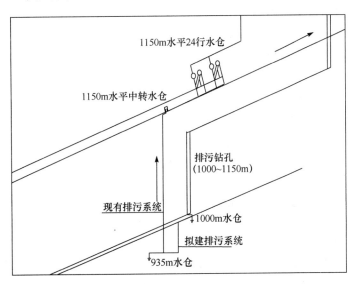

图 5.28 931m 水仓排污立体示意图

(2)工程优化设计研究。针对 7#、8# 水仓存在的问题,决定重新设计新水仓,替代 7#、8# 水仓,以解决 1150m 中段西部污水排放的中转问题。

通过现场调查和综合分析,决定于 1150m 水平上盘运输道 6#～7# 岔口处新建 1 个新的水仓。水仓的总工程量为 146.721m/1560.540m³,支护量 529.520m³,采用双层喷锚网＋双筋砼支护,要求水仓墙部进行整体浇注,防止渗漏。2007 年 7 月完成工程的初步设计,并提交金川镍钴研究院矿山分院审核;2007 年 8 月底矿山工程分公司开工建设。

3）931m 水仓排污钻孔技术改造

（1）改造的必要性。931m 水泵站是二矿区排污系统的 1 个组成部分，承担 1000m 水平部分运输道、1000m 以下主斜坡道、皮带道、978m 废石倒运系统等巷道污水排放，并承担 850m 中段开采工程中的主斜坡道延伸、978m 分段采准工程等掘进施工中的污水排放。

目前污水排放情况是污水在 931m 水仓沉淀后，由 931m 水泵站经过 941～1150m 管缆井的排污管路，排至 1150m 水平中转水仓，再经 1150m 水平巷道内的排污管路，排到 1150m 水平 24 行 1#、2# 水仓。水仓内沉淀的泥，由人工进行清理。931m 水仓的排污管路，自 1995 年投入使用以来，没有进行整体更换和防腐处理。排污管长期在井下潮湿环境中使用锈蚀严重，导致排污管道已多处破损报废，不得不启用井内备用管道进行排污，管缆井中已无备用管道。由于管缆井投入使用以来，变形严重，原支护体开裂，一旦管缆井中排污管道出现故障，则无法进行排污管路的更换，将使 931m 水泵站排污工作无法正常进行，将面临巷道被污水淹没的危险，进一步造成风机、皮带无法正常运行。

931m 水平水仓是目前二矿区生产的最低水平，皮带道、1000m 以下的主斜坡道等地段产生的污水只能由 931m 水平水仓进行处理，使用年限较长。

931～1150m 水平的管缆井变形破坏十分严重，井内排污管路无法维护。一旦目前使用的排污管路发生问题，对生产、基建工程影响十分严重。将 931m 水仓的污水排到 1000m 水仓，可以实现集中排污，也方便管路的维护。

总之，为了保证 935m 水泵站排污、1# 皮带、TB11 风机站的正常运行，管缆井中排污管道在意外损坏且无法及时修复的情况下，能尽快恢复排污工作，急需对 931m 水仓排污进行改造。

（2）改造方案。鉴于钻孔排污在二矿区的成功应用，利用钻孔处理 931m 水仓的污水完全可能，为此，通过分析研究，决定将 931m 水仓排污排水管路通过钻孔，直接将泥水排到 1000m 水仓，不再排到 1150m 水平。同时采用飞力泵实现泥水混排，最终实现"以水带泥"的矿山排污工艺，解决 931m 水仓泥水不能混排的问题，减少 931m 水仓的清泥费用，减少倒仓次数。

（3）实施方案。为降低 931m 水仓排水存在的风险，以减小对 1#、2# 皮带系统设备的影响，设计从 1000m 水平打 3 条钻孔至 931m 水平，将 931m 水仓泥水通过钻孔排到 1000m 水仓，再直接排至地表（图 5.29）。主要工程量如下：①排污钻孔 3 条，每条钻孔长 70m；②1000m 水平钻孔联络道长 42m，净断面 3m×3m，钻孔硐室长 7m，净断面 4m×5m，支护为双层喷锚网+锚注支护；③931m 水平钻孔硐室的净断面 3m×3m，支护为双层喷锚网+锚杆支护；④管路安装 800m，管支架与锚杆采用焊接方式连接，排污管与支架采用管卡连接，管支架间距为 4m。

4）1000m 水平水仓改造

（1）1000m 水平水仓现状及能力分析。1000m 中段的生产污水、充填污水通过排污钻孔排到 1000m 东部和西部两个中转水仓，再由东西部水仓排到 1000m 中央水仓。巷道污水由返修工区各集水坑排到 1000m 中央水仓。850m 工程污水通过排水管道排到 1000m 中央水仓。污水集中后，经 1000m 中央水仓沉淀池将污水分离成清水和泥浆，再利用多级清水泵的高扬程,将注入排泥管道的泥浆带到 18 行地表(1800m 水平),实现以水带泥一次排往地表的工艺。

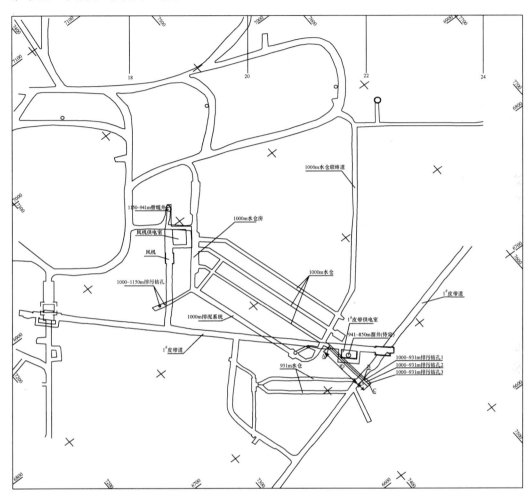

图 5.29　931m 水仓改造钻孔示意图

二矿区在多年的深井排水排泥工作实践中,探索了"以水带泥"的深井矿山排污工艺,并成功地应用于 1150m 排水排泥系统,并在 1000m 建造了"以水带泥"排水排泥系统。

(2) 1000m 水平水仓排污能力分析。1000m 排水排泥系统设有 3 个主水仓。每个水仓长约 110m,容积约 600m³/仓。3 个水仓并列,相互备用和切换使用。其中,喂泥仓 32m³,排泥装置 8m³/个。日均排水量为 2600m³,每小时来水量为 108m³。根据现有数据,每天来水中带来的干泥量约为 42m³,以 50% 的体积分数计算,1000m 排泥系统每天需排泥浆 84m³。

随着集中处理的泥水量逐步增加,931m 水仓的泥水排到 1000m 中央水仓集中处理后,1000m 排水排泥系统的日均排水量将达到 3600m³。因此,根据目前的能力分析,如果不实现"以水带泥"工艺,1000m 中央排污系统将面临极大困难。

（3）技术改造必要性。调查发现,二矿区目前最大排污系统 1000m 中央排污系统的泥浆集中处理,40％是通过"以水带泥"工艺排到地表,60％通过人工运搬。如果不实现全过程连续机械化作业清理泥浆,可能造成井下大面积环境污染,并存在淹没巷道的危险。

现有沉淀泥仓的吸泥工序是通过半机械化作业方式进行的。人力操作要进行破碎泥块、拆装木板隔墙、接管、背运大块等重体力劳动。不仅效率低,而且劳动强度大。由于此道工序没有实现机械化作业,因此是影响机械化排泥比例提高的重要原因之一。

随着 935m 水仓的泥水排到 1000m 中央水仓集中处理,集中处理泥水量逐步增加。1000m 排水排泥系统的日均排水量将达到 3600m³。如果不采用高效的沉淀方式,泥水不能及时分离,则无法实现"以水带泥"工艺,1000m 中央排污系统也就无法正常运行。

（4）技术改造方案。通过分析研究二矿区泥浆清理及管理方式,提出了泥浆清理全过程连续机械化的泥浆清理方案,提出了高效沉淀方式,为实现泥和水及时分离、彻底实现"以水带泥"工艺奠定基础。2007 年 10 月完成初步设计并提交镍钴研究院矿山分院审核,2007 年 11 月核准实施,具体方案如下:

a. 1000m 水仓改造工艺技术方案。根据现场条件和工艺要求,在主水仓对面开拓 1个巷道,巷道内设置斜板沉淀池 4 个,35m³/个,沉淀池内加装斜板,使污水中的固体物高效沉降。

重载泥浆泵（自带搅拌功能）通过带有电动起吊装置的吊链,直接悬吊于每个沉淀池上部。需要清理沉淀泥浆时,将泵落下并启动,泵会通过自带的搅拌头进行搅拌,直接将沉淀泥浆泵送至喂泥仓。

根据现场情况沉淀池尺寸设计（长×宽×深）为 7m×3m×2m,底部平面宽 1m,底面有斜坡（45°）,结构设计如图 5.30 和图 5.31 所示。

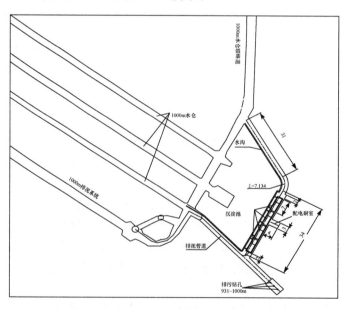

图 5.30　1000m 水仓改造平面设计图（单位:mm）

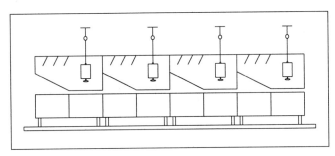

图 5.31　沉淀池结构示意图

　　4 个沉淀池按顺序布置,每个沉淀池首端设有进水口,尾端设有溢水口。进出水口用挡板控制开启状态。沿沉淀池的平行方向,在巷道一侧设置配水渠道,配水渠首端承接集中来水,并通过 8 个侧支管与 4 个沉淀池进出水口连接。配水渠在每个沉淀池进出水口之间设有挡板,4 个沉淀池串联运行。最初 1# 沉淀池进水口挡板开启,配水渠挡板在 1# 池进水口下部堵上,使来水全部流入 1# 沉淀池。流满后,水经过溢流口流到下一级沉淀池进口。这样成"弓"字形一级一级串联流过 4 个沉淀池,需要清理其中 1 个水仓沉淀时,将这个水仓从流程中切换出来。

　　b. 设备选型。重载泥浆泵的选型为 HS5150MT431,70kW(自带搅拌功能)4 台,泵送介质浓度 50%～70%,流量为 80～100m³/h,静扬程 20m,管路长度 130m,管路损失 15～18m,总扬程为 35～38m。

　　c. 排泥管道选型。直径为 ϕ108mm 的超高分子量聚乙烯(UHMW-PE)管,长度 160m。

　　d. 工程量。包括沉淀池措施巷道掘进量 80m;斜板沉淀池 35m³/个×4 个=140m³。排泥管道敷设 160m,电缆敷设 400m(电缆型号为 VV22-1kV/(3×120+1×70))。

　　(5) 技术成果。针对 1200m 副中段无完整的排污系统,影响正常作业的现象,探索了 1200m 充填回风副中段污水排放方式及技术途径,采取了"以水带泥"的排污方式,完成了 1200m 副中段排污系统的技术改造设计。

　　针对 1150m 水平西部 7#、8# 水仓与 1158m 分段西部工程存在立体交叉,工程开裂变形严重等问题,结合工程实际,设计了 7#、8# 水仓的替代水仓。鉴于 931m 水仓存在的问题,借鉴深井钻孔排污技术,设计了 3 条排污钻孔,直接将泥水排到 1000m 水仓,不再排到 1150m 水平。同时采用飞力泵以实现泥水混排。考虑到 1000m 排水排泥系统原设计存在的问题,探索出适用于二矿区泥浆清理管理方式,提出了泥浆清理全过程连续机械化的泥浆清理方案,探索出高效沉淀方式。

　　(6) 应用情况。2007 年 11 月完成 1200m 副中段排污系统改造设计,工程已经投入开工建设。1150m 水平西部 7#、8# 水仓替代水仓的设计已经投入施工建设,为了解决 1150m 中段西部盘区污水、污泥的中转排放及降低井下环境污染等问题奠定了坚实的基础。931m 水仓改造设计已在矿山得到实施,成功地应用了深井钻孔排污技术。同时采用飞力泵,实现了泥水混排,减少了 931m 水仓的清泥费用和倒仓次数。针对 1000m 排水排泥系统技术改造设计,提出了全过程连续机械化泥浆清理方案及高效沉淀技术,为全过程连续机械化泥浆清理的实现奠定了基础,确保了集中泥水处理的全面实现。

5.10　充填站环境管理

现代厂矿企业"三废"排放必须达到标准,应成为"环境优美工厂"。充填搅拌站由于工艺的特殊性,更应加强防辐射、除尘、排污等环境管理工作。

5.10.1　防辐射管理

充填站内安设有多台γ射线浓度计及核子秤,其探测器由放射源及源室组成。放射出的γ射线对人的危害必须引起高度重视,应在放射源安装位置设置明显的警示标识。仪表在出厂时,放射源已有防护措施,放射源泄漏量符合国际原子能机构(LAEA)和国际放射性防护委员会(ICRD)标准,一般情况下安全可靠,但有时也会出现意外。所以在使用现场,用户应另外设置防护性能良好的铅防护层以屏蔽放射源,屏蔽能力应优于NHMRC要求。人体受放射源辐射量与时间成正比,与距离平方成反比。所以正常情况下应尽量减少照射时间,增加人体与放射源之间的距离。一般来说,人体距放射源1m以上,射线泄漏量接近天然本底,危害极小。所以除了安装、校验仪表外,教育职工不要接近放射源,以免对人体产生危害。维修人员在拆装探测器时,要关上放射源容器开关,缩短拆装时间,拉大操作距离,就可将照射量限定在最小范围内。

5.10.2　环境管理

胶结充填搅拌站都要储存和输送水泥和粉煤灰,因此厂房内外应有性能良好的防尘、除尘设施,使厂房内外粉尘含量降到容许的浓度以下。

运输散装水泥和粉煤灰的罐装火车、汽车、输送管路密封性能必须良好。水泥和粉煤灰储仓顶部要安设布袋式除尘器或高压静电式除尘器。厂房内的螺旋输送机、单管或双管喂料机密封性能必须良好,且应设置箱体式除尘器,在水泥、粉煤灰下料口处,应安设高压喷雾器,以雾状水幕密封粉尘,防止粉尘外漏飘逸。

充填站的除尘设施与管理是一项十分重要的工作。这些设施、设备除了要正确操作使用外,更应重视日常的维护保养工作,如机内的除污、密封条的检查更换、喷雾器喷嘴的清洗等,保证这些设施、设备发挥良好的除尘功效。

5.10.3　排污设施

充填搅拌站应设计完善的清水冲洗设施和排污系统,包括固液分离装置,固料可再次作充填料,污水适当处理后能顺利排入矿区排污系统。矿山的充填搅拌站依山设计建造比较理想,厂房内的污泥浊水可自然流进山沟。若不能依山设计建造,只能设计建造在平地上,那么厂房应高出地面1m以上,使厂房内的排污沟形成斜坡,以便污泥浊水顺畅排出。厂房外应建造容量大的排污沉淀池,储存从厂房内流出的污泥浊水,绝不能任其任意流淌在厂区外再次污染环境。

5.11　本　章　小　结

目前高浓度自流输送系统在矿山充填中得到越来越广泛的应用,作为一种高效的充填方法正在发挥着重要作用。本章介绍了二矿区高浓度自流输送系统工艺流程及充填管网组成、充填钻孔设计及应用、垂直管道(钻孔)使用、充填钻孔使用与管理、钻孔与管道磨损检测及处理方法以及充填管材的选择及使用效果。

针对金川充填料浆特点,比较分析了耐磨管与普通管的使用情况。为此,还介绍了金川矿山研制开发的充填耐磨万向柔性接头、充填导水阀等新产品以及在金川矿山充填系统中的应用。概述了金川矿山充填作业程序、采场充填准备、管路检查与清洗、进路充填脱水,充填堵管及处理,井下排水排泥系统的革新与改造等新工艺和新技术。

第6章　膏体泵送充填技术及应用

膏体泵送充填技术于 20 世纪 80 年代初期起源于德国普鲁萨格金属公司位于图林根州哥斯拉地区的 Grund 铅锌矿。在德国混凝土泵制造商 Putzmeister 公司(PM 公司)的帮助下,利用选矿厂浮选尾砂和重介质分离粗粒废石,制备出一种可泵送的膏体充填料浆。浮选尾砂采用连续带式水平真空过滤机脱水,滤饼含水率约 12%。浮选尾砂滤饼与重介质粗粒废石采用全液压驱动两段连续搅拌机制备膏体,膏体浓度 85%~88%。不含水泥的膏体由 PM 全液压双缸活塞泵加压输送至深 509m、水平距离大于 1495m 的采场进路充填工作面,管径 ϕ150mm,作业压力损失为 6.4kPa/m。

为了克服长距离输送阻力,中间设有接力加压泵站。水泥采用管径 ϕ75mm 风力输送到井下泵站附近的小储仓,再经泵站水泥制浆机制备成水泥浆后,加入泵前搅拌机与膏体混合。也可在距排料口 30~40m 处注入。由于水泥在井下管道出口处才加入,所以非胶结膏体可在管内停滞 48h。

Grund 矿膏体充填系统成功地运行 10 年直到该矿闭坑。由于该种充填方式既添加了粗集料且充填料浆浓度达到 85% 以上,其性能与低标号混凝土类似。膏体充入采场后可不脱水,充填体强度达到 2~4MPa,水泥消耗仅为 50~80kg/m³,从而具有显著的技术经济效益。

该种充填方式在 Grund 矿应用成功后,迅速在美国、加拿大、澳大利亚和南非等许多国家得到推广应用。例如,美国的 Lucky Friday 银铅锌矿、加拿大的 Duomu 金矿、澳大利亚的 Elura 和 Que River 铅锌矿、南非的 Randfontein JCI Drefontein Welcom-Fredbies 和 Western Hoeding 等金矿、奥地利的 Bleiberg 铅锌矿以及摩洛哥的 Hajar 铜矿等。

我国在 Grund 矿膏体充填系统正式投产 5 年后,由国家科委作为"七五"重点科技攻关项目(75-31-01)立项开展研究。经过大量试验研究于 1999 年在金川二矿区建成了我国第一套膏体泵送充填系统。在系统调试及工业试验过程中,对充填料配比、可泵性、水泥添加方式、尾砂脱水及供料、膏体制备工艺及装备、生产组织管理等方面进行了大量试验研究。通过联合技术攻关,使膏体泵送充填系统逐步进入正常生产状态。于 2006 年充填膏体达到 83746m³,2007 年提高到 156348m³,而 2009 年膏体充填系统达到设计生产能力,年充填达到 20 万 m³。

6.1　膏体充填料的可泵性

膏体充填料的可泵性即是膏体充填料在管道泵送过程中的工作性,即流动性、可塑性和稳定性。膏体的流动性依赖于膏体充填料的浓度与粒度级配,反映充填料中的固相与液相的相互关系和比率;可塑性是膏体充填料在外力作用下克服屈服应力后,产生非可逆变形的一种性质;稳定性是膏体充填料抗离析、抗沉积的能力。由此可见,膏体的可泵性是膏体充填料泵送的一个综合性指标,通常可采用坍落度来判别。

6.1.1　满足可泵性条件

膏体充填料浆的可泵性需要满足以下 5 个基本条件。

1. 具有稳定性好的饱和性膏体

高质量膏体在管道运动中呈"柱塞"流,其流动阻力主要产生于边界层与管壁间的摩擦阻力。当膏体在直管段沿程流动时,膏体中的固体颗粒不会发生相对运动而处于稳定的饱和状态。但遇到管径变化的弯管、接头、变径处,由于截面流速、流向的变化,稳定性差的非饱和膏体中的粗颗粒,受内摩擦力的影响,可能积聚造成堵塞。如果是稳定性好的饱和膏体,在启动泵送时,只有较小的阻力,并在泵送过程中保持结构流状态,不失水、不失浆、不离析、不沉积。非饱和膏体不能在边界形成一个完整的润滑层,流动时摩擦阻力大,在高泵压作用下还会产生离析。与饱和膏体相比,料浆的输送阻力要增大几倍至数十倍。因此,非饱和膏体难以满足泵送条件。

2. 管道输送沿程摩擦阻力小

膏体充填料泵压输送时,摩擦阻力过大会产生一系列困难。例如,限制泵送距离和泵送流量,使泵的负载沉重,动力消耗过大。国内外试验数据表明,以 $\phi150\text{mm}$ 通用管径计算,摩擦阻力处于 $5\sim10\text{kPa/m}$ 较为合理。

3. 泵压输送中不产生离析

膏体充填料的离析必然导致沉积,沉积就导致管道堵塞。因此,对充填料及其配比要合理选择,还要进行常压及高压下的泌水试验。对添加粗骨料的膏体更应注意启动时的润滑导流、结束时的清洗方法以及沿程输送时的管件变化。

4. 膏体需要含有一定含量的细颗粒

膏体固体物料粒级组成中 $-20\mu\text{m}$ 的细颗粒含量不得少于 20％(国外许多技术论文中强调不少于 15％),这是目前获得统一认识的可泵送膏体条件。金川在 20 世纪 70 年代进行高浓度料浆管输研究中,也特别强调了这一条件。尤其在 80 年代末通过膏体环管试验,明确了膏体充填料浆中细骨料含量的要求。但是金川矿山的研究还发现,膏体中 $-20\mu\text{m}$ 的含量不宜太多。当 $-20\mu\text{m}$ 细颗粒含量超过 35％以后,不仅过滤脱水困难,而且管输阻力增大,这是金川矿山多年来的环管试验和现场实践获得的工程经验。

5. 膏体制备质量要稳定

制备膏体的浓度、坍落度、粒度配比和泌水性等主要料浆工作参数的变化范围不能过大；否则难以保证充填系统的稳定运行。

6.1.2 膏体充填料的级配

1. 泵送混凝土级配

矿山膏体充填技术是由建筑工程中的泵送混凝土技术发展和演变而来的。因此，膏体泵送和混凝土泵送有许多相似之处，但又存在差异性。

我国已经制定"混凝土泵送施工技术规程"（JGJ/T10—95），推荐 5～20mm、5～25mm、5～31.5mm 和 5～40mm 粗骨料最佳级配曲线。规定了粗骨料最大粒径与输送管径之比，根据不同泵送高度应为(1∶3)～(1∶5)。粗集料级配见表 6.1。

表 6.1 泵送混凝土粗集料的级配规程

集料种类	粒径/mm	筛孔名义尺寸/mm								
		50	40	30	25	20	15	10	5	—5
		通过筛孔的质量/%								
砾石碎石	—40	100				35～75		10～30	0～5	0～5
	—30		95～100	95～100	90～100	40～75		10～35	0～10	0～5
	—25		100	100	90～100	60～90	55～86	20～50	0～10	0～5
	—20					90～100		20～55	0～10	
轻集料	人工 20				100	90～100	95～100			
	人工 15					100				
	天然 —30				100	90～100		20～75	0～15	

注：表为日本泵送混凝土施工规程提供的最佳粗集料级配。

研究发现，细集料对可泵性影响比粗骨料大得多。"混凝土泵送施工技术规程"同样提出了细集料的最佳级配曲线（JGJ52—79）。规定通过 0.315mm 筛孔的砂不应少于 15%。最佳含砂率应根据集料的最大尺寸，采用卵石或碎石和有无外加剂来确定，一般选择在 38%～54%，实际多用 40%～44%。细集料级配见表 6.2。

表 6.2 细集料级配

细集料种类	筛孔名义尺寸/mm							冲洗试验洗失率
	10	5	2.5	1.2	0.6	0.3	0.15	
	通过筛孔的质量%							
砂	100	90～100	80～100	50～90	25～60	10～30	2～10	
轻质集料 人工	100	90～100	75～100	50～90	25～65	15～40	5～20	0～10
轻质集料 自然	100	90～100	75～100	50～90	25～65	15～40	5～20	0～10

混凝土中粗骨料和细集料之比一般为 1∶3.73 或 0.27∶1。我国有关规程规定泵送混凝土的最小水泥用量为 300kg/m³,最大水泥用量为 550kg/m³。国外试验证明,当混凝土的水泥用量超过 500kg/m³ 时,由于拌合物的黏度急剧增大,会造成泵送困难。水灰比为 0.4～0.6,对高强度混凝土水灰比选择要小些。瑞典水泥与混凝土研究院 Johasson 等采用 16mm 的天然砾石作集料进行试验,结果显示,最小水泥用量为 250kg/m³,最优水泥用量为 320kg/m³。采用最优水泥用量时泵送压力最小,管输阻力也小,活塞退吸拌合料时,工作缸充满程度最高,即充盈系数最大。

泵送混凝土级配要求满足泵送混凝土施工工程质量和必要的可泵性施工条件。最小水泥用量和要求泵送物料中－20μm 细集料含量是配制可泵混凝土的具体技术参数。

2. 矿用泵送膏体

矿用膏体充填料可添加粗骨料,也可以不添加粗骨料。而细集料种类、性质、粒度都存在较大差异。因此,目前矿用膏体粗细集料尚无统一的规格和标准,主要取决于采矿工程工艺要求及充填料的来源。

金川膏体充填系统粗骨料选用－25mm 戈壁碎石集料,其中含砂率为 38%～45%。细集料有－3mm 棒磨砂、－0.128mm 选厂全尾砂和＋0.037mm 选矿脱泥尾砂等。金川尾砂产率为 80%,全尾砂中－0.074mm 约占 80%。设计推荐生产采用的粗细骨料配比为,$m_{-3mm棒磨砂}$∶$m_{分级尾砂}$＝50∶50 或 $m_{-25mm碎石集料}$∶$m_{分级尾砂}$＝50∶50。水泥用量为 180～220kg/m³,粉煤灰∶水泥＝(0.5∶1)～(1.5∶1)。

混凝土和膏体充填料可泵送的粒级分布曲线如图 6.1 所示,由此标明粗骨料范围、细集料范围、可泵送混凝土的粒级范围和可泵送膏体充填料的粒级范围。

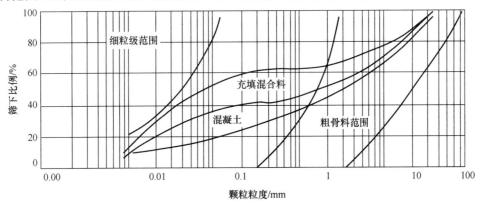

图 6.1　混凝土和膏体充填料可泵送的粒级分布曲线

由此发现,配制膏体可选择的粒度范围较宽,0～40mm 均可采用,但要遵守一定的规则。德国以 0.25mm 为界,将充填料划分为粗粒级和细粒级。小于 0.25mm 的细集料与水混合成浆体,黏附在粗颗粒的表面并填充其空隙。特别是－20μm 的超细粒级含量应大于 20%,这是保持膏体稳定的决定性因素。细集料浆体作为粗骨料载体,其体积与粗骨料孔隙体积之比应大于 1。格隆德铅锌矿和金川二矿区的经验都表明,全尾砂与细石的质量比应以 50∶50 为最优配比。对于采用分级尾砂与细石配制的膏体,应根据混合料组分的选择通过试验确定。

6.1.3　膏体充填料浆的坍落度

坍落度是可泵送膏体在工程作业中最简单和最直观的重要参考指标。料浆的坍落度直接反映膏体的流动性和摩擦阻力。无论是泵送混凝土或泵送膏体都不会采用小于 5cm 的低坍落度物料,在这种坍落度条件下,管道输送阻力过大,需要采用很高的泵送压力,必然使分配阀和液压系统磨损增大。如果膏体呈一定刚度的牙膏状,即可用手在排料口托住 800mm 长的一段,断开时呈垂直断面。这样的膏体泵缸吸入时难以充满,即充盈系数小,直接降低泵的效率。

显然,膏体中的粗骨料易在管件变化处集聚堵塞。但坍落度过大时,膏体在管道中滞留的时间稍长就产生泌水、离析以致堵塞管道。

金川矿山加粗骨料的膏体坍落度在 6～25cm 可以泵送。但在生产实际中选用的膏体坍落度为 15～20cm。如果考虑到长距离输送过程中坍落度的损失,则坍落度值应进一步放大。图 6.2 显示坍落度与管输阻力损失的关系曲线,图 6.3 为武山铜矿加粗骨料的膏体坍落度与管输阻力损失的关系曲线。

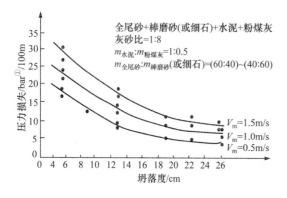

图 6.2　金川全尾砂膏体坍落度与阻力损失关系曲线

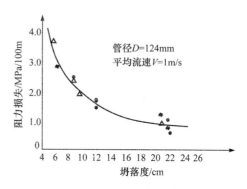

图 6.3　武山铜矿加粗骨料膏体坍落度与阻力损失关系曲线

新拌混凝土在入泵前的运输过程中,受气温的影响会有一定的坍落度损失。矿山膏体泵送一般不会受气温影响,但矿山膏体泵送距离较长,加之管道润湿程度不同,特别是开始充填时将会产生坍落度损失。金川矿山的研究还发现,膏体的坍落度损失一般为 1.5～2cm,最大达到 3～5cm。

6.2　膏体泵送充填工艺

与泵送混凝土施工技术相比,膏体泵送充填工艺无论是充填料浆的制备、管网布置与

1bar＝10^5P$_a$,余同。

分配、泵送操作和充填管理要复杂得多。膏体泵送充填与传统的充填作业、操作程序和生产管理存在很大差别,是一项技术含量较高的新工艺和新技术。膏体充填技术在矿山成功的应用,不仅需要开展膏体充填技术攻关,而且还需要善于管理的专业队伍。

在大量的实验室试验、环管试验及国内外考察的基础上,金川矿山成功地进行了金川膏体泵送充填的系统设计、生产管理和技术改造,使得膏体充填系统获得了成功地应用。

金川膏体充填工艺流程主要包括物料准备、定量搅拌制备膏体、泵压管道输送和采场充填作业等几个部分,膏体充填工艺流程如图 6.4 所示。

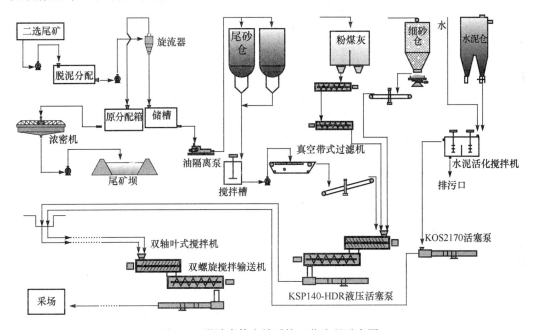

图 6.4　设计膏体充填系统工艺流程示意图

6.2.1　物料准备

膏体充填工艺的物料准备包括以下 4 个方面。

1. 尾砂准备

无论是全尾砂还是分级尾砂,尾砂的准备工作是极其重要的,其流程最长、环节最多和技术较复杂。基于金川膏体充填系统,介绍尾砂准备工艺的特点。

金川选矿厂经过 3 段再磨再选,因此尾砂粒度很细,平均粒径仅为 $30\mu m$。尾砂以 20% 浓度排放到 7km 远的戈壁滩上堆筑的尾矿库中存放。

充填采用的尾砂是将直径 $\phi100m$ 浓密机底流用泵输送至尾砂分级处理车间,经 $\phi64mm\times250mm$(设计的)和 $\phi500mm$(生产添加的)水力旋流器处理后,$-37\mu m$ 细泥返回浓密池,$+37\mu m$ 粗尾砂排至 2 个 $\phi10m\times10.5m$ 大型搅拌槽储存待用。

矿山充填时尾砂采用 4 台 2DYH-140/50 油隔离泵,经过 3 条 $\phi180mm$、长 3100m 的管道,上行输送至矿山搅拌站中 $2\times520m^3$ 尾砂仓中备用。在尾砂浆入仓过程中加入絮凝剂加速尾砂沉降。

2. —3mm 棒磨砂(—25mm 碎石集料)准备

由砂石场电铲采集,经过二段破碎形成棒磨砂,然后采用火车运送至砂仓,采用抓斗皮带上料输送,圆盘定量给料,再由皮带输送到搅拌机。

3. 粉煤灰准备

金川热电站电收尘飞灰至储仓,然后采用专用汽车运输,并通过风力输送入粉煤灰仓,再利用螺旋给料机通过皮带输送到搅拌机。

4. 散装水泥准备

将水泥厂生产的水泥采用 60t 的水泥罐车运送到充填站,然后采用风力输送入仓。通过螺旋给料送入双体活化搅拌机制浆,最后通过 KOS2170 型双缸液压活塞泵,将水泥浆通过 ϕ100mm 管道输送至 1250m 井下泵站混合。

尾砂由尾砂仓造浆以 60% 左右浓度放到中间稳料搅拌槽,搅拌均匀后再泵至 DU30/1800 型固定式水平带式真空过滤机脱水处理,制成含水 22%～24% 的滤饼。滤饼由皮带机送到 ATDⅢ-600 型双轴叶片式搅拌机。

6.2.2 定量给料搅拌制备膏体

众所周知,混凝土搅拌站制备混凝土的砂、石和水泥分别定量计量、批量搅拌后,装入混凝土搅拌运输车送到工地。

矿山膏体制备基本上是连续作业,虽然一段搅拌也可选用双机配合间断作业,但二段必须是连续搅拌和供料。要制备合格的膏体,不仅在于控制膏体的浓度、流量和压力,更重要的是对各种物料能够准确控制给料和计量,才可能制备出控制误差在±0.5%质量分数的合格膏体。由于物料粒径、水分经常发生变化,特别是尾砂的粒级组成和放砂浓度变化大,难以控制。因此,对膏体充填系统的仪表自动控制提出了较高的要求。

不合格的膏体进入管道不仅影响充填体质量,更重要的是可能造成管道堵塞。因此,世界各国都在研究和改进膏体充填系统的物料控制技术。目前改进的方法是,一段搅拌由连续搅拌改为间断搅拌。因为整个充填工艺流程中,只有间断搅拌这一环节才可以控制和调节。连续作业中的闭环控制往往滞后,难以达到控制的目的。

搅拌站设计必须考虑适用多种膏体配方的要求,因为在生产过程中有不同的工程要求,也可能物料变化或暂时短缺等。

定量给料搅拌制备膏体还必须考虑环境影响,如防尘措施,砂石、飞灰、水泥等干粉物料在输送、配料和搅拌过程中都会产生扬尘,必须有可靠的除尘装置。又如排污系统必须畅通、完善,制备膏体过程中临时故障的处理,槽、泵及管道清洗会产生大量污水,既要排放又要考虑回收以及污水和固体物料的再利用。

6.2.3　泵压管道输送

1. 泵送前的准备

由于引进的设备昂贵,充填系统复杂,泵的运转和操作需要进行准备。泵送准备与操作要点如下:

(1) 正式泵送膏体前,采用清水或低浓度水泥浆(有条件时可用膨润土浆)湿润搅拌槽和管道,以免失水和减小坍落度损失并形成管壁预润滑层;

(2) 按操作程序先运转,将管道充满,观察泵送压力及各部分运转情况,给料搅拌及泵正常运转后方可加速正常泵送;

(3) 泵启动运行后要保持连续运转,不可轻率停泵。如遇一般故障如供料不足等可放慢泵速,争取时间处理;

(4) 在任何情况下料斗不得放空,料面要保持 500mm 以上,否则管道会吸入空气造成故障;

(5) 泵的操作不复杂,但在运行中应有专人操作和监管,注意油温、润滑、冷却、泵压变化等,随时可执行加速、减速、反抽、停泵等操作;

(6) 停泵清洗前应进行反抽 2～3 次,以消除管内剩余压力。泵缸和管道每一循环都要认真检查和清洗。

2. 膏体泵压输送的关键技术

膏体充填系统在泵压输送过程中的关键技术涉及以下 6 个方面。

1) 满管泵压输送技术

由地表向井下泵压输送膏体,不同于地表向高层建筑上行压送混凝土中的保持满管状态,也不同于高浓度重力自流输送可以维持半管状态(一定高度的料浆柱)。泵送要求全线路必须处于满流状态才能正常运转。因此,泵送开始必须使管道充满。

根据国外资料,实现满管泵压输送的方法是:首先,将管道上的截止阀(一般位于竖井底部以远或井下钻孔底部以远处)关闭;截止阀为电动液压操纵,可在地面泵站远距离控制。然后,向钻孔和管道内注水充满,放入至少 2 个海绵橡胶球,再开始慢速向充填管中压送膏体。此时截止阀慢慢打开,使泵送膏体流量等于或略大于清水排出量,直到截止阀或出口处放出海绵橡胶球后,方能开始正常泵送。事实上,上述方法操作复杂不易掌握。金川采用了自流直通式充满管道方法,即电动液压截止阀处于打开状态,开始将浓度较低且不含粗骨料的浆体缓慢泵入钻孔及管道,逐步提高泵送流量,直到采场见到料浆后,再提高泵送浓度并添加粗骨料。金川充填的实践证明这种方法是可行的。

在深井工作条件下,发现不满管情况应采取提高浓度,加大流量和钻孔装置放气阀。如果仍不能解决问题,则要考虑减小输送管径。

2) 膏体向下泵送技术

开始向下泵送膏体充填料,在钻孔中自重下落时,会在钻孔中形成真空负压段。同时管路在全封闭状态下形成气垫,使膏体难以压入管道。因此,多在地表管路由水平转入垂直下向钻孔或垂直管的拐弯处,设开口放气垂直短管,或专门设计放气阀,才可使膏体较快的充满钻孔和管路,为下向满管正常泵送创造条件。

在充填倍线不大的情况下出现剩余压头,即垂直高度大、水平管路短时,垂直管段不能充满,膏体充填料在泵压下断续下落,在钻孔中下部和拐弯处会产生真空段,使物料不能保持连续输送。此时,可在拐弯处设气门,必要时打开通气,使管内压力平衡。

国外一些矿山,特别是加拿大的部分矿山,在充填倍线小于3的条件下尽量采用膏体自流输送而不是泵送。并且认为,膏体在垂直管内重力自流产生的摩擦阻力远远小于泵压输送同等条件下的摩擦阻力(前者仅为后者的2/3),这是真空负压产生文氏效应的结果。

3) 管路上截止阀的结构与作用

截止阀(门阀)分电动液压截止阀和手动截止阀,如图 6.5 所示。

(a) 电动液压截止阀
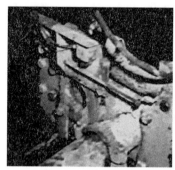
(b) 手动截止阀

图 6.5　截止阀

电动液压截止阀由电机(4~7kW)、小型油箱及油泵、阀门组成。电动液压截止阀要打混凝土基础固定,操作灵活可靠、密封性好,系统可远传由地面泵站控制。手动门阀结构简单,但闸板板面加工精度较高,方能保持在高压下无泄漏,并需由人工用大锤开关。

一套泵送系统至少要配置一套截止阀(开泵打开,关泵关闭),一般安装位置是在钻孔底部弯管后的水平管段,其主要作用如下:

(1) 开始泵送前关闭,使钻孔满管后再慢慢打开,为膏体满管流创造条件;

(2) 系统出现故障临时停泵或停止作业时,关闭门阀以保持满管状态;

(3) 清洗管路时关闭门阀,防止水流入采场。门阀前段管路上设放砂口,可放出清洗污水并引入排水系统。

4) 管路的清洗技术

膏体泵送管路的清洗十分重要。因为矿山充填管线长,井下管网、管件复杂,低劣的清洗质量会使管壁结垢,迅速缩小管道断面而使管道报废。

采用正确的清洗方法才能获得良好效果,如果仅仅借助于自流输送中采用大量清水冲洗管路的方法难以达到目的。因为膏体黏度大、透水性差,在管壁特别是在管接头和弯管处易产生弧形黏结。常用的清洗方法有以下四种。

（1）采用海绵橡胶球清洗。在泵出口的管道中放入（人工塞入或机械压入）海绵橡胶球（德国人将球硬度分为软、中和硬 3 类，并有不同直径的大小球），也可用专门设计锥形橡胶柱，将后加的清水和管道中的膏体隔开，以免在泵送高压下，使膏体产生离析而堵管。排料口设清洗球回收装置。清洗用具如图 6.6 所示。如果是黏度特别大的膏体，应采用表面带钢刷的特制锥形清洗柱。

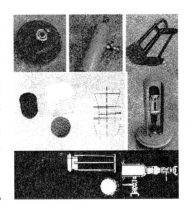

图 6.6　清洗用具

（2）压缩空气加少量清水清洗。在没有安装加球机时采用海绵橡胶球清洗方法手工操作复杂，费工费时。金川和国外一些膏体泵送矿山，在无粗骨料的情况下，生产中还采用泵入少量清水（3～5m³），加压气分段助吹清洗。如果采用水冲洗，应关闭进入采场前段的手动门阀或电动门阀，利用设置在管道上的排砂口放水为宜。

（3）利用非胶结膏体清除管道中的胶结膏体。金川矿山采用下向进路胶结充填采矿法，4m 高的进路要求分 3 次充填接顶。第 1 次充填 2m 高的打底层（强度大于 5MPa）即可保证安全作业。因此，可先用加水泥的膏体充填形成硬顶板，其上特别是接顶前停止在膏体中添加水泥，以非胶结膏体继续泵送直到停止作业。因为非胶结膏体可在管道中存留 48h 后再次启动使用。

（4）小型液压变径活塞清除。德国埃森 DMT 公司还开发了一种小型液压变径活塞，可将短管中的膏体清除。存有膏体的短管好比一个输送缸，变径活塞由均等的 3 瓣组成，可按不同管径调节大小。液压活塞从短管一端推向另一端即可将管中膏体全部清除。DMT 还开发了一种清洗球在管道中运动的位置指示器。

最后需要强调的是，膏体充填不仅需要认真清洗管道，而且要及时清洗泵缸、搅拌槽和储料斗。一方面是为了避免黏结；另一方面是防止已黏接成块的物料混在膏体中进入输送管道而造成管道堵塞。

由于膏体中添加水泥，每一充填作业循环必须及时对设备及管道进行清洗，清洗工作量繁重。因此对水泥添加方式和添加部位进行研究和优化，已经成为世界各国膏体充填技术研究的重要内容之一。

5）膏体充填管径与管网布设

膏体在管道中呈结构流流动，一般流速小于 1m/s。流速过大会显著增大摩擦阻力损失，增大管道摩损和能量损耗。流速过小则充填能力不能满足生产需要。因此，膏体充填泵送能力、管径和流速 3 者之间应保持平衡关系。

根据金川膏体充填工程经验，确定流速、管径和泵压的合理范围如下：

（1）管内膏体流速为 0.6～1.0m/s；

（2）管内径为 120～150mm；

（3）泵送能力为 30～60m³/h。

管网中的管径可适当变化，但不能变化太大。如果将管径 150mm 变为 100mm，由此造成管输阻力过大,使泵难以平稳工作,并对清洗造成困难。此外,管道走向要保持顺坡,避免忽高忽低。管线最低处和各分段(200~300m)设放砂口;管路尽量走直线,管接头要保持好同心度,并且要保持良好的密封。任何泄漏都将会造成管路卸压而发生管路堵塞。同时,管道在拐弯处的曲率半径应大于1.2m。

6) 管道堵塞原因与处理技术

由于没有添加水泥的优质膏体在密闭的管路中停留48h后仍能重新顺利启动和流动(金川膏体泵送工业试验曾停留19h后恢复流动),因此,合理的物料配比配制的优质膏体,在正常泵压操作下通常不会发生堵管事故。但是,在金川充填系统开始调试阶段,仍发生多次堵管事故,主要原因如下面5点。

(1) 管路或钻孔泄漏。金川矿山工程地质条件复杂,不良岩层断裂破碎。原有棒磨砂开路自流输送至充填钻孔磨损快,钻孔中的套管经常磨穿破壁,管壁卷曲和破碎岩石进入钻孔造成堵塞。在膏体泵送中采用破壁的旧钻孔,必然导致泄压而发生堵管。

(2) 固体残留物。管道中残留物未清除或固结的膏体块、检修用的破布等异物不慎进入输送管道中,也是造成堵管原因之一。

(3) 膏体离析和粗骨料沉积。粗骨料的膏体泵送结束后,清洗方法不当造成膏体离析和粗骨料沉积。特别是在弯管或接头处沉积,必然会造成堵管。

(4) 不合格膏体。当膏体中细物料过少,带棱角石块过多以及搅拌不均等因素,配制出质量低劣的不合格膏体,在输送中也极易造成堵管事故。

(5) 操作不当造成管道吸入大量空气,没有正确使用反抽等原因造成堵管。

膏体管道堵塞的处理比自流输送浆体堵塞要困难得多。特别是添加水泥的膏体堵塞处理。膏体堵管处理,首先要弄清堵塞部位,然后组织人员迅速展开行动,任何犹豫和拖延都将会导致管路甚至钻孔报废。如果膏体中添加了水泥,并且管路系统中有钻孔或竖管,则应先行处理钻孔或竖管。因钻孔投资大,施工周期长,是井下充填系统的瓶颈。一般处理方法是尽快从钻孔底部事故处理阀或放砂口放出全部膏体,然后由近而远分段拆开管子逐段排除膏体。排除方法一是放入清洗球后加清水缓慢泵压挤出;另一种方法是先关闭门阀,然后钻孔注满清水,再迅速打开门阀,利用清水压力将膏体挤出。

6.2.4　采场充填方法

采场充填作业包括挡墙设置、管道架设和配料选择等几个部分。

1. 挡墙设置

膏体充填无需脱水且流动缓慢,因此对充填挡墙要求不高,只需在封口处打立柱或横撑,以木条构成简易栅栏,在栅栏上订上铁丝网即可。不必象浆体充填那样严密坚固封口并设滤水设施。金川用过木撑挡墙,也用过炉渣空心砖砌筑挡墙。

2. 管道架设

国外一些矿山工作面充填采用4mm厚的薄壁短管,采用锚杆在顶板悬吊,后退式随充随拆(图6.7)。金川采矿充填工作面采用 ϕ125mm 耐压塑料管与 ϕ125mm 或 ϕ150mm 膏体输送钢管相接,并悬挂在顶板上。进路充填后切断塑料管(图6.8)。

图6.7　格隆德矿的膏体充填工作面　　　　　图6.8　金川膏体充填工作面

3. 配料选择

在满足下向进路对充填体强度要求的前提下,充填料配比及水泥添加方式可灵活变化。可选用在地表添加水泥,也可在管道出口处及充填工作面添加水泥,在充填料中还可加粗骨料或粗砂。

在金川下向进路胶结充填条件下,只要确保进路有 2m 厚度且大于 5MPa 强度的配料构成硬顶板(水泥单耗 220kg/m³),即可满足安全采矿要求。进路其他位置的充填料浆可添加少量水泥(160kg/m³),从而降低充填成本。同时坍落度也可根据充填工作面的远近和工艺需要进行调节,12~15cm 的小坍落度和 20~25cm 的大坍落度均可应用。

6.3　水泥添加方式与装置

6.3.1　水泥添加方式及特点

矿山多采用添加水泥的充填膏体,目的在于根据采矿工艺的需要,提供符合设计强度的充填体。添加水泥保证充填体达到设计强度,而水泥添加量直接影响充填成本。世界各国膏体充填系统中存在多种添加水泥方式,实际应用中应根据各矿山具体条件来选用。添加水泥的方式有地面泵站添加、井下泵站添加和充填工作面前添加等多种;添加水泥的方式分添加干水泥和添加水泥浆(图6.9)。

水泥不同的添加方式有不同的优缺点,只有各取所需。例如,在地表干加水泥最为简便,可省去水泥管道输送系统和添加装置。但每一循环充填作业结束后都要及时清洗管道,而且清洗水容易流入充填采场。井下干加水泥虽能提高充填料浆的浓度和充填体强度,但输送系统复杂,技术难度大。井下添加水泥浆简便可靠,容易操作,但又要增加一套与膏体并行的管路系统和制浆装置。以下分别论述各种水泥添加方式和国内外应用研究成果。

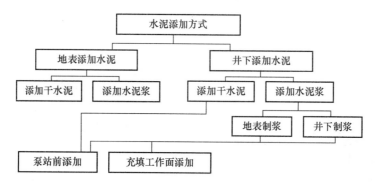

图 6.9　水泥添加方式图

6.3.2　地表添加干水泥

常规的自流充填系统都是在地表添加干水泥。一般在水泥仓底部安装有叶轮给料机或螺旋给料机,往往和冲板流量计配合使用,将给料调节和准确计量结合起来,按要求定量向搅拌槽供给水泥,与其他充填料一起搅拌。这种添加干水泥方式工艺简便可靠,但对高浓度的充填物料,由于水分少,连续搅拌时间短,混拌不充分将影响充填质量。地表添加干水泥方式如采用圆盘式强力间断搅拌机搅拌会获得良好的效果。凡口铅锌矿全尾砂高浓度自流充填系统,采用地表干加水泥方式,由水泥仓下的双管螺旋给料机喂料,冲板流量计计量,与全尾砂滤饼及水一起进入双轴桨叶式搅拌机进行混合。地表向搅拌机干加水泥的膏体充填系统如美国幸运星期五(Lucky Friday)银铅锌矿、摩洛哥哈贾尔(Hajar)铜矿和澳大利亚坎宁顿(Calinton)多金属矿。

6.3.3　地表添加水泥浆

地表添加水泥浆是将水泥仓定量给出的水泥与清水在搅拌槽中先行混合,制成一定浓度的水泥浆之后,再给入膏体搅拌槽与全尾砂等充填骨料混合制备膏体。

金川全尾砂膏体泵送充填工业试验利用了生产系统的高浓度搅拌槽制备水泥浆,再流入双轴叶片式搅拌机与全尾砂、细石集料混合制备膏体。这种方式水泥与充填骨料混拌比较充分,膏体质量能够得到保证。

图 6.10　格隆德矿水泥喷射装置

6.3.4　井下添加干水泥

从地表水泥仓底部给料装置开始布置一条单独的、与膏体输送并行的管路来向井下小型水泥仓风力输送干水泥,再由井下水泥仓风力输送到喷射装置,在喷射装置内干水泥与膏体混合后喷入采空区。此喷射装置安装在距膏体充填管排出口大约 30m 处(图 6.10)。

德国格隆德(Bad Grund)铅锌矿加粗骨料的全尾

砂膏体充填系统采用了井下添加干水泥方式。由于长距离膏体管路中未加水泥,因此,充填作业结束后不必担心清洗管道,充填料可暂时滞留在管道中(亦称带料停泵)长达 48h 而不影响下一循环的充填作业。据有关资料介绍,膏体在管道中最长停留时间可达 5 天。南非库基(Cooke)3 号金矿也是采用向坑内泵站膏体搅拌机中添加干水泥方式。

长距离风力输送干水泥特别是在井下环境中输送技术复杂。根据对全国水泥厂和矿山考察,地表风力输送干水泥的管线最长为 800m 左右,井下尚无干水泥风力输送系统。井下输送干水泥需要解决的问题有以下 4 个。

(1) 压风净化问题。压缩空气中往往含有油和水,一般的油水分离器还达不到净化标准。众所周知,管路中的干水泥与油、水接触将发生凝结硬化而堵管。

(2) 井下除尘与污风排放。干水泥靠风力作载体输送到目的地之后,固体物料沉降而污风必须除尘、排放。在狭小、潮湿的井下环境处理这一问题存在困难。

(3) 风力输送管道磨损特别是弯管磨损问题比较突出。

(4) 风力添加干水泥的计量管理问题难以解决。地面试验时,在一定管径条件下,水泥给料量及风压、风量等参数调控不易掌握,因风力输送速度很快,可能水泥给量不够,也可能给料过量使喷射器堵塞。

6.3.5 井下添加水泥浆和坑内制浆

德国格隆德矿既有坑内添加干水泥的工艺,也有坑内添加水泥浆(坑内制浆)工艺。坑内制浆方法是利用风力将干水泥输送到井下小型水泥仓,再经风力转送到井下接力泵站内的 1 台 CMK-139 水泥制浆机。制备好的水泥浆直接用软管添加到搅拌槽中与地面输送来的膏体混合。这种水泥添加方式会使膏体浓度降低 1%～2%,但水泥搅拌混合均匀。

6.3.6 井下添加水泥浆和地面制浆

由于风力输送干水泥到井下存在上述问题,如采用地面制浆向井下输送水泥浆可解决这些问题,但产生新的问题是水泥浆输送管道的清洗和有效管理。如果处理不当会使管壁挂浆并逐渐缩小管径,甚至使管道报废。奥地利布莱堡(Bleiborg)铅锌矿全尾砂膏体泵送充填系统采用了水泥地面制浆井下添加方式。水泥在地表制浆后输送到井下充填管的排料口附近,通过喷射装置挤入膏体充填管内,与膏体混合后充入采场(图 6.11)。

6.3.7 水泥添加方式的比较与选择

国外部分矿山用于生产的膏体泵送充填水泥添加方式见表 6.3,几种水泥添加方式的比较见表 6.4。

图 6.11 布莱堡铅锌矿喷射装置

表 6.3　国外矿山水泥添加方式

矿山名称	泵送能力/(m³/h)	充填管径/mm	充填管总长/m	充填管高差/m	充填管水平长/m	输送浓度/%	添加水泥后膏体的浓度/%	风力输送水泥管长/m	膏体组分	水泥添加点及方式	水泥添加量/(kg/m³)	备注
德国格隆德铅锌矿	35	150	2810	510	2300	—	85	2770	全尾砂、细石	坑内由添加器干加	—	—
南非库基3号矿	65	钻孔165 水平150	3190	800	2390,第一段 2200,第二段 190	—	76	3150,一段 2450,二段 700	全尾砂	坑内向搅拌槽内干加	60~100	二段泵压泵送,下向分层充填
奥地利布莱堡铅锌矿	40	140	2430	430	2000	88	85	—	全尾砂碎石	坑内由添加器直接湿加	水泥 30~40 飞灰 60~80	$m_{水泥}$：$m_{飞灰}$= 1：2混合,风力输送。条带式房柱充填法
美国幸运星期五铅锌银矿	80	150	1600~2200	900~1500	700	85	85	—	全尾砂子碎石	地表向搅拌槽中干加	—	水泥浆地表制备泵送至坑内,分段充填
摩洛哥贾尔哈铜矿	50	125	390~520	220	170~300	90	90	—	—	地表向搅拌槽中干加	320	—

表 6.4 水泥添加方式比较

添加方式	工艺特点	优点	缺点	适用条件
坑内由添加装置直接干加	干水泥由地面风力输送到井下储仓； 建立井下储仓由采场风力输送设施； 安装干水泥添加装置； 需设坑内专用的收尘、排尘设施	绝大部分管路不需清洗； 添加干水泥后膏体固含量进一步提高	需建复杂的风力输送与添加系统； 工艺环节多管理复杂； 水泥添加量不便调节控制	垂深大、水平管路长的系统
坑内向搅拌机中添加	干水泥由地面风力输送到井下储仓； 设有坑内中间泵站； 需设坑内专用的收尘、排尘设施	地面泵站至坑内泵站之间的管路不需清洗； 水泥添加量便于调节； 比直接搅拌均匀，膏体质量好	需建复杂的风力输送系统； 收尘、排尘管理复杂	垂深大、水平管路长的系统
坑内由添加装置直接湿加	水泥地面制浆后专线输送到井下添加点； 需要在管路安装添加装置	膏体充填管路基本上不需清洗； 系统布置简单	水泥浆输送管道要经常清洗； 膏体浓度降低； 水泥添加量受限制	垂深小、水平管路长的系统
地面向搅拌机中干加	地面搅拌机加强通风防尘； 充填系统简化只有一条膏体管路	水泥添加量调节控制简便； 系统布置简单，省去水泥专用管路及专用添加装置； 无需水泥制浆装置	膏体管道要经常清洗； 充填料不能在管道中停留时间过长； 增加防尘设施	垂深小、水平管路短的系统
地面向搅拌机中湿加	水泥单独制浆； 充填系统简化只有一条膏体管路	水泥添加量调节控制简便； 系统布置简单，省去水泥专用管路及专用添加装置； 搅拌均匀，防尘简单	膏体管道要经常清洗； 充填料不能在管道中停留时间过长； 增加水泥制浆设施	垂深小、水平管路短的系统

注：坑内直接干加比直接湿加的充填体强度高 20%~30%，但系统复杂、管理难度大。

6.3.8 水泥添加方式的工业试验

为了掌握干加水泥和湿加水泥的工艺技术条件、专用设施和合理的操作参数,在金川矿山进行了坑内加水泥地面半工业试验。试验分干加水泥和湿加水泥两种方案实施。

1. 湿加水泥试验

充填集料为+37μm分级尾砂和-3mm棒磨砂,用0.8m³混凝土搅拌机制备膏体,装入混凝土搅拌输送车运至试验场喂入泵车,后改用铲运机地面混拌。该泵车为芬兰Luomiter井下专用喷射混凝土车。车上装有1台PM公司KOS1020混凝土泵,冲程长度1000mm,流量20m³/h。

利用龙首矿东部充填站生产系统给料、计量与水泥制浆。试验时由柱塞式泥浆泵进行泵送,通过变频控制调节泵的电机转速,从而调节柱塞泵的冲程时间来实现流量调节。

未加水泥的膏体和水泥浆分别由φ100mm和φ57mm两条管路进入湿式水泥添加装置混合,同时向混合装置通入定量的压缩空气,使混合效果更好;然后经30m长的管道排出。

研制的两种(A₁型和A₂型)水泥浆添加装置效果较好,而研制的棒状管道式静态搅拌器发生管道堵塞,未能达到预期效果。

由于膏体泵送浓度大,而水泥浆浓度相对较小,因此,在膏体中添加水泥浆后的胶结膏体浓度,显然要低于原有膏体浓度,在坍落度检测中表现最明显。这样虽然提高了膏体的可泵性,减小了管道阻力,但水泥浆浓度必须保证要等于或大于设计浓度,否则,单位时间给入水泥量较少将直接影响充填体强度。水泥湿加前后的坍落度对比如图6.12所示。泵送膏体充填坑内湿加水泥地面半工业试验有关参数见表6.5和表6.6。

图6.12 水泥湿加前后的坍落度

表6.5 湿加水泥地面半工业试验参数(一)

泵车泵送物料组成	变频控制器频率/Hz	水泥浆流量/(m³/h)	相对应的干水泥量/(t/h)	泵车泵送流量/(m³/h)	充填料中水泥量/(kg/m³)	水泥添加装置型式
尾砂、粉煤灰	20	1.61	2.03	17	109.1	A₁
尾砂、棒磨砂,粉煤灰	22	1.79	2.26	17	120.3	A₁
尾砂、碎石,粉煤灰	25	2.07	2.61	17	136.9	A₁
尾砂、碎石,粉煤灰	20	1.61	2.03	17	109.1	A₂
尾砂、碎石,粉煤灰	20	1.61	2.03	17	109.1	A₂
尾砂、碎石,粉煤灰	22	1.79	2.26	17	120.6	A₂
尾砂、碎石,粉煤灰	25	2.07	2.61	17	136.9	A₂

表 6.6　湿加水泥地面半工业试验参数(二)

名称	$m_{粉煤灰}$：$m_{骨料}$	泵送非胶结膏体			水泥浆			胶结膏体		
		流量 /(m³/h)	容重 /(t/m³)	坍落度 /cm	流量 /(m³/h)	容重 /(t/m³)	浓度/%	容重 /(t/m³)	坍落度 /cm	水泥量 /(kg/m³)
粗尾砂	1：12	17	1.865	8	1.61	1.854	68	1.89	19	109.1
$m_{粗尾砂}$：$m_{碎石}=6$：4	1：16	17	2.007	7	2.07	1.854	68	2.03	8.5	136.9
$m_{粗尾砂}$：$m_{棒磨砂}=50$：50	1：16	17	1.965	6	1.79	1.854	68	1.84	22	120.3
$m_{粗尾砂}$：$m_{碎石}=60$：40	1：16	17	2.005	9	1.61	1.854	68	2.04	10.5	109.1
$m_{粗尾砂}$：$m_{碎石}=60$：40	1：16	17	1.98	7.5	1.61	1.854	68	2.03	14	109.1

2. 干加水泥试验

干加水泥试验所用膏体配料与湿加水泥试验配料相同。干水泥通过水泥仓下部的叶轮给料器给料,称重传感器计量后,采用仓式气力泵输送。试验时,打开仓式泵气动进气阀,压缩空气经加压管、喷射管、气化管分 3 路进入泵体,使泵体内水泥气化后以一定的浓度(单位体积压缩空气中的水泥含量)和压缩空气一起经物料输出管喷出。通过调节截止阀的开启程度来调节进入泵体的压缩空气流量,从而达到调节水泥输出浓度和输送流量的目的。添加干水泥的地表半工业试验系统如图 6.13 所示。

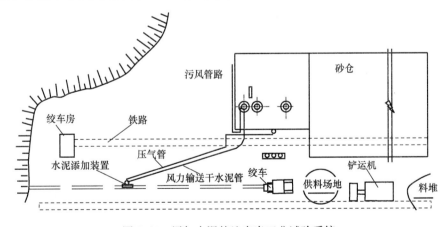

图 6.13　添加水泥的地表半工业试验系统

未加水泥的膏体充填料和气力输送的干水泥,经由两条管道分别进入干式水泥添加装置。为了使干水泥顺利地喷入膏体管道,另设有一条压气助吹管同时进入添加装置。混料装置与湿加水泥试验相同。为此研制成功了 A 型和 B 型两种干式水泥添加装置。

1) A 型

仿照德国格隆德矿在生产中使用的型式,水泥和压缩空气均为单口垂直径向进入。其结构简单,效果良好(图 6.14)。

2) B 型

水泥和压缩空气倾斜径向进入。此型效果也不错,但结构稍复杂(图 6.15)。泵压膏体充填坑内干加水泥地面半工业试验有关参数见表 6.7 和表 6.8。

图 6.14　A 型干式水泥添加装置

图 6.15　B 型干式水泥添加装置

表 6.7　干加水泥地面半工业试验参数(一)

物料组成	水泥输送总量/kg	水泥输送总时间/s	平均水泥输送量/(t/h)	最大水泥输送量/(t/h)	最小水泥输送量/(t/h)	平均水泥输送体积/(m³/h)	泵车泵送流量/(m³/h)	充填料中水泥量/(kg/m³)	水泥添加装置型式
尾砂、粉煤灰	270	240	4.05	14.4	1.16	1.31	17	221.2	B
尾砂、棒磨砂、粉煤灰	370	480	2.78	6.65	0.99	0.90	17	155.3	B
尾砂、碎石、粉煤灰	358	360	3.58	9.15	2.20	1.15	17	197.2	B
尾砂、碎石、粉煤灰	230	360	2.30	12.8	1.43	0.74	17	129.6	A

表 6.8　干加水泥地面半工业试验参数(二)

骨料名称	$m_{粉煤灰}$:$m_{骨料}$	泵送非胶结膏体			单仓泵输送水泥			胶结膏体			添加装置
		流量/(m³/h)	容重/(t/m³)	坍落度/cm	输送量/(m³/h)	输送时间/s	输送流量/(t/h)	容重/(t/m³)	坍落度/cm	水泥量/(kg/m³)	
粗尾砂	1:12	17	1.93	20	270	240	4.05	2.017	23	221.2	B
$m_{粗尾砂}$:$m_{棒磨砂}$=50:50	1:16	17	1.91	17.3	370	480	2.78	2.02	21	155.3	B

续表

骨料名称	$m_{粉煤灰}$: $m_{骨料}$	泵送非胶结膏体			单仓泵输送水泥			胶结膏体			添加装置
		流量/(m³/h)	容重/(t/m³)	坍落度/cm	输送量/(m³/h)	输送时间/s	输送流量/(t/h)	容重/(t/m³)	坍落度/cm	水泥量/(kg/m³)	
$m_{粗尾砂}$: $m_{碎石}$=60:40	1:16	17	2.05	16.0	358	360	3.58	2.06	7.5	197.2	B
$m_{粗尾砂}$: $m_{碎石}$=50:50	1:16	17	2.04	22	230	360	2.3	2.065	7.6	129.6	A

3. 添加水泥试验结果比较

金川公司进行了两套膏体泵送充填系统添加水泥的试验,由此获得的数据对比分析结果见表 6.9。

表 6.9　两套膏体充填系统添加水泥试验结果比较

项目	参数	金川膏体充填料($m_{全尾砂}$: $m_{碎石}$=50:50)	
		添加水泥浆	添加干水泥
加水泥之前	膏体浓度/%	82	80
	全尾砂/(kg/m³)	860.6	817.7
	碎石(水淬渣)/(kg/m³)	860.6	817.7
	水/(kg/m³)	377.8	418.8
	密度/(kg/m³)	2099.0	2054.2
	坍落度/cm	15	22
	水泥浆浓度/%	68	68
	水泥浆密度/(kg/m³)	1854.1	—
加水泥之后	灰砂比	1:8	1:8
	全尾砂/(kg/m³)	735.1	767.1
	碎石(水淬渣)/(kg/m³)	735.1	767.1
	水泥/(kg/m³)	183.8	191.8
	水,kg/m³ 密度/(kg/m³)	409.2	392.9
	胶结膏体浓度/%	80.17	81.46
	坍落度/cm	25	15
	28 天抗压强度/MPa	3.4	3.9

由表 6.9 可见,金川膏体配料添加水泥浆或干水泥都是可行的,在灰砂比为 1:8 时,强度分别达到 3.4MPa 和 3.9MPa,灰砂比 1:6 时,则 28 天强度均大于 4MPa。

6.3.9　添加水泥问题讨论

综合上述研究和分析,对膏体充填系统添加水泥的探讨有以下 4 个问题。

1. 添加水泥方式的选择

显然,几种水泥添加方式各有优缺点,实际工程中应根据实际矿山具体情况加以选择。

一船情况下,对垂深不大,水平管路短的膏体充填系统,应选用在地表向搅拌机干加水泥的方式。对配有井下接力泵站,且坑内第二段管路不长的膏体充填系统,可选用在坑内泵站向搅拌机干加水泥的方式。

对于深度较大,水平管路较长的一段或两段膏体泵送充填系统,应选用坑内直接干加或湿加水泥的方式。在目前国内矿山技术管理水平条件下,尽量考虑坑内湿加水泥为宜。

2. 压缩空气在水泥添加装置中的作用

由于压缩空气进入膏体管道的喷射和膨胀作用,破坏了膏体的"柱塞"结构流,并形成固、液、气三相紊流。因此,压气在水泥添加中起到助吹、搅拌和输送的多重作用,即使在坑内直接湿加,压气也是必不可少的。但受压气压力的限制,添加装置至采场充填管出口之间应选用20~30m,最多不得超过50m。

3. 添加装置的作用

添加装置的实际作用是喷射干水泥或水泥浆与膏体均匀混合,在生产中该装置需具有简单、可靠、耐用和拆卸维修方便的特点。

4. 水泥添加量

水泥的实际添加量受到生产工艺条件和设备条件的制约,在技术上都存在着如何选择适宜的水泥添加量问题,无论是坑内直接干加或直接湿加,应考虑以下几个因素:

(1)充填骨料在泵压膏体管道输送中应具有良好的可泵性;

(2)保证添加装置能稳定正常工作;

(3)满足采矿工艺对充填体强度的要求;

(4)应注意改善井下作业环境。

如果采用直接湿加时,应尽可能提高水泥浆浓度。因为充填体强度随水泥浆浓度提高而显著增长(表6.10和图6.16)。

表6.10　改变水泥浆浓度与胶结充填料浓度及强度的变化

序号	膏体泵送浓度/%	水泥浆浓度/%	胶结充填料浓度/%	水泥单耗/(kg/m³)	28天强度/MPa
1		60	77.7	209	2.63
2		62	78.1	210	2.76
3		64	78.4	211	2.89
4	80.5	66	78.7	212	3.01
5		68	79.0	213	3.12
6		70	79.3	214	3.23
7		72	79.5	214	3.33

注:分级 $m_{尾砂}$: $m_{碎石}$ =60:40。

当水泥浆浓度和非胶结膏体充填料浓度不变时,随着水泥加入量的增加,胶结膏体的浓度明显下降,加得越多,降低越多。当水泥添加量超过 200kg/m³ 时,充填体强度并未明显提高。这是因为水泥添加量的增加使胶结膏体的浓度下降。众所周知,膏体浓度是影响充填体强度的主要因素(图 6.17)。

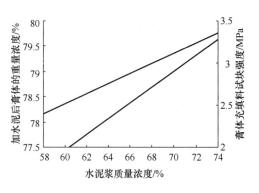

图 6.16 　湿加膏体充填料的强
度随水泥浆浓度的变化

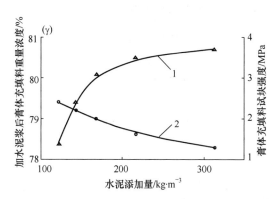

图 6.17 　湿加胶结充填料强
度随水泥添加量的变化

在膏体中直接湿加过多的水泥浆,不仅不能使充填体强度得到相应的提高,反而会造成不必要的水泥浪费和增加充填成本。为了提高充填体强度,可采用其他措施,如添加减水剂、采用水泥活化搅拌技术和提高水泥浆浓度等,从而挖掘水泥的潜力。

直接湿加水泥量、胶结充填料浓度和强度的关系见表 6.11。采用直接干加时,井下采区胶结充填料的浓度和强度随着水泥添加量的增加而有明显提高。但是,水泥干加装置和工艺条件不允许加入过多干水泥,因为膏体中加入过量干水泥将失去塑性,容易造成管道堵塞。根据试验分析,对金川 $m_{尾砂}:m_{碎石}=60:40$ 的胶结充填料,直接干加的水泥量不宜超过 180kg/m³。直接干加水泥添加量对充填浓度和强度的影响见表 6.11 和图 6.18。

表 6.11 　直接干加水泥添加量对充填浓度和强度的影响

序号	非胶结膏体泵送浓度/%	灰砂比	水泥添加量/(kg/m³)	胶结膏体浓度/%	膏体坍落度/cm	28 天强度/MPa
1	80.5	1:5	272	83	3.0	5.5
2	80.5	1:6	234	82.6	3.6	5.1
3	80.5	1:8	182	82.2	5.0	4.0
4	80.5	1:10	150	81.9	6.5	3.4
5	80.5	1:12	127	81.7	8.0	2.2

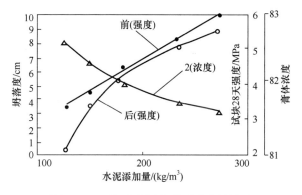

图 6.18 　干加水泥添加量对强度的影响

6.3.10　坑内水泥添加装置

坑内水泥添加装置没有标准设施可以采用。根据金川地表试验取得的经验,可采用泥浆泵加压和管道输送,将水泥浆送到距进路充填料浆出料口 30～50m 处的湿式水泥添加装置,与膏体混合后充入采空区。若在坑内添加干水泥,则将水泥气力输送到干式水泥喷射装置处,并要在混拌处另接一条压缩空气管助吹,将水泥与空气混合物喷入膏体管道中。干式水泥添加技术和装备比较复杂,还需进一步试验研究。

6.3.11　水泥浆制备与输送

金川膏体泵送充填系统采用了水泥地面制浆后输送到井下泵站添加水泥浆方式。地

图 6.19　金川地面泵站水泥制浆

面泵站建有 1000t 水泥储仓,供 3 套充填系统(即 1 套膏体泵送系统、2 套浆体自流系统)使用。水泥仓底部安装有可调速双管螺旋给料机,干水泥按设计要求定量进入双体水泥活化搅拌机,加水制备出浓度为 68% 的高浓度水泥浆,自流进入泵上的储浆槽,由 KOS2170 双缸液压活塞泵加压,经 ϕ100mm 水泥浆管道输送到 1250m 井下泵站,加入搅拌机与膏体混合后,再由 KSP140-HDR 泵泵入采场。金川地面泵站水泥制浆如图 6.19 所示。

这套水泥制浆与输送系统中,双体水泥活化搅拌机是专门研制的。KOS2170 型双缸液压活塞泵是利用膏体泵送充填试验留下的设备,配置能力显得有些过大(泵出口压力为 60bar,实用小于 20bar;输送量为 50m³/h,实为 17m³/h 左右),并带来输送管径也偏大。在井下泵站添加水泥浆时,可明显看出水泥浆时快时慢,甚至断续流入搅拌槽。这种现象会造成膏体中的水泥混拌不均,有待改进。

6.4　膏体泵送充填主体设备及选型

6.4.1　膏体输送泵

1907 年德国就开始研制混凝土泵并取得技术专利。直到 20 世纪 50 年代中期,德国的托克里特公司(Torkret)首先开发了采用水作工作液体的液压泵,使混凝土泵进入到新的发展阶段。1959 年施维因(Schwing)公司生产了世界上第 1 台全液压混凝土泵。这是采用油作为工作液体驱动活塞和阀门,使用后用压力水冲洗泵缸和输送管。由于全液压混凝土泵功率大、震动小、排量大、输送距离远,并可无级调速,活塞还能逆向动作,将输送管中将要堵塞的混凝土拌合物吸入工作缸中,以减少堵管事故。特别是物料分配阀的不断改进,使设计制造和泵送技术日趋完善,为大规模应用于工程实际创造了条件。

矿山膏体充填泵是在建筑工程混凝土泵的基础上发展起来的。由著名的德国混凝土

泵制造商——PM 公司与 Preussag 公司合作,在格隆德铅锌矿进行试验研究并取得成功。目前已在世界上许多国家的矿山得到推广应用。

1. 矿用膏体充填泵的选择

矿用膏体充填泵的选择应考虑矿山充填的以下技术特点:

(1) 泵送充填量大。单套系统年充填量一般为 10 万～20 万 m^3 甚至更大。

(2) 作业时间长。由于充填作业的不均衡性,多用于随采随充,必要时需 24h 连续作业。

(3) 泵压要求高。充填膏体的稠度和黏度大,因此输送阻力大,输送距离远,要求的泵压要高,这样才能满足高浓度料浆的远距离输送。

(4) 泵便于维修和更换。泵的易损件,如双孔板、摩擦环和活塞等要求耐磨性好,使用寿命长,容易维修和更换。

2. 主要配套部件的选择

(1) 分配阀。分配阀是关键部件,具有二位(吸料和排料)四通(通料斗、两个工作缸、输送管)的机能。泵送膏体充填料宜选用 S 阀(摇阀)或裙阀(摆阀),向上排泥宜选用盘阀(蝶阀)。

(2) 截止阀(门阀)。截止阀有液压的和手动的两种,一般安装在钻孔或垂直管下部拐弯处,根据需要选 1～2 个。

(3) 料浆储槽及附属搅拌装置。选好容积大小及高度,以便与给料设备配合安装。

(4) 清洗装置。根据需要选择液压加(清洗)球装置或高压水泵。

(5) 专用两通或三通接头管。便于膏体充填料井下分配。

我国在金川建成第一座矿山膏体充填系统。金川膏体泵站如图 6.20 所示,南非库基 3 号金矿膏体泵站如图 6.21 所示。

图 6.20　金川公司膏体泵站　　　　　图 6.21　南非库基 3 号金矿膏体泵站

3. 膏体充填泵选型原则

膏体充填泵选型一般应遵循以下 4 个原则。

(1) 永久性膏体工业生产系统不宜采用移动式混凝土泵(拖泵)。因为移动式混凝土泵缸体短、直径小,在扬程、输送量相同的条件下,冲程频率高、震动大、设备磨损快。例如,泵送流量 50m³/h 时,KOS2100 型固定式双缸活塞泵的工作缸冲程为 2100mm,缸径 230mm,每 1 次冲程理论排量为 0.0872m³。每次冲程时间为 6.28s 或 9.5 次/min。如采用 KOS1400 型移动式双缸活塞泵,冲程为 1400mm,输送缸直径为 180mm,每次冲程理论排量为 0.0356m³,每次冲程时间为 2.56s 或 23.4 次/min,显然后者频率要快得多,而且一般设计最快冲程为 3.6~4.0s,故不适于长时间连续作业。

(2)选择泵的输送量时,应以其铭牌理论输送量乘以 0.85~0.9 的系数,并且其对应的工作压力既不是最高工作压力,也不应是最低工作压力下的输送量。

(3)选择泵的压力时应留有一定的余地。各种不同物料组合的膏体有不同的流变特性,在泵压下其沿程摩擦阻力损失差别较大,应先通过试验或计算确定每米管道的压力损失值。压力损失的计算公式如下:

$$P = P_1 + (L + L_1)P_2 + \frac{H_1 r}{10} - \frac{H_2 r}{10} \tag{6.1}$$

式中,P 为系统所需泵压,Pa;P_1 为泵启动所需压力,20Pa;L 为全系统管线长(包括垂直、斜道长),m;L_1 为全部弯管、接头等管件折合水平管线的等效长度,m;P_2 为每米水平管道阻力损失,kPa/m;r 为膏体密度,kg/m³;H_1 为向上泵送高度,m;H_2 为向下泵送高度,m。

在没有试验数据的情况下,按 ϕ150mm 管径粗略估计系统所需泵压时,以水平直管为基准,其余管件折算成当量长度,参考经验指标为:泵的启动所需压力 2MPa;水平直管的管阻为 10~20m/1bar(预计管线阻力大取下限,反之则然)。即相当于输送阻力 0.5~1MPa/100m。垂直向上 4m/0.1MPa,垂直向下(10~20m/0.1MPa)×2/3。90°弯管 1 个/0.1MPa;45°弯管 2 个/0.1MPa;锥形管 1 个/0.1MPa;管接头 10 个/0.1MPa。

(4)电机功率的确定。应根据以上选定的流量、泵压、管径和输送距离确定,大功率泵应选用双电机+双液压泵组合。图 6.22 为 KOS2180 型泵的液压动力配置,图 6.23 为 KSP140-HDR 型泵的液压动力配置。

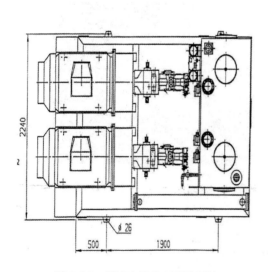

图 6.22 带减速箱的双机液压站

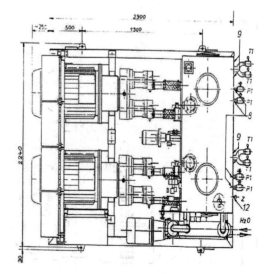

图 6.23 不带减速箱的双机液压站

4. 正排量泵(液压双缸活塞泵)的工作原理和性能

1) 泵的组成部分

矿用正排量泵由两大部分组成:双缸活塞泵和液压站。双缸活塞泵由料斗、液压缸及活塞、工作缸(膏体缸)、分配阀(换向阀门)、冷却槽以及自带搅拌器等组成。液压站主要由电动机、多组液压泵及液压管路系统(与缸体各动作部件用高压油管相联)、液压油箱及冷却系统、动力及电控操作系统等组成。

2) 工作原理

泵工作时,料斗内的膏体充填料在重力和液压活塞后退吸力作用下进入工作缸 1,然后液压系统中的压力油进出反向,与此同时,液压驱动分配阀换向,工作缸 2 中的液压活塞开始后退并吸入膏体充填料,而工作缸 1 中的液压活塞向前推挤膏体使其快速流入管道。如此反复动作,使膏体充填料源源不断地流入管道并继续向前运动。其工作原理如图 6.24 所示。

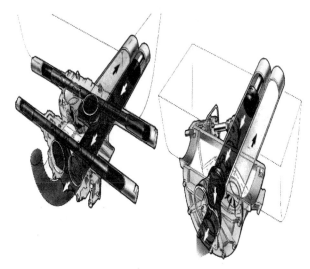

图 6.24　双缸活塞泵工作原理

膏体在管道中的流速取决于液压活塞往复运动的频率。当活塞推动膏体流动时,一个行程期间的膏体流速是一定的。设活塞行程时间为 t_1,分配阀门换向时间为 t_2,全行程流速为 v_{cp},产生流动的流速为 v,其表达式为

$$v=\left(1+\frac{t_2}{t_1}\right)v_{cp} \tag{6.2}$$

式中,t_2/t_1 的值随泵的缸体长度、阀门换向装置、膏体充填料的配比等条件而变化。一般建筑工程采用混凝土泵的 t_2/t_1 值为 0.2~0.3。金川矿用 PM 泵的比值为 0.1~0.15,比建筑工程的混凝土泵要小得多。原因是一般混凝土泵缸体长度为 1000~1400mm,而 PM 泵缸体长度达到 2100mm。Schwing 公司生产的 KSP 泵缸体长度为 3000mm,且换向时间更短,t_2/t_1 更小。液压活塞泵的压力曲线与流速关系如图 6.25 所示。

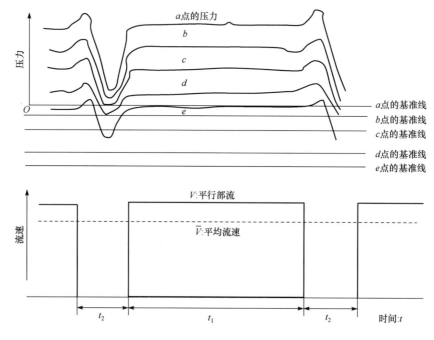

图 6.25　液压活塞泵压力曲线与流速关系

二矿区膏体充填系统建设时分别从德国 PM 公司和 Schwing 公司引进了 KOS2170
型 S 管泵和 KSP140-HDR 裙阀泵。KOS2170 型泵如图 6.26 所示。

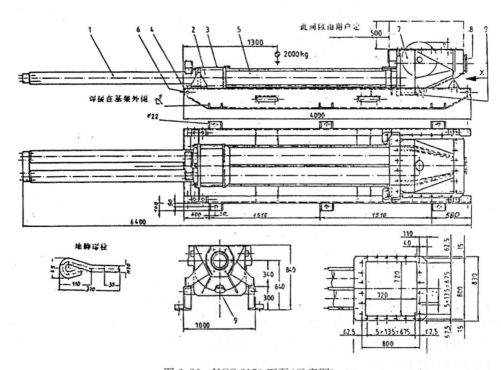

图 6.26　KOS 2170 型泵（示意图）

1. 减压缸；2. 水箱；3. 水箱盖；4. 基架；5. 输送缸；6. 起吊孔；7. 料斗；8. 排料口；9. 放料口

在地表膏体环管试验中用该泵测定膏体的流变参数及输送阻力,在生产中则用于地表水泥浆的输送。该泵理论最大排量 80m³/h,理论最大排出压力 7.5MPa,排料缸直径 230mm,活塞冲程 2100mm,外形尺寸为 6200mm×920mm×800mm,其他技术参数见表 6.12。

表 6.12　KOS-2170 型泵的主要技术参数

编号	内容	参数	编号	内容	参数	编号	内容	参数
1	主油泵高压/MPa	28	6	运转控制压力	开始 0.4MPa	11	空负荷时输送缸行程时间	3.6s
2	全速最大低压/MPa	2.5	7	运转控制压力	终了 2.2MPa	12	空负荷时油泵最大转速	1500rp/min
3	安全阀给进压力/MPa	3.4	8	S管剪切最大压力	12MPa	13	空负荷时电机最大转速	1500rpmin
4	开泵全速给进压力/MPa	2.6	9	蓄压器压力	9MPa	14	泵的最大理论输出压力	8.5MPa
5	油流量	45L/min	10	全速时搅拌器压力	9MPa			

KSP140-HDR 型泵如图 6.27 所示,在生产中用于地表及井下 1250m 接力泵站的膏体输送,其技术参数见表 6.13。

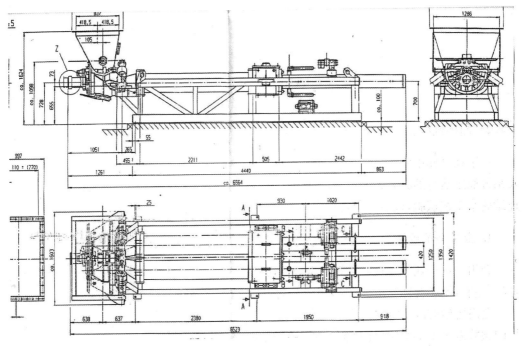

图 6.27　KSP140-HDR 型泵(示意图)

表 6.13　KSP140-HDR 泵技术参数

技术参数名称	指标
液压缸直径/mm	200
输送缸直径/mm	300
冲程长度/mm	2000
工作液压/MPa	27~29.25
排出口压力/MPa	12~13
液压比	2.25
油缸容积/L	62.83
排料缸容积/L	141.4
安装功率/kW	2×250
电机转速/rpm	1500
装备供油量/(L/min)	950
理论排料能力/(m³/h)	128.7
有效排料能力/(m³/h)	80
冲程次数/(次/min)	9.4~11.8
最大冲程次数(最大油量时)/(次/min)	15.1
每冲程时间/s	6.4~5.09
最短冲程时间(最大能力时)/s	4

6.4.2　尾砂连续脱水工艺及设备

由于在膏体中添加尾砂,尾砂给料量及含水率(或浓度)的稳定是保证膏体制备质量及系统稳定运行的必要条件。在前期试验研究及膏体系统建设过程中,进行了多项尾砂连续脱水工艺试验,最后选择水平真空带式过滤机进行尾砂连续脱水。

1. 金川全尾砂特点

金川一选厂处理龙首矿矿石,二选厂处理二矿区矿石。矿石以硫化矿为主,含镍品位 1.5% 左右,尾矿含镍品位 0.2%,尾砂相对密度 2.83~2.87,pH 为 6~7。

金川尾砂有两个特点:一是 MgO 含量高达 28% 左右;另一个是尾砂粒度很细,-200 目的颗粒占 81%,从而给尾砂制备带来很大困难。

2. 全尾砂脱水试验成果

开展的脱水试验与取得的成果有下面三个方面。

(1) 水平带式过滤机的模拟。当真空度为 0.058~0.066MPa、给矿浓度为 49.2%、滤饼水分为 23.5% 时,获得的平均生产能力达到 0.42t/(m² · h)。

(2) 盘式过滤机的模拟。采用一选厂尾砂试验,当真空度为 0.072~0.078MPa、给矿浓度为 40%、滤饼水分为 23.24% 时,获得的平均生产能力为 0.087t/(m² · h)。当温度加到 40℃,产量可提高到 0.15t/(m² · h)。而采用二选厂尾砂试验,在同样条件下,产出仅为 0.058t/(m² · h)。

(3) 絮凝剂对金川尾砂过滤无明显效果。

3. 全尾砂脱水意见和建议

在上述模拟试验的基础上,又分别开展了小型试验及工业性试验。根据试验,对金川全尾砂连续脱水工艺与设备提出以下意见和建议。

(1) 全尾砂脱水流程的设计应根据全尾砂的物化性质,特别是粒级组成及膏体充填工艺要求来确定。对黏度大、颗粒细、-20μm 细砂含量超过 30% 的全尾砂,采用高效浓缩机加过滤机的两段脱水流程为佳;

(2) 工业性脱水试验表明,单位面积的小时过滤能力以水平带式真空过滤机最高,盘式过滤机最低,圆筒折带式过滤机介于两者之间。

(3) 当真空度达到 0.06~0.07MPa,给料浓度达到 50% 以上,水平带式真空过滤机的生产能力会进一步提高。水平带式真空过滤机结构简单、操作灵活、动作可靠、运行平稳、安装及维修方便、生产费用低、使用寿命长,是金川尾砂脱水处理的首选机型,但其缺点是占地面积大、厂房投资大。

(4) 对日产矿石 500t 以下,膏体充填能力 20m³/h 左右的矿山,可选择国产 DZG15/1300 型水平带式真空过滤机,或 JYD3-25 型移动室水平带式真空过滤机,作为配套设备。当日产矿石提高到 500~1500t,膏体充填能力要求为 40~60m³/h 的矿山,选用 30~50m² 的水平带式真空过滤机作为配套设备。

金川二矿区膏体充填系统采用了两台专门研制的 DU30/1800 固定室带式真空过滤机,其工作原理是真空盒与滤带间构成运动密封,滤带在真空盒上移动,从而克服了移动室带式过滤机每动作一次都要卸掉真空、消耗能源的缺点,实现了连续过滤。生产过程的过滤、洗涤、脱水、卸料、滤布清洗,可随滤布运行依次完成。要处理的料浆首先经过进料装置均匀分布到移动的滤带上。料浆在真空的作用下进行过滤,抽滤后形成的滤饼运行至滤布转向处依靠自重卸掉,滤带和滤布在返回时经洗涤获得再次利用。固定室水平带式真空过滤机工作原理如图 6.28 所示,其结构示意图如图 6.29 所示,其生产现场照片如图 6.30 所示。

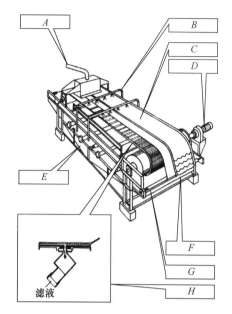

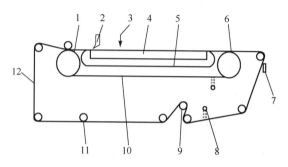

图 6.28　固定室水平带式真空过滤机工作
原理图(尾砂滤饼不需洗涤)

A. 料浆从过滤面的上部一端供给;B. 滤饼洗涤水;
C. 滤布及滤饼随胶带同时运行;D. 带速可调;
E. 滤液集于真空箱排到真空罐;F. 脱水滤液卸料;
G. 与胶带分离的滤布清洗;
H. 胶带与真空箱间耐磨导向滑板保持真空度

图 6.29　固定室水平带式真空过滤机结构示意图
1. 从动辊;2. 进料;3. 洗水;4. 真空箱;5. 摩擦带;
6. 驱动辊;7. 滤饼;8. 洗涤装置;9. 滤布张紧;
10. 橡胶带;11. 滤布调偏;12. 滤布

(a)德国格隆德矿32m²水平带式真空过滤机　　(b)金川膏体充填系统30m²水平带式真空过滤机

图 6.30　水平带式真空过滤机现场生产图

4. 水平真空带式过滤机技术参数

水平真空带式过滤机的技术参数为:过滤面积为 30m²;滤带有效宽度:1800mm;滤带速度为 0.5～5m/min;真空度 0.053MPa;电机功率 11kW;气源压力 0.4MPa;真空耗量(当真实度为 0.053MPa 时)为 60m³/min;滤布再生水耗量为 10L/min;外形尺寸 22.3m×4.65m×3.59m;设备总质量 22t。

6.4.3　两段连续搅拌工艺与设备

在充填料制备和充填系统布局中,搅拌技术及设备占有重要地位。搅拌效果是影响充填质量和管道输送的重要环节,对于高浓度浆体和尾砂膏体充填料的作用更为突出。例如,金川二矿区高浓度料浆管道自流输送充填系统采用高浓度强力搅拌槽,凡口铅锌矿全尾砂高浓度自流充填系统采用强力活化搅拌机进行搅拌。

1. 搅拌形式与工艺

制备膏体时,连续搅拌作业要求按设计要求准确进行物料定量。同时,连续稳定地给入搅拌机,并连续定量加入清水,经过连续搅拌机不间断的混合、搅拌、排料,进入膏体输送泵的受料斗。根据采矿工程工艺要求和物料配比,连续搅拌作业分为一段流程和两段流程。

(1) 一段搅拌。一段搅拌流程只用一台连续搅拌机混合物料,并不间断地给入膏体输送泵的受料斗。这种搅拌流程用于单一全尾砂浆泵送。

(2) 两段搅拌。两段搅拌流程适用于膏体混合料的搅拌,特别对于加入粗骨料的浆体,必须采用两段搅拌。其中第一段搅拌可采用间断搅拌机或连续搅拌机;第二段搅拌多为具有搅拌、储存及输送功能的连续搅拌机。所以第二段搅拌机一般容积较大,国外常用 $5\sim20m^3$。目前国内最大容积为 $5m^3$。

2. 搅拌工艺与参数控制

搅拌质量和生产能力要满足工艺要求,必须控制混合物料的给入条件。更重要的是实现连续给料且均匀稳定。当加入多种物料时,应严格按照设计要求配比同步均衡给料。对粉尘污染严重的某些物料,如水泥、飞灰等可预先密封浆化,再与其他组分混合。既要保证搅拌质量,又要缩短搅拌时间。

由于连续搅拌机一般都缺少对给料的前后调控能力,也难以在极短时间(从给料到排料)纠正不合格膏体进入输送泵的进料斗。因此,对混合物料给料设备选择与给料控制就显得十分重要。这一点往往被人们所忽视,有些专家认为可以延长搅拌时间或更改二段搅拌为三段搅拌来提高混合质量,采用最先进的检测仪表对膏体进行精确测定,而不是首先对各种混合物料进行准确给定和配比控制,包括对膏体十分敏感的水的定量监控,这实际上是一种误解。因为给料不准或未按设计要求给料,搅拌时间再长,搅拌段数再多也无济于事。对膏体的浓度、流量测定十分准确,也不一定制备出满足工艺要求的合格膏体。要精确控制的是给料端,其次才是排料端。

3. 金川膏体专用搅拌设备开发

二矿区膏体连续混合搅拌机是为实施国家科技攻关计划,针对散粒或块状固体物料与少量水混合而开发研制的 ATD 系列专用搅拌设备。

金川膏体泵送充填专门研制的搅拌机,采用两段连续搅拌,一段为 ATD-600 双轴叶片式搅拌机,二段为 ATDⅢ-700 双螺旋搅拌输送机。

1) ATD-600 双轴叶片式搅拌机

驱动电机经减速后通过齿轮箱带动双轴同步运转。两根轴水平配置,并装有多组交叉叶片,轴上叶片随轴旋转。各种物料由给料口加入槽体内,经双轴叶片搅拌向前边混合边推进,最后从排料端排出。电机转速采用变频调速控制,运转中根据物料情况选择最佳运行条件。叶片形状和角度可根据不同性质优化选用。试验证明,适当增加转速,减小单位时间推进距离,可适当增加搅拌时间并强化混合搅拌作用。其主要技术参数见表 6.14。

表 6.14　ATD-600 双轴叶片式搅拌机主要技术参数

序号	名称		单位	参数
1	槽体尺寸:长×宽×高		mm×mm×mm	4100×1060×900
2	槽体最大容积		m³	2.5
3	生产能力		m³/h	35~80
4	叶片直径		mm	600
5	轴转速		r/min	30~66
6	电机减速器	功率	kW	37
		速比	1	14.5
7	变频器	适用电机功率	kW	37
		额定输出电流	A	75
		允许电压变动	V/50f	342~418
		型号		—
8	最大给料粒度		mm	30
9	设备质量		kg	6500

2) ATDⅢ-700 型双螺旋搅拌输送机

槽体中水平布置两个并列的螺旋轴,每根轴上装有一大(外螺旋)一小(内螺旋)两个螺旋叶片,其旋转方向相反。工作时,如外螺旋向前推进,内螺旋则反向使其内部物料向后运动,从而强化槽中物料搅拌混合。两根螺旋轴分别由两台减速电机驱动,电机由变频器控制调速。左右螺旋可以同时同速向前推进搅拌混合物料,也可以不同速度推进物料,这样可加强物料在槽中的搅拌混合。必要时(如因小故障暂短时间停止向输送泵进料),可使两个螺旋以不同方向旋转,在此操作和不停止供料条件下,在短暂时间内物料在槽内形成循环流动。如果发现混合物料制备膏体过干或过稀,也可对此项操作作一些临时调节。

总之,这种设计操作可在运转中变速、变向十分灵活方便,并且实测功率消耗仅为安装功率 50% 以下,可满足负荷启动的要求,使二段搅拌输送达到更进一步混合搅拌、储存和输送物料的目的。设备主要技术参数见表 6.15。

表 6.15　ATDⅢ-700 型双螺旋搅拌输送机主要技术参数

序号	名称		单位	参数
1	槽体尺寸:长×宽×高		mm×mm×mm	6020×1400×900
2	槽体最大容积		m³	5
3	生产能力		m³/h	35~90
4	叶片直径		mm	700
5	轴转速		r/min	20~50
6	电机减速器	功率	kW	30×2
		速比	1	14.5
7	变频器	适用电机功率	kW	37
		额定输出电流	A	60
		允许电压变动	V/50f	342~418
		型号		
8	最大给料粒度		mm	30
9	设备质量		kg	—
10	辅助搅拌器叶片直径		mm	400
11	辅助搅拌器电机功率		kW	4

3) 搅拌设备设计参数的确定

(1) 转速与搅拌时间设计。为保证物料在槽体中搅拌输送,螺旋叶片圆周切线速度不宜过大,以免物料被甩出叶片。物料的圆周运动是由物料与叶片间的摩擦力维持的。当确定物料性质和输送量之后,可按实际配置需要选取螺旋直径 d、螺旋轴向输送速度和转速。对于黏性和易结块的物料,则螺旋叶片应采用不等螺线,使轴向速度特别是靠内侧轴向速度大于叶片端部的速度,这样有助于物料的松散,防止物料黏轴。

物料在搅拌机中的搅拌时间由下式确定:

$$t=\frac{L}{nT}k_1 \tag{6.3}$$

式中,t 为搅拌时间;T 为轴转动一圈推进物料的距离,即螺距,m;n 为搅拌轴转速,r/min;L 为搅拌槽有效长度,m;k_1 为系数。

在槽体内物料不超出叶片条件下,最长搅拌时间为

$$t_{max}=\frac{V_{max}}{Q}k_2 \tag{6.4}$$

式中,V_{max} 为槽体有效容积,m³;Q 为物料给入体积量,m³/min;k_2 为系数。

在实际矿山工程中,槽体体积和搅拌时间应根据矿山的生产能力、物料级配和物料性质决定,比较可靠的决策应建立在模拟放大的实验数据的基础上。

(2) 搅拌功率的确定。搅拌机的总功率是在设计速度下移动物料所需功率和克服摩擦阻力所消耗功率之和。摩擦阻力包括物料与槽体之间、物料与物料之间、物料与叶片之间的摩擦力。摩擦功率由下式确定:

$$P_f = \frac{10^{-3} N f n T}{60} + \frac{Mn}{9550} \tag{6.5}$$

式中，P_f 为摩擦功率，kW；T 为导程，m；n 为转速，r/min；N 为物料对槽体的压力，N；M 为螺旋叶片间的摩擦力矩，N·m；f 为摩擦系数。

搅拌机槽体设计为 U 形，物料对槽壁产生的正压力 N 为角度的函数，而摩擦力矩 M 为叶片半径 r 的函数，故上式可近似改写为

$$P_f = nmgf \left[3.3 \times 10^{-5} T + \frac{3.5 \times 10^{-5} \times (r_2^3 - r_1^3)\cos\theta}{R^2 \sin(\alpha + \theta)} \right] \tag{6.6}$$

有效功率 P_y 为

$$P_y = \frac{10^{-3} mgnT}{60\tan(\alpha + \theta)} \tag{6.7}$$

驱动功率 P 为

$$P = \frac{(P_y + P_f)}{1/\eta} \tag{6.8}$$

式中，η 为总效率。

由此搅拌机的驱动功率 P 为

$$P = \frac{\left\{ \frac{10^{-3} mgnT}{60\tan(\alpha + \theta)} + nmgf \left[3.3 \times 10^{-5} T + \frac{3.5 \times 10^{-5} \times (r_2^3 - r_1^3)\cos\theta}{R^2 \sin(\alpha + \theta)} \right] \right\}}{\eta} \tag{6.9}$$

以上公式中的系数随物料黏度及其性质变化而变化。对新设备的研制一般采用小型试验，获得相关参数后再模拟放大。

6.4.4　水泥高速活化强力搅拌机

1. 高速活化搅拌的作用和效果

在矿山充填物料中往往含有较大比例的微细颗粒物料，如全尾砂中−200 目甚至更细的−325 目或−425 目颗粒、水泥及粉煤灰中的微细颗粒（−0.02mm 约占 50%）等，特别是干粉状微细颗粒和水相互作用易产生凝聚现象而成絮团状结构。采用普通搅拌机很难混合均匀，更不易将水泥的絮团状结构打破。这种不均匀的絮团混杂在充填料浆中，对充填料浆的输送产生不利影响。同时，水泥等胶结剂不能充分水化，从而影响充填体强度。

为了解决此问题，可采用高速活化（强力）搅拌机进行高速强力搅拌。高速活化搅拌机由一个圆筒形外壳和搅拌转子组成，转子由筒内轴上两端壁安装的两个圆盘及按同心圆分布在圆盘间的多根横杆构成。为保证充填料各种组分得到较好的混合，按同心圆布置的横杆分内外层，并相互错开 15°～20°。此外，在圆筒外壳的内壁上布置固定横杆，以防止壳体磨损。尾砂、水泥和水等物料由进料口进入后，经转子内外圈横杆高速旋转作用，使物料以不同速度、不同方向运动。由于较大的撞击作用，充填物料颗粒与颗粒之间的内聚力急剧减小，促使充填物料变为溶胶状态。充填料的均匀化，水泥絮团状结构破坏从而增加了活性，最终提高了充填体强度，实现节约水泥和降低充填成本的目的。

高速活化搅拌机可专用于搅拌水泥浆，也可用于搅拌高浓度全尾砂水泥浆，但用于后者作第二段搅拌时，更显得能耗高，设备磨损快。

　　实践证明,从双轴叶片式搅拌槽流出来的充填料浆,仍然存在一些全尾砂团块。经过高速搅拌机处理后,团块现象明显消除,浆体坍落度提高 4%～7.5%。由于高速搅拌使固体颗粒碰撞,破坏水泥絮团结构而使水泥颗粒露出新的表面,加强了水泥水化反应,使充填体强度有较大提高。例如,灰砂比为 1:5 时,28 天抗压强度提高了 10.56%;当灰砂比为 1:10 时,充填体强度平均提高 16.13%。在相同强度条件下,将料浆浓度由 70% 提高到 78%,并采用高速搅拌机处理水泥砂浆,则水泥用量可从 275kg/m³ 降低至 150kg/m³。

　　若将搅拌转子的转速由 1470r/min 降低到 735r/min,则可显著地减小转子的磨损,但也会影响坍落度和强度的增长。

　　2. 新型水泥活化搅拌机

　　金川膏体泵送充填系统设计采用地表制备水泥浆并用 KOS2170 型泵输送至井下接力泵站的水泥添加工艺。为了使水泥浆搅拌均匀,金川公司和北京有色冶金设计研究总院合作研制了新型强力活化水泥搅拌机并进行了工业试验。

　　1) 结构设计与工作原理

　　该设备由驱动部件、双联槽体、主轴、组合式搅拌器、机架 5 部分组成(图 6.31)。

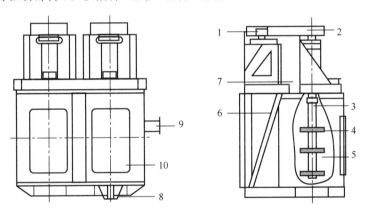

图 6.31　水泥浆活化搅拌机结构图

1.电动机；2.传动皮带；3.主轴；4.组合搅拌器；5.槽体；6.机架；7.进料口；8.清洗放砂口；9.出料口；10.检修口

　　图 6.31 所示搅拌机槽体由双联桶体组成,中间隔板下部设有连通方孔,槽侧壁和槽底装有阻尼板和防垢板。槽体中间分别安装了两套独立的驱动和搅拌装置,搅拌装置由一对改进型开启式涡轮和圆盘式涡轮组成。

　　搅拌装置分别由各自的驱动部件带动高速旋转,在槽内形成了几个不同的状态区:吸入分散区、对流循环区、剪切流区和附加剪切场。干粉状水泥由槽体上部加入,经吸入分散区迅速溶入水中形成浆体。在该区域内水分被吸附到水泥表面,达到初步润湿,但由于水的表面张力作用,容易在水泥絮团和水泥颗粒表面形成水膜,阻止了进一步水化作用。当浆体进入对流循环区、剪切流区和附加剪切场后,水泥颗粒受到来自不同方向、不同速度的剪切流、剪切力、夹带力和碰撞力的反复作用,破坏了水泥颗粒表面的表面张力,暴露出新的水泥颗粒表面,使水分向水泥颗粒或水泥絮团深部渗透,促进水泥充分水化,发挥了水泥自有的潜力,从而达到节约水泥、提高充填体强度的目的。

2）技术参数的设计

膏体充填系统要求水泥浆浓度为 68%～70%。如此高的细粒浆体浓度采用普通轴流式搅拌器无法满足生产要求。针对这种物料的特点，设计通过强制对流作用下的强制扩散过程才能达到目的。所以采用了改进型开启式涡轮和圆盘式涡轮组成的搅拌装置。

强制扩散过程实际是主体对流扩散、涡流扩散、分子扩散的综合作用。主体对流扩散使水泥成"团块"溶入液体，涡流扩散和分子扩散使"团块"不断微细化并与水发生作用。对于宏观混合而言，涡流扩散混合的速度比主体对流扩散快得多。由于漩涡运动是湍流运动的本质，因此涡流扩散速率取决于被搅拌液体的湍流状态，湍流程度越高，混合速率越快。此外，上述搅拌装置产生的径向流对于盘式平叶片涡轮有增强的辅助搅拌作用。因为在每个叶片的背后、圆盘上下两侧还可产生一对拖尾漩涡，这个漩涡流造成一个附加的剪力场。拖尾漩涡碰到槽体内壁或挡板等障碍物后，又被打碎成无数小漩涡形成强烈的"真湍动"，强化了物料的混拌。涡轮搅拌器的这种特点，对于不同操作要求具有良好的适应性，对于浓度高、黏度大的浆体，其搅拌效果优于螺旋桨。

搅拌器、浆体密度以及槽体几何尺寸等相关参数确定之后，设定装置中各项尺寸和叶轮直径有一定的比例关系，则叶轮消耗功率 P 为上述诸变数的函数。假定流动变为湍流状态时，功率可根据下式近似估算：

$$P = N_p \gamma n^3 D^5 \qquad (6.10)$$

式中，P 为消耗功率，W；N_p 为功率准数；γ 为浆体密度，kg/m^3；n 为转速，r/s；D 为叶轮直径，mm。

金川新型水泥活化搅拌机主要技术参数见表 6.16。

表 6.16　水泥浆活化搅拌机技术参数

名称	单位	参数
直径×高度	mm×mm×mm	1000×1400×2
有效容积	m³	0.75×2
介质质量分数	%	<70
叶轮直径	mm	340
转速	r/min	500/526；566/606
电机功率	kW	30×2；45×2
浆料滞留时间	min	5
设备质量	kg	4200

6.5　膏体泵送充填系统调试存在的问题

金川膏体泵送充填系统于 1999 年 8 月建成后，在调试过程中，其供料系统、搅拌系统和输送系统逐渐暴露出诸多技术问题，致使该系统在较长时间内一直未能实现正常生产。

　　2003 年 7 月,金川矿山着手对膏体充填系统进行技术改造,于 2006 年 6 月成立了尾砂膏体泵送充填系统达产达标技术攻关课题组。经过 5 年的研究探索、试验和改造,逐步解决了制约膏体正常充填的尾砂供料不稳定、水泥添加系统不连续、搅拌槽轴端磨损和泄漏以及料浆质量无法达标等关键技术难题,2008 年尾砂膏体泵送充填量 20 万 m^3、全年尾砂利用量 10.82 万 t、废水利用量 5 万 m^3,实现了达产达标及节能减排目标。

　　膏体泵送充填工艺系统包括供料系统、搅拌系统和输送系统 3 个部分,具体由地表非胶结膏体制备及泵压管道输送系统、地表水泥活化搅拌及泵压输送系统和井下胶结膏体制备及泵压输送系统 3 个工艺环节构成。在地表将尾砂、粉煤灰、棒磨砂和水配制成质量分数为 79%～81% 的非胶结膏体,用 KSP140HDR 液压泵输送到井下 1250m 水平接力泵站。同时在地表将水泥配成质量分数为 65%～68% 的水泥浆,用 KOS2170 泵输送到井下 1250m 水平接力泵站。1250m 水平接力泵站负责将非胶结膏体与水泥浆混合搅拌后形成胶结膏体,再用设在该接力泵站的 KSP140-HDR 液压泵输送到采场完成充填作业。

　　膏体泵送充填系统调试过程中存在的问题主要体现在以下 7 个方面。

1. 尾砂供料系统存在的问题

　　尾砂供料程序是:选矿厂的全尾砂经过旋流器分级后采用油隔离泵输送到二矿区的立式尾砂储存仓,经自然沉降后排出多余的废水待用。充填作业时,通过在尾砂仓底部造浆喷嘴处加入高压清水,将仓中待用的尾砂制成质量分数为 65% 的浆体(图 6.32),通过调节阀放入 $\phi2m \times 2.5m$ 的两个缓冲搅拌桶内。经连续搅拌后由两台可控制的真空泵将尾砂浆送到过滤能力为台效 24t/h 的两台真空带式过滤机脱水(图 6.33),形成含水量小于 25% 的尾砂滤饼,再通过皮带运送到搅拌槽(图 6.34)。但在实际生产中,尾砂仓内放出的尾砂浆的流量和浓度均变化较大,这一方面导致缓冲搅拌桶的作用失效;另一方面造成过滤系统的过滤效果时好时坏,稳定性及连续性差,形成的尾砂滤饼含水量和物料量均满足不了设计要求。

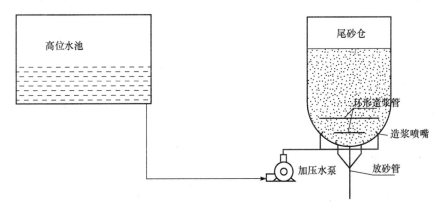

图 6.32　尾砂仓外高压水制浆工艺流程图

图 6.33　尾砂过滤机脱水系统照片

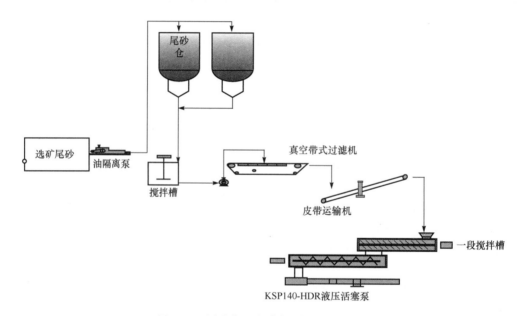

图 6.34　尾砂浆过滤脱水添加工艺流程图

2. 水泥添加系统存在的问题

1) 搅拌桶内壁挂灰

活化搅拌桶内壁挂灰严重,每充填一次,仓内壁就挂灰一次。当充填 3~5 次后就必须进行清理;否则桶内空间的缩小会使水泥的下灰量无法满足生产要求。活化搅拌的水泥浆浓度设计要求 68%,但实际生产中只能达到 50%左右。活化搅拌系统的水泥添加量的设计要求达到 18~25t/h,实际生产中由于下灰口易堵和桶内壁挂灰原因无法达到要求,造成了膏体料浆的强度达不到质量要求(图 6.35 和图 6.36)。

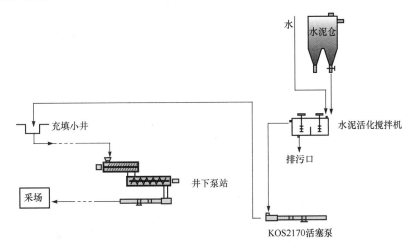

图 6.35　水泥添加工艺流程图

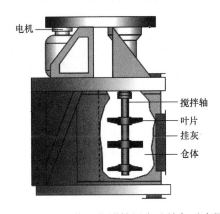

图6.36　水泥浆活化搅拌桶内壁挂灰示意图

2）水泥浆输送堵管

1999～2003 年，膏体充填累计量约 1.5 万 m³。由于水泥浆输送管路堵塞严重，（图 6.37），连续 3 次更换水泥浆输送管路，平均每充填 5000m³ 就要更换 1 次水泥浆输送管路。从地表到 1250m 接力泵站的水泥浆管路总长 1300m 左右，除去 400m 长的充填钻孔，每次需更换 900m 长的 φ108mm 水泥浆输送钢管，从而消耗了大量的材料费和人工费用。

图 6.37　水泥浆输送管路堵塞照片

3. 搅拌槽存在的问题

1）搅拌槽轴头泄漏和磨损严重

膏体充填系统的主搅拌为 ATDⅢ-700 型双螺旋搅拌输送机。搅拌槽的搅拌轴与双螺旋装配后总质量为 3520kg,主要由设在搅拌槽体上的密封腔和外部两端的 4 个轴承座支撑。在生产过程中,由于受槽内料浆压力的作用,料浆极易进入轴端密封腔,从而对轴产生严重的磨损,使得每充填 1500m³ 左右就磨损报废 4 根搅拌轴,成为制约膏体充填连续生产的关键因素之一(图 6.38 和图 6.39)。

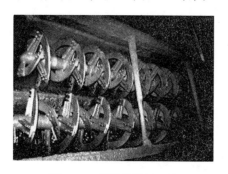

图 6.38　搅拌槽搅拌工艺

图 6.39　搅拌轴头磨损图

2）搅拌槽满槽漫溢现象严重

一段搅拌槽的最大容积为 2.5m³,设计生产能力为 35～80m³/h。二段搅拌槽的最大容积为 5m³,设计生产能力为 35～90m³/h。设计中为了提高膏体料浆的搅拌程度,提高输送泵在工作过程中的料浆吸入率和避免空气吸入泵体,要求二段搅拌槽的液位高度不能低于 350mm(搅拌叶轮直径的一半)。所以,理论上搅拌槽有效调控能力计算值为 2.3m³。实际生产中,二段搅拌槽的液位通常处于 700～800mm,有效缓冲的容积量不足 1m³。当尾砂、棒磨砂、粉煤灰的来料供应不稳定时,就会造成搅拌槽中的料浆溢流。

4. 两级泵站衔接问题

1）电器故障

置于井下泵站用于控制 KSP140-HDR 泵的配电控制系统接触器及传感器较多。由于井下潮湿的恶劣环境,使得部分元件锈蚀及接触不良,造成泵的供电及控制经常出现中断或误指令。

2）搅拌槽溢流

井下搅拌槽直接接受地表管路的输料,由于没有任何缓冲受料槽,使得该搅拌槽在运行过程中经常出现溢流或者断流现象。

3）管理衔接

由于井下与地表只能用电话联系,故地表泵站启动后,井下泵站的操作与地表无法有效衔接。通信一旦出现短暂故障,上下两泵站就出现了管理空白,井下泵站出现故障就会造成泵站内大量溢流,管理矛盾十分突出。

5. 输送管路存在问题

膏体输送的主管路泄漏和爆管事故频繁,2003 年 7 月至 2004 年 3 月,采场塑料管爆裂造成事故停车 9 次,快速接头泄漏造成堵管事故停车 3 次,三通盲板爆裂造成事故停车 2 次。表 6.17 给出了部分事故记录。

表 6.17　膏体充填管路爆裂事故部分记录

日期	充填地点	开/停车时间	事故记录
2003.8.29	五工区五盘区 39# 进路接顶充填	12:40 开车 15:30 停车	15:30,1250m 水平 16 行输送 管路接头泄漏,事故停车
2003.9.1	四工区二盘区 28# 进路接顶充填	12:00 开车 13:40 停车	13:10,采场塑料管爆裂, 事故停车
2003.9.3	四工区二盘区川脉道和 31# 进路接顶充填	11:00 开车 13:30 停车	13:00 采场塑料管爆裂, 事故停车
2003.9.10	五工区五盘区 9# 进路打底充填	11:30 开车 12:30 停车	12:10,1250m 水平钻孔处 三通盲板爆裂,事故停车
2003.9.26	四工区二盘区 1# 进路二次充填	18:00 开车 20:30 停车	20:00,1250m 水平 16 川下钻孔处的 弯管打爆,1250m 泵站前面的快速 接头打爆,事故停车
2003.10.3	四工区一盘区 38# 进路二次充填	12:30 开车 13:30 停车	13:30,1250m 水平泵站前面 直管段处快速接头打爆,事故停车
2004.1.8	五工区四盘区 3# 进路打底充填	11:00 开车 16:35 停车	12:44 采场塑料管爆裂,停车换管子,14:20 接好 继续充填,16:15 采场塑料管再次爆裂
2004.1.14	五工区四盘区 3# 进路二次充填	11:40 开车 12:50 停车	12:40 采场塑料管爆裂,停车,改自流充填
2004.1.15	四工区三盘区 32# 进路二次充填	15:40 开车 17:50 停车	16:45 采场塑料管爆裂,停车,改自流充填

6. 污水排放问题

设计要求选矿厂输送到二矿区的尾砂浆浓度为 50%,由于输送前后要对管路进行润滑和清洗,实际输送到二矿区尾砂仓中的尾砂综合浓度远低于 50%。进入尾砂仓沉淀后,需要将仓内上部的废水抽出排放到室外地沟,废水排放极易造成地沟堵塞,经常溢流到矿山公路上,造成道路严重污染。同时,大量的废水排放到室外还会造成水资源严重浪费,与金川节水政策不吻合(图 6.40)。

图 6.40　尾砂废水排入地沟照片

7. 膏体料浆质量问题

设计要求非胶结膏体的浓度达到 79%～81%,添加水泥浆后胶结膏体的浓度达到 77%～79%。但由于尾砂和水泥浆的供料浓度不稳定,棒磨砂本身具有一定的含水量,配制出的膏体料浆浓度达不到设计标准,膏体料浆的坍落度和强度也达不到要求,这会给矿山井下的安全生产造成隐患,为此井下各采矿工区难以接受进路采用膏体充填。

6.6　膏体泵送充填系统改造与优化

针对膏体充填系统的使用现状,对膏体充填各系统存在的问题进行分析研究和技术改造。从总体来看,尾砂膏体充填工艺系统长期处于不正常的生产状态,主要是尾砂供料系统存在严重缺陷、水泥浆制备与输送系统不合理、搅拌槽搅拌结构不适应制备高浓度料浆、膏体料浆输送系统环节多等多种原因造成的。解决膏体充填系统存在的问题,使膏体充填工艺系统投入正常运行,必须对原系统进行较大幅度的简化和优化。对于实践中证明不合理的工艺环节进行整改。为此,研究提出了"简化工艺、改进结构、调整环节、优化系统"的技术改造指导思想,制订了各个系统的技术整改方案。

6.6.1　尾砂供料系统技术改造

1. 原因分析

造成尾砂放砂浓度波动大、流量不稳定和过滤机无法过滤的根本原因是从尾砂仓放出来的分级尾砂粒度前后不一致。设计要求分级尾砂中−30μm 细颗粒的含量要控制在 10%～20%,但从尾砂仓放出来的尾砂抽样检测的结果来看,分级尾砂的粒度级配波动较大,有时候粒度级配偏粗,有时候粒度级配偏细。当放砂系统放出粒度偏细的尾砂时,就导致了放砂浓度、放砂流量极不稳定,进而造成过滤机系统无法过滤,从而导致非正常停车。

导致尾砂仓中的尾砂粒度分布不均匀的原因是选矿厂输送到二矿区的合格尾砂进入

尾砂仓后会产生自然分级沉降,尾砂仓的下部是颗粒较粗的尾砂,而上部特别是表层是颗粒粒度很细的尾砂。尾砂仓要经过多次反复进砂、沉降、排水、再进砂才能装满,尾砂仓中的尾砂多次分级、自然沉降,这一现象无法消除。

从尾砂供料环节分析,选矿厂输送到二矿区的尾砂浆进入立式砂仓后要沉淀排水,在充填时要往立式尾砂仓中注水制浆。制浆后的尾砂浆又要通过过滤机脱水,脱水后的尾砂滤饼进入搅拌槽以后,又要往搅拌槽里加水配制成尾砂膏体料浆。这是一个多次脱水、又多次加水的工艺过程,存在做无用功的环节。

2. 技术改造实施方案

1) 第一整改方案

第一整改方案采用部分过滤脱水和部分直接添加方案。具体方案如下:取消过滤机前的两个缓冲搅拌桶,将尾砂浆分成两路。一路进入过滤机,另一路直接进入搅拌槽。由于两套缓冲搅拌桶的来料量完全由放砂浓度和放砂流量控制,自身起不到缓冲调节作用。这两套缓冲搅拌桶需要两套调频装置和两台渣浆泵输送,从而增加了操作环节,设备投入和人力资源消耗过大。所以经过研究,取消了这两套缓冲搅拌桶。尾砂浆是先通过过滤机脱水后才进入搅拌槽的,由于尾砂的自身质量和尾砂仓的放砂质量不能百分之百地得到保证,过滤机的过滤效果和过滤能力始终得不到百分之百的保证。为了确保过滤机对不同品质的尾砂都能起到过滤效果,曾经对过滤机的滤布、真空泵和滤布喷嘴等进行多次技术整改,但结果都无济于事。最后采取了变通的办法,即将尾砂仓放出的尾砂浆通过三通阀分成两部分:一部分通过过滤机进入搅拌槽,另一部分直接进入搅拌槽。在尾砂质量好的时候,通过过滤机过滤,在尾砂质量差的时候,一部分通过过滤机过滤,另一部分直接进入搅拌槽。对实施后的系统进行的试验结果显示,系统的来料不稳定、过滤机脱水失效造成事故停车的问题解决了,但进入搅拌槽的尾砂时而是滤饼、时而又是浆体,造成了非胶结膏体料浆的浓度难以控制的问题,严重影响了膏体料浆的充填质量。

2) 第二整改方案

第二整改方案采用全部以浆体形式添加方案,具体方案如下:鉴于第一方案存在的问题,决定彻底淘汰过滤机,将尾砂浆全部以浆体的形式直接加入搅拌槽。这一改造方案实施后,搅拌槽的浓度控制有所缓解。但由于尾砂浆的浓度偏低、并且波动幅度较大,再加上棒磨砂中也含有 10% 左右的水分,搅拌槽中的料浆达不到膏体料浆的质量分数要求。

3) 第三整改方案

方案一和方案二之所以没有成功,其根本原因是没有解决尾砂仓放砂不稳定和放砂浓度波动过大的问题。要解决放砂的问题,首先必须解决尾砂仓中尾砂的自然分级沉降的问题。为此确定了第三整改方案,即风水联合制浆和循环水制浆方案。

风水联合制浆方案是在尾砂仓底部的高压水制浆系统中并入高压风,在制浆过程中,先通过高压风将尾砂仓中的尾砂彻底搅拌起来;然后再加水调整放砂浓度,从而实现尾砂浆的稳定放砂和连续放砂(图 6.41)。这一方案实施后,尾砂浆的放砂浓度能够控制在65% 以上,甚至达到 68% 以上,并且连续稳定。但另一方面却又出现了新的问题,高压风进入后形成的空气气泡进入了放砂管道,造成了放砂流量计及浓度计的测量数据失真,影响了膏体料浆的计算机配置系统。

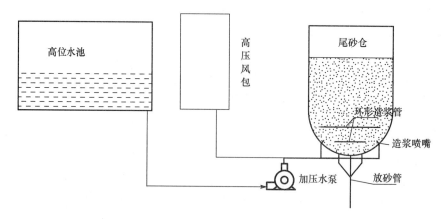

图 6.41　风水联合制浆工艺流程图

4) 循环水制浆方案

当尾砂仓装满后,测量尾砂仓中的尾砂量和水量,计算所需要的尾砂浆浓度,排出多余的水分,在尾砂仓顶安装一台砂浆泵,泵的出口接入砂仓底部的制浆系统。充填时,通过砂浆泵利用尾砂仓中自身的水循环制浆(图 6.42)。

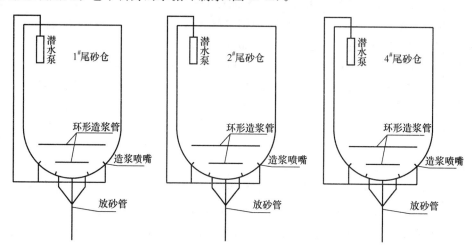

图 6.42　循环水制浆工艺流程图

这一方案实施后,能够把尾砂仓中的尾砂全部循环搅动起来,破坏尾砂仓中尾砂的自然分层结构,实现了尾砂仓中尾砂粒度分布的均匀和砂浆浓度的一致,从根本上解决了二矿区膏体充填系统立式尾砂仓放砂浓度、放砂流量和放砂质量难以控制的技术难题,实现了尾砂浆的连续稳定供应,保证了膏体料浆配合比参数的稳定,同时也节约了用水量。采用循环水制浆后从砂仓放出的尾砂浆如图 6.43 所示。

另外,在尾砂放浆管路中安装电动夹管阀控制尾砂流量,并安装流量计对尾砂放砂情况进行实时计量(图 6.44)。

图 6.43　尾砂制浆后效果照片

(a) 安装夹管阀

(b) 流量计

图 6.44　尾砂放浆管路中安装夹管阀及流量计

3. 技术改造后的实施结果

对尾砂供料系统的 3 个改造方案进行逐步实施,经历了多次失败和反复试验实施过程,最终通过循环水制浆方案,解决了尾砂供料系统中所有问题,彻底摈弃了原设计的过滤机脱水工艺,简化了系统流程,节约了能耗,降低了生产成本。

6.6.2　水泥添加系统的改进和优化

1. 原因分析

造成活化搅拌机灰浆挂壁、搅拌仓容积越来越小的主要原因,是活化搅拌机的搅拌能力设计不够,造成了电机皮带打滑和实际运行转速偏低的问题。同时,搅拌仓的有效容积只有 0.75m³,水泥在狭小空间中得不到搅拌叶片的高速剪切破坏,从而挂壁凝固,导致搅拌桶的有效空间逐渐缩小,水泥无法加入和搅拌能力逐渐减弱,最后导致水泥活化搅拌失败。

造成水泥浆输送管路堵塞严重,更换频繁的主要原因是水泥浆输送系统的设计流速低于其临界流速,造成水泥浆在输送过程中挂壁沉淀凝固,逐步缩小过流断面,最终造成堵管。

1) 水泥浆设计流速的计算

水泥浆的设计流量为 13m³/h,输送管直径为 ϕ108mm,设计质量分数为 68%。按其输送的管径计算出水泥浆满管输送的流速为 0.46 m/s,水泥浆半管流输送的流速为 0.92 m/s。

2) 水泥浆临界流速计算

水泥浆在管道内流动不发生沉降,其流速必须大于临界流速。水泥浆的流动属于固液两相流,因而可用固液两相流的有关计算公式进行计算。

(1) 水泥浆颗粒沉降速度的计算公式:

$$V_c = C_s' \sqrt{d_k \frac{\rho_k - \rho_0}{\rho_0}} \tag{6.11}$$

式中,V_c 为固体颗粒沉降速度,m/s;C_s' 为试验值,$C_s' = 92$;d_k 为固体颗粒粒径,mm;ρ_k 为固体颗粒的密度,t/m³;ρ_0 为水泥浆的密度,t/m³。

(2) 水泥浆颗粒垂直脉动速度分量的计算公式:

$$S_v = 0.13v \sqrt{\frac{\lambda_0}{kC_{u,v}} \left[1 + 1.72\left(\frac{y}{r}\right)^{1.8}\right]} \tag{6.12}$$

式中,S_v 为垂直脉动速度,m/s;v 为水平流速,计算时通常用平均流速表示,m/s;k 为试验常数,一般取 1.5~2;$C_{u,v}$ 为水平脉动速度与垂直脉动速度的关系系数。

(3) 水泥浆中固体颗粒悬浮条件:

$$0.13v \sqrt{\frac{\lambda_0}{kC_{u,v}} \left[1 + 1.72\left(\frac{y}{r}\right)^{1.8}\right]} > C_s \sqrt{d_k \frac{\rho_k - \rho_0}{\rho_0}} \tag{6.13}$$

水泥浆的质量分数按 50%~68% 计算,水泥浆输送钢管的阻力系数 λ_0 取 0.02,关系系数 $C_{u,v}$ 取 0.18,试验常数 k 取 2,$y = r$(因沉降总是靠近管壁发生),由此计算的结果见表 6.18。

表 6.18　水泥浆的流动特征速度

编号	水泥浆浓度/%	水泥浆密度/(t/m³)	沉降速度/(m/s)	临界流速/(m/s)	水泥浆设计流速/(m/s)
1	50	1.512	0.5164	2.598	0.46
2	60	1.6847	0.4618	2.324	0.46
3	68	1.854	0.4131	2.071	0.46

从表 6.18 可以看出,水泥浆的设计(实际)流速远远低于其临界流速。在如此低的流速下输送水泥浆,浆体在管路中流动存在梯度。由于水泥浆的黏度大,存在初始剪切应力。又加上水泥浆是依靠 KOS2170 活塞泵输送,输送过程是以非连续、间歇式和脉冲式状态输送。水泥浆要克服初始剪切应力和管壁粗糙度对高黏度水泥浆的吸附,必须要有较大的冲量。而水泥浆的实际输送速度很低,没有形成有效的冲量。所以,管路底部低流

速的水泥浆几乎处于非流动状态。当水泥浆停留时间超过 45min 时,水泥浆产生初凝,当停留 2～4h,水泥浆就会逐渐凝固成固体。这就是水泥浆输送管路堵管、输送管路更换频繁的真正原因。

在膏体充填作业结束时,首先要对水泥浆管路进行清洗。清洗作业顺序是:停止加水泥,用清水清洗活化搅拌桶和管路 7～10min,直到 1250m 水平泵站见到水泥浆管的清水为止。但打开管子检查时,却总是发现管路中有水泥浆凝固沉积物,每充填 1 次,沉积物的堆积厚度就增加一次。当水泥浆管中的沉积物增加到一定程度时,导致水泥浆输送困难而堵塞。由于水泥浆管路堵塞严重,当水泥浆管有效面积堵塞一半以上时,水泥浆的输送量无法满足正常生产要求,从而不得不更换管路。

2. 技术改造方案的实施

1) 废除水泥浆输送系统,在地表向搅拌槽添加水泥

在地表向搅拌槽添加水泥,废除水泥浆输送系统的改造方案存在不同意见:一种观点是,水泥浆输送不畅通是活塞泵的间歇式输送方式造成的,只要改变了水泥浆的输送方式就可以解决水泥浆的沉淀堵管问题。为了验证这一观点而进行试验。首先去掉输送水泥浆的 KOS2170 活塞泵,改用渣浆泵输送,考察采用渣浆泵的连续输送方式代替活塞泵的间歇输送方式,能否解决水泥浆输送过程中水泥浆的沉淀堵管问题。但改用渣浆泵输送后,多次试验的结果仍然无法杜绝水泥浆的沉降和挂壁问题。为此,采取废除水泥浆的管路输送系统,将水泥浆的井下添加改为地表添加,即经过活化搅拌后的水泥浆用砂浆泵直接泵送到地表膏体制备系统的第一段搅拌槽。由于输送距离大大缩短(从 1000m 缩短到 30m),管路的清洗和更换变得容易。

2) 淘汰活化搅拌桶,改用普通搅拌桶制备水泥浆

在地表直接添加水泥浆,解决水泥浆输送的问题,但水泥的添加量仍然上不去。设计的水泥添加量为 220kg/m³,要求水泥的输送量要达到 18～25t/h。但实际生产中由于活化搅拌桶的下灰口堵塞及搅拌仓的内壁挂灰严重,只能达到 12t/h 左右,从而导致膏体充填水泥添加量不够,造成了膏体充填料浆凝固时间延长,充填体的强度不够。同时,活化搅拌仓存在灰浆挂壁问题,每充填 3 次就必须卸开清理一次。为此提出以下 3 套方案:

(1) 采用二期自流的供灰系统,在地表泵站第一段搅拌槽的前面增加水泥添加和预搅拌装置;

(2) 将活化搅拌系统直接改为普通搅拌桶;

(3) 利用二期尾砂自流充填系统的搅拌桶添加水泥;

通过对这 3 套改造方案实施的可行性分析后认为,方案一和方案二都要投入人力物力进行工程建设,只有方案三是现成的,可以直接利用。因此,选择了方案三,并随机利用二期尾砂自流充填系统的 2 号搅拌桶添加水泥的方案,开展了试验。由于二期尾砂自流充填系统的 2 号搅拌桶是现成的成套工艺,只需要增加一套输送到膏体搅拌槽的管路和一台渣浆泵即可满足条件。因此,技术改造只用了 3 天时间就完成,试验获得了圆满成功,从而彻底淘汰了活化搅拌桶。通过对水泥浆制备系统和输送系统的技术改造,水泥的添加量得到了保证,原系统活化搅拌和输送管路堵塞的问题彻底避免。改造后的水泥添加系统如图 6.45 所示。

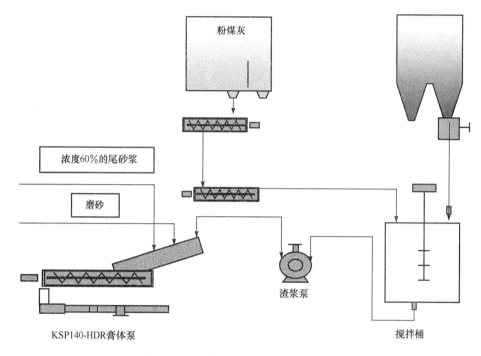

图 6.45 技术改造后的水泥添加系统图

3) 在水泥浆输送泵前加装过滤器

水泥浆改用渣浆泵输送后,因水泥浆液中含有-10mm 的固体颗粒物,颗粒物进入渣浆泵后很容易造成输送泵堵塞和断浆现象。为此设计开发了新型过滤器,将料浆从输入口进行过滤处理,保证了水泥浆输送的连续性。新型过滤器如图 6.46 所示。

图 6.46 过滤器及在生产中的应用

3. Bredel 软管泵输送水泥浆

膏体充填系统取消了原设计水泥浆直接输往井下的 PM 泵,改为使用渣浆泵在地表泵送水泥浆到搅拌槽,尽管减少了输送环节,但由于水泥浆固体颗粒物含量高,磨蚀性强,对渣浆泵的过流部件及密封部件磨损严重,输送效率降低,经常会造成水泥浆液大量泄漏,充填连续性变差,在水泥浆浓度高于 50% 时频繁出现无法泵送的情况,满足不了工艺要求(图 6.47)。每次除对渣浆泵进行密封部件的更换和维修外,还要及时清理泄漏的料浆,造成很大的浪费。这不仅严重污染环境,而且还直接影响井下充填体质量。

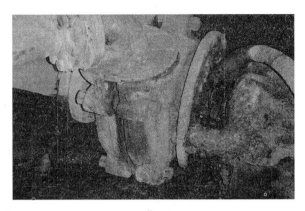

图 6.47　二矿区充填渣浆泵泵头现场

为了提高充填过程中水泥浆泵送的工作效率,降低灰浆泄露损耗及延长渣浆泵的使用寿命,二矿区充填工区对水泥灰浆输送系统进行了技术改造,在一定程度上缓解了水泥浆输送的部分困难,但并没有从根本上解决难题。2007 年 6 月,英国斯派莎克公司介绍其产品 Bredel 软管泵在跨海大桥建造中输送的物料与水泥灰浆的性质非常相似,为此,研究和采用了 Bredel 软管泵输送水泥浆技术。

1) Bredel 软管泵作用原理

Bredel 软管泵作用原理如图 6.48 所示。一对压辊沿着一根特制的橡胶管旋转,将胶管压扁,在自身弹性和侧导辊的强制作用下,管子恢复原状。此时,管内产生高真空将物料吸入管腔;然后,物料在随之而来的压辊挤压下从管内排出。如此周而复始,物料不断地被吸入和排出。Bredel 软管泵最大的优势在于特有的无密封结构,无任何泄露和污染,采用先进的滚动技术,压辊不需要任何润滑,自吸能力强并具有自清能力,还能正反吸料。

图 6.48　软管泵结构示意图

在对 Bredel 软管泵应用于输送水泥浆可行性分析的基础上,二矿区采用一台 SPX100 软管泵替换原渣浆泵,并于 2009 年 7 月 16 日直接进入充填生产现场进行测试。SPX100 软管泵功率 15kW,可以稳定输送 60% 以上浓度的浆料,流量可达 36 m³/h。2009 年 7 月 19 日用渣浆泵和软管泵进行了输送水和水泥浆的对比试验,在现场和控制室同时记录运行的试验数据(表 6.19)。两种泵进行持续充填试验,对其密封及水泥浆泄露量测试,试验结果列入表 6.20 中。由此表明,采用 Bredel 软管泵输送水泥浆可行。

表 6.19　渣浆泵和软管泵输送水和水泥浆对比试验结果

输送介质	渣浆泵	软管泵
清水	液位 0.51m	液位 0.51m
	运行频率 20.99Hz	运行频率 56.84Hz
	输送时间 2min	输送时间 1min36s
水泥浆	浓度 50%	浓度 51%
	液位 0.51m	液位 0.51m
	水泥量 1.6t	水泥量 1.7t
	运行频率 20.99Hz	运行频率 56.84Hz
	输送时间 1min54s	输送时间 2min08s
	无流量时 2min50s	无流量时 3min13s

表 6.20　渣浆泵和软管泵密封及水泥浆泄漏对比试验结果

测试时间	泵型	充填时间/h	充填量/m³	泄露量/m³	密封件磨损情况
7 月 16 日	渣浆泵	5.50	557	0.2	盘根已损
7 月 17 日	渣浆泵	1.0	103	开始泄露	盘根内已进入灰浆
7 月 20 日	软管泵	2.0	190	无泄露	无密封件
7 月 21 日	软管泵	8.3	850		

分析 Bredel 软管泵不泄露的最主要原因,是其结构设计使输送介质直接进入橡胶软管,通过压辊挤压胶管进行,避免了介质与传动部分的直接接触(软管泵不需要在传动部位加装介质密封件)。因此,软管泵从结构上解决了输送水泥浆的密封问题。

按照充填工区的充填任务,软管泵每天运行时间为 12～20h。根据膏体充填料配比,水泥最大给料量以及常规给料量分别为 35t/h 和 26t/h;水最大给料量及常规给料量分别为 22t/h 和 20t/h;水泥浆最大流量及常规流量分别为 33m³/h 和 28.4m³/h。软管泵压和流量性能曲线如图 6.49 所示。由此可见,Bredel 软管泵能够满足设计要求。

2) Bredel 软管泵试验结果

2009 年 7 月 24 日采用软管泵输送水泥浆至第一段搅拌槽,实际运行参数如表 6.21所示。通过连续运行结果可见,软管泵的流量、浓度及连续性均满足现场充填要求。

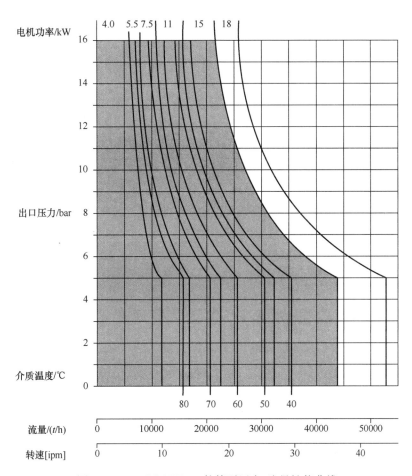

图 6.49　Bredel SPX100 软管泵压力、流量性能曲线

表 6.21　软管泵输送水泥浆连续运行实测数据表

时间	调频比例/%	频率/Hz	水泥浓度/%	水泥量/t	流量/(m³/h)
10:40	55.00	32.52	62.00	32.00	24.6
10:50	60.00	35.81	70.00	28.75	20.09
11:00	65.00	38.84	70.30	26.75	20.79
11:10	65.00	38.84	67.60	31.02	20.30
11:20	65.00	38.84	67.60	31.02	20.20
11:30	65.00	38.84	67.60	31.02	20.30
11:40	75.00	44.78	63.40	25.30	23.59
11:50	73.50	44.56	63.70	26.40	24.20
12:00	72.60	44.23	64.10	26.60	24.27
12:10	73.50	44.56	63.70	26.40	24.20

续表

时间	调频比例/%	频率/Hz	水泥浓度/%	水泥量/t	流量/(m³/h)
12:20	75.00	44.78	63.40	25.30	23.59
12:30	85.00	50.78	66.20	26.50	27.25
12:40	80.00	48.00	69.30	25.74	26.58
12:50	75.00	44.78	69.60	29.76	24.35
13:00	80.00	47.75	68.90	31.93	25.75
13:10	65.00	38.84	69.90	33.90	20.06
13:20	75.00	44.78	69.00	29.18	23.97
13:30	65.00	38.84	70.40	25.60	20.40
13:40	70.00	41.81	69.63	26.32	21.70
13:50	70.00	41.81	70.30	26.50	21.45
14:00	79.20	47.00	68.00	36.20	26.57
14:10	70.80	41.00	68.00	28.05	21.41
14:20	70.80	41.40	70.00	33.00	21.7
14:30	68.00	40.00	68.30	27.00	19.96
14:40	70.80	41.00	69.00	24	21.42
14:50	65.00	38.70	68.70	26	19.46
15:00	70.00	41.00	69.00	25.1	21.15
15:10	65.80	38.00	67.00	25.7	19.05
15:20	80.00	48.30	71.30	26	24.93
15:30	70.00	41.80	65.20	24.88	21.00
15:40	70.00	41.00	64.90	25.6	21.07
15:50	70.00	41.00	66.30	30	21.11
16:00	70.00	41.20	66.60	20.85	21.14
16:10	70.00	41.00	67.30	25	20.79

试验及生产应用表明,软管泵在调频达到95%,水泥浆浓度在51%时,每小时输送水泥量可达到48t;渣浆泵在调频达到100%,水泥浆浓度小于50%,每小时输送水泥量可达到33t。对两种泵输送更高浓度的水泥浆运行情况进行比较,浓度越高,软管泵的输送优势体现得越明显,渣浆泵则显得不太适应。

渣浆泵由于水泥浆对叶轮有冲蚀和磨损以及浓度的变化,流量往往不稳定,需要时时调节运行频率;软管泵是容积式泵,流量连续且稳定,在稳定运行时不需调频。软管泵不用拆洗清扫,无泄漏,输送等量水泥所需水量小于渣浆泵,每小时输送 30~40t 水泥仅需配 8~12t 水;输送灰浆浓度稳定为 68%~75%;与原有自动变频控制系统兼容,可根据罐中灰浆液位高低自动调节流量。

3) 软管泵经济效益分析

按年充填 20 万 m^3 计算,软管泵使用寿命 20 年,而一台渣浆泵只能用两年。软管泵配件主要为输送软管,年使用两件,而渣浆泵配件主要为叶轮等过流件,年使用量达 4 套。软管泵无泄漏,而渣浆泵年泄露量达 600m^3 以上。两种泵使用费用比较见表 6.22。由此可见,软管泵一次性投资较高,主要是软管配件价格较贵,但电机功率较低,水泥浆泄露量少。按年膏体充填量 20 万 m^3 计算,可节省成本 56712 元。考虑到软管维护仅需更换软管,耗时少,停工期缩短至半小时,可大大降低因设备停工、生产线无法运行而造成的损失,所以软管泵较渣浆泵具有较大的优势。

表 6.22　两种泵年充填 20 万 m^3 经济评价表

名称	折旧成本 /元	动力消耗		配件成本		水泥浆泄露		综合差值
		功率/kW	费用/元	用量	费用/元	泄露量	费用/元	
软管泵	280000/20	15	15000	两件	55280	0	0	—
渣浆泵	20000/2	30	30000	4 件	13512	600m^3	87480	—
差值	−4000	—	−15000	—	41768	−600 m^3	−87480	−56712

4. 技术改造结果

将水泥改为地表制浆并添加至地表搅拌槽中,采用普通搅拌桶替代水泥活化强力搅拌机制备水泥浆以及采用软管泵输送水泥浆等措施后,不但解决了原水泥制浆输送系统暴露出的问题,为整套膏体充填系统正常连续运转提供了条件;同时大大降低了水泥制备输送成本,系统得到了简化。

6.6.3　膏体搅拌设备的改进

1. 原因分析

造成膏体料浆搅拌槽搅拌轴头泄漏破损的原因在于原设计为强化搅拌结构。将搅拌分为两段卧式双轴搅拌,并将搅拌螺旋轴进行了加长处理。一段搅拌利用 2×22kW 电机传动,二段搅拌利用 2×30kW 电机传动。由于搅拌轴长 6m,搅拌扭矩过大,单靠安装在搅拌槽外两端的轴承支撑难以满足其支撑强度要求。同时搅拌轴头的安装同心度不够,使得搅拌槽两端的轴头密封腔形成副支撑,充填料浆沿轴头进入密封腔内,加速轴端磨损,料浆泄漏,充填时充时停,严重制约了膏体的连续充填。测试显示,更换新的密封件运行不到 15min 即出现磨损泄漏,充填量不足 1500m^3。

2. 技术改造方案

针对膏体搅拌设备存在的问题,实施了如下两项技术改造:

1) 搅拌轴头密封及连接方式改造

对原有的轴头密封盖进行改造,加工新压盖时,在压盖内洗 2～3 个凹槽,内槽加装 O 形密封圈,外槽为风幕密封,改造前后搅拌轴主动端新型节流衬套及轴头密封压盖如图 6.50 所示。在电机主轴与搅拌轴连接端加装一个十字连接器。通过电机与搅拌轴的"十"字连接,消除了整个搅拌轴的不同心度和减少轴向冲击(图 6.51 和图 6.52)。使搅拌轴随着转动自然调节同心度,从而减少使用过程中搅拌轴的刚性扰动,减少摩擦,延长使用寿命。

图 6.50　新型节流衬套及轴头密封压盖

图 6.51　搅拌轴主动端十字连接器

2) 搅拌轴轴瓦悬吊支撑改造

通过技术革新,设计了一种新的搅拌轴槽内吊挂支承装置,改变双螺旋搅拌槽双轴主动端与被动端的支承方式,将主、被动端支承直接改到槽内,利用特殊的铜套轴瓦悬吊方式进行支承,完全解决了双螺旋被动端支承体轴承易磨损和轴的密封问题,一次减少两个磨损和泄漏点,明显提高了搅拌轴在槽内的同心度,延长了搅拌轴的使用寿命,降低了双螺旋主动端与槽体的磨损和泄漏,如图 6.53 所示。

图 6.52　十字连接器详图

图 6.53　搅拌轴被动端悬吊支撑装置图片

3. 技术改造与实施后效果

通过两项技术改造后,搅拌轴的使用寿命从 1500m³ 提高到 40000m³,且在 40000m³ 连续充填中无泄漏。搅拌轴的使用寿命提高了 20 多倍,保证了膏体充填系统的连续生产,节约了材料及成本。其中搅拌轴加装轴瓦悬吊支撑工艺技术,为国内充填料浆搅拌中首创,已申请专利。

6.6.4　膏体输送系统优化及完善

针对膏体输送系统进行整个系统的完善和优化,具体工作有以下两个方面。

1. 加高二段搅拌槽的槽体,取消一段搅拌

取消一段搅拌,将二段搅拌槽的槽体加高,使其有效容积增大一倍,从而避免了来料不稳定时造成的膏体料浆溢流。增加了膏体料浆的有效搅拌时间,使得膏体料浆搅拌更加均匀。同时,由于搅拌槽的液位也相应地增加了 1 倍多,避免了活塞泵吸入空气而产生的堵管现象,并提高了活塞泵的有效吸入量(图 6.54)。

图 6.54　二段搅拌槽的槽体加高后的情况

2. 取消 1250m 水平的接力泵

由于 KSP140-HDR 液压活塞泵的最大工作压力可以达到 12MPa,正常工作压力可以达到 8~10MPa,整趟管路输送系统的总压力为 5.5MPa,一台泵完全满足输送条件。因此,取消 1250m 水平的接力泵,采用地表的 1 台泵直接将胶结膏体泵送到采场。取消 1250m 水平的接力泵以后,对 1150m 中段的Ⅳ盘区和Ⅵ盘区进行了远距离充填试验。试验结果显示,整套系统运行正常,泵压平稳。

6.6.5　料浆配合比参数的优化控制

1. 料浆配合比优化的必要性

随着膏体泵送充填系统工艺优化过程的实施及逐渐走向正规化生产,必然需要对工艺物料配比和控制参数进行优化和修订。膏体充填配比参数优化的原则是:在满足设备

能力和工艺的前提下,尽可能地使用工业废料(尾砂和粉煤灰);同时,通过理论计算分析和工业试验,得出优化后工艺配比参数及充填体强度,使其充填体质量满足采矿要求。优化前后工艺配比和控制参数见表 6.23。

表 6.23 优化前后膏体物料配比及控制参数

工况	膏体种类及尾砂比例	控制流量/(m³/h)	控制浓度/%	灰砂比	质量分数/%	1m³ 膏体材料用量/kg				
						分级尾砂	磨砂	干粉煤灰	水泥	水
原工艺参数	地面非胶结膏体	70~90	79~81	—	81	695	695	250	—	385
	井下胶结膏体		77~79	—	80	585	585	210	220	388
优化后配比参数	$m_{河砂}:m_{尾砂}=3:2$	80~100	76~80	1:4	80	472	710	150	295	400
	$m_{磨砂}:m_{尾砂}=1:1$		76~80	1:4	80	590	590	150	295	405
	$m_{磨砂}:m_{尾砂}=3:2$		76~80	1:4	80	472	710	150	295	400

2. 料浆优化调整参数

(1) 灰砂比调整为 1:4,水泥添加量由原 $220kg/m^3$ 调整为 $295kg/m^3$。这是因为膏体充填原设计的充填体强度为 4.0MPa,但金川矿山根据采场地压,制订下向进路胶结充填体强度统一标准为 5.0MPa。

(2) 磨砂与尾砂控制比例由 1:1 调整为 (1:1)~(3:2),以满足取消尾砂过滤系统后对膏体料浆浓度控制的要求。

(3) 将膏体料浆输送流量由 70~90m³/h 调整为 80~100m³/h。

(4) 膏体输送浓度的控制范围扩大至 78%±2%,即为 76%~80%。

经过理论计算,在取消过滤系统后直接将尾砂料浆放入搅拌槽,各物料在不同控制条件下,制备的膏体充填料浓度见表 6.24。在实际生产中,为保证膏体料浆浓度的可控性,多用含水率较低(1%~3%)的河沙替代磨砂,效果更为显著。经过 1 年来的生产应用,尾砂放砂浓度可控制在 50%~70%,一般稳定在 60% 左右,完全可以满足简化尾砂滤水工艺后的要求。磨砂与尾砂的配比也达到(1:1)~(3:2),其他如膏体料输送流量、浓度、粉煤灰添加量等工艺控制指标均可达到要求,为膏体泵送充填系统的连续稳定生产提供了技术支撑。

表 6.24 不同控制条件下膏体充填料浓度

$m_{磨砂}:m_{尾砂}$	尾砂放浆浓度/%	磨砂含水率/%	膏体充填料浓度/%
1:1	60	5	79.8
		8	78.5
	55	5	76.0
		8	75.3

续表

$m_{磨砂}:m_{尾砂}$	尾砂放浆浓度/%	磨砂含水率/%	膏体充填料浓度/%
3:2	60	5	82.2
		8	81.2
	55	5	79.3

6.6.6　管路系统及管路清洗方式优化

1. 统一输送管的直径

原来的管路系统中,各种管径混用,多处变径导致阻力损失增大;同时增加管理难度。在经过充分研究和论证后,将膏体充填的所有管路统一改为 ϕ133mm 耐磨管,并且在安装时所有管路沿前进方向按 3‰～5‰ 的坡度固定安装。从而实现了膏体充填管路与自流充填管路的统一,管路清洗时不留死角。

2. 将管路的清洗方式改为风水联合清洗

在整套膏体输送管路的清洗方面,将原来的水清洗改为地表风水联合清洗方式(图 6.55)。在地表泵出口处集中安装高压风管和水管,通过先水后风的联合清洗方式,既保证了管路的清洗干净,同时又节约了水用量,更减轻了井下的污水排放量。

图 6.55　风水联合清洗管路连接图

6.6.7　污水回收和综合利用

将尾砂仓中多余水用泵打入 3# 水仓存放,用于矿山自流充填。避免了污水的露天排放,实现了污水的回收利用。尾砂废水回收利用工艺流程和废水入仓照片如图 6.56和图 6.57 所示。

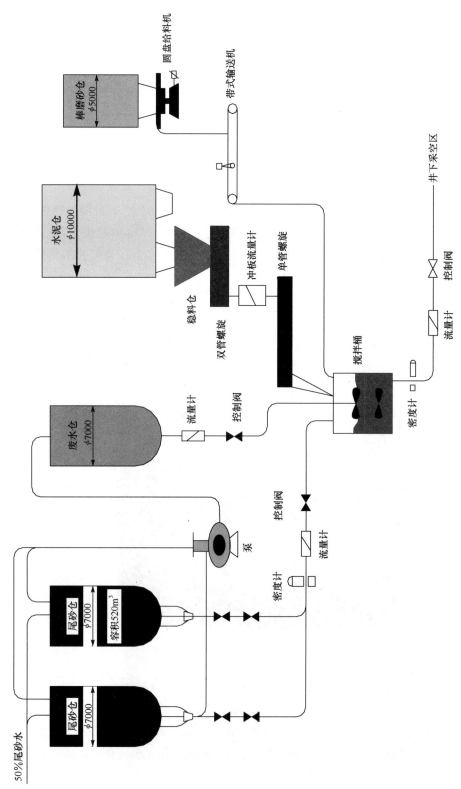

图 6.56　尾砂废水回收利用工艺流程图（单位：mm）

图 6.57　尾砂废水抽入 3# 仓

6.6.8　技术改造与实施后效果

尾砂膏体泵送充填系统经过一系列的技术改造后,实现了膏体充填系统的连续稳定生产,由此制备的膏体料浆质量和形成的充填体质量完全满足矿山安全生产的要求。改造后正常生产的膏体泵送充填工艺流程如图 6.58 所示,充填系统各工艺环节改造项目见表 6.25。

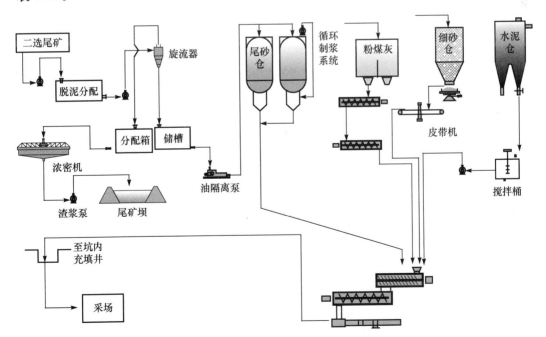

图 6.58　改造后的尾砂膏体泵送充填系统工艺流程图

表 6.25　膏体充填系统各环节技术改造前后对比表

改造内容	改造前		改造后	
	系统工艺	运行情况	系统工艺	运行情况
尾砂制浆系统	水泵打压,尾砂仓底部加水制浆	砂浆浓度波动大,不稳定、不连续	尾砂仓内部水泵送循环制浆	尾砂浆浓度稳定、连续
尾砂供料系统	缓冲搅拌槽搅拌、真空过滤机脱水、皮带运输机供料	受尾砂浆浓度流量限制,过滤效果差,供料量不稳定、不连续	浓度计、流量计控制	供料连续、可调、稳定
水泥制浆系统	双管螺旋给料,水泥活化搅拌机搅拌制浆	活化搅拌机内壁挂灰严重,搅拌能力受限,水泥添加量达不到工艺要求	双管螺旋给料,普通搅拌桶搅拌	水泥添加量可调,水泥供应量满足要求
水泥输送工艺	KOS2170 活塞泵从地表泵压输送到井下 1250m 二级泵站	管路长达 1000m,堵塞严重,管路更换频繁,劳动强度大,材料费用高	地表水泥浆,渣浆泵或软管泵输送至地表搅拌槽	输送距离仅为 20m,管路清洗容易。大量节约能源和材料消耗
搅拌槽轴头改造	两端轴头轴承支撑	搅拌轴每生产 1500m³ 更换一次,更换需 5 天时间	两端轴头轴承支撑+悬吊轴瓦支撑	搅拌轴每生产 4 万 m³ 更换一次。轴头的使用寿命提高 20 多倍,系统生产连续稳定
配合比调整	水泥:220kg/m³ $m_{磨砂}:m_{尾砂}=1:1$	充填体强度不能满足生产要求	水泥调高至 295kg/m³ $m_{磨砂}:m_{尾砂}=(1:1)\sim(3:2)$	充填体强度满足生产要求
输送工艺改造	地表和井下两级泵站搅拌和输送	井下潮湿,电器故障频发,两级通讯协调滞后,泵频率无法一致,搅拌槽故障频繁	地表单级泵输送	节省了一套搅拌和输送系统,控制系统单一,系统控制稳定
输送管路改造	φ150mm 管+φ133mm 管+φ108mm 管+φ108mm 塑料管	管路多级变径,压力不统一,爆管事故频繁,并且管路维护困难	φ133mm 耐磨管	管路直径统一,系统维护简单,压力一致,堵管爆管事故减少
废水回收利用	废水室外排放	年排放水 10 万 m³ 以上,并造成环境污染	废水回收用于充填	年回收废水 10 万 m³ 以上,没有环境污染

<h2 align="center">6.7　膏体泵送充填系统技术经济评价</h2>

膏体充填系统历年的充填量及充填质量对比见表 6.26,2008 年 6 月部分膏体充填系统正常生产数据见表 6.27,部分膏体充填体质量的实测数据见表 6.28。

表 6.26 膏体充填系统历年充填量及充填质量对比表

年份	充填量统计/m³	生产工区接受程度
1999～2002	试验阶段	
2003	8809.7	被动接受
2004	23989	被动接受
2005	38532	被动接受,一个工区开始接受
2006	83746	一个工区大量使用,另两工区观望
2007	156348	三个工区全部接受使用
2008 年及以后	200000 以上	大面积使用,膏体充填成首选

表 6.27 2008 年 6 月份部分膏体充填系统正常生产数据

序号	充填地点	充填量/m³	连续充填时间/h
1	六工区五盘区 58 号进路打底充填	1415	12
2	五工区四盘区 41 号进路打底充填	885	8
3	五工区四盘区 44 号进路打底充填	945	9
4	六工区六盘区 65 号进路二次充填	1039	11
5	六工区七盘区 33 号进路二次充填	1028	10
6	四工区三盘区 2 号进路二次充填	1230	18
7	四工区三盘区 34 号进路二次充填	1050	15
8	四工区三盘区 37～40 号进路二次充填	1400	23
9	五工区五盘区 16～18 号进路二次充填	1260	19
10	五工区四盘区 16 号进路二次充填	400	5
11	五工区四盘区 16 号进路二次充填	700	8
12	四工区一盘区 39+41+1 川打底充填	734	7
13	五工区五盘区 10 号进路二次充填	843	19
14	五工区四盘区 26 号进路二次充填	961	9
15	四工区二盘区 37 号进路打底充填	3542	32
16	五工区四盘区 37 号进路二次充填	571	7
17	五工区四盘区 58 号进路打底充填	828	10

表 6.28 部分膏体充填体质量的实测数据

充填时间	充填地点	抗压强度/MPa		
		R_3	R_7	R_{28}
1 月 4 日	1178m 分段四区 1 盘区 45#	1.2	3.4	5.1
3 月 19 日	1118m 分段二区 7 盘区 41#	2.5	3.6	5.8
4 月 7 日	1118m 分段二区 6 盘区 17#	2.1	2.9	5.8
4 月 10 日	1198m 分段四区 1 盘区 39#	1.8	4.4	6.4

续表

充填时间	充填地点	抗压强度/MPa		
		R_3	R_7	R_{28}
5 月 2 日	1198m 分段五区 4 盘区 17#	2.2	4.6	7.2
5 月 5 日	1198m 分段六区 5 盘区 7#	2.1	3.1	6.0
5 月 11 日	1198m 分段六区 5 盘区 2#	0.9	2.4	5.0
5 月 16 日	1198m 分段五区 4 盘区 44#＋37#	2.4	4.5	7.5
5 月 27 日	1198m 分段六区 5 盘区 48#	1.7	3.0	—
9 月 20 日	1118m 分段二区 6 盘区 51#	2.3	—	6.5
2 月 20 日	五区 4 盘区 48#	2.3	2.8	5.6
4 月 8 日	1118m 分段 4 盘区五分层 17#	1.6	2.8	4.4
4 月 11 日	不详	1.2	2.9	5.8

1. 膏体泵送充填系统的经济效益

1）膏体系统改造的经济效益

系统改造前后经济效益对比分析见表 6.29。

表 6.29　系统改造前后经济效益对比分析表

改造项目	改造前成本构成	改造后成本构成	成本增减量（按 2007 年计算）
尾砂供料系统改造	人力：18 人 电力：148kW 设备：8 台套	人力：2 人 电力：2.2kW 设备：1 台套	＋33.7 万元/a ＋15.22 万元/a ＋12.00 万元/a
水泥供料系统改造	人力：2 人 电力：75kW 设备：3 台套	人力：0 人 电力：37kW 设备：3 台套	＋4.21 万元/a ＋3.91 万元/a ＋14.00 万元/a
地表井下两级泵站改为 地表一级泵站	人力：6 人 电力：1236kW 设备：6 台套	人力：0 人 电力：574kW 设备：3 台套	＋12.6 万元/a ＋70.93 万元/a ＋105.00 万元/a
搅拌槽轴头改造	预计用轴 533 根	实际用轴 10 根	＋104.6 万元/a
膏体料浆配合比调整	220 kg/m³	295 kg/m³	－390 万元/a
尾砂仓废水回收利用	排出：10 万 t/a	利用：10 万 t/a	＋6.30 万元/a
输灰管路系统改造	9000m/a	40m/a	＋196.00 万元/a
统计			＋188.47 万元/a

2）膏体与自流充填的经济效益对比

自流充填综合成本为 118.77 元/m³；膏体充填综合成本为 107.04 元/m³；因此，膏体充填与自流充填相比单位成本减少值为 118.77－107.04＝11.73 元/m³。二矿区膏体年充填量为 20 万 m³，每年可节约材料配件费：11.73 元/m³×20 万 m³＝235 万元。综上所述,膏体充填系统的技术改造所获得的综合经济效益为 188.47+235=423.47 万元/a。

2. 社会效益

尾砂膏体泵送充填工艺技术是 20 世纪 80 年代后期开始发展起来的新技术,其相对于细砂浆体自流充填工艺有明显的优越性和先进性。同时,尾砂膏体泵送充填工艺也是矿山企业实现无尾矿排放和环境保护的重要途径。金川二矿区的尾砂膏体泵送充填工艺系统通过 5 年多的艰苦努力和技术攻关,突破了制约该系统良性发展的供料问题、搅拌问题和输送问题,实现了年充填 20 万 m³ 膏体料浆,达到设计生产能力,为推动金川公司工业废料的综合利用和循环经济建设提供了条件。同时,金川二矿区的尾砂膏体泵送充填工艺系统,作为我国第一套尾砂膏体泵送充填系统,其技术改造的成功,为将来我国同类膏体充填工艺系统的设计和建设提供了经验,必将推动我国膏体充填工艺技术的进步及工业化的应用。

6.8　本 章 小 结

本章主要涉及金川膏体泵送充填系统的理论分析和技术改造的研究成果。为此,首先详细分析了膏体充填料的可泵性、膏体充填料的级配、膏体泵送充填工艺、物料准备、定量给料搅拌制备膏体、泵压管道输送及采场充填方法;其次,介绍了膏体泵送充填主体设备及选型、膏体输送泵、尾砂连续脱水工艺及设备、两段连续搅拌设备及水泥高速活化(强力)搅拌机,分析了膏体泵送充填系统调试存在的相关问题。最后,着重论述了对膏体泵送充填系统的优化和技术改造方法,并从技术经济角度进行了膏体泵送充填系统的评价。

第7章 充填系统检测仪表及自动控制

7.1 概　　述

为了使充填系统在设定的工况下平稳运行,完善的自动控制系统至关重要。控制系统由现场一次仪表及检测仪表、PLC、电子计算机及电动执行机构等部分组成。检测仪表需要能准确及时反映工艺过程参数的变化,它是自动控制系统稳定运行的前提,仪表选型首先要满足设计精度的要求,能够准确地反映被检测参数的变化,并转换为标准信号传输给 PLC 及电子计算机;其次是考虑性价比。关键仪表以性能为主,其次是对比其性价比。金川矿山在近 30 年的充填生产实践中,使用过多种检测计量仪表,积累了丰富的经验,为充填系统的正常运行提供了保证,对国内矿山有很好的参考价值。

根据金川充填系统工艺流程,所需检测的工艺参数有水泥及粉煤灰给料量、砂石给料量、水量、搅拌桶料位、充填料浆流量和充填料浆浓度等。

7.1.1　水泥和粉煤灰流量检测

水泥、粉煤灰等材料尤其水泥是充填生产的重要胶凝材料,直接影响充填成本和充填质量。因此其精度控制至关重要。金川充填系统采用冲板式流量计检测水泥及粉煤灰给料量,测量精度很高。国产的冲板式流量计能够满足精度要求。德国 E+H 公司生产的冲板流量计,以 DE20 传感器配 DME671 转换器(图 7.1),其原理和应用情况如下。

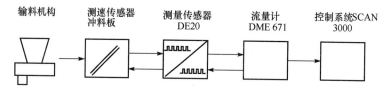

图 7.1　冲板流量计原理示意图

1. 测量原理

分料口位置如图 7.2 所示。当粉状物料流过冲板时,冲击力的水平分力作用到组合弹簧上,使冲板产生一个位移,其位移与粉状物料流量存在一定比例关系。通过差动变压器将该位移转换为电压信号,并在变送器中放大和滤波,并通过 v/f 转换为抗干扰的 pfm 信号。这个电流脉冲通过电缆引向 DEM671 转换器,在转换器中通过汇编程序及下式对信号进行运算后,输出标准模拟信号,这个信号与 $0\sim100\%$ 流量相对应。

$$F=\sqrt{h}\sin\alpha\sin\gamma k \tag{7.1}$$

式中,h 为落差高度,m;α 为冲板水平安装角度,(°);γ 为冲击角度,即料流与冲板之间的角度,(°);k 为仪表常数。

2. 监测精度

经严格的多点实际标定,监测精度可达±1%,完全满足使用要求。

3. 安装

在设计安装中应考虑仪表的实物标定问题,在下料口加装如图 7.2 所示的用于标定的分料口。给料设备供料必须连续稳定。实践证明,使用双管螺旋给料机比较理想。

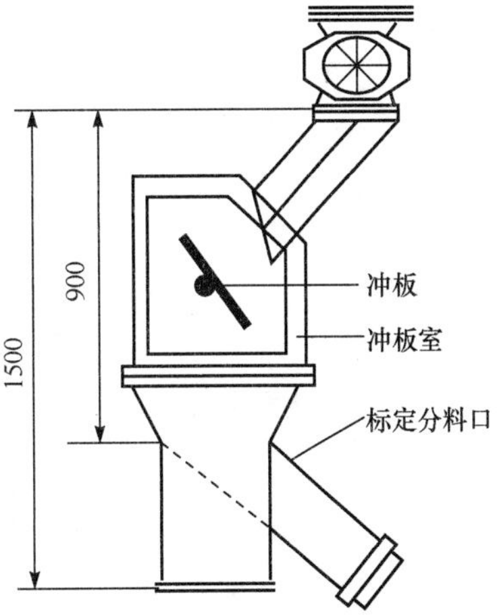

图 7.2　分料口位置示意图(单位:mm)

4. 标定

该仪表存在的最大问题就是实物标定的困难,在标定时应注意以下 3 点。

(1) 由于仪表具有非线性,标定原理采用折线逼近该非线性曲线。因此标定必须采用多点实标法。点越多仪表精度越高,但标定难度越大,可采用下面经验公式确定标定点数。

$$N = L \times 10\% \tag{7.2}$$

式中,N 为标定点数;L 为仪表上限量程。

实践证明,采用式(7.2)确定的标定点数标定出的仪表误差可控制在±1%以内。

(2) 最小标定取样量为 100%流量×1/50kg,实际标定物料取料量不得低于该值。

(3) 标定结束后要退出标定级,进行至少两点的实际量测检验标定精度,并且在使用中至少一年实测一次。发现精度降低时要及时重新标定,保证使用精度。

7.1.2　砂石给料量检测

砂石(棒磨砂和戈壁砂)等骨料采用皮带输送机输送,可选用电子皮带秤或核子皮带秤测量流量。由于核子皮带秤与物料不接触,不受机械振动、皮带张力、皮带倾角、惯性冲击力和物料过载等因素影响,能在高粉尘、强腐蚀、高温度、剧烈振动等恶劣条件下使用,适宜应用在充填生产中。但缺点是核辐射对人体有一定的危害。对精度要求不很高的场合可考虑选用无辐射、价格便宜的电子皮带秤。下面分别介绍核子皮带秤和电子皮带秤的原理和使用。

1. 核子皮带秤的原理和使用

(1) 测量原理。美国 KAY-RAY 公司 6060 型核子秤如图 7.3 和图 7.4 所示。仪表选用铯 137 为放射源发射 γ 射线,射线透过物料时被物料吸收衰减,使用电离室为探测器。电离室受 γ 射线照射剂量的大小分离出不同的电子数,从而产生微弱电流。6060 转换器对电流进行放大并转换为标准模拟信号。该信号与测速机构输出的皮带速度信号的乘积即为皮带上的物料流量。其实就是使用电离室记录 γ 射线通过物料后的强度计算出物料的多少。

图 7.3　在皮带上安装核子秤

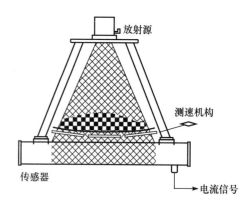

图 7.4　6060 型核子秤测量原理示意图

（2）测量精度可达±1%。

（3）安装时应注意以下几点：①由于 γ 射线对人体有害，安装必须有必要的防护措施，必须达到国家关于防辐射的有关规定，要对现场工作人员做相关的安全教育；②由于电离室输出的信号非常弱，应有严格的屏蔽干扰措施，尽量远离干扰源。6060 转换器应尽可能离传感器近一些，减少线路对信号的衰减。

根据经验，对于恒速运转的皮带可采用一恒流源取代测速传感器，由此可减轻安装工作量，避免因安装误差引起信号误差。

由于核子秤的测量精度与物料形状有关，输料皮带上应安装刮砂板，以保持物料形状稳定。

（4）标定。核子秤采用实物标定和采样标定法。实物标定工作量极大，但精度高。采样标定简单方便，但精度会因工况不同而产生较大误差。针对充填生产中砂石等物料供料均匀，波动范围小，物料在皮带上的形状稳定等特点，满足采样标定条件，故可采用简便易行的采样标定法，即取单位长度上的物料秤重的方法标定仪表。

（5）选型参考。现在使用的核子秤都采用电离室式，其输出电流非常低，对放大电路要求苛刻，放射源剂量较大。另一种 G-M 计数器式核子秤，利用高电压引起电离室雪崩产生较大电流，可直接送入计算机计数而无需放大器放大。放射源剂量可以做的较小，但由于电离室雪崩放电严重影响电离室的使用寿命而被淘汰。近年来兰州大学利用自己设计的一种独特的高压压灭电路，生产出一种 LY-1 型核子秤，既可及时压灭雪崩放电又能输出满足计算机所需的脉冲电流，使这种核子秤测量技术焕发了新生。该型号核子秤精度高，对皮带上物料形状无特别要求，且价格便宜，但标定较困难，必须实物多点标定。对于物料形状不稳定、具备实物标定条件的用户可选择该种仪表。国产的 FBC-1391 型核子皮带秤、测速传感器及显示器如图 7.5～图 7.7 所示。

ICS-20A型

图 7.5　电子皮带秤

30-10测速传感器

图 7.6　30-10 测速传感器

2001型壁挂式

图 7.7　2001 型称重显示器

2. 电子皮带秤的原理和使用

1）概述

电子皮带秤是在皮带输送机输送物料的过程中,同时进行物料连续自动称重的一种计量设备,其特点是称量过程连续和自动进行,通常不需要操作人员的干预,即可以完成称重操作。电子皮带秤主要包括以下 3 个部分。

（1）称重桥架。称重桥架是在制造厂内完成组装和调准,包括一个秤架、一个载荷传感器支承架和一个受拉力的精密应变片式称重传感器。

（2）称重托辊。称重托辊是指直接安装在称重桥上的托辊。

（3）称重域托辊。称重域托辊是指包括称重托辊和与其两侧相邻的若干托辊,安装图上托辊注有"＋"和"－"标志,至少 2～4 组托辊组注有"＋"和"－",它们同称重托辊一起精确的调准。这些托辊被视为称重系统的一部分,对其皮带秤的精度和运行起重要作用。

2）安装位置与遵循准则

（1）称量系统要安装在坚固的输送机上,否则必须增加支撑;

（2）皮带秤不应设置在距离给料机、下料口和导料栏板 3m 以内的位置;

（3）秤不能装在凹形或凸形曲线的输送机上;

（4）秤不应装在输送机因超速或倾斜而使物料滑动的地方;

（5）秤应装在防风雨最好的地方;

（6）在装有皮带秤的输送机上不应联结或装置任何振动装置。

3）现场安装的准备工作

确定皮带电子秤在输送机上的安装位置后,应着手进行以下 8 项准备工作。

（1）安装图纸推荐的部位配置支撑和支承腿以加固输送机的机架。

（2）在装设秤的区域内,输送机架的夹板应和输送机架焊在一起。

（3）要把－2～2 的托辊在输送机上横向调平。

（4）全部称重域的托辊应在制造、式样、规格等方面相同,可自由转动并具有良好的机械性能。加工一个比拟托辊组的样板,用它校正托辊的槽形轮廓,使间隙在±0.4mm内,即托辊同心度不能超过 0.4mm。

（5）从－2～2 所有托辊中找出确切的中间输送托辊,在每个中间托辊的中心位置划刻度线或冲标记。另外,按同样步骤完成－2～2 的两侧翼托正。

(6) 去掉托辊架的连接脚板,改装为称重托辊。

(7) 为了方便灵活地安装和校准皮带秤,应抬起或移开皮带秤范围内的输送机皮带,其距离至少需要从−3～3托辊之间。

(8) 为了安装称重桥,应从皮带输送机上移去−2～2间的所有托辊。

4) 称重桥架的安装

在完成对皮带称位置的选择和安装的准备工作以后,按下列步骤进行称重桥架的安装。N20皮带秤秤架安装如图7.8所示。

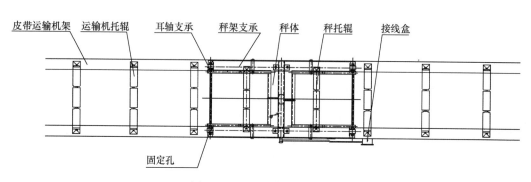

图 7.8 N20 皮带秤秤架安装

1. 支承到−3托辊,支承到+3托辊的间距如果达不到1200,应定一相等间距 X;

2. −3～−1,+3～+1托辊的高度应高于机架其他托辊高度5mm,不得低于机架其他托辊高度;

3. 秤上两称重托辊的高度应与称重域其他托辊高度一致;

4. 到现场后,根据秤上的固定孔打运输机架上的孔,然后将秤与运输机架固定

(1) 用已知基准点或对角线法确定−2～2托辊间尺寸;同时把它们在皮带底面线上用垫片垫高6mm,然后调平。

(2) 把已连接好的称重桥装置插入运输机框架。在所有安装中,称重传感器的导线及固定的起重工具必须装在便于校正维修的一边。

(3) 在称重桥上安装称重托辊组。用称重传感器支承桥作为参考点,调平称重托辊的尺寸,在第二称重托辊的润滑装置和第一称重托辊润滑装置之间调平第二称重托辊的尺寸。

(4) 为了得到恰当的尺寸,利用称重托辊组的润滑装置,在−2～2托辊组间准确地确定称重桥的位量。

(5) 为了固定称重桥四角,在输送机框架上先确定孔的尺寸后钻孔。

(6) 把称重桥装置的支承放入适当位量,校正水平,根据需要垫上垫片,最后把称重桥固定在输送机框架上。

(7) 从称重桥上拆去装运托架,安装底部称重传感器连接螺母。

5) 校准

(1) 电子校准(R-Cai)。允许操作人员在秤架上没有链码或挂码的情况下进行校准。电子校准检查包括称重传感器在内的所有线路,它采用一个精密电阻使称重传感器电阻桥不平衡来实现。校准常数是在初始设置中输入的称重传感器和秤数据基础上计算出来的。

（2）挂码校准。要求用标准砝码放在秤架上。

（3）链码校准。把用以校准的链码放在皮带上，这种方法最接近实际工作状态。

（4）物料校准。通过在秤上输送已知质量的物料来完成皮带秤的物料校准，物料必须在高精度静态秤上称量。

7.1.3　供水量检测

水作为充填料浆的拌合剂，主要用于控制料浆浓度。在浓度控制投入闭环的情况下，对其精度无太高要求，但作为考核充填质量的一项指标，要求其具有一定精度。可选择电磁流量计或涡街流量计。涡街流量计价格低，但稳定性差，易受振动干扰，维护困难，对现场环境要求较高。电磁流量计精度高，在恶劣环境下可稳定工作，但价格相对高些。下面主要介绍电磁流量计的原理和使用（图 7.9）。

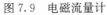

图 7.9　电磁流量计

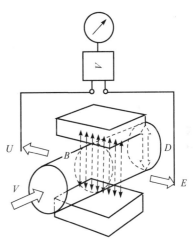

图 7.10　电磁流量计工作原理图

1. 测量工作原理

电磁流量计的工作原理如图 7.10 所示。测量原理基于法拉第电磁定律，即导电液体在磁场中作切割磁力线运动时，导体中产生感应电势。感应电势 E 的计算式为

$$E = KBVD \tag{7.3}$$

式中，K 为仪表常数；B 为磁感应强度；V 为测量管截面内平均流速；D 为测量管的内径。

测量流量时，流体流过垂直于流动方向的磁场，感应出一个与平均流速成正比的电压。该电压通过两个与液体直接接触的电极检测出，并通过电缆传送至转换器进行放大，转换为标准模拟信号输出。

2. 安装

安装电磁流量计时需注意的问题是电极轴线必须近似水平。应采取必要的措施保证

测量管段为满管。为了使仪表可靠地工作,提高测量精度,不受外界寄生电势的干扰,传感器应有良好的单独接地线,接地电阻小于 10Ω。必须保证仪表前后的直管段长度要求:前置直管段大于 $10 \times D$,后置直管段大于 $2 \times D$,其中,D 为仪表内径。

3. 标定

流量计在现场的标定非常困难,大部分现场都不具备标定条件。电磁流量计在出厂时均经过严格标定,确定每台流量计的系数 K。K 为仪表固有的常数,不会因安装条件和量程改变等因素而改变。所以该表即装即用,无需标定,可以方便地改变量程而不会影响精度。

7.1.4　充填料浆流量检测

充填料浆具有浓度高、骨料粒径大、流速快等特点,其流量的测量是充填自动控制系统中的技术难题。选用电磁流量计,由于电极直接接触料浆,粗骨料高速冲涮电极会引起强烈的干扰信号,且磨损严重,只能反映出物料是否流动,无法准确测量。

金川镍矿充填采用−3mm 棒磨砂,棱角锐利,磨损更加严重。选用非接触式的超声波流量计,由于料浆浓度高,对超声波信号衰减严重,亦不能准确测量。目前国内充填生产中大多采用电磁流量计,其功能主要是观察物料是否流动,无法计量和参与控制。近来国内市场出现一种非接触式无电极陶瓷衬里电磁流量计。据了解,该种流量计可避免粗骨料冲刷电极引起的干扰,耐磨性极好,同时又具有电磁流量计测量准确的优点,很适合用于测量充填料浆的流量。金川镍矿未曾用过这种流量计,能否正常使用还有待于实践证明。

7.1.5　充填料浆浓度检测

核子工业密度计是目前充填生产中测量料浆浓度的唯一选择,如图 7.11 所示。

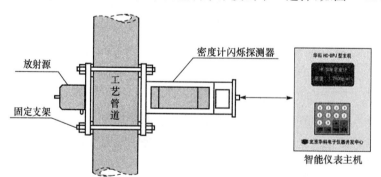

图 7.11　工业密度计

1. 测量原理

核子工业密度计是根据 γ 射线穿过被测介质,被介质吸收后射线强度按式(7.4)的规律衰减。探测器接收射线的强弱信号送给微机处理,微机根据式(7.5)计算出物料的密度,再由密度值根据式(7.6)计算出物料的浓度,并将密度和浓度值转换为标准模拟信号分别输出。

$$N = N_0 e^{-\mu d \rho} \tag{7.4}$$

$$\rho = -1/\mu d \times \ln N/N \tag{7.5}$$

$$C = \frac{\rho_{矿}(\rho - 1)}{\rho(\rho_{矿} - 1)} \tag{7.6}$$

式中,N 为穿过被测介质后的计数率,个/s;N_0 为穿过被测介质前的计数率,个/s;d 为被测介质厚度,cm;$\rho_{矿}$ 为料浆中干矿密度,t/m³;μ 为 γ 射线质量吸收系数。

核子工业密度计是由放射室、探测器和主机 3 部分组成,其结构框图如图 7.12 所示。

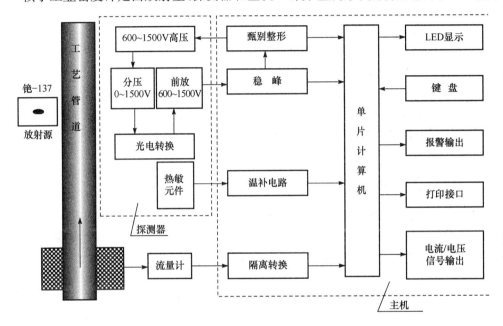

图 7.12　核子工业密度计结构示意图

2. 测量精度

从测量原理可知,密度计直接测出的是物料密度,浓度由式(7.6)换算出来,排除标定过程中取样的人为误差,测量密度的精度可达 0.001~0.005g/cm³,浓度和精度达到 ±0.2%。但由式(7.6)可知,在密度换算为浓度的过程中,会受 $\rho_{矿}$ 这一常数影响。

随着充填工艺的不断改进,充填骨料不再是单一的水泥和砂子,又增加尾砂、粉煤灰等多种骨料。这些骨料配比的变化将引起 $\rho_{矿}$ 的变化,而仪表中 $\rho_{矿}$ 的变化又不能根据物料配比实时修改,从而会引起浓度测量上的误差。所以实际测量浓度精度只能达到 ±0.5%~1%。在使用 Scan3000 或 TDC3000 的控制系统中,可以考虑取浓度计的密度信号输入系统。系统根据物料配比实时地修改 $\rho_{矿}$ 值,并由系统计算出浓度,可消除 $\rho_{矿}$ 对测量精度的影响。

3. 仪器安装

安装现场应有必要的防辐射安全设施,流量计的精度与管道中浆体是否满管及满管的程度有直接影响,所以要保证测量管段满管,且仪表前后应留有适当的直管段。

4. 仪器标定

浓度计有 3 种标定方法:即双液标定法、两点随机标定法和一点校准法。充填料浆为悬浮液,取样人为误差较大,最好选用双液标定法,以标准液水作为其中一种样液,另一种样液的料浆浓度、物料配比稳定时经多次取样平均后获得。近年来,金川充填工艺系统采用多台 AMDT I 阿姆德尔浓度计(传感型号 AM-624/40,处理器型号 AM-525/40)检测料浆浓度。该仪表属现代智能型多功能优良产品,使用效果良好,具有以下四大功能:
(1)测量指示浆体密度;
(2)测量指示浆体质量分数;
(3)测量指示浆体固体质量流量;
(4)浓度上、下限两次报警功能。

两次报警功能一次是按设计浓度正常工作报警,表示输送系统在设计浓度下安全运行;另一次是按极限输送浓度进行第二次报警,表示管道输送系统可能有发生堵塞的危险,应立即采取有效的操作措施,确保管道安全运行。两种报警功能不但可以保证浆体输送浓度,而且还可以减少堵管。

7.1.6　搅拌桶液位检测

搅拌桶液位是充填系统中一个重要参数,液位测量有多种仪表可供选择。LT 法兰式液位计就是其中一种。这种仪表受搅拌桶中物料密度影响较大,适合于测量密度不变或变化不大的浆体液位。由于充填料浆的密度初始阶段的变化范围是 $1\sim2g/cm^3$,导致浆体液位误差较大。针对这一问题,在搅拌桶上加装副桶,在副桶上加装受密度信号影响较小的电容式液位计测量液位。但这种测量方法不能测量到搅拌桶底部,需配合 LT 法兰式液位计使用。

电容式液位计信号用于闭环控制,LT 法兰式液位计信号用于开环监视。这种方法虽然减少了闭环控制时密度对液位信号的影响,但增加了系统设备投资和复杂程度。超声波液位计用于测量搅拌桶液位不受密度影响,效果最好,但价格昂贵。

充填系统开车 10min 后,充填料浆浓度即可稳定在 78% 左右,系统投入闭环密度只有 $\pm0.05g/cm^3$ 的波动。假如,选用 LT 法兰液位变送器,对于 $\phi2m$ 的搅拌桶,根据压强公式 $P=\gamma H$ 可算出这个波动引起的误差只有 2mm,完全可满足充填生产的需要。以上分析是基于系统投入闭环正常运行的条件,对于开车之初和停车阶段,料浆密度有一个从低到高和从高到低的过程。在这个过程中,可以让系统处于开环运行。根据经验监视液位高低。对于使用 Scan3000 和 TDC3000 的系统,还可以采用密度计的信号实时矫正液位信号,消除密度对液位的影响。

根据以上分析可选用精度高、价格低的 LT 法兰式液位变送器。下面介绍这种液位计的原理和使用方法。

1. 测量原理

LT 法兰式液位变送器如图 7.13 所示。该仪器有一个可变电容敏感元件,它能将测量膜片与两电容极板之间的电容差转换成二进制的 4～20mA 标准信号输出。

图 7.13　3051 液位变送器

2. 测量精度

LT 法兰式液位变送器的测量误差小于调校量程的±0.25%。

3. 标定和安装

LT 法兰式液位变送器的标定和安装比较简单,无需特别要求。

7.1.7　搅拌桶液位调节装置

搅拌桶液位控制调节作为充填作业的重要环节,主要依靠液位计对搅拌桶液位进行实时测量;同时利用电动执行器进行调节来实现液位的稳定控制。目前充填所使用的电动执行器包括两种:一种是 PSL 直行程智能型电动执行器,另一种是西贝电动智能执行器。

1. 液位调节装置工作原理

位置控制器内置在执行机构中,可根据模拟信号值,控制执行机构输出轴和阀芯的位置。位置控制器有一个微型开关,用于调节执行机构的位置,确定并纠正错误,进行调节参数设置等。位置控制器能够关闭电源,如果控制器所供电压不在规定的范围内,就起不到调节作用。当电源接通后,控制器的功能就自动恢复;上一次使用的参数和诊断结果会自动储存并保留。控制器能把输出轴上的位置变送器获得的反馈信号和输入信号作比较,如果反馈信号和输入信号存在差异,控制器就会关闭内置于执行机构的一个开关,以便执行机构输出轴被重新设置在输出信号数值相对应的位置上。当反馈信号和输入信号相等时,执行机构停止。

2. PSL 直行程智能型电动执行器

PSL 直行程智能型电动执行器如图 7.14 所示。该仪器的主要特点如下：

（1）一体化结构设计。位置变送器和伺服放大器作为两个独立部件均可直接装入执行机构内部，直接接受 4～20mA 的控制信号，输出 4～20mA 或 1～5VDC 阀位反馈信号，具有自诊断功能，使用和调校十分方便。

（2）功能模块式结构设计。通过不同可选功能的组合，实现从简单到复杂的控制，满足不同应用的要求。

（3）结构简单，体积小巧，质量轻，便于安装和维护。机械零件全部采用 CNC 加工制作，工艺精湛。

（4）传动全部采用小齿隙密封齿轮，具有效率高、噪声低、寿命长、稳定可靠，无需加油，多种运行速度等特点，可满足各种控制系统的要求，保证系统的快速响应及稳定性。

图 7.14　PSL 直行程智能
型电动执行器

（5）同阀门的连接采用柔性盘簧连接，可以避免阀杆与输出轴不同轴给阀门带来的影响。可预置阀门关断力以保证阀门的可靠关断，防止泄漏。行程可调，便于与阀门连接。

（6）驱动电机采用高性能稀土磁性材料制作的高速同步电机，运行平稳。具有体积小、力矩大、抗扭转和控制精度高等特点。

（7）可设置分段调节，即由一台调节器输出的双时间比例信号控制两台执行机构（4～12mA 对应 PSL1 的全开或全闭，12～20mA 对应 PSL2 的全开或全闭）。

（8）阀位反馈元件采用全密封高精度多圈电位器，具有体积小、精度高、死区小和使用寿命长等特点。全部电器元件均采用世界名牌产品，质量可靠。电器部件布线严谨，并与传动部件完全隔离，提高了执行机构运行的可靠性。

3. 西贝电动智能执行器

西贝电动智能执行器如图 7.15 所示。该仪器具有以下 10 个特点。

图 7.15　西贝电动智能执行器

（1）智能控制。一个 RISC CPU 满足高度的灵活性和监控系统的要求，所有参数存于 E2-PROM 中，无需电池。

（2）参数设定方便。运行方式、动作模式、转矩、报警值等均由传感器开关设定。

（3）输入输出多项组态，可自行设定。

（4）磁感应传感器开关，操作简易、安全可靠。

（5）具有人机界面交流平台，菜单中提供各种选项，如 P 项为组态参数，S 项为数据记录，H 项为历史记录。

（6）电子密码锁，防止意外操作，保护设定好的运行程序不被改变。

（7）独特的步进动作，可以使执行机构在某一段位置按用户要求逐步开启或关闭。

（8）人性化屏幕旋转功能，可实现 180°旋转，利于现场维护操作。

（9）Smod 接线端子，电源模块和控制模块不同种类的接线端子避免接线和操作错误。

（10）具有断电和断信号保护功能。

7.1.8　灰仓料位检测装置

料位测量装置有两类：一类是极限料位检测，即料位开关，一般有上、下限两个检测点。一旦料面达到预先设定的料位，即发出控制信号，使给料或卸料设备进行相应的动作。另一类是连续料位测量，有定时测定和需要时进行测定两种工作方式，用于较精确掌握料面高度的场合。

1. 重锤料位计

重锤料位计如图 7.16 所示，主要分为带式和缆式两种，可用来测量粉状、颗粒状及块状固体物料料仓的料位，使用户可靠地掌握料仓中的料位。料位计由传感器及控制显示仪表构成。控制显示器一般采用 51 系列单片机，由程序控制传感器的整个探测过程的动作并检测其信号进行计算。在面板上的显示窗口显示料位数字，并有相应的 4～20mA 模拟电流信号输出。测量可定时自动进行，也可手动测量或由上位计算机控制。

1）测量原理

安装在料仓顶部的料位计传感器的探测过程，由控制显示仪表发出的信号控制。传感器由可逆电机、蜗轮、蜗杆、丝杠、齿轮轴、绕线筒、灵敏杠杆等组成。当传感器接到探测命令

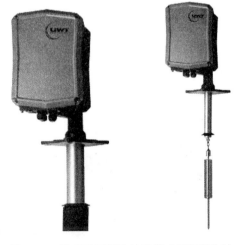

图 7.16　缆式重锤料位计和带式重锤料位计

时，电机正转，经蜗轮、蜗杆减速后带动齿轮轴和绕线筒转动，使钢丝绳下放，带动重锤由仓顶下降。当重锤降至料面时被料面托起而失重，钢丝绳松弛，灵敏杠杆动作使微动开关接触，控制显示器得到该信号后立即发出电机反转命令，重锤上升返回，直到绕线筒碰上

到顶开关,电机停转,重锤回到仓顶原始位置,完成一次探测过程。在此过程中,控制显示仪表通过检测绕线筒的转数计算出重锤从仓底到料面间的距离(转数乘以绕线筒周长即是距离,假如仓是 8m 高,此段走了 6m,料面即是 2m。这些过程全部由单片机内部程序进行计算),在面板上进行数字显示,并在后面板端子上输出 4~20mA 电流。

2) 安装方法

一般安装于料仓顶部(图 7.17),主要安装方法分为法兰式和螺纹式(图 7.18)。

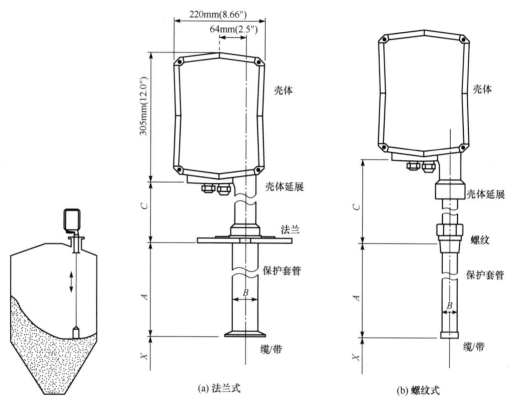

(a) 法兰式　　　　　　　　　　(b) 螺纹式

图 7.17　重锤料位计
安装示意图

图 7.18　重锤料位计的安装方法

图 7.19　阻旋式料位计

2. 阻旋式料位计

阻旋式料位计如图 7.19 所示。阻旋式料位控制器又简称"料位器"、"料位计"、"料位开关"、"物位开关"、"料位仪"、"料位传感器"等,主要用于各种物料(如粉状、颗粒状或块状)料仓极限料位的自动检测与控制。不同型号的料位器可以满足不同工况的要求,在冶金、粮食、面粉、建材、水泥、电力、煤炭、化工、铸造、橡胶、环保除尘等各行各业的物料输送与控制过程中有着广泛的应用。

1) 工作原理

该控制器采用机电位控原理接触测量料位。当料仓内叶片部位无料时,料位器通电,指示灯亮,叶片逆时针旋转;当料仓内叶片部位有料时,叶片旋转受阻,控制信号转换,随之断开料位器电机电源。此状态一直维持到叶片部位无料,料位器自动复位,电机电源接通,指示灯亮,叶片开始旋转,控制信号切换。

2) 主要特点

(1) 采用接触测量,结果真实、准确可靠;可以水平、倾斜与垂直安装,安装使用方便。

(2) 抗干扰,即安即用。其内部没有复杂的电子元件及放大电路部分,因此不受任何电磁波干扰,安装后无需任何调试及保养维护即可长期使用。

(3) 超强防抖性能设计。即使在物料流动时也不会发出错误信号。

(4) 料位显示功能。采用长寿命高亮度指示灯,料位显示直观方便。

(5) 双重保护功能。过载保护功能避免叶片受过分外力而损坏电机;自动保护功能使料位器在料仓有料叶片旋转受阻时,断电不工作,保护电机且有效延长其使用寿命。

(6) 优良的测量再现性和环境工况适应性。即不受物料粒度、形状、相对密度、介质、壁垢、黏附性、温度、湿度、粉尘浓度等变化的影响。

(7) 超强防尘密封性能,即使 1.0MPa 压力,粉尘也无法进入。

(8) 抗震性及防松结构设计,有效地避免部件松动及滑脱;采用优质不锈钢材料,使其具有优良的抗腐蚀性及耐磨性能。

(9) 价格低,性价比优良。

7.2 微 粉 秤

TGG(F)型粉体双稳流定量给料螺旋(简称微粉秤)如图 7.20 所示,是集粉体物料给料输送、称重计量和定量控制为一体的机电一体化的高新技术产品,能适应于各种工业生产环境的粉体物料连续计量和配料控制系统。采用多项先进技术,运行可靠,控制精度高,能够保证物料下料稳定、不倾泻并保证计量精度。可以广泛应用于建材、冶金、化工、食品、电力等行业,为以上行业提供可靠的计量手段。

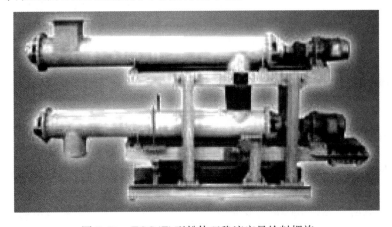

图 7.20 TGG(F)型粉体双稳流定量给料螺旋

1. 性能及技术参数

1）微粉秤的性能

（1）给料螺旋进料口截面积大（1000mm×1000mm），受料段为变径变距叶片。在整个进料口截面上料粉均匀下沉，不易结拱。

（2）双稳流给料螺旋与计量螺旋秤采用 3 台变频器同频调速，双稳流给料螺旋物料填充系数为 1.0，计量螺旋填充系数 0.6，台时产量大范围调整时，质量信号真实，计量精度高。

2）主要技术指标

微粉秤的动态计量精度≤5‰；控制精度≤3‰；给料能力为 0～100m³/h。

2. 计量控制原理

称重传感器的质量信号和速度转换器的电压脉冲信号经称量系统处理转化成为物料流量，汇总计数器将累加告示一个预定时间周期的物料通过量，并与系统设定量进行比较，经PID 运算后输出控制信号，通过变频器调节定量给料机电机转速，达到定量给料的目的。

3. 系统组成

微粉秤由以下 8 个部分组成：
（1）双稳流计量给料螺旋本体；
（2）计量螺旋秤；
（3）双开手动螺旋闸门；
（4）称重传感器；
（5）转速测速传感器；
（6）电机减速机；
（7）变频器；
（8）给料秤控制系统。

双稳流给料螺旋进料口螺旋叶片变径变距，能够有效防止仓内物料结拱、蓬仓，且密封严密，不漏粉尘。双稳流给料螺旋出料端有溢流装置，能彻底杜绝物料的自流和冲料；选用锰钢材质的螺旋叶片，耐磨性好。

计量螺旋秤采用杠杆式计量方式，双稳流给料螺旋与计量螺旋采用 3 台变频器同步调速，物料填充系数 0.6，物料稳定，转速测速传感器安装于转子轴，测速信号准确，保证较高的计量精度。

4. 与传统螺旋给料机的比较

（1）给料螺旋采用双稳流给料方式，与传统的单管给料相比进料口截面积大，落料稳定，不蓬仓；

（2）双稳流给料螺旋出口带有稳流结构，与传统的单管给料相比，可防止物料冲料，保证下料稳定；

（3）计量螺旋采用杠杆式计量结构，与传统的单管给料相比，其线性度好、计量精度高；

（4）测速传感器采用旋转编码器，安装于计量螺旋转子轴上，测速精度高，信号稳定可靠；

（5）双稳流给料螺旋与计量螺旋秤共用 3 台变频器同步调速，与普通的 1 台变频器调速的螺旋秤相比，质量信号稳定，流量波动小，计量精度高；

（6）螺旋叶片采用优质锰钢材质，外圈加耐磨材料，保证设备长期稳定可靠运行；

（7）选用新式结构轴承及轴承座，密封性好，不漏粉尘。

7.3　定量输送机

PEL/PEM 系列定量给料机系统如图 7.21 所示，是对块状物料、颗粒状物料进行连续输送、计量，并对物料流量进行定量控制的专用设备。工作原理是在设备运行时，称重传感器把环带载荷信号，速度传感器把环带速度信号输送到称重控制单元，称重控制单元连续地将实际给料量与设定给料量进行比较，并通过变频器调整电机转速，从而实时地控制环带速度，实现定量给料。

图 7.21　PEL/PEM 系列定量给料机

PEL/PEM 型定量给料机采用先进的制造工艺，在生产过程中严格按照 ISO9000 质量管理体系标准，严格执行《连续累计自动衡器（电子皮带秤）》（GB/T7721—2007）产品标准，依据《连续累计自动衡器（皮带秤）检定规程》（JJG195—2002）控制产品质量，以其高精度、稳定性和可靠性，成为散状物料配料与计量的理想设备。

1. 结构组成

PEL/PEM 系列定量给料机主要由两部分组成，即电气控制部分和机械部分。其中，电气控制部分主要由控制柜（控制箱）、称重控制仪表、变频器、称重传感器、速度传感器等部件组成。机械部分包括驱动装置、秤体、秤底座、主动滚筒、从动滚筒、环形胶带、带荷测量装置、带速测量装置、环带涨紧装置、清扫装置、承重托辊、布料器、集尘罩等部分。PEL/PEM 系列定量给料机的外形结构如图 7.22、图 7.23 和图 7.24 所示。

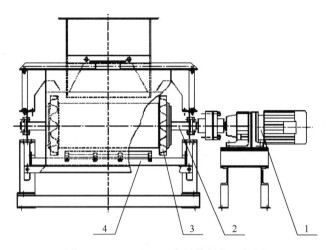

图 7.22　PEL/PEM 定量给料机正视图

1.驱动装置；2.主动滚筒；3.环形胶带；4.胶带清扫装置

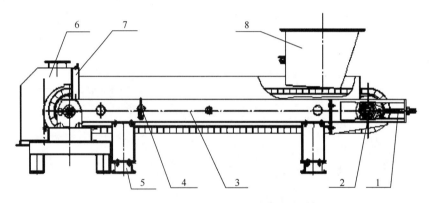

图 7.23　PEL/PEM 定量给料机侧视图

1.环带涨紧装置；2.带速测量装置；3.秤体；4.带荷测量装置；5.秤底座；6.集尘罩；7.集尘罩支架；8.布料器

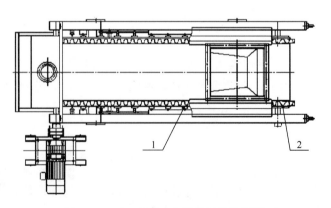

图 7.24　PEL/PEM 定量给料机俯视图

1.承重托辊；2.从动滚筒

2. 工作原理

定量给料机在正常运转过程中,环形胶带将物料从布料器中拖出,物料通过定量给料机的带荷检测装置时,称重传感器将带荷信号,速度传感器将带速信号送至称重控制单元。称重控制单元将检测到的带荷信号和带速信号转换成物料流量,并与设定值相比较,得出实际物料流量和设定值之间的偏差值。控制单元根据此偏差值不断地调整变频器的输出频率,并通过变频器调整电机转速,从而实时控制环带速度,改变物料流量,使实际物料流量与设定值相一致。PEL/PEM 定量给料机如图 7.25 所示。

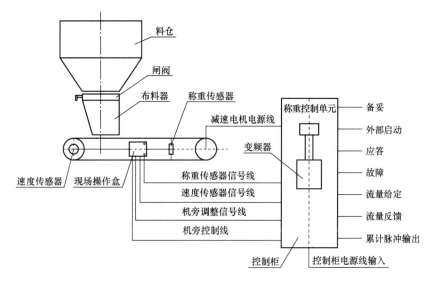

图 7.25　定量给料机工作原理图

PEL/PEM 定量给料机的称重控制单元主要由控制柜和现场操作盒组成。

1) 控制柜

控制柜为控制单元的核心,各部分作用如下:

(1) 电源指示,控制柜总电源指示;

(2) 电源启动,总电源启动按钮;

(3) 电源停止,总电源停止按钮;

(4) 联锁指示,变频器满足运行状态时指示;

(5) 本地启动,启动控制柜上的仪表进行喂料;

(6) 本地停止,停止控制柜上的仪表停止喂料;

(7) 机旁指示,由机旁控制箱控制时指示灯亮;

(8) 远程/就地/变频控制,远程控制是指由中控室进行流量设定与启停控制。就地控制是指由控制柜内仪表进行控制,流量的设定由仪表下方的电位器调整;变频控制是指通过变频器进行手动调节转速,转速大小由变频器下方的旋转电位器来调整。

2) 现场控制盒

现场控制盒各部分作用如下:

(1) 急停按钮,用于出现紧急情况时紧急停车,按下为停车,弹出为紧急停车消除;

　　（2）集中/机旁，集中控制时，由 DCS 或本地来控制；机旁控制时，由现场控制盒上的调节电位器来调整；

　　（3）电位器，用于在机旁手动调整皮带的转速。

　　3. 定量给料机技术指标

　　（1）给料能力 0.1～1000t/h。

　　（2）系统动态误差≤±0.5%。

　　（3）使用环境，控制单元－15～＋40℃；机械设备－30～＋80℃；相对湿度≤95%。

　　（4）电源，仪表控制部分为 AC220V 或 DC24V±10%，50Hz；驱动部分为 AC380V，50Hz 或 AC220V（＋10%、－15%）。

7.4　充填系统基本控制回路

7.4.1　单回路调节器

　　充填工艺对充填料浆的浓度、灰砂比及搅拌过程中搅拌桶的液位都有具体要求。为了保证充填质量，满足充填工艺流程要求，选择搅拌过程中的灰量、砂量、浓度、液位 4 个工艺参数，分别采用恒值控制方法，构成 4 个调节系统，即浓度自动控制系统、搅拌桶液位自动控制系统、砂量自动控制系统和灰量自动控制系统。这主要是考虑到充填时不同的采场要求、不同的灰砂配比。若采用比值控制方法，其中一个参数发生变化，其他参数需随之改变，由此给整个控制系统稳定性带来不必要的波动。另外，生产工艺中要求在下料浆充填前先要搅拌引流灰浆对管道进行润滑，此时向搅拌桶只供灰和水而不供砂。在正常充填过程中有时出现砂中杂物，如石块、绵纱等堵塞管道，使流量减少、液位上升。处理此种紧急情况时暂停供砂而灰和水则不能停供。

　　通过对浓度、液位、砂量、水量 4 个被控量的恒值控制，可以完全满足充填系统对料浆质量分数、灰砂比及搅拌桶液位等工艺指标的具体要求。对这 4 个回路，系统中均选用可编程序调节器 KMM 对被控量进行自动控制。

　　可编程序调节器 KMM 是多输入、多输出、多功能、多用途的调节器，其控制运算的内容和控制数据存放于"用户 EPROM"的专用存储器内，用户可直接按控制需要制作自己的 EPROM。可编程序调节器 KMM 是使用了微处理器 8085 的以 PID 控制为主体的数字调节器，它具有输入处理、报警处理、输入异常检查等辅助功能。KMM 硬件构成及程序构成如图 7.26 所示。

　　可编程序调节器 KMM 的基本组成可分为 3 部分，即输入处理、运算处理、输出处理。其每一部分功能都已编制好，其功能由存储在存储器内的相应的子程序来实现。这些功能被称为"控制数据"。可编程序调节器 KMM 的基本算法有 54 种，在应用中能很快地实现各种功能的组合，不同功能的组合可以满足各自应用要求。在应用中，根据回路控制量的具体要求及不同情况，分别进行组态编程。编程时分别确定各自回路的基本数据、输入处理数据，进行 PID 运算并输出处理数据。数据确定后采用程序装入器（KMK101）固化到用户 EPROM 中，再将 EPROM 芯片插到电路板固定插座上，即完成了对回路的控制方案、控制算法及控制数据的编程。当系统调试后，正常运行时不需再做修改。

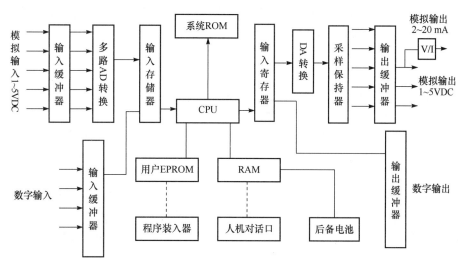

图 7.26　KMM 硬件构成图

　　KMM 可配备手动操作单元,它采用自动切换方法。若系统出现故障便会从自动状态(A 状态)无扰动地切换到手动状态(M 状态),并发出报警。此时系统在手动状态下继续运转,待处理完故障后可人工切换到自动状态。

7.4.2　浓度控制回路

　　为了确保充填体的质量并使充填作业顺利进行,在充填搅拌过程中对搅拌生成的料浆浓度进行控制。从充填机理来看,料浆浓度越高,充填体质量也就越好;料浆浓度的降低,充填体质量难以保证。在金川二矿区充填生产过程中,采用无动力管道自流输送,而过高的料浆浓度又极易造成堵管。因此给定浓度一般为 78%。浓度控制系统构成如图 7.27 所示。

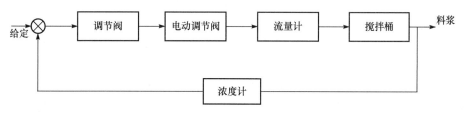

图 7.27　浓度控制回路

　　在浓度控制系统中,选用 RM-1100 型微机式工业密度计,对搅拌成的料浆进行检测。检测到的料浆浓度经过处理变成标准信号后送入可编程序调节器 KMM。浓度给定值可通过可编程序调节器 KMM 的面板操作设定。在浓度检测及给定值设定的基础上,可编程序调节器 KMM 对料浆浓度按 PID 算法进行自动调节,使浓度误差达到最小。可编程序调节器 KMM 把料浆浓度给定值与料浆浓度检测值进行比较,如果浓度给定值大于浓度检测值,经 PID 运算后使可编程序调节器 KMM 的输出减少,从而使控制水量的电动调节阀关小,水量随之减少,浓度增高。反之,当料浆浓度给定值小于浓度检测值时,经 PID 运算后使可编程序调节器 KMM 的输出增大,控制水量的电动调节阀开大,水量增加,浓度降低。当料浆浓度给定值等于浓度检测值时,经 PID 运算后使可编程序调节器 KMM 的输出保持不变,从而达到使浓度静态误差最小的目的。

7.4.3　液位控制回路

在充填搅拌系统中,控制搅拌桶液位的目的主要有两个:一是保证各种充填物料在搅拌桶内有足够的搅拌时间从而使物料搅拌均匀;二是保证料浆输送管道有一个固定压头,使搅拌成的料浆在管道中平稳输送,防止堵管。在充填生产过程中,料浆采用无动力管道自流输送,其水平管线长达 2000m 以上,而垂直管线高度为 400～800m。如果在充填搅拌过程中压头太低,即搅拌桶液位低,就会使各物料搅拌时间短,搅拌不均匀,浓度变化大,产生堵管,使生产无法正常进行。如果在充填搅拌过程中搅拌桶的液位变化大,也将导致在料浆输送过程中流量变化大,输送管道就会剧烈摆动,容易发生管道爆裂。为了保证生产正常进行,系统在设计时采用液位、流量串级控制方式。系统构成如图 7.28 所示。

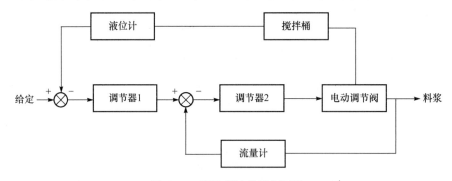

图 7.28　搅拌桶液位控制回路

在控制系统中,液位作为主控参数,流量作为副控参数构成了一个串级控制系统。液位为恒值控制,流量为随动控制。

在控制系统中,液位控制回路采用电容液位变送器对搅拌桶的液位进行检测。检测到的液位信号经处理后送入 KMM 可编程序调节器。液位给定值可通过 KMM 可编程序调节器的面板进行设定。KMM 可编程序调节器把液位给定值与液位检测值进行比较。如果液位检测值大于液位给定值,经调节器 1 进行 PID 运算,调节器 1 输出信号增大。若此时流量不变,调节器 2 的输出也随之增大,使电动调节阀开大,料浆流量增大,致使搅拌桶液位下降;如果液位检测值小于液位给定值,调节器 1 输出信号降低,若流量不变,调节器 2 的输出也随之降低,控制电动调节阀关小,料浆流量减少,使搅拌桶液位上升;当液位检测值与液位给定值相等,说明实际液位与给定液位相符,调节器 1 输出不变,从而保证液位稳态误差达到最小。

在流量控制回路中,采用电磁流量计对料浆流量进行检测,检测到的料浆流量信号送入 KMM。调节器 1 的输出作为流量控制回路的给定值,当流量检测值大于其给定值时,调节器 2 的运算输出降低,使电动调节阀关小。当流量检测值小于流量给定值时,调节器 2 的输出增大,使电动调节阀开大;当流量检测值与其给定值相等时,调节器 2 的输出信号保持不变,电动调节阀保持原开度不变。在此控制系统中,液位控制即主调节器 1 采用正向控制,流量控制即调节器 2 采用反向控制。

7.4.4　砂量控制回路

充填搅拌过程中,控制供砂量是为了满足充填生产工艺中灰砂配比的要求。砂量控制回路如图 7.29 所示。

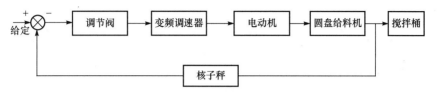

图 7.29　砂量控制回路

在砂量控制系统中,采用核子秤对供砂量进行检测。检测到的砂量信号经处理后送到 KMM 可编程序调节器,砂量给定量可通过 KMM 可编程序调节器的面板操作。KMM 把砂量给定值与砂量检测值进行比较。当检测到的砂量大于其给定值时,KMM 输出信号控制变频调速器的频率减小,电动机转速降低,圆盘给料机转速减小,从而使砂量减小;当砂量检测信号小于砂量给定值时,调节器的运算输出增加,控制变频调速器的频率增加,电动机转速增加,圆盘给料机转速增加,从而使供砂量增加;当砂量检测信号等于其给定值时,调节器输出保持不变,从而使砂量保持不变。

7.4.5　灰量控制回路

与砂量控制系统一样,控制供灰量是为了满足充填生产工艺中对灰砂配比的要求。灰量控制回路如图 7.30 所示。

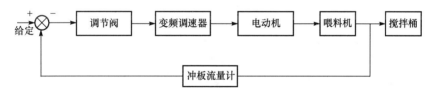

图 7.30　灰量控制回路

在灰量控制系统中,采用冲板式流量计对灰量进行检测。检测到的信号经处理后送入 KMM 可编程序调节器。灰量给定值可通过 KMM 可编程序调节器的面板操作设定。KMM 可编程序调节器把灰量给定值与灰量检测值进行比较,当检测到的灰量大于给定值时,调节器经运算后输出信号变小,控制变频调速器的频率降低,电动机转速下降,使单管喂料机供灰量减小;当灰量检测值小于灰量给定值时,调节器的运算输出增加,控制变频调速器的频率增加,电动机转速升高,使供灰量增加;当灰量检测值等于灰量给定值时,调节器运算输出保持不变,从而保证下灰量保持不变。

7.5　集散控制系统性能与应用

7.5.1　系统简介

SUPCON JX-100 系列集散控制系统是由浙江大学工业自动化公司、浙江迪康自动

化装备有限公司共同开发的。它是计算机技术、自动化技术、通信技术、控制理论、阴极射线管技术、故障诊断技术和冗余技术的综合应用。金川龙首矿西部露天转地下开采的高浓度细砂胶结充填系统应用了该系控制统并获得成功,该系统可靠性高,使用便捷,容易维护且实时高效。SUPCON JX-100 系列集散控制系统采用分级分布式控制方式,各被控参数在物理上采用分散结构,实现真正的分散控制。它同时具备很强的人机对话功能,并能方便地进行计算机与计算机之间的通信,具有很强的集中监视功能,并能进行综合控制操作。该系统除配有几十种常用的工业过程控制方案外,还提供了自定义组态语言。通过各功能模块任意组合,完成各种特殊控制。双 CPU 协同工作和半浮点运算技术,使控制周期最小可达 0.1s。JX-100 系列集散控制系统所达到的自控程序和控制精度,是过去常规仪表控制系统无法实现的。

7.5.2　系统结构

　　JX-100 系列集散控制系统如图 7.31 所示,由操作站和控制站两大部分构成。XUPCON 组态软件由下位机组态、上位机组态和系统服务 3 部分组成。

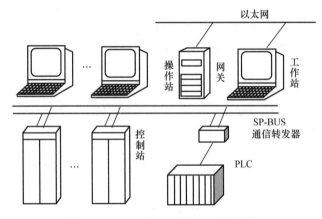

图 7.31　SUPCON　JX-100 系统结构

　　JX-100 操作站除常规配置外,并配有一张 SC-8000 网卡与控制站实时通信。操作站用于人机对话,完成控制站检测及控制方案组态和实时监控。
　　控制站主要由端子板、隔离模块、操作面板、机架等构成。其功能是对信号进行采集、滤波等处理,通过 24 种常规控制方案、6 种输出方案及自定义算法编程来实现各类运算判断及输出控制,完成 PLC 梯形逻辑顺序控制功能及简便 CAD 作图完成流程图制作,进行动态数据、棒状图监控。控制效果取决于组态方案。
　　操作站与控制站通信由通信协调器进行协调,总线通信距离 1000m,传输速率300kbps,采用 CRC-16 检错方式。

7.5.3　操作站功能

　　操作站显示并记录来自各控制单元的过程数据,通过丰富的人机界面,将分散的过程信息集中起来,实现信息处理和操作的集中化。操作站功能由工程师功能、操作员功能及系统监视三大功能组成。操作站是监视和控制生产过程的窗口,完成系统控制功能和操作画面组态。在生产中进行各种参数观察控制、生产过程工艺流程显示、动态参数曲线显示、报警及报表打印、完成各种工艺过程的高级控制、优化算法、生产管理及调度。操作人员在控制站的 CRT 前,操作设置在操作台上的键盘,同时注意观察 CRT 上显示的图象,便可监视料浆搅拌制备过程中的砂量、水泥量、水量、料浆浓度和流量、搅拌桶液位等工艺参数的变化情况,并可通过键盘操作对有关参数进行控制。

7.5.4 控制站功能

控制站可实现对工业现场的信号采集、运算、判断后完成过程实时控制,为操作站提供必要的过程控制信息,并且有独立显示和操作的功能。该系统具有输入输出的相容性、人机界面的单一性,实现故障实时诊断。控制站控制过程如图 7.32 所示。采用 CSC 功能模块经过自定义语言编程完成多种复杂控制方案。CSC 功能模块功能原理如图 7.33 所示。

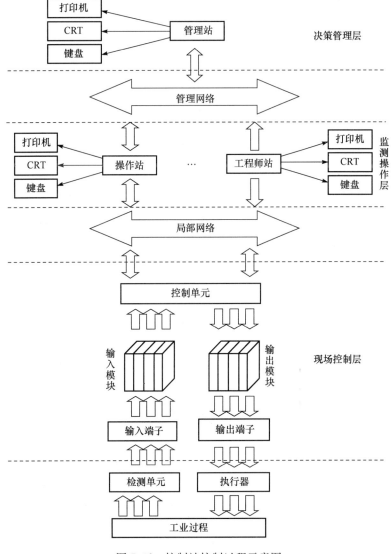

图 7.32 控制站控制过程示意图

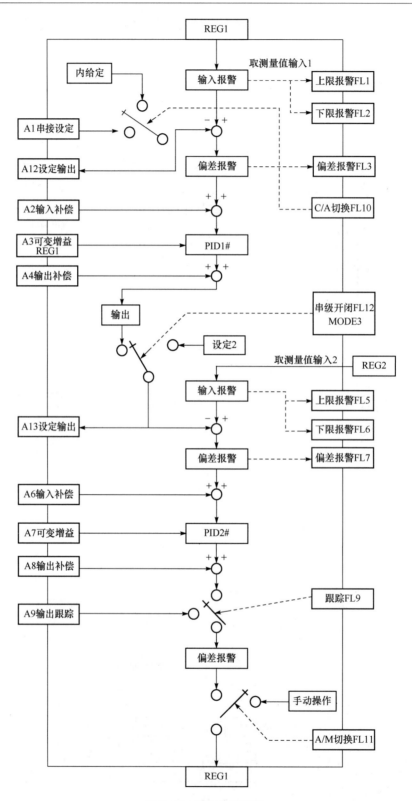

图 7.33 CSC 功能模块

7.5.5　控制回路构成

制备系统由以下 4 个恒值控制回路构成。

（1）料浆浓度自动控制回路。由同位素密度计对料浆浓度进行检测,检测到的浓度信号送入多功能 CSC 模块,由运算输出控制安装在供水管道上的电动调节阀的开度以调节向搅拌桶的供水量,实现对料浆浓度的自动调节。

（2）砂量自动控制回路。由安装在皮带输送机上的核子秤对砂量进行检测,检测到的砂量信号送入多功能 CSC 模块,由其控制变频调速器的频率以调节圆盘给料机的转速,实现对供砂量的恒值调节。

（3）水泥量自动控制回路。由安装在双管螺旋给料机出口处的冲板流量计对水泥给料量进行检测,检测到的水泥量信号输送入多功能 CSC 模块,由 CSC 控制变频调速器的频率进而调节双管螺旋给料机的转速,实现对水泥给料量的恒值调节。

（4）搅拌桶液位自动控制回路。由安装在搅拌桶联通器内的电容液位变送器对搅拌桶液位进行检测,由安装在搅拌桶出口管道上的电磁流量计对料浆流量进行检测,检测到的液位信号和流量信号送入多功能 CSC 模块,由 CSC 控制安装在搅拌桶出口管道上的料浆调节阀的开度进而调节料浆流量,实现对搅拌桶液位的恒值调节。

7.5.6　仪表配置原则

为了保证充填料浆的质量,使每个参量自动控制回路对工艺参数的控制都能达到工艺要求,对工艺参数进行精确检测非常重要,也是实现 SUPCON JX-100 系列集散控制系统的关键所在。为了确保仪表对搅拌过程中各工艺参数检测的精度和各参数自动控制回路的控制功能,使各信号能与监控计算机兼容,在仪表配置方面采用智能化和数字化的Ⅲ型仪表。控制器采用智能化、多功能的 CSC 模块可编程序控制调节器,主要执行机构也实现智能化。这就形成了以智能化仪表为主体的系统配置。检测和控制的精度高,自诊断能力强,可靠性及可维护性好,从而保证整个控制系统具有很高的品质。

7.5.7　应用评价

1995 年金川龙首矿西部充填站运用 SUPCON JX-100 系列集散控制系统实现了高浓度料浆管道自流充填工艺的计算机集散自动控制,并取得了显著的技术经济效益。

该系统完全采用自定义语言编程构成复杂控制系统,只需一条命令键入,就按预先设定的各项参数自动开车启动、调整和自动运行,中间不需要操作工的任意干预和操作,在较短时间内使系统运行达到稳定状态,实现快、准、稳的自动控制效果。

7.6　集散控制系统

7.6.1　系统简介

TDC3000 集散控制系统是在大规模集成电路技术发展的基础上形成的,具有单元品种齐全、控制功能强、性能价格比好、可靠性高、使用灵活、易扩展和易维修等优点。该系统是从美国 HONEYWELL 公司引进的现代化集散控制系统。金川二矿区西部第二搅拌站的膏体泵送系统和自流输送系统均采用了该集散控制系统。

TDC 3000 集散控制系统可以满足各种生产过程的控制要求,可对连续、批量或混合过程实现数据采集和包括调节控制、逻辑控制、顺序控制在内的各种控制功能,可灵活地构成大、中、小型各类控制系统以适应不同用户的需要。该系统通过众多的操作显示画面和简便的键盘操作、屏幕触摸操作或鼠标器操作,可对系统进行组态、编程、调试和维护,并可对生产过程进行监视和操作。通过局部控制网络(LCN)系统,还能够实现生产过程的最优化控制和整个生产过程的综合信息管理。

TDC3000 集散控制系统中的局部控制网络(LCN)及与过程相连的通用控制网络(UCN)系统均为高性能的、实时的工业局域网络,其拓扑结构为总线型。传输媒体为 750 同轴电缆,媒体存取控制协议为令牌总线协议,数据传输速率为 5MBPs。其中,LCN 系统的主要单元有操作员、工程师和维修技术人员人机接口为一体的通用站,用作历史数据、操作程序、画面、文件等存储的历史模件(HM),也可用于实现高级计算和控制策略的应用模件(AM),用于实现复杂计算和生产过程最优化的计算模件(CM),用于链接数据公路及其设备的数据公路网间连接器(HG),用于链接 UCN 网络及其模件的网络接口模件(NIM)。UCN 系统的主要单元有用作数据采集、调节控制、逻辑控制和顺序控制的高级过程管理器(APM),用作逻辑控制和回路控制的逻辑管理器(LM)。小型 LCN/UCN 控制系统可用 MICRO TDC 3000 系统。

7.6.2　硬件配置

小型 TDC3000 系统具有体积小、成本低的特点。通过引入 68020 处理器技术,具有预建立的组态网络、区域和点数据库,可以提供标准型 TDC3000 LCN/UCN 系统的所有功能。该控制系统通过霍尼韦尔公司的通用控制网络(UCN)监视控制,APM 是小型 TDC3000 系统不可分割的一部分。

小型 TDC3000 系统由两个机柜(称"塔式柜")组成,它包括 2 个电子模件、2 个盒式磁盘驱动器和 1 个温彻斯特型硬磁盘。塔式柜支撑 1 个台面,放置 2 个彩色监视器、2 个键盘。系统可以连接 2 台打印机(另有接口)。

2 个电子模件分别放置在 2 个塔式柜里,提供小型 TDC3000 系统(不包括外围设备)所有的电路板。这 2 个模件称为多结点模件,每 1 个可装多个 TDC3000 结点,2 个塔式柜通过双绞电缆与局部控制网络(LCN)相连接。APM 经由 UCN 和网络接口模件(NIM)与 TPLCN 相连接。TDC3000 系统的构成如下。

(1) 通用操作站(universal station)2 台。通用操作站是 MicroTDC3000 系统先进的人机接口,由彩色触屏及带有用户定义的功能键的键盘组成。可以使用户直接、实时地在彩色触屏上获得工艺过程和工厂运行数据,从而安全、有效地对生产过程进行监视控制管理。该站(US)提供给过程一个窗口,允许显示和使用来自连接过程设备、仪表子系统和计算机的信息。彩色触屏、2 个操作员键盘、1 个工程师键盘、2 个盒式磁盘驱动器以及打印机都是 US 的组成部分。US 提供 1 个通用窗口来组态系统数据库,建立图形显示以及编制控制语言(CL)程序。

(2) 历史模件(history module)1 块。历史模件是局部控制网络上的 1 个节点,其功能为收集和存储包括常规报告、历史事件和操作记录,并形成过程数据库。它作为系统文件的管理员,可为以下资源提供安全的系统储存库:模件、控制器和智能变送器数据库、工艺流程图、组态信息、用户源文件和文本文件。

(3)网络接口模件(network interface module)2 块。网络接口模件提供 LCN 与 UCN 之间的通道,它完成从 LCN 传输技术和通信协议向 UCN 传输技术和通信协议的转换。NIM 使得 LCN 上模件可以取到 UCN 设备的数据。通过 NIM 程序和数据库可以装载到 APM,UCN 设备产生的报警和操作显示信息,也可以上升到 LCN。该系统 NIM 配置为可冗余,当主机 NIM 发生故障时,自动切换到备份的 NIM 上,以保证操作的连续性。LCN 和 UCN 的时钟靠 NIM 来实现同步,NIM 将 LCN 的时钟信号传输到 UCN 上,UCN 用时钟信号来标记所有的报警或事件。

(4)高级过程管理站(advanced process manager)。高级过程管理站是工业控制系统中最主要的数据采集和控制设备,提供了丰富的功能,最好地满足过程控制的需要。APM 具有高度灵活的数据采集、输入、输出和控制功能,控制功能包括常规控制、逻辑和顺序控制,适合于连续、批量或者复杂的应用条件,可通过组态和编程来完成数据采集和控制要求。APM 内部配置结构见表 7.1。

表 7.1　APM 内部配置结构

—	—	—	APMM09P OK	APMM10S BACKUP	—	—	—
01HLAI	02HLAI	03HLAI OK	04HLAI OK	05AO OK	06AO OK	07AO OK	08DI OK
09DOOK	10DO OK	11HLAI OK	12HLAI OK	13HLAI OK	14AO OK	15AO OK	16DI OK
17DOOK	18	19	20	21	22	23	24
25	26	27	28	29	30	31	32
33	34	35	36	37	38	39	40

注:模拟输入高电平(HLAI)(16 点)/块;模拟输出(AO)(8 点)/块;数字输入(DI)(32 点)/块;数字输出(DO)(16 点)/块。

(5)局部控制网络(local control network)。局部控制网络将高级过程管理站、数据采集系统、通用操作站相互连接,并接到通用控制网络或数据高速公路上。

(6)通用控制网络(universol contrd network)。通用控制网络是过程控制网络,用于连接过程控制装置。

7.6.3　组态画面及操作

随着过程工程师软件的加载,US 向过程工程师提供一个良好的使用环境,以建立或修改所有或一部分 TDC3000 系统需要的数据库,以符合它的设定目标。实现过程控制需要 1 个工程师键盘,需要从软盘盒式磁盘中装入操作程序。如果系统中有 1 个历史模件,还可以从历史模件中装入操作程序。过程工程师键盘能执行下列 7 个与工程有关的功能。

1. 系统组态

与组态数据输入有关的工作通过工程师主菜单启动。这个画面允许过程工程师在对系统组态或重新组态时从若干工作组中选择。"网络组态"包括命名单元、区域和控制台;定义在局部控制网络上的模件;分配适合数据量存储的历史模件空间。

"网络组态"为建立的数据库确定了驻留位置。"UCN 组态"工作包括分配接口模件经每个通用控制网络,分配网间连接器给每个数据公路;定义在 UCN 上的设备;定义在这些设备内的模件或槽路的类型。

"点建立"工作包括定义需驻留在 UCN 设备、应用模件和计算模件的过程数据点的名称和参数,它可以提供系统功能要用到的数据点,而系统功能常用于建立过程操作数据库。"功盼"工作包括建立用户图形、自由格式日志和历史组件;定义功能按键引起的作用;应用"区域数据库"来组态过程区域。

对一个组态过程区域由组态标准的操作显示和分配日志及报表给打印机组成。"支援功盼"工作在需要时支持命令处理操作、系统菜单操作、系统状态操作和控制台状态操作。

2. 建立数据点

此功能使用"数据实体建立程序"(DEB)以建立、修正或删除数据点。1 个数据点是系统所使用的 1 种数据库结构代表,如 1 个物理输入或输出、或 1 个控制计算这样的数据实体。

3. 建立图形画面

过程工程师使用由画面编辑程序提供的显示建立功能以生成动态的过程图形显示,画面编辑程序允许工程师通过操作画面自身来生成、修改和删除画面。这样一来,过程工程师可以不依靠编程语言而迅速和容易地建立丰富的交互式用户显示。过程工程师可以使用标准的字符或可寻址的点来建立图形显示画面。

4. 建立日志和报表

工程师对预先编排好格式的日志、记录和打印趋势指定内容并输出时间表。也可用自由格式日志建立程序来定义特殊的日志报表。被指定的日志(预先编排好格式的和自由格式的),记录和打印趋势可以组合在报表中,这些报表被安排得与所含项目的打印频率无关。

5. 编辑文件

这个功能允许过程工程师使用文本编辑程序来建立和修改文件,它提供了包括拷贝、移动和字符搜寻的屏幕编辑功能。

6. 使用实用程序

通用过程工程师个性允许过程工程师利用实用程序来做的工作包括：卷和文件列表，包括格式化/初始化盒式磁盘、软盘和历史模件卷名；转储/恢复文件；存储/恢复连续历史；拷贝、核对、删除、打印/显示和更名文件；列出在数据库中与其项目有指定联系的项目名称等。

7. 调出系统功能显示

从系统菜单显示中，过程工程师能使用很多在正常过程操作中操作员可得到同样的系统功能显示。为了满足工艺过程的需要，在通用操作站 US 上设计 15 个组态画面，其中操作画面 10 幅。操作画面均能将现场仪表检测出的被控工艺参数的量值实时地显示出来。若某个工艺参数偏离设定值，则系统发出声光报警，这时操作人员可通过键盘方便地切换手/自动操作方式及设定输出值，或者修改控制回路的设定参数，使控制回路中的被调工艺参数达到稳定。膏体泵送充填的整个工艺过程，均在控制室通过 DCS 系统实现自动控制。

7.6.4　控制回路的组态实现

为了保证自流充填系统中充填工艺过程的稳定运行和所产出的砂浆质量，根据工艺要求共设置 8 个自动控制回路：

(1) 尾砂与磨砂、粉煤灰、水泥的比值控制回路；

(2) 尾砂浓度控制回路；

(3) 尾砂流量控制回路；

(4) 磨砂量控制回路；

(5) 粉煤灰量控制回路；

(6) 水泥量控制回路；

(7) 搅拌桶液位控制回路；

(8) 砂浆浓度控制回路。

后面的 7 个控制回路均属于单参数的常规控制，其基本控制原理与前述相同。下面仅对尾砂与磨砂、粉煤灰、水泥的比值控制回路的构成及在 DCS 系统中的组态实现进行分析。

工艺要求料浆的物料配比以干尾砂量的改变而变化，但由于尾砂仓放出的为含水的尾砂浆，干尾砂量不能直接测量。在生产过程中是将放砂管内的尾砂浆浓度和流量分别检测出来，然后将检测信号送到 DCS 系统中，运用系统的运算功能，将干尾砂量实时计算出来。尾砂浆中的干尾砂量的计算方法如下：①尾矿浆浓度，$D=R_t(R_m-1)/R_{mm}(R_t-1)$；②尾矿浆中的干砂量，$Q_t=R_t/(R_t-1)(R_m-1)Q_v$。其中，$R_t$ 为尾砂密度，t/m^3；R_m 为尾砂浆密度，t/m^3；Q_v 为尾砂浆的体积流量，m^3/h。对一定物料来说，R_t 是常数，所以

$R_t/(R_t-1)$ 也是常数。如果取 $R_t=2.87t/m^3$，$R_m=1.406t/m^3$，$Q_v=60m^3/h$，则尾砂浆浓度 $D=R_t(R_m-1)/R_m(R_t-1)=2.87/1.87\times0.406/1.406=45\%$。

由此计算出干砂量 $Q_t=R_t/(R_t-1)\times(R_m-1)\times Q_v=2.87/1.87\times0.406\times60=36.54t/h$。

以上 R_t 可由人工来确定，而尾砂浆的体积流量 Q_v 和尾砂浆重度 R_m 则通过电磁流量计和浓度计来测得，然后经过 DCS 系统运算后得出实时的干砂量，并将这一运算值作为其他物料的比值控制回路做给定值。为了便于分析，下面仅以尾砂和水泥的比值调节系统为例进行研究，其他 3 种物料的比值控制回路与此回路相同，不再叙述。

考虑到膏体充填工艺对物料配比要求严格，为了达到较高的控制精度，在 DCS 系统中对尾砂与棒磨砂、粉煤灰的比值控制均设置了双闭环比值调节系统，其中，尾砂与水泥比值控制系统如图 7.34 所示。

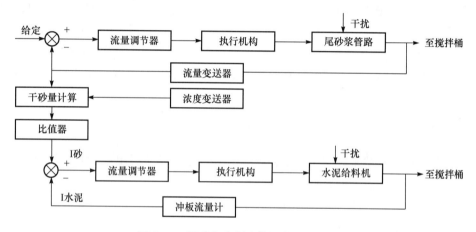

图 7.34 尾砂与水泥比值调节系统框图

由此可以看出，双闭环调节系统是一个定值调节的主动量（尾砂浆）和一个由主动量通过比值器给定的属于随动调节的从动量回路（水泥）所组成的调节系统。在稳定的状态下，尾砂浆通过主回路调节保持在给定值上；同时通过干砂量计算、比值器作为水泥回路调节器的给定值，经水泥调节回路的调节作用，保持尾砂量与水泥量为给定的比例关系。当干扰作用于水泥调节回路时，则由该回路克服而不会影响尾砂浆的调节回路。如果干扰出现在尾砂调节回路，则一方面通过调节作用使尾砂浆量向给定值靠拢，同时通过干砂量计算、比值运算后改变水泥量的给定值，以保持在尾砂量变动的情况下，水泥量与尾砂量仍然保持给定的比值关系。

双闭环比值调节系统的关键问题在于确定比值系数 K 值。在确定 K 值时，既要考虑尾砂、水泥检测仪表的测量范围，又要考虑物料量与输出信号之间的关系。当物料量从零变化到最大值时，输出电流相应地在 $4\sim20mA$ 变化，任一中间值物料所对应的输出电流较容易求得。当尾砂、水泥料量符合工艺要求时，在比较机构中，两个输入信号则应该相等，比值系数 K 容易求得且等于水泥和尾砂正常物料量之比与尾砂和水泥最大值之比的乘积。

以此类推,磨砂、粉煤灰均可以完成与尾砂量的比值调节。充填工艺还要求在不同的充填周期,各种物料之间要有不同的比例关系,可方便地用操作键盘。膏体充填系统组态画面中共设置了6个自动控制回路:

(1)(尾砂＋磨砂)/(水泥＋粉煤灰)的比值控制回路;

(2)尾砂浓度控制回路;

(3)膏体浓度控制回路;

(4)水泥制浆浓度控制回路;

(5)双轴螺旋搅拌机料位控制回路2个。

7.6.5　应用评价

西部第二搅拌站自流和膏体充填系统自投产以来,经过生产实践充分显示新一代智能化仪表测量精度高、可靠性好的优点,以及集散型计算机控制系统控制功能丰富、人机界面好,系统运行稳定等优越性。正是由于采用了这些先进的仪表和控制系统,使各种物料的配比和料浆浓度等主要工艺参数得到有效控制,保证了充填生产过程的稳定运行,充分满足了生产要求。总体看,金川矿山充填生产系统的自动控制水平不但在国内处于领先地位,而且达到了世界同类生产系统的先进水平。

7.7　Logix5000PLC 系统

二矿区西部二期充填站采用美国 HONEYWELL 公司 TPC3000 集散控制系统已经运行多年。由于无技术维护支持,于 2011 年 9 月,由金川公司自动化分公司和二矿区对该系统进行升级改造,由此采用美国罗克韦尔公司的 Logix 5000PLC 系统进行组态编程。

7.7.1　系统结构

系统结构的上位计算机采用工业级的计算机。两台计算机实现冗余控制,采用标准电脑键盘便于维护更换,配置软件包括 Windows2000 操作系统、RS View32 生产设备监控组态软件和 RS Net Work 设备网管理软件。下位控制器采用美国罗克韦尔公司生产的 Logix5000 控制系统,包括 16MHz 处理器,带工业以太网接口、电源、模拟量输入输出模板以及开关量输入输出模板。

控制系统设计采用仪表、电气、控制系统一体化设计。现场设备数据传输以 I/O 模板方式实现,采用两台冗余上位计算机实现人机对话,通过下位控制器以程序指令方式实现全部生产过程的逻辑及复杂控制。

7.7.2　上位计算机监控组态

控制系统设置两台操作站,计算机位于中央控制室操作台上,以便于生产操作人员对整个生产过程的监控管理。所有工艺生产数据实时显示,可以在操作员站启停所有的运行设备,并对工艺参数进行人工干预调整。实际生产中的人机对话通过上位计算机中的 RS View32 监控组态软件来全面实现。

生产设备以形象化的图形在上位机上显示,并且与现场设备动态对应,以便于生产操作工对设备的实时监控管理。上位机组态画面包括:工艺流程画面、设备启停画面、工艺参数趋势画面、设备故障报警画面和正常生产时显示工艺流程画面。出现故障时报警画面自动弹出,当操作员需要启停某一台设备时,点击画面上的对应设备后启停窗口会自动弹出。在控制系统的组态上,做到不同班次的操作人员有各自的登录权限及口令,系统自动记录登陆用户、时间以及发出的操作指令,维护工程师可以查询所有历史操作,便于系统的维护及管理。常规仪表盘的数据显示、电气操作台的显示等操作,全部通过上位计算机以形象的、可视化图形方式实现。自流系统和膏体系统流程控制画面在每个操作员站上都有显示页面,并可任意切换。

7.7.3　下位控制器控制程序

下位程序指令是整个控制系统的核心部分,所有控制功能实现、设备连锁保护、数据采集处理计算、复杂调节回路的完成等,全部由存储在下位控制器中的程序指令完成。仪表测量数据的简单报警保护,直接由上位计算机通过 RS View32 实现,复杂的逻辑控制及报警保护,可以通过下位控制程序实现。有关仪表、电气、控制系统的故障报警,可以通过外部警铃向生产操作人员及时提示。

7.8　充填作业联络与通信特点

矿山现代化的充填工艺系统,既有地面部分,又有井下部分,不仅分散且工艺战线长,如金川二矿区尾砂膏体泵送充填工艺系统,由选矿厂尾砂车间、地面充填站、井下搅拌站 3 大部分组成,全长 5.5km。整个充填系统的协调和指挥要求建立专业的、独立的通信网。充填站设备台件多,运转起来噪声较大,井下环境差,所以对通信系统要求苛刻。选用通信设备时需选防潮、抗干扰性能良好的通信设备。

充填站岗位点多面广,不仅要求必须有独立通话功能,且要具备单工和双工通信功能。因为现代化的充填工艺系统必须通过现代化的通信设施才可得以实现。

金川矿区几座充填站,都有独立小型通信联系系统。例如,二矿区西部第二充填搅拌站利用 UT-20 型程控数字交换机来传递信息,指挥和协调充填站的顺利运行。这种小型通信系统有效地保证了该充填站对通信的需要。

7.9　充填系统仪表使用评述

目前充填仪表运行基本正常和稳定,但也存在一些问题需要不断完善。下面将针对目前充填控制仪表的使用情况进行简单分析说明。

1. 砂石测量

充填砂石测量目前通常使用核子皮带秤和电子皮带秤进行测量。两者共同之处在于:都要检测皮带的物料荷重和皮带的速度信号,然后将两个信号相乘得到瞬时流量,再经积分或累加运算得到一段时间内输送物料的质量累计值。检测皮带速度的方式相同,均采用磁阻脉冲式、光电脉冲式测速传感器。两者的不同在于:核子皮带秤通过物料对射线的吸收来确定荷重信号,而电子皮带秤是通过对设定长度上的物料质量进行称量来确定荷重信号。

从测量精确度上来看,电子皮带秤可以分为 4 个等级,动态累加误差分别为 $\pm 0.125\%$、$\pm 0.25\%$、$\pm 0.5\%$、$\pm 1.0\%$。核子皮带秤主要分为两个等级,其动态累加误差为 $\pm 1.0\%$、$\pm 2.0\%$,因此从精度上来看电子皮带秤的精度较高。其次,从安装与维护方面来看,核子皮带秤比较小巧,搬运及安装量小。此外核子皮带秤除了保持秤体清洁之外基本不需要进行维护。而电子皮带秤由于秤体较大搬运不方便,而且要经常进行校检,否则就会产生较大误差,因此,从安装与维护方面来看核子皮带秤优势明显。

在目前的使用过程中,砂石计量较为稳定,但核子皮带秤由于计量误差较大,影响了砂石计量的准确性;同时,由于核子皮带秤属于放射性设备,对环境安全存在很大隐患。而电子皮带秤由于属于接触式测量,受物料的影响较大,在测量的过程中往往会因为物料的变化,造成一次仪表测量误差增大,从而给整个砂石计量造成影响。

2. 水泥及粉煤灰给料量测量

目前水泥及粉煤灰给料量仍主要使用冲板流量计进行测量。在使用过程中发现,由于检测板挂灰,造成冲板流量计零点漂移,影响测量精度。由于冲板流量计在实物标定过程中采用人工接灰称重标定的方法,在整个标定过程中误差较大,造成一次仪表计量不准确,误差较大,给整个水泥计量造成影响。

3. 水流量测量及料浆流量测量

水及料浆流量测量主要采用电磁流量计进行测量,其中水流量测量较为准确,而料浆测量误差较大,主要由于充填料浆对电磁流量计内部电极磨损腐蚀严重,影响了电磁流量计的正常使用和计量。

4. 搅拌桶液位测量和控制

目前常用的液位计有电容式液位计和差压式液位计两种。液位测量较为准确,但在液位控制方面,目前只是由液位信号单独控制。但根据充填工艺要求,液位控制需液位信号和流量信号同时参与控制。目前所使用的电磁流量计,由于无法准确地对料浆流量进行测量,因此无法满足控制要求,难以参与液位控制,给整个液位控制带来一定影响。

7.10　本章小结

　　各类检测仪表的具体应用是充填系统自动控制先进程度的具体体现,充填系统需对水泥、粉煤灰、砂石、供水量进行计量,并对充填料浆流量、充填料浆浓度、灰仓料位、搅拌桶液位进行检测,而后调节物料添加量及搅拌桶液位。本章介绍了浓度控制回路、液位控制回路、砂量控制回路、灰量控制回路,对 SUPCON JX-100 集散控制系统和 TDC3000 集散控制系统的应用进行了分析与评价,对充填系统所采用的仪表使用情况进行了综述。

第8章 充填生产组织管理及质量保障体系

金川镍矿 3 个地下矿山均采用下向进路胶结充填采矿法,生产能力大,充填质量要求高。为了保质保量地完成充填任务,金川矿山一方面投入大量人力、物力、财力与国内外相关大专院校及科研院所进行技术攻关与系统改造;另一方面,加强生产组织管理,建立健全相关的管理制度,制定相关的技术规程及规范,完善充填质量保障体系,在确保充填质量的前提下控制充填成本,为实现矿石资源的安全高效开采提供有力保证。

金川三大矿山在生产组织中,各科室对充填工作的业务管理和专业化管理方面的职能大体相同。但在工区的充填生产组织上,因充填量及搅拌站和采场的布置上存在差别,因而各矿山均按各自实际情况进行科学合理的设置。

二矿区 2010 年生产矿石 430 万 t,充填量达到 170 万 m³,目前开采水平为 1150m 和 1000m,850m 中段正在建设,开采深度约 700m,其充填组织管理、充填质量保障体系和成本控制更具有代表性。本章以金川二矿区的充填生产组织、质量保障体系、充填成本构成为例进行详细介绍。

8.1 充填生产组织设置

作为采用下向胶结充填采矿法的矿山,充填生产在保证采充均衡和井下安全生产方面,起到非常重要的作用。充填生产是二矿区整体生产任务的组成部分,将其纳入矿区整体生产计划中,由安全环保室、工程管理室、生产技术室、地测室、机动能源室、计划室及执行充填生产任务的充填工区以及采矿生产工区共同完成。在各业务科室对充填生产的管理方面,其主要职责包括以下 7 个方面。

(1) 安全环保室主要负责对采矿工区进路充填准备工作的安全检查,并审核签发充填作业单。

(2) 工程管理室主要负责对充填工区充填全过程的质量监督、验收和考核,抽检采矿及充填工区的充填准备和充填工程记录,进行井下充填体质量的跟踪调查及评估。收集当月充填量(自流、膏体)、尾砂、粉煤灰、水泥用量、故障停车、管路及钻孔堵塞等信息,进行统计分析,并负责每季度的充填专业化检查。

(3) 生产技术室负责制定各采矿及充填工区每周充填地点、充填方式(自流、膏体或井下废石充填)及充填量计划,负责充填工艺的生产管理和技术改进。

(4) 地测室主要负责进路充填申请单中进路回采长度、充填方量的计算确认、全矿每月充填料计算及报量核定;同时对进路充填前的矿石损失贫化进行管理。

(5) 调度室按技术室的充填计划合理安排每日生产管理,统计当天进路充填量以及每日充填材料(棒磨砂、水泥等)的实际入库量。

(6) 机动能源室对充填系统设备、仪表、能源等进行专业管理,按计划提供充填系统所需设备的备品配件。

（7）计划室负责充填物料计划的制定，负责各类充填物料的供应以及充填河砂、汽运罐车水泥的计量。

井下部分充填作业由采矿生产工区完成。二矿区共有 7 个采矿生产工区，每个工区负责 3 个盘区的开采。每个采矿工区配备有 1 个 12 人充填班。按照《井下废料人工搅拌混凝土进路打底回填技术标准》和《机械化下向分层水平进路胶结充填采矿法技术标准》进行回填作业和充填前的准备作业。主要负责进路充填前准备工作及井下充填工作，即充填进路的拉底清理、钢筋的铺设吊挂、采场充填管的架设管理、充填挡墙的砌筑、充填过程的看护和溢流水的排放等工作，确保井下充填准备和充填过程符合要求。

充填工区是完成充填作业的主体，按照调度室的充填指令计划实施充填作业。接到《充填通知单》后，按通知单上的充填地点、充填方式及充填量进行充填备料。按照《机械化下向分层水平进路胶结充填采矿技术标准》制浆，按照《高浓度细砂管道胶结充填技术标准》制备充填料浆并输送充填料。同时负责做好充填系统的设备、电器、仪器仪表的检查、维护和保养，对充填钻孔及井下管网进行巡检和更换，使充填设施处于完好状态，确保充填系统可靠运行。

充填工区设主任 1 人，生产、设备、电器仪表主任 3 人。按各自职责分别负责行政、绩效、成本管理及技术工作。负责支部、工会、质量及培训工作。负责安全、生产组织、井下现场管理、技术创新、充填质量。负责电器、仪表的管理、充填设备的正常运行和维护以及地表现场管理。

充填工区设有点检技术安全组，4 个生产班组和 1 个综合班组。每个生产班设正副班长 2 人，每个生产班定员 40 人。每个生产班内分一期运转岗位、二期运转岗位、井下充填岗位、维修岗位 4 个组，每个生产班当班负责完成地表一、二期充填搅拌站的充填料浆制备、输送、管道巡视直至进路充填等工作。其岗位有细砂充填工、抓斗吊操作工、膏体泵操作工、仪表操作工、皮带操作工、维修电工、钳工、焊工。生产班组实行 8-8 工作制，4 个生产班组之间实行 4 班 3 倒。

综合班为常白班工作制，班组定员 36 人，负责工区天车、膏体输送泵等主体设备的维护保养及充填管道加工。负责物料计量、仪表标定及充填控制过程的质量检查、负责工区水泥装卸及尾砂储存。负责井下充填接管作业和 1600m 中段充填管道等工作。除维修人员外，其他岗位还有水泥装卸工、卷扬工、充填工等工种。

点检技术安全组定员 12 人，负责工区设备点检、充填生产工程控制、工区生产安全及检查监督、工区技术及项目、各类基础资料、充填材料的统计检查等工作。

8.2 充填质量保障体系

因为金川矿山矿岩破碎、地应力大，矿石中含有多种有用成分，矿石价值高，所以全部采用下向进路充填采矿法。为了满足不断增加的矿石生产能力要求，机械化作业水平不断提高，进路断面不断加大，以最大限度地提高盘区（进路）生产能力及劳动生产力。

目前二矿区及三矿区进路尺寸(宽×高)为5m×4m,龙首矿六角形进路尺寸为顶底宽3m、腰宽6m、平均宽4.5m、高5m、断面22.5m²。对于大断面下向进路充填采矿法,充填体质量直接关系到采矿作业人员及设备安全,同时直接决定采矿作业能否顺利进行。为了确保充填质量满足采矿生产要求,金川矿山采取的主要措施有:制定并完善相关的技术标准、规程及规范,严格把握充填材料质量,严格按标准及规范进行操作。对地面及井下各工艺环节进行质量检验和考核。

金川集团股份有限公司于2000年通过ISO9000质量体系认证,矿山充填技术标准、制度、规程、充填设备仪表、充填生产各项记录等均处于受控管理。充填生产操作行为按照充填作业指导书规范执行,通过每年内部和外部审核,充填生产过程控制得到了不断改进和完善,充填质量的稳定性控制得到保障。

8.2.1　相关技术标准建立

金川矿山在历年的充填采矿法生产过程中,经不断实践、修改、完善,制定了一系列的技术标准、规程、规范、考核办法等。在充填生产作业方面,专门制订了《机械化下向分层水平进路胶结充填采矿法技术标准》(Q/YSJC-GY04—2007)、《高浓度细砂管道自流输送胶结充填技术标准》(Q/YSJC-GY02—2004)、《膏体充填技术标准》(Q/YSJC-GY02—2002)、《井下废料人工搅拌混凝土进路打底回填技术标准》(Q/YSJC-GY01—2001)、《矿山充填用砂石技术条件》(Q/YSJC-ZB01—2011)和《仪表操作工安全操作规程》等。

二矿区根据自身的生产实际,还制定了《金川集团有限公司二矿区充填工程质量管理制度》、《金川集团有限公司二矿区充填工艺管理规定》、《金川集团有限公司二矿区充填物料管理规定》、《金川集团有限公司二矿区充填质量跟踪管理规定》、《金川集团有限公司二矿区充填工程质量考核规定》、《金川集团有限公司二矿区充填工程质量相关记录管理规定》、《二矿区2012年绩效管理专项考核办法》和《尾砂膏体充填控制暂行规定》(2010年)等。这些技术标准及规程规范中,不但对充填作业组织管理、不同充填方式采用的充填材料组成、配比及原料质量进行规定,同时对充填过程中各工艺环节的操作运行也制定了作业标准。依据各项标准,各责任单位及责任人对井下采场(进路)的准备、充填过程中料浆制备质量及所形成的充填体质量负责或进行监控、检验,从而形成了较为完善的充填质量保障体系。

1. 金川矿山技术标准和规程

金川矿山各项技术标准及规程中对充填料的质量、组成、配比及强度规定如下:

充填体单轴抗压强度(自流、膏体均适用)为$R_3 \geqslant 1.5MPa$,$R_7 \geqslant 2.5MPa$,$R_{28} \geqslant 5.0MPa$。自流输送系统充填料浆配比见表8.1。实际生产中控制砂浆浓度范围77%～79%,砂浆收缩率8%～10%。自流输送倍线范围:2≤充填倍线≤6;膏体充填各物料配比及控制参数见表8.2。棒磨砂质量标准见表8.3。戈壁砂质量标准见表8.4。全尾砂质量标准见表8.5。分级尾砂质量标准见表8.6。

表 8.1　自流输送系统充填料浆配比表

浓度/%		灰砂比	密度 /(kg/m³)	材料消耗/(kg/m³)		
质量分数	体积分数			水泥	砂	水
78	56.35	1∶4	1984	310	1238	436

表 8.2　膏体充填各物料配比及控制参数

膏体种类	控制流量 /(m³/h)	控制浓度/%	灰砂比	质量浓度 /%	1m³ 膏体材料用量/kg				
					分级尾砂	磨砂	干粉煤灰	水泥	水
$m_{河砂}$∶$m_{尾砂}$＝3∶2		76~80	1∶4	80	472	710	150	295	400
$m_{磨砂}$∶$m_{尾砂}$＝1∶1	80~100	76~80	1∶4	80	590	590	150	295	405
$m_{磨砂}$∶$m_{尾砂}$＝3∶2		76~80	1∶4	80	472	710	150	295	400

表 8.3　棒磨砂质量标准

粒度范围/mm	>4.75	2.36~1.18	1.18~0.6	0.6~0.3
含量/%	0	14~18	22~26	18~22
含泥量按质量计不大于	7%			
含水量按质量计不大于	10%			

表 8.4　戈壁砂质量标准

粒度范围/mm	>4.75	2.36~1.18	1.18~0.6	0.6~0.3
含量/%	≤3.5	18~24	16~22	15~21
含泥量按质量计不大于	7%			
含水量按质量计不大于	5%			

表 8.5　全尾砂质量标准

颗粒级配	d_{10}	d_{50}	d_{90}
粒度范围/μm	1~3	25~45	130~150
杂质含量	粒度大于 1mm 的颗粒含量不超过 1%		

表 8.6　分级尾砂质量标准

颗粒级配	d_{10}	d_{50}	d_{90}
粒度范围/μm	10~45	80~140	170~210
杂质含量	粒度大于 1mm 的颗粒含量不超过 1%		
细颗粒含量	$-30\mu m$ 含量按质量计不超过 20%		
含水率	含水量按质量计不大于 5%		

　　由自然风化、水流搬运和人工分选堆积形成的粒径小于 3mm 的岩石颗粒表观密度不能小于 2.65g/cm³,强度高于充填体强度的 3~4 倍。水泥采用散装 32.5 级增强复合硅酸盐水泥,性能指标为细度(比表面积)3100~3300cm²/g,初凝时间>45min,终凝时

间<10h,3 天抗折强度>2.5MPa,28 天抗折强度>5.5MPa,3 天抗压强度>10MPa,
28 天抗压强度>32.5MPa。粉煤灰采用干粉煤灰,质量符合 GB/T1596—1991 的规定。

　　充填体强度检测分别在搅拌桶内和采场对充填料浆进行取样,制成 100mm×100mm×
100mm 或 70mm×70mm×70mm 的标准试块,按温度为 28℃±1℃、湿度为 85%±1% 进
行恒温/恒湿养护。测定试块 3 天、7 天、28 天的单轴抗压强度,若不符合 $R_3 \geqslant 1.5$MPa,
$R_7 \geqslant 2.5$MPa, $R_{28} \geqslant 5.0$MPa 的规定,则充填不合格,在下一分层回采时,密切监控该区域
充填体的变化,必要时采取临时支护措施。

　　2. 金川充填技术相关部门的职责

　　金川矿山对涉及充填技术和管理的各相关部门及责任人制定如下规定。
　　1) 安全环保室对充填质量管理职责
　　(1) 对采矿工区的进路充填准备工作(进路底板及两底角矿石清理、充填管固定、锚
杆眼间距排距及数量、吊筋连接、底网敷设及勾连、滤水管安装、砌筑挡墙、挡水墙等)要逐
一进行检查确认。
　　(2) 采矿工区进路充填准备工作结束后,按要求填写充填申请单,经现场执法人员签
字确认,由安全环保室信息组人员审核无误后,签发充填通知单。
　　(3) 充填通知单要注明工区、中段、盘区、分层、进路编号、进路长度、充填量(按地测
科验收量的 60% 计算打底量,有半挡墙的要注明半挡墙里外的打底量)。充填单要一式 4
份(安全环保室 1 份、充填工区 1 份、调度室 1 份、采矿工区 1 份)。
　　(4) 采矿工区在进行毛石或废料回填时,安全环保室现场执法人员负责对毛石回填
质量进行现场监督和质量确认。
　　(5) 采矿工区发生充填挡墙倒塌、充填体脱层事故后,现场值班人员应立即向调度室
汇报,安全环保室执法人员应及时向信息组反馈。
　　(6) 由于充填工程质量不合格引发的设备损坏、人身伤害事故,由安全环保室牵头,
组织工程管理室、技术室、充填工区、采矿工区等人员进行现场调查,分析原因,追究责任,
制定整改措施并向矿领导提交事故分析报告。
　　2) 工程管理室对充填质量管理职责
　　(1) 对充填工区充填全过程进行质量监督管理和考核,收集统计当月充填量(自流、
膏体)、尾砂使用量、故障停车、管路(钻孔)堵塞等数据信息,整理统计和分析后,将分析结
果及时向主管领导汇报。
　　(2) 做好井下进路充填体质量的跟踪调查工作和质量评估,对在充填过程中有可能
存在质量隐患的进路,将信息以书面形式反馈到安全环保室、技术室和采矿工区,共同做
好安全预防工作。
　　(3) 对采矿工区、充填工区的充填准备和充填过程记录,每月抽检一次,指出存在的
问题,提出整改措施,确保充填工区和采矿工区的记录规范。
　　(4) 做好充填过程管理、充填搅拌站充填过程控制、充填结果检查与评估等各环节的
质量监督,并纳入绩效考核管理办法进行考核。
　　(5) 每季度组织技术室、安全环保室、机动能源室、充填工区及各采矿工区相关人员,

对充填系统进行一次全面检查。对检查发现的问题和隐患,及时下发隐患整改通知并落实整改结果。

(6) 发生充填质量事故时,牵头组织事故分析会议,安全环保室、技术室、充填工区、采矿工区应有专人参加,分析事故原因,制定防范措施,追究相关单位和人员责任。

3) 技术室充填质量管理职责

(1) 依据《金川集团有限公司企业标准下向分层进路胶结充填采矿法技术标准》,负责修订二矿区充填工艺、技术参数控制的管理规定和办法,提交矿领导并报集团公司科技部审批后执行;

(2) 根据二矿区当月的生产任务及充填量,制定各采矿工区、充填工区每周充填量计划,并负责考核落实;

(3) 每月组织工程管理室、安全环保室、充填工区、相关采矿工区对充填小井、充填联络道、假坑道及预留铁盒子等进行一次全面检查,及时安排充填联络道的返修及假坑道、预留铁盒子的漏浆清理工作,并做好记录。

4) 地测室对充填质量的管理职责

(1) 负责对进路两帮、拱角、底角矿石是否回收干净的确认;

(2) 负责进路毛石搅拌回填量的验收。

5) 充填工区充填质量管理职责

(1) 负责做好充填搅拌站充填过程控制及计量仪器仪表、电器、设备设施的检查、维护和保养工作,确保充填系统的可靠运行;

(2) 负责做好充填管路的巡检及各区段钢管的更换工作,杜绝充填过程中发生跑浆漏浆现象;

(3) 严格按照标准规定的配比实施充填供料、搅拌和控制,确保充填灰砂比、砂浆浓度和流量控制等各项充填质量指标符合标准要求;

(4) 对于充填过程中发生的故障停车,积极采取应对措施,并向调度室、工程管理室及采矿工区等单位及时通报情况,并做好记录;

(5) 尽量避免非正常停车,对自身因素造成的堵管以及充填管路跑浆漏浆等充填质量事故,在按照应急预案处理的同时,以书面形式将分析报告递交主管矿长以及调度室、工程管理室等;

(6) 参与充填系统检查、充填质量事故的现场勘察和过程分析,并按照事故分析会议的要求提交相关计量表数据;

(7) 负责落实二矿区主管矿长和主管部门提出的各项充填质量整改措施,并将整改结果以书面形式递交主管矿长和相关科室;

(8) 严格执行二矿区充填工程管理制度,并结合本工区实际情况制定出切实可行的充填质量管理相关实施细则,并负责落实。

6) 采矿工区对充填质量的管理职责

(1) 在进路回采过程中,严格执行技术室回采设计的要求,二、三期进路回采时将两帮、拱角及两底角的矿石回收干净,确保下一分层充填顶板平整,夹缝无残留矿石;

(2) 在进路回采过程中,严格执行技术标准,眼位布局要合理,防止凿岩、爆破对充填体的破坏。

（3）在充填准备作业前，必须将进路两帮、底角及底板矿石清理干净，保持进路底板平整，无杂物、无淤泥、无积水。

（4）对充填管固定、锚杆眼间距排距及数量、吊筋勾连、底网敷设与连接、滤水管安装、砌筑挡墙等施工质量要指定专人负责，工作结束后，充填班长要逐一进行检查确认。

（5）对超宽进路必须按吊筋 1m×1.5m 网度补打锚杆眼并吊挂，二、三期进路靠充填体一侧的吊筋距充填体不得大于 0.5m。

（6）进路充填准备工作结束后，由充填班长组织施工人员填写充填准备工作质量认证卡，经工区主管领导确认后向安全环保室递交充填申请单。

（7）毛石搅拌回填进路，要向技术室递交采场毛石搅拌回填申请单，技术室审批后，按照确定的位置及长度进行。毛石搅拌回填工作结束后，工区现场值班人员和充填班长要在井下废料混凝土搅拌回填现场检查记录上签字确认。

（8）进路充填时，严格按照标准要求从里向外的次序进行充填，打底高度不得低于 2m，不得高于 3m，并做好充填过程中的抽排水工作。

（9）如实填写充填记录，内容包括进路编号、充填时间、排水放水、管路检查、接顶时间、充填过程中的故障停车时间、原因以及故障停车可能造成的质量问题等。

（10）进路充填结束后，将接顶后的溢流物清理运送至毛石存放点，防止混入矿石后造成矿石贫化。

8.2.2　充填材料质量控制

水泥作为主要的胶凝材料，其质量决定充填体的最终强度指标，因此必须达到标号的质量要求，并且安定性合格。砂石作为充填骨料，其粒级组成必须满足设计要求。在高浓度细砂管道自流输送中，严格控制大粒径颗粒的含量，并且最大颗粒应小于 5mm。砂石中含泥量不超过 7%。若含泥量超过 10%，充填体强度将大大下降；若含泥超过 20%，则充填体将不凝固。颗粒粒径波动过大，将影响到充填料浆输送浓度的选择和控制，在长距离自流输送过程中，会产生离析沉淀，严重时还会发生堵管事故。实际生产中会出现颗粒粒度偏粗的情况。当出现这类情况时应适当加入细骨料，如风砂、尾砂、湿粉煤灰等来改善砂子级配，在可能的条件下适当提高自流输送浓度。

8.2.3　料浆制备质量控制

充填料浆制备质量控制的最终目的是严格准确料浆配合比，保持最佳的输送浓度，平稳的搅拌液位和流量，避免事故停车及堵管事故。生产指令明确，充填量是实际充填生产中应时刻注意的问题。非正常停车，增加充填次数，必然加大采场的脱水量，导致充填料浆在流淌过程中产生离析。堵管事故不仅会造成大量材料及人力的浪费，而且严重时还可能导致充填钻孔及充填管的报废。

合格物料的连续稳定供应，是制备高质量充填料浆和保证正常充填的前提，这对自动化程度较高的充填系统尤为重要。稳定的物料供应可减少对仪表及各输料设备的频繁调节，减少灰砂配比及浓度的波动幅度，使料浆保持均匀，使得料浆在最佳的浓度下以理想的流态自流输送。

在实际生产中,砂料因含水量及过渡砂仓料位的不同,以及在掺入多种不同物料,诸如湿粉煤灰、河砂、风沙的情况,是产生物料给料量不稳定的重要因素,而其中混入的杂物,会给管道自流输送带来隐患。

水泥输送量的不稳定因素包括三个方面,一是水泥含有杂物,在多段螺旋输送的过程中,易造成螺旋卡死的设备故障;二是以干灰形式进入搅拌桶的水泥,易在下灰口受潮,慢慢结块,使下灰口逐渐变小,产生断灰;三是供灰设备系统存在缺陷或给料叶轮磨损严重,产生供灰失调。在高浓度自流输送中,供灰的稳定连续是获得高质量料浆,保证顺利输送的关键因素。在生产过程中需加强设备点检、强化各岗位人员操作水平及责任心,减少事故停车率。此外,不断完善系统工艺也是减少事故停车率的重要措施,如对进入搅拌桶的砂料加装合理网径的振动筛,加装电磁铁,清除铁质杂物,对预防突然的停水停电安装备用过渡高位水箱等。

按充填工艺技术标准,对不同物料的配比、浓度及充填打底高度等进行规范操作控制,并充分利用仪表或计算机对操作过程进行记录。历史数据可随时查阅,并依此对系统运行及操作中出现问题加以分析研究,提供解决方法,完善系统和操作控制,保证充填生产的顺利进行。

8.2.4　充填过程质量控制

质量检查人员对充填采场的清底、采场钢筋的敷设、充填管的架设、充填挡墙的砌筑等充填准备工作进行检查,合格后方可签发充填通知单。充填通知单的内容包括详细的充填地点、进路规格、充填量、料浆配比及浓度要求等技术指标。

每班充填前,对各充填设备及仪表进行检查维护,对充填管路进行检查和更换。料浆制备前,先采用高压风对充填管路进行清洗检查,确保管路的畅通及管路联络是否正确。采场见风后方可开始充填。

开启搅拌桶,制备水泥灰浆(质量分数为 40%~50%),对充填管道进行润滑及引流,并时刻保持搅拌桶设定液位。下灰浆 3min 后即可加砂。同时按要求调节灰砂配比,设定各控制参数。随后将砂、水泥、浓度、液位流量投入自动控制状态。15min 内,料浆质量分数可快速提升至 76%~79%。充填过程中,各给定量的波动状况可由仪表控制进行自动调节。

采场充到预定的充填量后,由采场充填作业人员电话通知充填控制室操作人员停止充填。操作员按先停砂,再停水泥的顺序操作;然后根据充填地点的远近再下 5~6m³ 的水冲洗管路,搅拌桶放空后再关闭底阀,就可开启高压风对充填管路进行再次清洗直至干净。

膏体泵送系统基本程序同上,只在充填开车前,需提前 10~20min 对立式尾砂仓的尾砂进行制浆,保持正常充填时尾砂浆浓度、流量的稳定。

仪表检测具有重要作用。采用计算机集散控制系统,设定浓度、水泥、砂子、液位 4 个闭路环节。通过计算机进行集中控制,将各个闭路环节系统的波动进行平稳调整,将手工操作产生的误差和波动降至最低,使灰砂配比、浓度及流量稳定控制在设定的参数范围之内。在自动化程度较高的控制系统中,检测仪表检测到的数据准确可靠十分重要。

　　针对实际应用中的冲板流量计、数字式核子秤、密度计等各检测仪表设备的使用情况,按计量体系文件定期校准之外,还须制定定期维护制度,按实际情况随时对仪表检校标定,保证仪表准确运行。仪表操作是充填生产的控制中心,也是充填质量管理的核心。加强仪表操作人员对充填工艺系统的熟悉程度,提高操作技术水平及事故应急处理能力,是充分发挥现有充填工艺技术水平的必然要求。

8.2.5　采场充填顺序

　　充填进路保证 3 次充完接顶。第 1 次为打底充填,灰砂比 1:4,充高 2m;第 2 次为补口充填,充高 1.5~2m;第 3 次为接顶充填。每次充填结束后,待充填料浆有一定的固结收缩后,再将沉淀出的清水及时排出或加装滤水管边充填边脱水,为下一次充填作好准备。接顶充填时,要加强对充填情况的观察,当充填料浆从挡墙顶部观察口溢出时,即说明采场充填料浆已满,此时立即电话通知充填站停止充填,清洗水到达采场口时,为保证充分接顶,也可将采场口三通打开或将充填塑料管断开,避免清洗管道水进入采场。

　　坚持"采一充一"的原则,充填从里向外依次进行(中间有小挡墙的进路,第 1 次充填必须从里向外分两次进行)。充填分层道时,一次充填长度不超过 50m。一条进路尽可能做到两次充填结束。若条件不具备需要多次充填时,第 1 次充填高度必须超过 2m。每条进路从充填准备工作开始到充填接顶结束必须在 7 天之内完成。废石回填进路 10 天之内完成。充填结束后,间隔 72h 以后才能开始相邻进路的回采工作。

　　在高浓度自流充填中,对于 76%~78%高浓度自流充填料浆,水占其总质量的22%~24%,体积比则达到 45%左右。从实际充填采场测得每 1m³ 充填料浆自然析出的脱水量在8%~10%,及时将这一部分水从进路排出对充填体凝结硬化十分重要。由金川镍钴研究设计院与二矿区共同进行试验研究开发成功的"矿山充填砂浆滤水新工艺",利用预埋在挡墙中的两根 φ100mm 砂浆滤水管,可有效地解决料浆在进路长距离流淌过程中的离析。每根滤水管的滤水能力可达 2~4t/h,完全可满足对高浓度自流充填料浆的脱水要求。

　　利用压缩空气检查、清洗充填管路,是自流输送充填工艺技术的一次重要革新。每次充填前,不但可采用压风检查管路是否畅通,而且在每次充填结束时,采用少量的水和高压风就能将充填管路清洗干净。在充填堵管事故发生时,还可采用压风处理充填管路。与大量采用清水清洗充填管路相比,该技术的应用减少了清洗充填管路用水量的 60%以上,不仅节约了用水,还保证采场料浆的最终浓度,提高了充填体质量,减少了料浆的脱水量及对采场的污染。

　　在高浓度自流输送充填中,充填进路必然有水析出。随着充填量的加大,析出水量不断增加,料浆离析越加明显。提高对采场料浆滤水排水的认识,使我们更好地推行和完善砂浆滤水工艺,促进对采场充填作业人员的培训,改进采场充填排水条件,调整好充填和采矿作业关系。

8.2.6　建立充填体质量评估档案

　　对每条充填进路的充填材料质量,料浆制备的标准执行状况,采场准备质量和对一、二期充填进路揭露后的充填体质量观察和评测等,由此建立的充填体质量档案,实现对每条充填进路充填体的综合质量评价。其目的在于为下一分层采矿设计和采矿安全生产管理提供预知信息,并为充填体质量责任追究制提供依据,同时也为完善工艺环节和管理搜集准确的数据和分析资料。特别对料浆制备的标准执行状况,可充分利用仪表或计算机对操作过程控制情况的历史记录、数据加以监督检查和存档。并依此对系统设备及操作中出现的问题加以分析研究,寻求解决方法,从而不断地完善系统和操作控制,提高充填体质量。

8.3　充填成本构成及控制

作为采用机械化下向水平分层进路胶结充填法开采的矿山,严格按照充填工艺标准和采矿工艺标准,本着科学支出,杜绝浪费,核定充填材料费用,并从绩效考核实施充填作业。严格施工工艺,不得偷工减料,造成充填质量下降,也不得浪费材料,提高充填成本。

随着工艺标准的改变和材料价格的变化,每年都对充填材料定额进行重新核定,为充填工程质量控制提供科学依据。依据《高浓度细砂管道自流输送胶结充填技术标准》、2010年二矿区《尾砂膏体充填控制暂行规定》和公司内部材料核算单价,2011年二矿区充填成本(不含进路准备及脱水等)构成为棒磨砂自流充填104.402元/m³,膏体充填93.8元/m³(表8.7),进路准备及脱水等成本为25.622元/t矿石(表8.8)。

表8.7　二矿区充填成本(不含进路准备及脱水等)构成定额

项目	单价	棒磨砂自流充填		尾砂膏体充填	
		单耗/m³	单位成本/元	单耗/m³	单位成本/元
1. 材料费					
散装水泥	220元/t	0.310	68.2	0.31	68.20
棒磨砂	19元/t	1.238	23.522	0.72	13.68
分级尾砂	0元/t	—	—	0.500	—
充填管	7元/kg	0.12	0.84	0.04	0.28
耐磨管	12.5元/kg	0.18	2.25	0.18	2.25
劳保	—	0.15	0.15	0.15	0.15
其他		0	0	0.59	—
2. 动力费					
水	3元/m³	0.5	1.5	0.38	1.14
电	0.32元/度	2	0.64	2.5	0.8
3. 备件		—	1.46	—	1.46
4. 工资	—	—	5.38	—	5.38
5. 工资附加	—	—	0.46	—	0.46
6. 合计	元/m³		104.402		93.8

注:表内材料单价均为2011年集团公司对二矿区考核的内部单价。

表 8.8　生产工区充填进路准备定额

充填材料		充填进路准备	
项目	单价	吨出矿单耗/(t/t)	单位成本/(元/t)
1. 材料费			
袋装水泥	310 元/t	0.05	15.5
河砂	13 元/t	0.006	0.078
空心砖	126.9 元/m³	0.008	1.015
充填管(PE)	40.5 元/m	0.015	0.608
底筋网	4975.43 元/t	0.00023	1.145
直钢筋	3319 元/t	0.00002	0.066
劳保	—	0.15	0.15
其他	—	—	—
2. 动力费			
水	3 元/m³	0.5	1.5
电	0.53 元/度	2	1.06
3. 备件	—	1.14	1.14
4. 工资	—	2.9	2.9
5. 工资附加	—	0.46	0.46
6. 合计	—	—	25.622

注:表内材料单价均为 2011 年集团公司对二矿区考核的内部单价。

8.4　本 章 小 结

　　完善的生产组织管理体系是保障充填质量的基本前提,是达到充填生产技术要求的目的所在。充填生产组织的设置和质量保障体系必须依据相关的技术标准,通过充填材料质量控制、料浆制备中质量控制、充填过程中质量控制、采场充填顺序控制,建立完善的充填体质量评估体系,实现充填成本管理及质量要求的目标。

第9章 金川矿山充填技术发展与科技成果

机械化下向水平进路胶结充填采矿法已经在金川矿区获得全面推广与应用。随着金川矿山的发展,采矿盘区不断扩大,采场循环速度加快,采矿深度逐年增加。因此,提高充填体质量、降低充填成本以及提高充填生产效率,从而保证采充均衡的安全生产,成为金川矿山当前以及今后充填采矿技术发展的需求。

针对充填工艺及设施存在的一系列技术和管理难题,金川矿山在长期的生产实践中,开展了理论研究和技术攻关。结合矿山生产实际,进行充填系统优化和设备技术改造,取得了一系列创新成果和技术专利。尤其是充填砂浆滤水新工艺、压风清洗充填管路新技术、充填耐磨管的试验和应用、外弧形充填挡墙砌筑方法、新式耐磨闸板流量调节阀等一系列科研成果。上述这些研究均已应用于充填采矿生产,促进了复杂条件下的大面积连续开采的安全生产顺利进行。

为了适应采矿能力的扩大,保证采充均衡,围绕充填系统的扩能挖潜和提升充填效率,开展了粉煤灰炉渣空心砖砌筑充填挡墙新工艺、自流系统单套充填能力提升、膏体充填系统达产达标、加压泵送充填技术的研究,并且均取得了显著的成效,满足了出矿能力提高对充填生产能力的需求。

为了进一步降低充填成本,合理利用工业废料,促进矿山循环经济发展,建设环保型矿山,还开展了井下废石人工搅拌回填充填工艺、井下废石泵送充填工艺技术试验、充填钻孔的修复技术、复合水泥在矿山自流充填的应用等科学研究,也已经取得了阶段性成果,获得了较好的经济和社会效益。在此基础上,本章全面介绍和综合分析了金川矿山已经取得的研究成果,并针对国内外充填技术的发展趋势和金川矿山的需求,展望金川矿山充填技术研究和发展。

9.1 矿山废石充填关键技术研究

9.1.1 引言

1. 矿业开发的发展趋势

进入21世纪,金属矿产资源开采深度加大,开采难度日趋增加,资源开采必将面向深埋、高应力和破碎围岩的不良采矿技术条件下的深部矿体和"三下"难采矿体的开发与利用。因此,深部岩爆、冲击地压与突水以及地表岩移、采场塌陷等一系列地质灾害和生态环境问题日趋凸显;同时还给采矿生产能力、采矿成本等技术经济问题带来严峻挑战。显然,复杂条件下矿床的开采,充填采矿方法必将得到越来越广泛的应用。目前,不仅在有色和黄金矿山的充填采矿比例迅速提高,而且在铁矿、煤矿的充填采矿范围也将逐渐扩大。毫无疑问,充填采矿必将成为未来资源开发和环境保护的首选采矿方法,在未来的矿床开采中起到重要作用。

实际上,充填采矿的作用和意义已经远远超出矿山开采范畴。将大量的工业废料深埋地下,不仅保护矿山环境,而且还可提高资源回收率,这是我国国民经济可持续发展战略的基本要求。建立"无废矿山",实现"绿色矿业"不仅必要而且也可以实现。世界上已经出现少数典型的无废料排弃矿山。例如,德国格隆德铅锌矿利用浮选后的全尾砂和重选碎石制备膏体充填料回填下向充填进路,不再有尾矿排到尾矿库。又例如,德国瓦尔什姆煤矿产出的煤炭送到地表洗煤厂,洗出的精煤运至附近的坑口电站发电,将电站的粉煤灰和洗煤厂的煤泥返回到井口充填制备站,混合拌成膏体后再泵送到井下采空区进行充填。风景名胜区和自然保护区的矿产资源能否开发,关键在于采矿工业固体废物的综合利用和无废生产。显然,工业固体废料的处理和利用,是矿山今后设计优先考虑的问题。充填采矿法尤其是全尾砂充填法采矿技术是解决矿区环境污染的主要途径。

21 世纪是现代科学高速发展和现代工业高速增长时期,对矿产资源开发利用规模史无前例。随着矿产资源的快速开发,由此会产生大量工业废水、废石、废气的排放,这将导致自然生态环境恶化。人们越来越认识到,加强矿山环保和矿山资源综合利用的必要性和重要性。因此,建设绿色矿山,实现无废开采已成为国内外采矿业发展的必然趋势。

2. 金川镍矿充填采矿技术发展需求

随着金川公司的不断发展壮大,矿山生产能力逐年增加,需要的充填材料必将进一步增大。金川矿山目前主要的棒磨砂充填物料供应量已经严重不足,急需寻找新的和更廉价的充填物料来补充。金川矿山井下废水、废石和地表的工业废弃细颗粒物料是可以利用的廉价充填骨料。研究开发金川矿区废石混凝土搅拌和输送技术,充分利用金川矿山井下废水、废石和地表的细颗粒物料等固体废弃物,是矿山充填采矿技术研究的关键课题。

将井下废石破碎到一定程度,与地表的细颗粒物料、水泥和井下的废水等进行有机组合,构成满足下向胶结充填人工假顶强度要求的废石混凝土,泵送到采空区进行采空区充填,不仅是解决目前金川矿山生产与充填材料严重不足的有效途径,而且也是金川矿山向现代化无废矿山发展的必然选择,这必将对金川资源开发和环境保护起到举足轻重的作用。

采用井下废水、废石等废弃材料配制混凝土进行采场充填,是对金川矿山现有下向胶结充填工艺的扩展和补充。由于矿山井下废石混凝土充填和泵送混凝土与地表建筑混凝土在性能和工艺上存在很大差异,混凝土配制和输送工艺是亟待解决的关键技术。

利用废石粗骨料的混凝土配制材料包括井下的工业废石和井下产生的废水,其材料性能特征与地表建筑选用的材料差别很大,而且具有很大程度的不确定性。对于该种废石混凝土,不仅在强度上要考虑到充填体应满足矿山生产要求,而且混凝土拌合物的流动性还要满足采场进路充填料浆流动性能要求。混凝土拌合物的稳定性还要满足远距离下向或上向泵压输送要求。在此基础上,提出井下条件下废石的储备、破碎、供料、搅拌、泵送、检测与控制等系统的工艺方案,为工业应用提供理论依据和设计支持。

3. 粗骨料充填存在的技术问题

纵览国内外矿山充填技术的发展表明,20 世纪 70 年代开发的细砂高浓度胶结充填工艺技术已经非常成熟,80 年代开创的膏体充填工艺技术也获得了长足发展,90 年代新兴的高水速凝充填工艺正在一些上向充填法矿山得到应用。当前,矿山产生的废水、废石和尾砂的综合利用,还处于试验研究和探索性应用阶段。除了将废石用于矿山充填外,还用作工民建的建筑材料。在很多采用空场采矿法、房柱采矿法的有色矿山和黄金矿山,将大块废石用于采空区的回填比较广泛。但是,在采用下向进路胶结充填采矿法的矿山,将井下废石就地破碎后,利用井下的工程废水,添加工业细颗粒废料和胶结剂配制成废石混凝土,远距离泵送到采空区进行充填工艺研究,目前国内外并不多见。

废石膏体充填模式在应用中面临诸多理论和工艺技术难题。一是,膏体配制上对粗、细粒径的骨料配比要求严格,碎石粒度小($-3\sim-5mm$),主要以人工碎石和棒磨料为主,成本高;二是,粗粒级废石膏体管输充填工艺并未在矿山充填中得到应用。室内实验研究结果表明,在浆体配制方面,利用更大粒级的井下废石碎料配制膏体是可行的。废石充填料浆以水泥为胶凝材料,以井下废石破碎集料为骨料($-20mm$),其中细粒($-30\mu m$)级料(尾砂、矿粉)的含量大于15%,按一定的比例混合、搅拌,可以制成质量分数75%以上的非牛顿(似)均质浆体。该料浆具有良好的稳定性、流动性和可泵性,并且充填体强度高,满足充填要求。金川矿山研究发现,在形成膏体料浆的前提下,在全尾砂中加入50%的破碎废石后,充填体达到4MPa强度的水泥耗量可以降低到$180\sim210kg/m^3$;而加入50%的棒磨砂($-3mm$),充填体达到4MPa强度的水泥耗量可以降低到$170\sim200kg/m^3$;对加入破碎废石和加入棒磨砂($-3mm$)相比,两者均可实现高强度和低水泥用量,但应用废石成本更低。

矿山胶结充填工艺技术研究所追求的目标是降低充填成本,提高充填质量。发展方向是全尾砂、高浓度和膏体充填。一方面是井下采矿工艺的要求;另一方面是保护矿山环境生态,实现无废害开采的需要。同时也是解决目前矿山充填中普通存在的技术难题的最有效途径。一般地讲,选择充填材料应遵循的原则首先是矿山废渣的利用;其次是就地取材,加工成符合质量指标的充填料(如金川戈壁集料棒磨砂);第三是就近取材或就近外购。充分利用金川矿山井下产生的废石和地表产生的细颗粒物料(尾砂)作为骨料,以普通硅酸盐水泥为胶结剂,与井下废水进行有机组合配制废石充填料,从材料选型上属于矿山废渣利用。由于粗粒级废石骨料的应用,可有效降低胶结剂用量,充填成本低。但是,在废石充填料浆泵压管输方面,由于粗粒级碎石的影响,料浆流变特性和输送特性均发生变化,难度增大。配制废石混凝土强度需要满足下向进路采场人工假顶的强度要求,即$R_3\geqslant1.5MPa$,$R_7\geqslant2.5MPa$,$R_{28}\geqslant5.0MPa$。为此,首先需要研究建立管输废石料浆的本构方程,分析废石料浆的流变性质与影响因素(浓度、胶结剂、充填骨料级配、细粒级含量等),深入研究料浆浓度、细粒级含量等因素对流变参数影响的重要性和显著性;其次需要研究建立金川矿山废石料浆管道输送阻力计算数学模型,研究影响废石充填管输特征的主要参数,浆体在系统垂直方向上的高度,系统管线的水平长度、管线管径,系统输送流量和摩擦阻力系数等,为设计输送管路、优化充填系统参数、预防管路破损等提供新思路和新方法。

4. 金川矿山胶结充填技术攻关课题

当前,金川矿山胶结充填工艺技术存在的突出矛盾主要有5点。

(1) 充填骨料来源不足。分级尾砂产出率一般在50%左右,有色金属矿山的产出率仅为 30％左右,不得不增加采石磨砂或外购砂石,从而大大提高了充填成本。同时,由于技术原因,细骨料和溢流尾砂堆积如山,无法使用,增加了尾矿库(坝)建设与维护费用。因此,须加大技术开发力度,利用工业废渣和矿山开采废弃物。

(2) 胶凝材料用量大,充填成本高。为了满足采矿工艺要求,提高充填体强度,使得胶凝材料用量占全部充填固体料的 10％～20％。胶凝材料生产成本高,材料费用占全部充填费用的 50％以上。由于胶凝材料和充填骨料的原因,导致充填总成本增加,使得采矿成本大幅度上升,降低了充填采矿法的适应性和灵活性,降低了采矿经济效益,限制了充填采矿法的推广使用范围。

(3) 分级尾砂低浓度胶结充填中料浆浓度低,脱水量大,严重污染井下作业环境;充填体强度低,充填质量差;料浆凝固后体积收缩,充填体接顶效果差;不能充分利用全部尾砂,且分级后的细粒级尾砂严重污染地表环境。

(4) 全尾砂高浓度充填工艺中全尾砂浓缩、过滤脱水技术难度大,工艺复杂,料浆制备困难,达不到预期浓度;全尾砂利用率仅 90％～95％,且由于充填料浆含泥和细粒级尾砂量大,水泥固结效果差,无法解决充填体强度低的关键技术难题。

(5) 膏体充填工艺对充填料浆配制技术要求高,难度大。膏体要求料浆浓度高,对粗、细粒径的骨料配比要求极为严格;浓缩、过滤、输送设备昂贵,占用厂房面积大;料浆流动性差,一般需要加压输送,容易造成堵管,输送可靠性差。设备投资大,充填成本高。

由此可见,任何一种充填工艺技术,都存在着无法克服的弊端和不足,难以全面满足井下生产的所有要求。这些问题和矛盾影响了矿山充填法开采的生产能力和经济效益,制约了充填采矿法的推广应用,阻碍充填技术的发展与进步,有待于结合充填工艺技术发展趋势,研究新的充填技术。一方面需要通过对充填材料和充填体物理力学性质研究,开发来源广泛、成本低廉、满足充填体强度要求的新型充填材料和胶结剂;另一方面,通过对充填体力学作用机理的探讨,结合采矿作业要求,研究新的充填技术工艺。

目前,充填料浆输送两相流理论适用于普通的水砂充填料浆、低浓度分级尾砂充填料浆的管输。此类料浆以大于临界流速的速度输送。研究表明,低浓度料浆充填堵管是由于料浆流动速度小于临界流速而造成。当料浆流速小于临界流速时,管道中紊流脉动垂直方向的分速度已不能维持固体颗粒完全悬浮,而颗粒干扰沉降的影响不足起主导作用。因此,在重力作用下,大而重的颗粒首先开始下降,管道底部出现慢速滑动和不移动的沉淀区。随着沉淀层逐渐增厚,最终造成管道堵塞。虽然目前已经建立多种固体粒状物料料浆管输的水力坡度计算公式,但生产实践与试验结果均证明,现有的计算公式往往与实际工程存在较大差异,不宜作为管道输送的计算依据。

9.1.2　废石充填技术攻关概述

针对金川矿山充填技术发展现状以及面临的问题,在金川矿山开展了"二矿区下向进路式采矿废石胶结充填工艺"的技术攻关。通过技术攻关,充分利用矿山井下产生的废水、废石和地表产生的细颗粒物料等。将井下废石破碎到一定粒度(-20mm),与地表的细颗粒物料、水泥和井下废水进行有机组合,构成可管输充填料浆,泵送到采空进路进行充填,构成能够满足胶结充填体假顶强度要求的废石混凝土。

技术攻关主要针对废石充填料浆的流变特性和管输工艺开展研究,寻求集高浓度和膏体充填工艺的优势于一体,开发和实施具有成本低和强度高的矿山废石胶结充填新模式。其中,废石充填料浆的制备与流变特性、废石充填料浆泵压管道输送与减阻技术是关键技术,为此,金川矿山开展了以下几个方面的研究工作。

1. 废石等废弃物料物化特性与优化配比研究

该研究工作包括以下 6 方面内容。

(1) 地表细颗粒工业废料的物理化学性质、粒级级配研究;井下废石的力学性质与破碎性能研究;井下工程废水、裂隙水的物理化学性质研究;井下废石、废水与细颗粒工业废料的可配性研究。

(2) 废石混凝土混合物料的级配优选试验研究。

(3) 废石混凝土的胶结特征与强度试验研究。

(4) 井下环境废石破碎系统研究。包括井下工业废石的运输方式和实际产能的研究;破碎设备在井下环境条件下的工作效率和破碎生产能力研究;适用于二矿区井下环境和废石性能的破碎设备选型研究;废石破碎场地的规模、巷道断面要求、场地通风防尘等研究。

(5) 破碎废石及细骨料井下储备系统研究。井下废石储料仓的合理存储能力研究;储料仓的防水防渗漏工艺研究;储料仓的底部结构和底部下料系统研究;将报废溜矿井改建为储料仓的可行性研究。

(6) 井下环境供料系统的研究。适用于井下环境的供料方式研究;适用于井下环境的供料系统计量装置和计量方式的研究;适用于井下环境的供料系统能力研究。

2. 废石充填料浆流变和管输特性试验研究

该部分研究工作包括以下 4 方面内容。

(1) 废石混凝土的流变特性试验研究。包括废石混凝土坍落度、扩散度试验;废石混凝土分层度试验。废石混凝土动力黏性系数、运动黏性系数试验研究;废石混凝土管道输送阻力计算数学模型研究;不同输送条件下的废石混凝土管道输送沿程阻力计算。

(2) 废石料浆输送管路阻力试验研究。研究不同管径条件下阻力变化与管径的关系,优化充填管路。

(3) 废石胶结外加剂试验研究。包括外加剂的选型试验、外加剂的配比研究,以及新型外加剂的开发研究。

(4) 混凝土输送管道压力测试仪器及各种流量、浓度在线检测设备选择研究。

3. 废石胶结充填工业试验和应用研究

(1) 废石混凝土大流量、远距离输送泵的选型研究。

(2) 废石混凝土搅拌设备的选型研究。混凝土均匀搅拌时间的研究;混凝土搅拌速度和连续生产能力的研究;搅拌槽有效容积和储备缓冲能力的研究;搅拌槽单向、双向搅拌方式的研究;搅拌槽叶片剪切阻力、轴功率和搅拌机械材质、参数的研究。

(3) 废石胶结充填工艺地表半工业试验。根据研究结果进行地表环管试验场地的设计建设;进行各种参数条件下闭路环管试验,检测各种参数;废石混凝土管道清洗方法开路试验;调整优化废石混凝土管道输送阻力计算的数学模型。

（4）废石料浆充填泵压管输平衡条件研究。根据阻力模型结合废石充填工艺管路系统,分析确定泵压平衡条件,为设计提供依据。

（5）采空进路内废石充填料浆的流动特性研究。采空区充填体揭开后,应用工业统计方法分析料浆在采空进路内的流动特点、自密实充填体的流动堆集角、坡度与均匀性,分析确定充填下料点数量与布置。

根据废石胶结充填攻关内容和攻关目标,采用的研究技术路线如图 9.1 所示。并针对该项目的研究内容和技术路线,明确研究成果及技术指标如下:

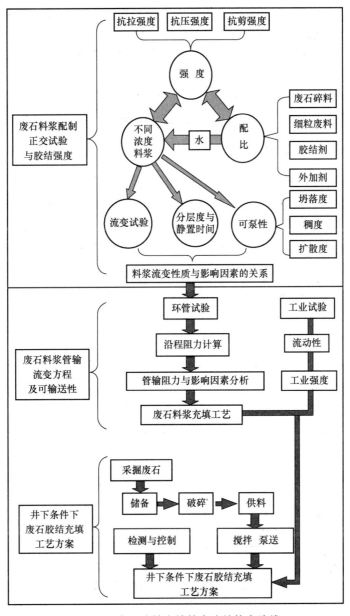

图 9.1　废石胶结充填技术攻关技术路线

（1）提出两种以上的废石和废料的混凝土配比方案，为工业废料作为充填骨料的综合应用奠定基础；

（2）废石混凝土满足采场流动性能要求，废石混凝土坍落度≥22cm；

（3）废石混凝土满足远距离可泵性能要求；

（4）废石混凝土满足金川下向采场人工假顶的强度要求，即 $R_3 \geqslant 1.5$ MPa，$R_7 \geqslant 2.5$ MPa，$R_{28} \geqslant 5.0$ MPa；

（5）废石混凝土充填成本相对于现有充填成本降低 10% 以上；

（6）废石利用率达到 50% 以上，废石混凝土的充填能力达到 50m³/h 以上；

（7）建立废石混凝土的流变数学模型，获得废石混凝土管道输送的各种技术参数，为废石混凝土工程系统的设计建设提供科学依据；

（8）提出废石混凝土工程破碎设备、输送设备、搅拌设备和远距离泵送设备的设计参数；

（9）提出井下废石收集、废石破碎、破碎物料的存储、供料输送、搅拌和泵送充填工艺方案；进行技术经济比较，由此获得井下进行废石混凝土充填的可行性和可靠性评价。

9.1.3 废石和全尾砂充填料浆环管试验

试验采用全液压双缸活塞泵，系引进德国普茨迈斯特机械有限公司的产品 KOS-2170 型。泵最大出口压力 6MPa，额定流量为 50m³/h。管路系统由 ϕ102mm、ϕ124mm 和 ϕ143mm 三种管径组成，全长 200m。根据需要布置一圈、两圈或三圈。地面半工业试验环形管路系统如图 9.2 所示。金川西部第二搅拌站附属环管试验系统如图 9.3 所示。

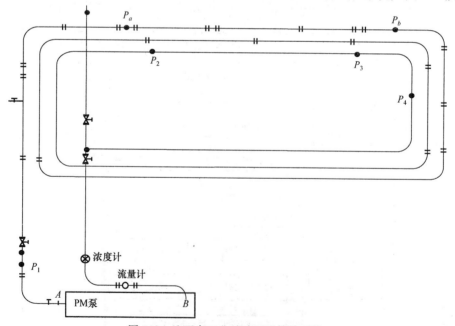

图 9.2　地面半工业试验环形管路系统

A. 30.8m；P_1. 141.73m（45 个法兰）；$P_2 \sim P_3$. 14.96m（3 个法兰）；$P_3 \sim P_4$. 4.22m（2 个法兰）；

$P_4 \sim B$. 36.01m（12 个法兰）；$A \sim B$. 200.6m（67 个法兰）

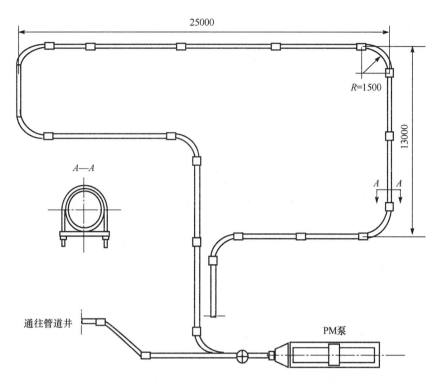

图 9.3　金川西部第二搅拌站附属环管试验系统(单位:mm)

对于每种配料,需要获得不同浓度和不同流速下的压力损失测试值。所以在试验运行中,采用循环方式,将管道中的料浆返回到第二段双轴双螺旋式搅拌输送机的进料端。试验结束后,通过转换弯管将管道、搅拌机和 PM 泵中的膏体料排出,最后用海棉球、水或压气清洗管道。

废石料浆制备工艺流程如图 9.4 所示。根据前期室内强度试验结果,料浆质量分数为 77%~80%,水泥耗量 260kg/m³,废石和尾砂配比为 60:40 和 65:35 是最优配比。此种配比条件下料浆的可泵性满足管输要求。因此,环管试验以上述室内试验结果为指导,考虑到料浆实际输送过程中的浓度变化,确定了不同的废石尾砂配比试验方案见表9.1。基于此试验方案,开展了试验研究,由此获得的研究成果和主要结论如下。

表 9.1　废石充填料浆半工业试验方案

序号	废石尾砂配合比例	料浆质量分数变化设计	水泥耗量 /(kg/m³)	料浆流量变化设计
1	50:50	料浆质量分数范围75%~81%,试验中要求采用由稀到浓的浓度改变方法。试验最低浓度75%,依次增大,根据泵送情况选取1.0%~1.5%的浓度增大间距。每组配比获取3~5组浓度条件	260	废石充填料浆流量范围80~110m³/h,流量通过改变 PM 泵活塞冲程频率完成。每冲程时间在3~6s调节。每组配比每种浓度获取5~6组流量条件
2	55:45			
3	60:40			
4	65:35			
5	70:30			

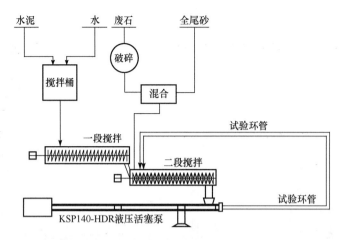

图 9.4　金川矿山废石充填料浆制备工艺流程

1. 环管试验确定的废石充填料浆配合比

根据环管试验和坍落度试验结果,获得的二矿区废石充填料浆的配制技术参数如下:

(1) 最优废石尾砂配比为 60:40,质量分数 77%~79%;废石尾砂比为 55:45,质量分数 77.5%~78.5%;在此配合比条件下,废石充填浆体的坍落度≥20cm;

(2) 采用 325# 水泥的添加量为 260kg/m³,能够满足金川矿山采场充填体强度要求;

(3) 由于废石骨料(−20mm)具有连续性,采用的输送管管径 110~150mm。根据试验结果表明,推荐采用管径 150mm 无缝钢管,料浆输送能力为 90~105m³/h;

(4) 上述配合比条件下废石充填浆体的分层度≤2.0cm。

2. 环管试验沿程阻力

根据环管试验获得 5 种废石尾砂配合比,每种配合比有 3~5 种料浆浓度,每种浓度考虑 5~6 种流量条件下,管输料浆压力损失的数据约 6700 余组。根据试验管道布置,揭示了水平直管、3°坡管、"S"管、水平弯管、90°弯管以及垂直上向管道的沿程损失的变化规律,为废石充填泵压管输系统设计提供理论依据。根据环管试验实测数据,分析整理获得了不同废石尾砂配比,以及在不同浓度条件下,管内料浆流速与沿程摩擦阻力损失情况。

1) 水平直管中废石充填料浆沿程阻力

采用数据回归分析方法,获得了对水平直管的废石料浆沿程阻力拟合公式。

2) 废石充填料浆管输阻力损失影响因素分析

环管试验结果表明,废石充填料浆的输送阻力损失基本是随料浆流速的增大而增大,随料浆浓度增大而急剧增大。在不同废石尾砂配比的条件下,管输阻力存在差异。当浓度低于 77.5% 时,输送阻力损失随料浆流速增大呈指数增长,且浓度越低,其规律越明显。当浓度高于 77.5% 时,输送阻力损失随料浆流速的增大基本呈线性增长。根据料浆沿程阻力与流速的关系分析,在此情况下,废石充填料浆已接近膏体。料浆浓度影响管输沿程阻力损失较为敏感。在相同流速的条件下,料浆浓度相差 1%~2%,水平管道的阻

力损失相差 30%～70%。在废石尾砂配比为 60∶40 的条件下,当料浆浓度为 81.3% 时,
沿程阻力随流速的增加值大于废石尾砂配比为 65∶35 的条件下,浓度为 79% 的增加值。
可见,片面地追求料浆浓度也不尽合理。

3)废石充填料浆管输系统管道折算系数

在环管试验系统中布置了水平直管、3°上坡管道、"S"管、水平弯管、90°弯管和垂直上
向管道,由此获得了废石砂浆管道沿程阻力损失的试验结果,为废石充填工艺管道系统的
泵压和阻力计算提供依据。

4)废石充填料浆的坍落度

试验结果表明,废石充填料浆浓度为 77%～79%,废石与尾砂的比例为 60∶40 和
65∶35 时,料浆坍落度在 22～25cm。由此确定了该配比条件下料浆的临界浓度为 79%;
当废石充填料浆浓度在 75%～78%,废石与尾砂配比为 50∶50 和 55∶45 时,料浆坍落
度为 21～25cm。该配比条件下料浆的临界浓度为 78%。对于相同的浓度,随着全尾砂
添加量的增大而坍落度降低。根据废石充填料浆的坍落度要求,废石与尾砂的配比为
60∶40,浓度为 77%～79% 为最优配合比。

3. 环管试验管输流变特性

根据环管试验获得的管输料浆压力损失数据,采用克里格-马伦法求出相应条件下料
浆的管输流变参数 τ_0、η 和流动指数 n,由此获得以下认识。

1)料浆浓度对流变参数的影响

料浆浓度对其流变参数 τ_0 和 η 非常敏感。随着料浆浓度的增大,屈服应力和黏度系
数均增大。但不同的废石和尾砂比,其增大幅度存在差异。从稳态结构流的角度出发,废
尾比为 60∶40、浓度为 77.5%～81% 条件下,料浆的屈服应力变化范围较小,即 τ_0=
51.2～64Pa,有利于管道输送。在废尾比 50∶50～60∶40、浓度为 77.5%～79% 条件下,
料浆的黏度系数变化范围也较小,即 η=1.6～2.7 Pa·s,有利于管道输送。料浆浓度对
流动指数 n 的影响非常显著。随着料浆浓度增大,流动指数急剧降低。当料浆浓度大于
77.5%,流动指数趋于 1.2～1.0,浆体接近 Bingham 体。由此可见,废石充填料浆应当采
用大于 77% 的质量分数,并且废石尾砂比为 60∶40 时更有利于料浆的稳定可靠输送,同
时也可满足充填体的强度要求。但上述参数还需要满足井下充填浆体的可泵性要求,将
坍落度控制在 20～25cm。

2)废石尾砂比对流变参数的影响

在相同浓度的条件下,随废石尾砂配比的增大,料浆屈服应力总体上呈增大趋势。质
量分数为 75% 时,增大幅度较小;质量分数大于 77.5% 时,屈服应力总体呈幂指数增大。
比较而言,在废尾比 60∶40、质量分数为 77.5%～79% 条件下,料浆的屈服应力变化较
小。在相同浓度条件下,浆体的黏度系数随废石尾砂比增大的变化规律不甚明显。当在
料浆分数为 75%,废尾比大于 55∶45 时,浆体的黏度系数呈降低趋势。当料浆浓度为
77.5% 时,黏度系数无明显规律;当浓度为 79% 时,黏度系数表现出上升趋势。总体来
看,废石比尾砂对料浆流动指数 n 的影响较小,变化规律也不甚明显。由此可见,料浆的

黏度系数随废石尾砂比的变化规律较为复杂,目前研究数据甚少,存在着不同的观点。因此,高浓度料浆的粗粒与细粒之间的相互作用机理与浆体的流变特性参数的变化规律,有待于进一步开展试验研究。

9.1.4 废石全尾砂泵送充填工业试验

2008年9月7日制定了二矿区下向进路式采矿废石充填工艺工业试验方案。2008年10月10日,在对试验方案修改和完善的基础上,开始试验前的准备工作,于2009年7月上旬,完成了工业试验准备。7月14日进行压力计静水压力标定,并开始运输骨料。7月16日采用废石尾砂比为50:50、质量分数为77%的料浆打通试验。根据材料运输量情况,于7月21日开始工业试验,8月5日充填工业试验结束。

考虑到二矿区膏体系统承担着相应的充填任务,因此工业试验结合矿山充填生产开展工作。试验采场选在二矿区的Ⅳ区、Ⅴ区和Ⅵ区采场的一期和二期采场进路。充填管道最大长度 $L_{max}=1858m$,最小长度 $L_{min}=1650m$,垂直落差 $H=492m$,最大和最小充填倍线 $N_{max}=4.78$ 和 $N_{min}=4.35$。同时测定浆体的流动参数和充填体抗压强度。工业试验以打底充填为主,一次充填高度2m以上。工业试验共进行了废石全尾砂比50:50和60:40两组试验,完成充填量10080m³,其中,废石用量7073t,全尾砂用量5936t,水泥用量3143t。在废石全尾砂比为50:50条件下完成了77%、78%、78.3%、78.7%和79.5%5组的不同浓度试验。在废石全尾砂配比为60:40条件下,完成了76%、77.6%、78%和80.8%4组不同浓度的试验。采用二矿区膏体充填系统的搅拌系统和KSP140-HDR液压双缸活塞泵进行试验。废石充填的工业试验工艺流程如图9.5所示。

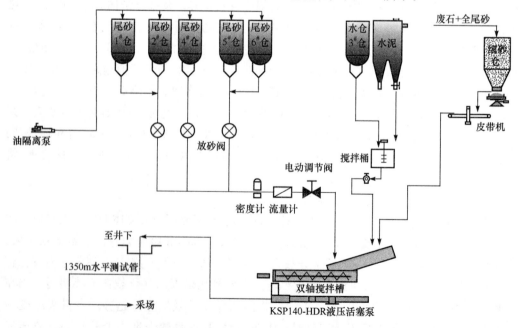

图 9.5 废石充填工业试验工艺流程

1. 废石料浆泵压管输工业试验结果

工业试验中实测料浆管输压力损失数据,采用克里格-马伦法,求出不同试验条件下料浆的管输流变参数 τ_0、η 和流动指数 n,计算结果见表9.2和表9.3。

表 9.2　$m_{废石}$∶$m_{全尾砂}$ 比为 60∶40 条件下料浆管输流变模型与流变参数

浓度/%	管径/mm	管输流变模型	屈服应力/Pa	塑性黏度/(Pa·s)	流变指数	相关系数
76	150	$\tau_\omega = 28.005 + 1.014\eta^{1.2137}$	28.005	1.014	1.2137	0.99958
	130	$\tau_\omega = 20.632 + 1.132\eta^{1.1148}$	20.632	1.132	1.1148	0.99977
	110	$\tau_\omega = 4.608 + 1.051\eta^{1.0302}$	4.608	1.051	1.0302	0.98092
77.6	150	$\tau_\omega = 47.385 + 1.57\eta^{1.098}$	47.385	1.57	1.098	0.96056
	130	$\tau_\omega = 44.627 + 1.166\eta^{1.075}$	44.627	1.166	1.075	0.98999
	110	$\tau_\omega = 39.822 + 0.983\eta^{1.008}$	39.822	0.983	1.008	0.98142
78	150	$\tau_\omega = 44.093 + 1.702\eta^{1.1013}$	44.093	1.702	1.1013	0.9854
	130	$\tau_\omega = 39.366 + 1.131\eta^{1.096}$	39.366	1.131	1.096	0.9974
	110	$\tau_\omega = 59.398 + 1.0559\eta^{1.003}$	59.398	1.056	1.003	0.98891
80.8	150	$\tau_\omega = 65.743 + 3.252\eta^{1.089}$	65.743	3.252	1.089	0.96474
	130	$\tau_\omega = 57.596 + 3.023\eta^{1.0004}$	67.596	3.023	1.0004	0.98946
	110	$\tau_\omega = 47.605 + 1.694\eta^{1.0136}$	47.605	1.694	1.0136	0.9771

表 9.3　废石全尾砂为 50∶50 条件下料浆管输流变模型与流变参数

浓度/%	管径/mm	管输流变模型	屈服应力/Pa	塑性黏度/(Pa·s)	流变指数	相关系数
77	150	$\tau_\omega = 35.967 + 1.678\eta^{1.1021}$	35.005	1.678	1.1021	0.99369
	130	$\tau_\omega = 28.595 + 1.035\eta^{1.114}$	28.595	1.035	1.114	0.96986
	110	$\tau_\omega = 26.518 + 1.202\eta^{1.0063}$	26.518	1.202	1.0063	0.99761
78	150	$\tau_\omega = 42.457 + 2.514\eta^{1.0232}$	42.457	2.514	1.023	0.95015
	130	$\tau_\omega = 40.652 + 1.801\eta^{1.0021}$	40.652	1.801	1.0021	0.99764
	110	$\tau_\omega = 35.225 + 1.288\eta^{1.0071}$	35.225	1.288	1.0071	0.9974
78.3	150	$\tau_\omega = 46.398 + 2.624\eta^{1.0053}$	46.398	2.624	1.0053	0.99135
	130	$\tau_\omega = 51.073 + 1.745\eta^{1.0011}$	51.073	1.745	1.0011	0.97425
	110	$\tau_\omega = 46.532 + 1.3098\eta^{1.0051}$	46.532	1.3098	1.0051	0.96189
78.7	150	$\tau_\omega = 52.477 + 2.8798\eta^{1.0024}$	52.477	2.8798	1.0024	0.99465
	130	$\tau_\omega = 57.126 + 2.1433\eta^{1.0013}$	57.126	2.1433	1.0013	0.98601
	110	$\tau_\omega = 50.316 + 1.4765\eta^{1.0018}$	50.316	1.4765	1.0018	0.99665
79.5	150	$\tau_\omega = 54.011 + 3.797\eta^{1.0081}$	54.011	3.797	1.0081	0.99294
	130	$\tau_\omega = 57.846 + 2.804\eta^{1.0026}$	57.846	2.804	1.0026	0.99755
	110	$\tau_\omega = 47.127 + 1.653\eta^{1.0026}$	47.127	1.653	1.0026	0.99598

由此可见,料浆浓度对流变参数 τ_0 和 η 的影响非常敏感。在相同管径条件下,当料浆浓度提高,屈服应力和黏度系数随之增大。从稳态结构流角度来看,两种废石尾砂比条件下质量分数为 $77\%\sim79\%$ 时屈服应力变化范围为 $40\sim60\mathrm{Pa}$。当浓度为 $77\%\sim79\%$ 时,黏度系数变化范围为 $1.0\sim3.0\mathrm{Pa\cdot s}$。料浆浓度对流动指数 n 的影响非常显著,随料浆浓度增大流动指数随之减小。当料浆浓度大于 77.6%,流动指数趋于 1.0,浆体接近 Bingham 体。在相同浓度情况下,料浆屈服应力随废石尾砂比增大总体呈增大趋势,黏度系数呈降低趋势,而流动指数的变化不很明显。由此可见,浆体的流动指数主要受料浆的浓度的影响。

综上所述,选择废石尾砂比为 $60:40$ 和充填料浆浓度大于 77%,能够保证充填料浆的稳定和可靠的输送。

严格来讲,料浆流变参数与管径无关,但试验结果显示出不同管径条件下浆体流变参数变化很大。总体上来看,管径越大,浆体初始屈服应力越大,黏性系数也越大。显然解释这一现象比较困难,但若与"边界层"联系起来看则又是必然的。对于相同流量,不同管径内的料浆流速不同,管径越小,流速越大。高浓度料浆的"泌水效应"是形成输送"边界层(也称润滑层)"的关键。边界层为一薄层流体,位于管壁与"柱塞"之间。边界层中法向速度梯度大,对料浆的黏性影响显著。随着流速改变层内的流动形态亦发生改变。

当前获取料浆流变参数采取两种途径,一种是通过室内流变试验,另一种是通过管输试验(环管试验)。但通常两种试验所获得的同一种料浆的流变参数相差较大。一般情况下,环管试验获得的流变参数(初始屈服应力、黏度系数)小于流变仪的测试结果。究其原因,是管输条件下获得的流变参数实际上存在"边界层"效应。根据伯努利方程可知,同一水平直管状态时浆体流速越大,管道内浆体压力越大,管输阻力也就越大。同一浆体在不同压力状态下的泌水效应也存在差异。一般讲压力越大,泌水量越大。此外,对于含有粗骨料的料浆,管径越小,粒状物料的"管壁效应(边界处的孔隙率大于中心孔隙率)"也就越显著,导致管壁处的细粒浆体量增大。

综上所述,在相同的输送流量条件下,小管径中料浆的泌水效应更显著,导致管壁处的细粒料多且浓度低,"润滑层"效果较明显,从而造成同一种料浆在相同流量的条件下取得不同的流变参数。试验结果进一步解释了环管试验的流变参数小于流变仪的流变参数的现象。如同一种料浆由流变仪得出的是假塑性体,而环管试验得到的却是胀塑性体。原因是边界层内具有层流和紊流两种流态。层流时多为 Bingham 体,而紊流时多呈现 H-B 体。

2. 充填料浆沿程阻力的工业试验

根据废石充填料浆泵送工业试验,获得了不同废石尾砂比和料浆浓度条件下不同管径的水平直管内料浆流速与沿程摩擦阻力损失的测试结果,揭示了充填料浆沿程阻力的变化规律与影响因素。

管径对料浆输送阻力的影响非常明显。相同浓度条件下管径越小,沿程阻力越大。因为在一定时间内流过相同数量的料浆,大管径比小管径接触面积小,因而摩擦阻力损失也随之减小。在相同管径条件下,浓度越高,输送阻力越大;流量越大,输送阻力也就越大。在相同浓度和相同管径的条件下,废尾比为 60∶40 的料浆输送阻力比 50∶50 时略有下降。可见,当废尾比为 60∶40 时,f_{D130}/f_{D150} 的平均值约为 1.192,f_{D110}/f_{D130} 的平均值约为 1.241;当废尾比为 50∶50 时,f_{D130}/f_{D150} 的平均值约为 1.205,f_{D110}/f_{D130} 的平均值约为 1.295;两者的差别主要是由于不同废尾比时,有压输送时料浆的泌水率不同。进一步研究还发现,废石尾砂比为 60∶40 时料浆的密实度要大于废石尾砂比为 50∶50 的密实度。显然,从降低管输阻力、减少管道磨损的角度出发,工业生产中在满足料浆最小输送速度的前提下,应尽可能采用大直径管道输送。

3. 充填体强度的工业试验

工业试验共进行了废石全尾砂比为 50∶50 和 60∶40 两组试验,完成充填量 10080m³。其中,废石用量 7073t,全尾砂用量 5936t,水泥用量 3143t。废石全尾砂比为 50∶50 条件下完成了浓度为 77%、78%、78.3%、78.7%、79.5% 的 5 组试验,废石全尾砂比 60∶40 条件下完成了浓度分别为 76%、77.6%、78%、80.8% 的 4 组试验。

由于废石全尾砂充填料浆骨料粒级范围大(0~20mm),不同于矿山现在采用的膏体充填骨料,充填起始阶段需要迅速提高料浆浓度,以保证充填的整体性和强度要求。

废石全尾砂工业试验的料浆搅拌采用二矿区膏体系统,主搅拌为 ATDⅢ-φ700 型双螺旋搅拌输送机,搅拌轴长达 6m,设计搅拌槽的最大容积为 5m³,设计生产能力为 35~90m³/h,采用 2×30kW 电机传动。分别进行细砂引流、分级尾砂引流和废石集料直接放流三种方式的工业试验,且均取得了成功。根据开路工业试验,虽然细砂引流方式效果最好,但可操作性差,难以推广。分级尾砂引流和废石全尾砂直接放流,可以实现充填系统有效和稳定启动。考虑到矿山将来采用废石充填系统,上述两种方式均会在实际生产工艺中应用,因此推荐尾砂引流和废石全尾砂直接放流方式。

工业试验方案要求充填引流水和洗管水不能进入采场,以便真实反映采场充填体脱水情况和胶结强度。但由于受采场充填接管、管流压力大和安全等因素的影响,实际上难以进行分离。由于无法精确统计采场脱水量,工业试验中各工区充填进路脱水情况,与矿山现用的自流和膏体充填采场脱水情况相比较,设定了无水、少量水、中等水和大量水 4 个层次。无水指进路内无法用泵进行脱水,即实际没有脱水。少量水是指进路内用泵进行脱水,但脱水量明显少于平常膏体充填脱水量。中等水是指进路脱水量与脱水时间与膏体充填相当。大量水是指进路脱水量与自流充填相当。

根据上述原则,统计了本次工业试验各进路脱水情况。由统计的结果来看,完成的 15 条进路充填中,无水情况有 4 条,占 26.7%;进路中有少量水的有 7 条,占 46.6%;采场中等水有 4 条,占 26.7%。试验结果表明,尽管充填引流水和洗管水仍然进入采场,但废石全尾砂高浓度充填料浆的脱水量明显减少。如果充填中能将引流水和洗管水进行分流,废石全尾砂 77%~79% 的高浓度料浆充填不需要人工脱水,自然脱水即可。

废石全尾砂高浓度胶结充填体就其本质而言,属于高流态自密实低标号混凝土(FSCC),骨料粒级小,无其他添加剂,其强度可采用贯入法进行测定,用水泥砂浆强度公式进行换算。

　　贯入法是一种现场检测砌筑砂浆抗压强度的实用方法。根据国家行业标准《贯入法检测砌筑砂浆抗压强度技术规程》(JGJ/T136—2001),本次工业试验采用 SJY800 型贯入仪进行胶结体强度测定。测点采用网络式布置,进路长度方向采用 5～10m 间距,高度方向采用 0.5m 间距,各测点附近随机选取 5 个样点。各进路测试充填体的平均强度列入表 9.4 中。

表 9.4　废石-全尾砂胶结充填体强度

测定时间	充填时间	胶结时间/天	进路号	废尾比	贯入深度/mm	平均强度/MPa
8 月 13 日	7 月 21 日	23	五工区 1158 分段 ⅲ 盘区一分层 19#	5:5	5.25	4.97
8 月 14 日	7 月 26 日	19	六工区 1178 分段 Ⅴ 盘区三分层 42#	5:5	5.17	5.12
8 月 21 日	7 月 25 日	27	六工区 1178 分段 ⅵ 盘区三分层 28#	6:4	4.70	6.39
8 月 21 日	7 月 23 日	29	五工区 1178 分段 ⅳ 盘区三分层 15#	6:4	4.78	6.11

　　工业试验揭露的废尾比为 50:50 的两条进路充填体胶结时间分别为 23 天和 19 天,胶结时间都不到 28 天。一般来讲,普通混凝土 21 天的强度应达到 28 天强度的 90%～95%。由此可见,胶结体平均达到了 5MPa 的强度要求。废尾比为 60:40 的两条进路充填体胶结时间分别为 27 天和 29 天,平均强度分别为 6.39MPa 和 6.1MPa,超过 5MPa 强度标准的 20% 以上。

　　进路内胶结体的强度分布规律如图 9.6 和图 9.7 所示。由此可见,由下料点到进路隔墙处强度总体呈降低趋势,但降幅极小。充填体强度的不均匀是由于进路内充填料浆的自流造成的;沿进路高度方向强度总体呈现下高上低的变化。这是由于进路内充填料浆的离析造成的。由于充填中引流水、洗管水没有排出采场,且充填过程中偶尔出现供料中断等情况,造成料浆浓度降低和料浆的不均匀,引起胶结体的强度变化。

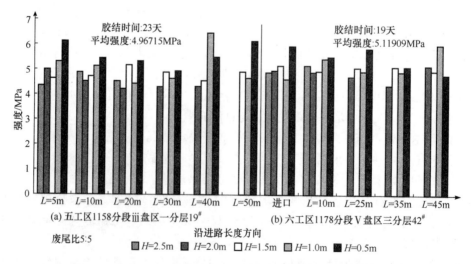

图 9.6　废尾比 50:50 条件下进路内胶结充填体强度变化柱状图

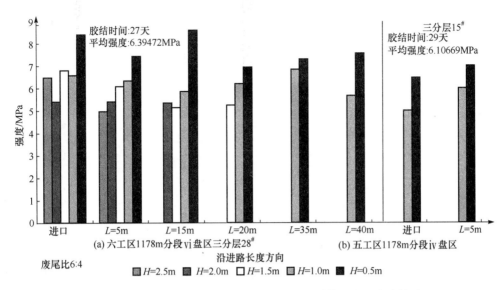

图 9.7　废尾比 60：40 条件下进路内胶结充填体强度变化柱状图

4. 废尾充填料浆的流动性

工业试验测定的两种废尾比条件下料浆坍落度随浓度的变化规律见表 9.5 和图 9.8。由此可见,工业试验测得的料浆坍落度均大于 20cm,并且在废尾比为 60：40 条件下,料浆坍落度均大于废尾比为 50：50 的坍落度。由此表明,两种废尾比条件下的充填料浆流动性均较好,能够满足进路式充填对料浆流动性的要求(图 9.9 和图 9.10)。根据我国及 ASTM 制定的混凝土稠度等级与坍落度的范围,表明本次工业试验的料浆属高流态混凝土。

表 9.5　废石全尾砂料浆坍落度工业试验

废石尾砂比	重量浓度/%	坍落度/cm
60：40	76.0	27.2
	77.6	26.8
	78.0	26.4
	80.8	24.8
50：50	77.0	26.4
	78.0	24.0
	78.3	23.5
	78.7	21.6
	79.5	20.2

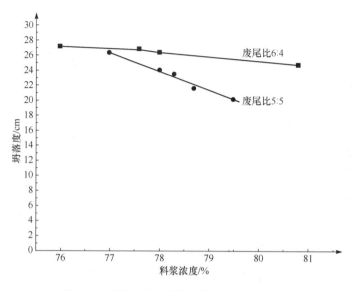

图 9.8　废石全尾砂料浆坍落度与浓度的关系

图 9.9　废尾比 50：50 条件下的料浆坍落度

图 9.10　废尾比 60：40 条件下的料浆坍落度

5．充填进路的料浆流动特性

在工业试验中，测量 3 条充填进路内废石全尾砂充填料浆的流动状态。测定方法是先由工区冲洗充填体，给定一条水平线。然后按 5m 左右间距布置测条，用锤击和目测来判断充填体的均匀性。结合现场情况，根据试块压裂后骨料分布情况，对比设定均匀层（粗骨料分布均匀）、粗砂层（粗粒废石有较明显富集现象）、细砂层（粗粒废石少）、细浆层（明显的水泥尾砂浆）。现场测定结果如图 9.11 和图 9.12 所示。由此获得以下 5 点认识。

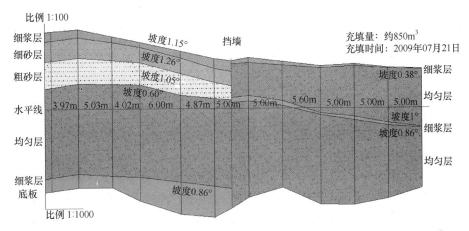

图 9.11　二矿区 Ⅴ 区 3 盘 19 号进路废石全尾砂料浆流动状态（废尾比 50：50）

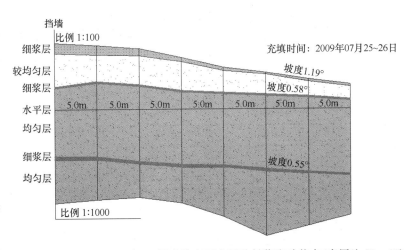

图 9.12　二矿区 Ⅵ 区 6 盘 28 号进路废石全尾砂料浆流动状态（废尾比 60：40）

（1）充填体底部、顶部和中间部位均不同程度地出现了细浆层。显然，进路底板细浆层应属引流层，充填体顶部细浆层应属洗管水进入造成浓度降低引起的离析分层；充填体中间细浆层是由于供料不稳甚至骨料中断（如圆盘放砂、皮带偏斜、斜溜槽堵塞后大水冲洗等）造成短时间浓度降低或配比不稳引起的。但细浆层厚度均较小。

（2）均匀层占充填体的 70% 以上，充填体无"锅底"状离析。

（3）19 号和 28 号进路上部出现粗砂层、细砂层，是浓度降低引起的离析所致。

（4）根据现场测定结果,废尾比为 50:50 的料浆流动坡面角 0.38°～1.26°,废尾比为 60:40 料浆流动坡面角为 0.55°～1.19°,下料点处有不明显的"锥堆"现象。由此表明,料浆流动性较好。结合料浆坍落度分析可见,废石全尾砂高浓度料浆属高流态浆体。

（5）根据现场的测试结果显示,充填体强度呈现"下高上低"的变化规律,表明充填体存在轻度离析现象。

6. 废石全尾砂充填成本估算

根据充填废石破碎生产工艺,采掘废石收集仍采用二矿区井下已有的废石运输系统,仅在 1150m 中段增加废石破碎生产线,因而废石破碎集料的成本仅为废石破碎成本。

目前地表建筑、公路、水利等工程石料生产线比较普遍,破碎成本一般在 25 元/m^3 左右,+15mm～-25mm 碎石产品售价一般为 45 元/m^3 左右。+8mm～-15mm 石子售价一般为 40 元/m^3 左右。由于二矿区井下废石破碎性较好且不需要多级筛分,级配连续,生产流程简单。但考虑到井下作业环境因素,废石破碎成本取为 40 元/m^3、合 15.38 元/t。显然采用废石充填,骨料成本是矿山现用的棒磨砂成本的 45% 左右。

目前二矿区充填骨料采用 -3mm 棒磨砂和分级尾砂,分为棒磨砂自流充填和分级尾砂棒磨砂膏体充填两种方式。由于废石充填工艺中所采用水泥等材料相同,其动力、工资组成等与膏体系统基本相同,因而通过类比,可得出废石充填工艺成本如表 9.6 所示。由此可见,废石充填工艺成本约为 86.48 元/m^3,是矿山现用棒磨砂自流充填成本的 66.25%,是膏体充填成本的 88%,充填成本具有比较明显的优势。

表 9.6 金川镍矿胶结充填工艺成本对比

项目	单价	棒磨砂自流充填		分级尾砂膏体充填		废石全尾砂泵压管输充填	
		单耗 /(t/m^3)	单位成本 /(元/m^3)	单耗 /(t/m^3)	单位成本 /(元/m^3)	单耗 /(t/m^3)	单位成本 /(元/m^3)
1. 材料费	—	—	119.66	—	84.95	—	72.6
水泥	220 元/t	0.31	68.2	0.295	64.9	0.26	57.2
粉煤灰	元/t			0.15～0.25			
棒磨砂	34 元/t	1.238	42.09	0.500	17.0	—	—
全尾砂	6.1 元/t	—	—	—	—	0.528	3.22
分级尾砂	6.1 元/t	—	—	0.500	3.05	—	—
破碎废石	15.38 元/t	—	—	—	—	0.792	12.18
2. 动力费	—	—	2.25	—	2.13	—	2.61
水	2.50 元/m^3	0.50	1.25	0.25	0.63	0.445	1.11
电	0.5 元/度	2.0	1.00	3.0	1.50	3.0	1.50
3. 备件	—		1.46		1.51		1.51
4. 工资	—		5.00		9.00		9.00
5. 工资附加	—		0.66		0.76		0.76
6. 合计	元/m^3		130.52		98.35		86.48

注:棒磨砂自流充填料浆砂率为 1.238;分级尾砂膏体充填料浆平均砂率为 1.20。

9.1.5　废石充填技术应用前景分析

充填工艺技术的进步主要体现在充填料浆的配制及其可输送性两个方面。废石膏体充填技术虽在国外已经提出,但在应用中还面临诸多理论和工艺方面的技术难题。例如,膏体配制对粗、细粒径的骨料配比要求严格,碎石粒度小($-3\sim-5$mm),主要以人工碎石和棒磨料为主,成本高。迄今为止,粗粒级废石膏体管输充填工艺仍在矿山充填中得到推广应用。

当前矿山胶结充填工艺技术研究的主要目标是降低充填成本,提高充填质量。研究发展方向是全尾砂、高浓度充填和膏体充填。一方面是井下采矿工艺的要求;另一方面是矿山环境生态保护,实现无废害开采的需要,同时也是从根本上解决目前矿山充填中普遍存在的技术难题。一般来讲,选择充填材料应遵循的原则首先是矿山废渣的综合利用;其次才是就地取材,加工成符合质量指标的充填料(如金川戈壁集料棒磨砂);第三是就近取材或就近外购。废石充填技术的开发研究所获得的研究成果,为废石充填技术的工业化应用奠定了理论基础。其主要成果总结以下8点。

1. 废石充填料浆优化配制参数

研究表明,采用更大粒级井下废石碎料配制管输高浓度充填浆体是可行的。废石全尾砂充填料浆以水泥为胶凝材料,以井下废石破碎集料为充填骨料(-16mm 或-20mm),控制-30μm 粒径的细颗粒骨料(全尾砂、分级尾砂)的含量大于15%,按一定的比例混合、搅拌,制成浓度为77%以上的非牛顿似均质浆体,实现高流态自密实的低标号混凝土管道泵压输送充填。

2. 废石料浆流变和充填体力学性能

废石全尾砂充填料浆具有良好的稳定性、流动性和可泵性。充填料浆井下基本不脱水,并且充填体强度高,可满足充填设计要求。室内试验结果表明,采用废石尾砂比为60:40,水泥添加量为260kg/m³,浓度为77%~79%时,废石浆体坍落度$\geqslant$20cm,试块强度$R_3\geqslant1.5$MPa,$R_7\geqslant2.5$MPa,$R_{28}\geqslant5$MPa,满足二矿区下向进路式采矿对充填体强度的要求。工业试验充填进路的胶结体强度统计结果表明,该配比条件下的充填体强度高,完全满足充填要求。进路充填体均匀层占充填体的70%以上,充填体无"锅底"状离析。现场测定结果还显示,废尾配比为50:50和60:40的料浆流动坡面角的变化范围分别为0.38°~1.26°和0.55°~1.19°,下料点处显现出不明显的"锥堆"现象。由此表明料浆流动性好,废石全尾砂高浓度料浆属高流态浆体。

3. 废石全尾砂充填料浆的流型和特性

通过试验研究,建立了废石充填料浆的本构与管输阻力模型。由此可见,废石全尾砂高浓度浆体的管输流变性质呈现出 H-B 胀塑性体特性,骨料级配、浆体浓度、废石尾砂比对屈服应力、塑性黏度具有显著影响,而对流变指数的影响不甚显著。

4. 废石充填料浆管输阻力计算模型

通过环管试验和回归分析,建立了废石全尾砂充填料浆的管道输送阻力计算模型,由此揭示了料浆浓度、管输速度、废石尾砂配比等因素对废石全尾砂充填料浆管输特性的影响。分别获得了水平直管、3°坡管、"S"管、水平弯管、90°弯管及垂直上向管道的沿程损失规律及折算系数,为废石全尾砂充填料浆泵压管输系统的设计提供理论依据。

5. 废石充填料浆制备和工艺分析

工业试验表明,废石全尾砂充填料浆的制备和输送由水泥全尾砂浆制备系统、废石制备系统、废石全尾砂料浆搅拌系统和充填料浆井下泵压管输系统组成。在二矿区的1150m 中段 16 行附近设计建设废石破碎生产线、废石破碎集料储备仓、充填搅拌站与泵送车间,可实现系统充填平衡,充填距离短。

根据细砂引流、分级尾砂引流和废石集料直接放流三种方式的工业性试验结果表明,分级尾砂引流和废石全尾砂直接放流可以实现系统的稳定启动。

6. 废石充填系统建设与投资

采用废石全尾砂胶结充填,可以实现井下废石全部用于充填。根据计算,废石充填系统的年充填量为 50 万 m^3,日充填量约 1500m^3,每日充填 14.5～17h,日处理井下废石量 1212t。系统建设总投资 3219.324 万元,其中,主要硐室与联络工程掘进量 14856.52m^3,支护量 2388.8m^3,预算掘支工程造价 1086.859 万元,占投资的 33.76%;废石破碎工艺、搅拌与泵送工艺设备总动力约 1338.9kW,主要设备费,测控系统硬件、软件、仪表、仪器等以及工业电视监控系统与通信系统费总计 1488.6 万元,占投资结构比例的 46.24%;系统投资估算考虑 10% 的设备等安装费为 321.9324 万元,以及 10% 的不可预见费用为 321.9324 万元。

7. 废石全尾砂胶结充填成本核算

研究表明,金川矿山井下废石和地表的全尾砂是廉价的充填骨料。粗粒级废石骨料作为现有棒磨砂充填骨料的补充,可有效地降低胶结剂用量和充填成本。根据计算,废石全尾砂充填工艺成本约为 86.48 元/m^3,是矿山现用棒磨砂自流充填成本的 66.25%,是膏体充填成本的 88%。由此可见,废石全尾砂胶结充填成本具有显著的优势。

8. 废石全尾砂胶结充填技术应用经济效益

目前二矿区矿山废石产量约 40 万 t/a 或 15 万 m^3/a。采用废石全尾砂充填料浆泵压管输充填工艺实现井下废石全部用于采场充填,可节约废石提升费用约 2300 万元/a。废石全尾砂充填工艺年充填量设计为 50 万 m^3,与棒磨砂自流充填相比,可降低充填成本 2202 万元/a。由此可见,成功地推广应用废石全尾砂胶结充填与工业化生产,可以节省充填成本约 4500 万元/a,1 年即可收回全部工程投资,推广应用具有显著的经济效益。

综上所述,二矿区废石全尾砂高浓度料浆泵压管输充填技术工艺可行,充填成本低,经济效益显著。以矿山多年充填实践经验和系统管理为依托,在二矿区建立井下废石料浆泵压管输充填系统,可以实现废石不出坑,因此具有良好的推广应用价值。

9.2　粗骨料高浓度高流态管输充填关键技术

9.2.1　必要性与技术路线

1. 研究必要性分析

目前金川矿山(龙首矿、二矿区、三矿区)已经形成 800 万 t/a 的矿石生产能力,是目前国内外下向水平分层胶结充填法采矿规模最大和机械化程度最高的矿山之一。金川贫镍矿资源开发已经成为矿山的首要任务。2010 年龙首矿西部贫矿开采已经投产,金川Ⅳ矿区工程也已开工建设。根据金川镍矿的总体规划,到“十二五”末,金川所属的四大矿山的生产能力将超过 1200 万 t/a,与此同时,矿山的充填能力将超过 400 万 m³/a。

满足金川矿山超大规模的充填需求的首要任务就是解决充填材料的来源;其次是充填系统的建设与配套工艺技术。金川矿山周边有储量丰富的戈壁集料,2010 年金川矿山已形成生产棒磨砂 430 万 t/a 的生产能力,生产综合成本达到 48 元/t。目前金川矿区共有 6 座充填制备站,9 套充填系统(7 套自流充填系统和 2 套泵送充填系统),以自流充填为主,全部采用管道输送充填工艺。2010 年棒磨砂高浓度自流充填成本高达 157.84 元/m³。由此可见,以棒磨砂作为充填骨料的充填成本居高不下,寻找成本低、来源广的替代或部分替代的充填料势在必行。此外,从国内外下向水平分层进路充填采矿法的发展现状来看,大断面进路与高度机械化和智能化、高流态大流量高强度胶结充填是采矿方法发展趋势。

综上可见,目前粗骨料管输充填工艺在矿山应用并不多见,因此,对管输条件下粗骨料级配、浓度、强度、流态与管输等方面的研究尚处于探索阶段。针对金川矿山大规模充填的需要,开展粗骨料高浓度高流态管输充填关键技术研究,具有重要的理论意义和应用价值。

2. 研究技术路线

依托金川矿山充填系统作为开发平台,并结合矿山固体废料充填技术研究与应用现状确定如下研究技术路线。选取金川矿山废石、全尾砂、戈壁砂石集料以及现用的棒磨砂,采用正交试验法分别进行单一材质的骨料堆集密实度试验,继而进行 2 种和 3 种骨料的堆集试验。基于骨料堆集过程中填隙效应分析,建立单一材质、2 种材质和 3 种材质骨料的堆集密实度模型,揭示最大堆集密实度条件下的骨料最优级配及其影响因素,建立多种充填骨料的级配模型,从而解决矿山充填骨料的级配适应性问题。通过强度试验,分析充填骨料的堆集密实度、水灰比和灰砂比等因素对充填体强度的影响与变化规律。在此基础上,建立粗骨料充填胶结体的强度模型。通过大量试验,确定粗骨料充填料浆的高浓度和高流态条件。根据强度试验结果,并结合金川矿山采矿工艺要求,确定充填料浆的合理配合比;在此基础上,进行管道输送试验,揭示粗骨料充填料浆的管输阻力、流变性质及影响因素,最终开发出适应金川下向水平分层进路式充填采矿法的粗骨料高浓度高流态管输充填新技术。

9.2.2 粗骨料棒磨砂级配与浓度分析

根据混凝土骨料级配研究与应用分析表明,Talbol 法可以用于粗粒级充填骨料的级配分析和优化。针对金川现用的－5mm 棒磨砂充填料,高浓度料浆的棒磨砂级配分析公式如下:

$$P_x = 100\left(\frac{d}{D}\right)^n \tag{9.1}$$

式中,P_x 为希望计算的某集料粒径 d 的通过百分率,％;D 为集料的最大粒径,mm;n 为级配指数。研究表明,$n=0.35\sim0.45$ 情况下骨料密实度大且料浆利于管输。

根据上式,获得不同充填骨料粒径级配与浓度的关系如下。

1. －5mm 棒磨砂级配分析

根据式(9.1),计算－5mm 棒磨砂级配指数为 $n=0.30721$。与混凝土理想级配及砂的限制级配相比,棒磨砂级配指数偏小,总体级配较差,是金川棒磨砂高浓度自流充填水泥用量大而充填质量差的主要原因之一。根据金川高浓度细砂管道自流输送胶结充填技术标准,设计 78％浓度的料浆配合比不合理,料浆中用水量太大,骨料未能有效“填满空区”的体积,导致料浆在沉降胶结过程中必然会发生离析分层现象。金川充填标准设计水泥用量为 310kg/m³(即单位立方体充填体中加入 0.1m³ 水泥),水泥用量大。由于浆体的离析,单位立方体充填体中约有 0.04m³ 水泥被析出在棒磨砂胶结体顶部,导致大约 40％的水泥未能有效发挥胶凝作用,这是金川棒磨砂充填水泥用量大的根本原因。－5mm 棒磨砂粒度曲线与 Fuller 曲线如图 9.13 所示,78％棒磨砂浆与胶结体体积形成示意如图 9.14 所示。

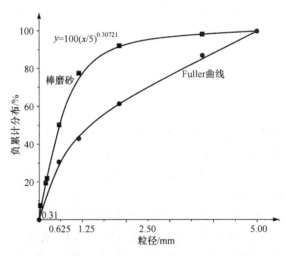

图 9.13　－5mm 棒磨砂粒度曲线与 Fuller 曲线

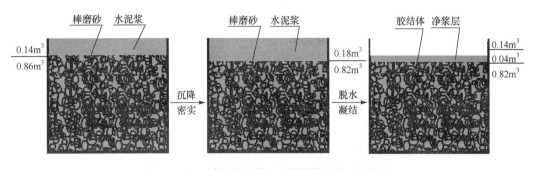

图 9.14　78％棒磨砂浆与胶结体体积形成示意图

2. －8mm 棒磨砂级配分析

计算出－8mm 粒级的细碎戈壁集料级配指数为 $n \approx 0.42$。由此可见，该粒级级配的棒磨砂骨料，不仅能达到较优的密实度，且－0.3mm 颗粒含量≥25.18％。因此，充填骨料的连续级配符合中国、日本和美国的泵送混凝土配合比相关规定（或规程）。－8mm 细碎戈壁集料的堆集密实度 $\varPhi = 0.597$，与现用的－5mm 棒磨砂相比，堆集密实度增大 10％，可以直接制备高浓度料浆，实现管输充填。78％棒磨砂浆胶结体实际离析现状如图 9.15 所示。

图 9.15　78％棒磨砂浆胶结体实际离析照片

3. 棒磨砂磨改破的可行性分析

戈壁砂的破碎性相对较好，采用中细碎方式，将破碎戈壁集料粒度控制在－16～－20mm，配以适当比例全尾砂，可实现破碎戈壁集料、废石破碎集料全尾砂高浓度高流态管输充填。由此可见，棒磨砂采用改"磨"为"破"是可行的。废石破碎集料＋全尾砂的堆集密实度如图 9.16 所示。

4. 骨料堆积密实度模型的可靠性

研究建立了 3 种及多种骨料的堆积密实度模型，由此给出了最优配合比的求解方法。通过废石破碎集料＋棒磨砂＋全尾砂混合料的最大堆积密实度计算与实验结果比较，可以看出骨料堆积密实度模型较为合理可靠。采用级配指数法对获得的 3 种骨料（废石破碎集料＋棒磨砂＋全尾砂）最优配合比下的级配进行回归分析，结果接近于 Fuller 理想级配。由此可见，多种骨料最优配合比的计算结果合理可信。

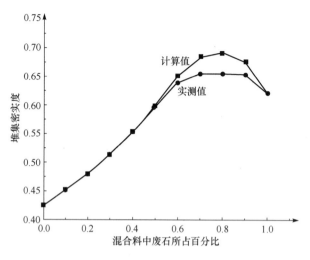

图 9.16　废石破碎集料＋全尾砂的堆集密实度

5. 胶结充填体抗压强度影响因素

为了适应管道输送，将料浆配制成"饱和浆体"至关重要。尤其在自流输送设计时，常常确定的料浆用水量超过饱和水平。因此，在充填料浆中，骨料、水泥和水 3 者之间存在的最优配合比，是成本最低、强度最高和最适宜的料浆浓度。实际上，骨料、水泥和水 3 者是不可分割的，三者之间既相互作用，而又各自对充填强度产生综合影响。一般来讲，水泥标号和用量对充填体的影响最大。但对于矿山来讲，水泥和水的性质基本稳定。所以骨料性质对充填强度的影响至关重要，并且骨料的用量也会直接影响充填成本。废石全尾砂磨光试块照片如图 9.17 所示，废石破碎集料＋棒磨砂的堆积密实度如图 9.18 所示。

图 9.17　废石全尾砂磨光试块照片

综上所述，基于不同粒度、不同配合比条件下以棒磨砂、废石破碎集料、全尾砂为充填骨料的胶结充填体强度试验结果显示，在相同水泥用量条件下，随单位体积内骨料堆积体

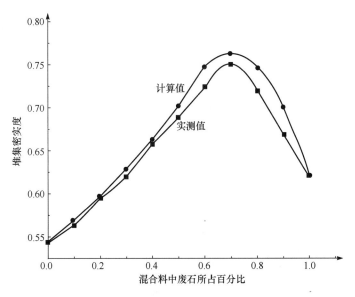

图 9.18　废石破碎集料＋棒磨砂的堆集密实度

积的增大,试块强度明显增大。试块强度与骨料堆积密实度 Φ 呈幂指数关系。在相同水泥用量的条件下,随水灰比的减小,试块强度显著增大,试块强度与水灰比呈负指数函数关系;在相同水泥用量条件下,随灰砂比的减小,试块强度显著增大,试块强度与灰砂比基本呈负指数函数关系。可见,充填骨料的堆积密实度 Φ 是影响充填强度的重要因素。从高强度低成本的角度出发,骨料级配优化是充填料浆优化设计的关键。

9.2.3　粗骨料充填料浆高浓度与高流态特性

1. 粗骨料充填体强度影响因素

试验结果表明,充填体强度与充填骨料的堆积密实度 Φ、水灰比 W/C、灰砂比 C/A 的自然对数之间呈线性关系,即试块强度与 Φ 呈幂指数关系,与 W/C 呈负幂指数关系,与 C/A 呈幂指数关系。总体来讲,W/C 是影响胶结体强度的首要因素;相比较而言,C/A 对充填体的早期强度影响比 Φ 更显著,而对于充填体后期强度的影响,骨料堆积密实度 Φ 比灰砂比 C/A 更重要。

2. 粗骨料管输充填料浆的高浓度判定

考虑到粗骨料充填料浆的材料组成,如骨料粒度及级配,通过大量试验并结合泵送混凝土的材料组成及性能要求,提出了粗骨料管输充填料浆的高浓度试验方法和判定条件。

1) 试验与判定方法

考虑到充填料浆的管输与流动特点,料浆制好后盛在铁盆中放置 5min,再观察料浆的离析性和泌水量。由于无法精确统计泌水量,试验采用定性描述的方法评价料浆的抗离析性和泌水量。

2）高浓度判定条件

（1）重度离析和泌水量大时，料浆表面有明显的水泥浆，骨料分层且粗骨料沉底；

（2）轻度离析和泌水量较少时，料浆表面仅有少量的水泥浆层，骨料分层不明显且粗骨料不沉底；

（3）基本无离析和泌水量极少时，料浆表面无水泥浆层，泌水量极少，可以看到料浆表面有明显的粗骨料，料浆不分层。

料浆离析性和泌水量如图 9.19 所示。由此可见，料浆浓度越高，抗离析性越好，泌水量越小；料浆中水泥用量越大，抗离析性越好，泌水量越小；料浆中细集料含量越大，抗离析性越好，泌水量越小。在相同浓度条件下级配越好，料浆抗离析性越好。破碎废石集料－16mm，粗骨料全尾砂料浆浓度达到 77％时表现出较好的抗离析性。

(a) 重度离析，泌水量大　　　　(b) 轻度离析，泌水量较小　　　　(c) 基本无离析，泌水量极小

图 9.19　充填料浆离析性和泌水量的关系试验照片

试验结果表明，金川矿山实现了粗骨料全尾砂充填，水泥用量应控制在 250kg/m³，料浆质量分数不低于 82％，单位体积料浆中骨料体积与水泥浆体积之比控制在 0.55：0.45。在此条件下，料浆仅出现轻度离析，完全可满足下向进路式长距离进路充填的需要。

高性能高流态自密实混凝土研究结果显示，单位体积料浆中骨料体积与水泥浆体积之比，比较公认的比例是 0.65：0.35。因此，粗骨料全尾砂高浓度管输充填研究与工程应用，应以骨料级配与配合比为重心。研究还发现，加入全尾砂的粗骨料料浆，可对充填料浆的浓度和泌水率产生显著影响。加入全尾砂的粗骨料砂浆的体积分数明显降低，当料浆浓度达到 77％即达到高浓度条件，此时单位体积料浆中骨料体积与水泥浆体积之比为 0.47：0.53，水泥用量 260kg/m³，可以满足长距离进路充填要求。加入全尾砂的粗骨料浆体，砂浆的泌水量迅速降低。当浓度达到 79％时，料浆仅有极少量的水泌出。对于不加全尾砂的粗骨料浆体，当浓度小于 82％时仍存在重度离析，料浆分层快且泌水量大；当料浆浓度为 82％～83％时有轻度离析；当料浆浓度达到或超过 84％时基本无离析，泌水量很小。

3. 粗骨料管输充填料浆高流态特性

1）粗骨料充填料浆的高流态特性

参考泵送高性能混凝土的配合比要求，结合金川矿山下向进路式采矿法长距离进路充填的特点，揭示出粗骨料管输充填料浆所具有的高流态特性有如下两方面。

（1）粗骨料充填料浆平均坍落度≥220mm，扩展度≥450mm。料浆中细粒（粉）料能承载粗粒骨料，细粒（粉）料被充分填塞在粗粒骨料之间的间隙中。充填料浆在充填进路内接近自流平状态。这意味着进路中料浆在无约束面的斜坡自发变向水平。

（2）粗骨料高浓度充填料浆的高流态、自流平特性与屈服应力的极限值相对应。参考泵送高性能混凝土的配合比，料浆最大屈服应力≤500Pa，塑性黏度≤200Pa·s。

2）粗骨料充填料浆流态特性试验结果

金川矿山充填系统开展粗骨料充填料浆流态特性试验，结果有如下三方面。

（1）粗骨料浆体在体积分数<62%，即质量分数<82%的条件下，浆体离析性随水泥量的减少而急剧增大。对于严重离析料浆，测定的坍落度无实际意义。

（2）在体积分数≥62%，即质量分数≥82%的条件下，浆体轻度离析；质量分数≥83%的条件下轻微离析。实际上，此时浆体已非常接近"饱合状态"。判定浆体流态的条件是坍落度≥250mm。此时，在良好级配条件下，粗骨料饱合料浆属于高流态范畴。

（3）添加全尾砂的粗骨料浆体浓度达到77%时表现出较好的抗离析性，泌水量较少，但坍落度损失很大。浓度达到79%时，料浆仅有极少量水泌出，坍落度<200mm。显然，细粒骨料过多对料浆的流态性影响较大。综合考虑充填体强度，工程应用中以废尾比60∶40，质量分数78%为宜。

9.2.4　粗骨料高浓度高流态自流充填技术

1. 露天坑充填模拟试验

充填模拟试验地点选在龙首矿露天坑进行，充填系统采用龙首矿西部自流充填系统。管道系统设计的分级倍线和总倍线原则上确定为4.5，局部不大于6.0。

根据粗骨料充填料浆高浓度的判定标准，结合强度试验和流态试验结果，并根据金川镍矿充填技术的相关标准，推荐管输自流充填工业试验的充填配比参数为，戈壁集料（−16mm、−8～−10mm）与棒磨砂比例为(40∶60)～(50∶50)，充填料浆质量分数82%～84%，水泥用量280kg/m³，可满足充填强度要求。2010年10月14日14∶25分，采用−16mm粗骨料与棒磨砂按50∶50比例进行了第一次充填试验。充填过程平稳，累计充填量380m³。10月17日采用−10mm粗骨料与棒磨砂按50∶50比例进行第二次充填试验。充填过程平稳，累计充填量340m³，基本充满3#试验进路。由于试验进路长度40m，根据坍落扩展度值，进路充填下料布置在5m和20m处，采用两点下料。

根据模拟充填试验进路揭露情况，试验组测量了两条进路粗骨料充填体的流动状态。测定方法是按5m左右间距布置测条，用锤击和目测来判断充填体的均匀性。测定结果如下：

（1）充填体下料点底部有较明显的粗砂富集现象。这是因为充填开始时，料浆浓度偏低而造成料浆离析。根据控制室的记录，自开始加入粗骨料至浓度提高到82%大约需要10min。

（2）充填体顶部出现细浆层，表明料浆产生轻度离析。分析认为，充填体顶部细浆层是洗管水进入造成浓度降低而引起料浆离析分层。此外，由于供料不稳甚至骨料中断（如圆盘放砂），造成短时间浓度降低或配比不稳定。

（3）根据现场测定结果，－16mm 的戈壁集料与棒磨砂料浆流动坡面角为 5.5°，－10mm 的戈壁集料与棒磨砂料浆流动坡面角为 4.0°，下料点处有不太明显的"料堆"现象。根据进路料浆最终流动状态发现，料浆总体流动性好，能满足金川矿山长距离进路充填要求。

2. 粗粒级戈壁砂自流充填工业试验

根据大量室内试验和 3 次地表工业试验结果，确定了满足井下充填体强度、管路自流和进路中流动性要求的最优配比参数为采用－10mm 粗骨料、水泥耗量 250kg/m³、料浆浓度 83%。最优配合比参数见表 9.7。

表 9.7　粗骨料管道自流输送充填工业试验料浆配合比参数表

质量分数 /%	水泥添加量 /(kg/m³)	骨料 /(kg/m³)	水 /(kg/m³)	料浆密度 /(kg/m³)	水灰比 W/C	灰砂比 C/A	粗：棒
83	250	1498	358	2106	1.432	0.167	50：50

充填流量按 100~110m³/h 的方案进行井下工业试验。试验表明，粗骨料高浓度料浆具有良好的稳定性、流动性和管输特性，井下进路充填不脱水，充填体强度高，水泥用量低。

9.3　浅埋贫矿充填法开采加压泵送充填技术

目前金川矿山的充填技术主要有细砂管道自流充填技术、尾砂膏体泵送充填技术和全尾砂＋棒磨砂管道自流充填技术等，其充填技术和生产工艺之多是目前国内外任一矿山所不多见的。

金川龙首矿西二采区贫矿（原金川Ⅲ矿区贫矿）开发利用工程于 2002 年上半年进行可行性研究。2002 年 5 月完成了自然崩落法可行性研究，2002 年 12 月提交了初步设计。在此基础上，进行了主井、副井、风井，辅助斜坡道，1554m 水平下盘沿脉巷道和上盘沿脉巷道及三条穿脉等工程施工。

考虑金川矿体的采矿技术条件以及对资源回收率的综合考虑，设计的自然崩落法改为机械化盘区下向水平分层胶结充填法开采。根据机械化盘区下向水平分层进路胶结充填采矿法，确定中段高度为 100m，设计开采 1254m 以上的矿体，分为 1554m、1454m、1354m、1254m 四个中段。将 1#、12# 和 18# 矿体沿 1# 矿体走向划分为盘区。盘区宽度 100m，长度为矿体的水平厚度，分层高为 4m。盘区回采进路宽度为 5m，回采高度为分层高度即 4m。设计盘区生产能力 1250t/d，布置于 2 个中段的 4 个盘区同时开采，实现 5000t/d 的采矿生产规模。

9.3.1　加压泵送充填技术研究

金川龙首矿西二采区贫矿矿体埋藏较浅，矿体首采 1534m 中段，首采分段为 1630m 分段。采场分布在 5~11 行，充填道布置在 1650m 水平，其中，5 行最远。钻孔垂直高度

79m,5 行水平管路长度 845m。自流输送的充填倍线为 $N=L/H=924.3/79=11.7$,其中,L 为充填系统管道总长度,为 924.3m;H 为充填系统中料浆入口与出口处的垂直高差,为 79m。

　　在自流充填技术中,充填倍线是十分重要的参数。充填倍线不仅影响自流输送浓度,而且倍线过大会发生砂浆无法自流到采场造成管路堵塞。图 9.20 是发生堵管后,从管路中处理出的砂石料。由分析可见,5 行最大充填倍线达到 11.7。根据−3mm 细砂管道自流充填的最大倍线为 7,显然该处采区无法实现现有细砂管道自流充填工艺。因此,设计采用在搅拌站增加两台加压泵的泵送加自流的输送工艺。依据北京有色冶金设计研究总院设计,矿山选购的加压泵为北京中矿环保科技股份有限公司生产的泥浆泵,此泵没有应用于骨料粒径大、粒径不均匀的细砂管道充填的先例。因此,为了确保泵送系统顺利投入生产,探索和掌握该种泥浆泵输送细砂胶结充填料浆的适应性以及可靠性,进行了多项试验研究。

图 9.20　采场充填堵管后处理出的碎石和尾砂料

9.3.2　亟待解决的关键技术

　　为了解决浅埋高倍线的充填采矿技术问题,龙首矿通过大量调研和论证,并借鉴矿山膏体泵送的工程经验,在搅拌站增加两台加压泵,采用泵送加自流的输送工艺。采用国产加压泵和原砂浆制备系统,通过加压泵向 1630m 采区输送料浆,从而解决了大倍线的充填工艺输送瓶颈技术难题。

　　1. 泵送充填料浆技术要求

　　泥浆泵是为泵送泥浆而设计生产的,因此应用于细砂管道加压泵送尚属首次。鉴于含有细砂颗粒的充填料浆的特性与泥浆的输送特性存在本质上的差异,因此必将给泥浆泵的应用带来诸多技术难题。为此,龙首矿通过联合攻关,结合膏体充填和自流充填理论,探索和掌握泥浆泵输送细砂胶结充填料浆的适应性与可靠性等,提出加压泵具有以下2 个功能。

（1）压力泵泵压要求。胶结充填正常工作时的最大倍线为 4～7，而 1630m 分段的 5 行矿体采场距离胶结充填站的水平距离达到 845m，垂直距离仅为 79m。由此可知，若使 1630m 分段 5 行矿体采场实现顺利胶结充填，需要的垂直高度达到 924.3/7≈132m 的水头。因此，达到充填倍线为 7 时需要增加压力为 132－79＝53m 的水头。

（2）局部阻力增压要求。在充填系统中还存在弯管和岔道负压区等局部阻力。考虑留有富余量，压力泵的出口压力应达到 80m 水头。经过计算，实际倍线为 924.3/（80＋79）≈5.8。

2. 泥浆泵型号与参数

根据以上数据和工艺流量参数选择型号为 NBS80-8A 泥浆泵，输送能力为 80m³/h。该泵理论出口压力为 8MPa，液压系统额定工作压力为 31.5MPa，该加压泵采用 6kV、315kW 和 1490rpm 电动机驱动，出口口径和胶结充填管配套为 ϕ133 mm。主要技术特点有如下 4 个。

（1）料缸直径大，便于含水量低的黏稠物料吸入。对于－7mm 骨料和水泥制备而成的浓度 78％的料浆能够吸入和压出，选择的主缸行程为 1800mm；摆缸行程为 182mm；主泵系统额定流量为 509.58L/min；摆缸系统额定流量为 63.4L/min。

（2）出口压力大，能够满足远距离输送要求。主缸系统油泵最高压力为 45MPa，额定压力为 32MPa，摆缸系统油泵最高压力为 35MPa，额定压力为 28MPa。S 管阀结构密封性能好，压力损失小，换向冲击小，耐磨损。无级调节泵送频率及输送流量。

（3）电控系统采用 PLC 控制，具有系统自动化程度高，使用元器件少，线路简化，操作使用方便、可靠、准确等特点，可实现多种控制功能。

（4）专门设计的箱形结构料斗，两侧设有维修孔，能快速更换、维修易损件，并能方便清洗料斗及输送管路。耐磨件表面经过特殊强化处理。

3. 加压泵送充填原理

最终设计生产的 NBS80-8A 泥浆泵，输送能力为 80m³/h。理论出口压力为 8MPa，液压系统额定工作压力为 31.5MPa。在黏稠物料管道输送的关键技术环节上取得重大突破，解决了物料的预处理、储存、高压泵送、改向分流、给料分配及管道减阻吸振等技术难题，填补了国际空白。加压泵示意图如图 9.21 所示。

充填料浆加压泵主要由执行部分、液压动力部分和控制部分、润滑部分和冷却部分等组成，能够形成比较高的出口压力，满足超长距离的输送要求。控制部分采用 PLC 微电脑控制，具有无级调节输出量、远程调控、运行状态模拟和数字显示等功能，能够同其他设备进行通信。PLC 发出指令使电液比例阀输出液压力控制其液动换向阀换向，而让摆动油泵输出的压力油换向进入另一侧的摆动液压缸，使 S 形管转动，使其入料口与另一物料缸连通。与此同时，PLC 也向电液比例阀发出换向信号，完成与上一次主油缸相反的动作。左、右主油缸不断交叉运行。左侧输送缸和右侧输送缸往复循环，完成各自的吸送行程。浆体源源不断地被输送到 S 形管，并通过泵外铺设的管道输送到达卸料点，完成泵送

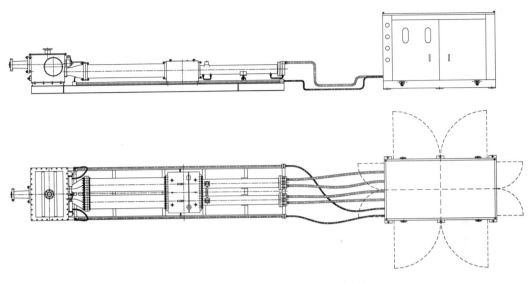

图 9.21　充填料浆加压泵结构示意图

作业。加压泵元件明细见表 9.8。

表 9.8　加压泵元件

序号	名称	数量	序号	名称	数量
1	三相异步电动机	1	11	电接点真空表	3
2	主系统柱塞泵＋冲洗阀	2	12	自封式磁性吸油过滤器	3
3	蓄能器	2	13	水冷却器	1
4	液位计	2	14	先导卸荷阀	1
5	空气滤清器	1	15	电液换向阀	1
6	液位开关	1	16	辅助系统 S 摆油缸	2
7	油箱放油节门	1	17	单向节流阀	1
8	水冷却器	1	18	蓄能器	1
9	油箱	1	19	压力表	3
10	辅助系统柱塞泵	1	20	主油缸	2

　　加压泵以 6kV、315kW 和 1490rpm 电动机为动力驱动变量柱塞泵。采用全液压驱动,PLC 控制。该泵两个输送缸活塞分别与主油缸活塞杆相连接。在主油缸液压油的作用下作往复运动,一缸前进,另一缸后退。料缸出口与料斗相连,S 管一端是出料口,另一端通过花键轴与摆臂相连接。在摆动油缸的作用下可以左右摆动,使 S 管入口交替与两个输送缸相连。S 摆管内部设有自动补偿磨损的自动密封环。配备冷却器对泵进行冷却降温。供水水压 0.23～0.3MPa,供水流量为 325L/min,加压泵执行机构外形如图 9.22 所示。蓄能器能及时地为主泵补油,可有效防止主泵因吸空而损坏。摆动油缸液压回路采用电液换向阀,换向速度快、操作灵敏、调节方便。

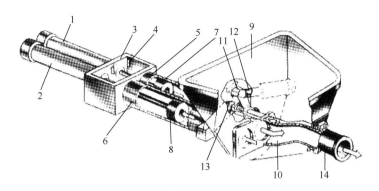

图 9.22　执行机构外形示意图

1、2.主油缸;3.洗涤室;4.接近开关;5、6.料缸;7、8.料缸活塞;9.料斗室;
10.S 摆阀;11.摆臂;12、13.摆动油缸;14.出料口

9.3.3　系统优化和调试

（1）加压泵的远程控制方式。结合原有充填控制系统,通过组态,采用原控制系统 SLC-5000 与加压泵自身 PLC 控制系统,配合实现对加压泵的远程逻辑控制。操作人员只需在电脑前点击就可以操作设备,加压泵泵送画面如图 9.23 所示。

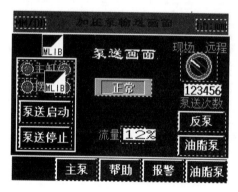

图 9.23　泵送画面

（2）在泵出口安装高压风管,并在加压泵出口箱安装直径 80mm 水管。充填停止时下少量水续流保证料浆连续,再以高压风助推冲刷管路。实践证明,这种技术措施能实现系统不堵管地安全运行。

（3）技术改造。对供料系统、水泥活化搅拌及输送系统、料浆输送管路系统、充填钻孔的上下弯管连接系统、主输送管路的连接方式、输送坡度、搅拌槽的有效容积、循环水系统等进行了合理的技术改造,简化了充填工艺环节,降低了管路沿程阻力损失,彻底消除了料浆充填系统的骨料供料不畅、水泥浆输送不畅、管路爆裂、接头泄漏、泵压过高、搅拌槽溢流等现象。

截至 2011 年 4 月完成加压系统的技术改造后,解决了水泥浆地表添加问题,寻找到防止高压力下管路泄漏的方法和降低管道沿程阻力的方法,实现了远距离胶结充填料浆的泵压输送与管道自流充填相配合,确保了高浓度料浆充填系统的正常生产。

9.3.4　生产工艺参数设计

结合细砂管道自流充填工艺理论和泵送充填特点,设计了充填工艺配比参数。骨料和胶结剂与细砂管道自流充填工艺相同。

1. 砂浆参数

砂石、水泥、水理论配比按照表 9.9 执行,砂浆实际配比参数见表 9.10。由于砂石含水量随时间变化,以上仅为理论值,实际配比时根据浓度计测量值,酌情调整供水量,达到设计充填浓度的要求,其余灰砂比不变。为了确保泵送充填系统顺利投入生产,实现充填系统的安全运行,系统重载试车首先在地表进行试验(即按照先地表试验,积累经验,再按井下充填的原则进行)。

表 9.9　不同充填能力砂石、水泥、水理论配比

充填能力/(m³/h)	水/t	水泥/t	(干砂+水)/t
60	16.9	18.6	74.4+9.20
70	19.79	21.7	86.8+10.73
80	22.6	24.8	99.2+12.26
90	25.5	27.9	111.6+13.79
100	28.3	31	124+15.32

注:砂中含水取 11%,所以表中干砂+水=砂。

表 9.10　不同充填能力砂石、水泥、水实际配比

充填能力/(m³/h)	水/t	水泥/t	(干砂+水)/t
60	16.9	18.6	83.60
70	19.79	21.7	97.53
80	22.6	24.8	111.46
90	25.5	27.9	125.39
100	28.3	31	139.32

2. 地表实验过程与结果

1) 空载试车方案

清水、高压风润湿、冲洗搅拌桶、加压泵及试验充填管道,由充填工区负责对搅拌桶注入清水向井下充填试验管道进行疏通检验。具体操作方式如下:信号、电话联系确认现场各岗位人员准备完毕情况;确认无误后,先关闭搅拌桶桶底塞、电动闸板阀,再向搅拌桶内注入清水,液位计检测液位;当液位达到 0.4m 时,启动搅拌机,同时启动螺旋给料机,通过调节变频器频率,模拟控制水泥输送量,向搅拌桶内输送水泥;搅拌1min,当液位达到 0.7m 时,向加压泵料斗体内加入清水,启动泵送,将清水冲入试车前确定的充填管道,直至管道末端流出清洗水。3min 后泵水清洗工作完成,进行下一步作业程序。

2）地表试验效果

先从加压泵出口开始在地表安装 500m 长的管路。管路爬坡高度 8m，形成 8m 高差的扬程阻力，进行充填模拟试验。先后进行 5 次试验。对每次实验存在的问题进行了系统改造，最终获得成功。料浆流动性较好，料浆流动情况如图 9.24 所示。

图 9.24　地表试验料浆流动情况

3）实验结果分析

充填料浆泵送能力最大为 70～80m³/h，料浆质量分数 77% 左右，出口流量连续，流动顺畅。地表试验表明，加压泵设备性能初步满足料浆输送。根据实验过程发现料斗容积过小，上盖在泵送过程中受 S 门换向的冲力出现跳动，存在崩开的危险（图 9.25）。地表试验后，重新加工了一个容积为 0.5m×0.7m×0.7m 的上料斗（图 9.26），从而增大料斗容积，释放冲力。同时对搅拌桶至加压泵的输送管路坡度进行改造，保证搅拌桶内料浆顺利自流入加压泵内，为井下实验提供保证。

图 9.25　改造前料斗

图 9.26　改造后料斗及管路

3. 井下实验过程和效果

1）重载联动试车程序

选择 1# 系统作为本次重载试车对象进行砂浆制备充填实验。图 9.27 所示为制浆设备启动顺序:启动制浆设备信号(电铃:一停车,二要灰,乱铃要启动设备);电话联系确认现场各岗位准备就绪,安全后,启动设备;关搅拌桶桶底塞和事故放浆阀,电动闸板阀打开到 60%~70%,向搅拌桶注水,当搅拌桶液位达到 0.4m 时,启动搅拌机,同时启动除尘风机,启动螺旋给料机,按配比参数向桶内加入水泥进行搅拌;当搅拌桶的液位达到 0.7m 时,启动计量皮带、振动筛、圆盘给料机、加压泵,向搅拌桶加砂。同时打开搅拌桶底塞,向加压泵料槽输送料浆,再通过加压泵沿地表布置管路向待充采场输送砂浆。根据搅拌桶液位适当调节电动闸板阀控制流量。主要通过调整加压泵输送量控制流量及液位,随时观察加压泵的运行情况及搅拌桶液位情况,防止搅拌桶溢流或管路断流现象发生。同时,启动运砂皮带、3m 圆盘给料机输送砂石,通过砂仓重锤物位计检测的数据,调节并控制棒磨砂厂房 3m 圆盘给料机给砂量的大小。

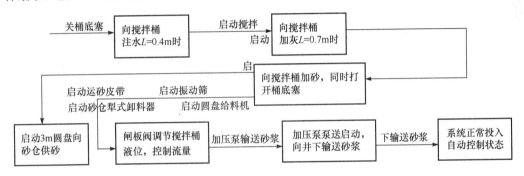

图 9.27　制浆设备启动顺序

　　图 9.28 所示为停车顺序图。停车顺序为发信号(电铃:一停车,二要灰,乱铃要启动设备),电话通知各岗位要停车。停止圆盘给料机,3min 后停振动筛,待皮带运料完成后,停止计量皮带运输机(注意不使稳料仓溢出,可提前停止 3m 圆盘给料机),停止双螺旋给料机输送水泥。搅拌工待砂浆放空后冲洗搅拌桶、加压泵料槽冲刷约 5min 后,加压泵带水冲刷管道,停水、停搅拌机。试验管路末端见水,管路冲刷干净后,看灰人员通知仪表室停水、停止搅拌、停加压泵,试验结束。

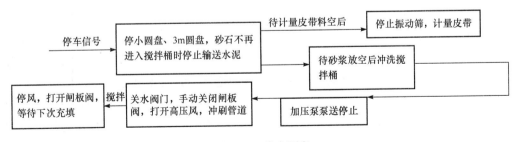

图 9.28　停车顺序

3#搅拌系统使用与 1# 系统同理,相应设备使用按上述要求配套进行,不另说明

2) 生产实验组织实施和参数分析

1630m 采场具备充填生产条件,于 2011 年 5 月 16 开始组织了 50 次井下采场充填实

验(表9.11),充填料浆顺利地进入 5 行的最远采场。根据进路揭示,浆体在进路的流动较好,分层道接顶,充填流动性完全满足生产要求。地表试验时进行的技术改造效果显著,保证了井下试验的顺利进行。根据地表试块和采场揭露试块进行的抗压试验结果显示,3 天强度大于 1.5MPa,7 天强度大于 2.5MPa,28 天强度大于 5MPa,完全满足生产工艺要求。由此表明,细砂管道泵送充填井下实验获得圆满成功。

表 9.11 加压泵井下胶结充填工业试验记录表

基本情况	试验采场:1630m 中段 9 行			试验进路:w7#					
	开始时间:5 月 17 日 11h30min		结束时间:5 月 17 日 11h30min				累计充填时间 280min		
	累计充填量 314m³		累计用棒磨砂量 514t				累计用水泥量 117t		
	累计用水量 132t		加压泵主缸均压						
	时间	液位 /m	浓度 /%	棒磨砂量 /(t/h)	水泥量 /(t/h)	用量水 /(t/h)	泵送流量 /%	主缸压力 /MPa	油温 /℃
充填过程	11:40	0.40	77	102	24	29	70	3-4	32
	11:41	0.43	78	106	24	25	80	3-4	33
	11:46	0.47	77.3	102	24	25	70	3-4	33
	11:51	0.27	77	105	24	25	70	3-4	33
	11:53	0.26	77.6	103	24	25	70	3-4	39
	11:56	0.31	78	104	24	25	70	3-4	39
	12:00	0.45	78.1	107	24	26	75	3-4	39
	12:03	0.49	77.8	107	24	26	80	1-5	40

4. 工业试验实施效果

通过在充填工艺环节增加加压泵,对搅拌后的充填料浆外部加压,使充填料浆输送到充填采场的方式,解决了西二采区 1534m 中段 1630m 分段由于充填倍线大,无法利用细砂管道自流进行充填的技术难题,保证了 1630m 分段正常的出矿任务,也有利于后期生产组织。

1630m 分段首层矿柱共储矿 317 万 t,采用加压泵对该矿体采空区进行充填。截至目前共完成 32110m³ 充填量,首层矿柱共采矿 16 万 t,创造经济效益 1812.8 万元,该分段出矿量在持续增加,因此为龙首矿的持续发展创造显著的经济效益。

通过加压泵进行的细砂管道充填的方法,保证了 1534m 中段 1630m 分段首层矿柱的顺利开采,为能够转层开采创造了条件,对西二采区的生产组织非常有利,为龙首矿持续稳定发展创造了条件。

随着充填法矿山生产能力的逐步提高,新采区的不断扩大,针对首层埋藏较浅的矿柱开采开展了细砂管道充填试验。在无法实现管道自流的情况下,通过外部加压,在工艺环节中加入加压泵环节,完成充填采矿任务。自加压泵充填系统投用后,完成充填量 32110m³。经检测充填料浆的流动性、浓度、充填体强度均满足工艺要求。同时料浆浓度有进一步提升的空间。通过该设备在金川充填工艺中的试验研究,实现了工艺自行设计,设备国产化。采用先进的 PLC 控制系统自动化程度高,首次用于细砂管道充填工艺,填补了国内充填工艺的空白。该试验研究成果也对同类矿山的充填法具有非常重要的借鉴意义。

9.4　充填钻孔磨损机理与修复技术

金川矿山从 20 世纪 80 年代初,开始试验管道输送充填料浆工艺,先后建成二矿区东部、西部充填制备站,龙首矿西部、中部充填制备站。截至目前,金川矿区共有 5 座充填制备站,6 套充填系统,全部采用管道输送工艺。

地表充填站制备的充填料浆通过地表的一级充填钻孔和井下二、三级钻孔及相应的水平管道输送到各个充填采场。可见,充填钻孔是充填料浆从地表输送到井下采场的咽喉要道工程。由于充填料浆对充填钻孔的冲刷、磨蚀等作用,金川矿区充填钻孔的使用寿命一般在 40 万~60 万 m³,最大使用寿命很少超过 100 万 m³ 的输送量。最小使用寿命输送料浆不到 20 万 m³。矿区年充填能力接近 200 万 m³,且充填量呈现逐年递增趋势。因此全矿每年大量钻孔因破损堵塞而报废。

实现管道自流输送的关键技术是依靠垂直段的料浆在输送过程中,由重力产生的自然压差,克服管道沿程阻力与局部阻力损失实现自流。由于充填料浆的冲击、钻孔本身施工质量等原因,导致垂直钻孔极易磨损破坏和充填堵塞,从而丧失输送料浆的功能。

金川矿山主要采用粗骨料(如棒磨砂等)高浓度充填,与尾砂胶结充填矿山相比,管道磨损破坏更加严重。随着金川矿区采矿生产能力的增长和开采深度的增加,深井充填的垂高大、充填倍线小日趋加剧,因此充填钻孔磨损破坏问题更加严重,必将导致钻孔的使用寿命大大缩短。为了保证连续充填,金川矿山一般每组钻孔布置 4~6 条。当某一组钻孔全部损坏报废时,必须重新施工新的钻孔组。为了与充填制备系统相衔接,新的钻孔组应布设在搅拌站附近。受地表地形、工业场地、井下已有工程衔接、地表钻孔房和井下钻孔硐室位置等多种因素的影响,重新布设新钻孔极为困难。为了提高钻孔使用寿命,金川矿山采取了多种技术对策,如对冲击磨损造成的堵塞钻孔进行重新通孔,安装小直径的套管继续使用等(表 9.12)。但小直径钻孔使用寿命仍然有限,难以从根本上解决充填钻孔磨损问题。

表 9.12　金川矿区充填钻孔维修再利用统计

单位	维修时间/年	损坏原因	维修方法	现状	备注
龙首矿	1998	管壁磨坏	下小直径新套管	作为风水管	二级钻孔
二矿区	1999	堵孔	下小直径新套管	用于膏体充填	二期 A 组
二矿区	1999	堵孔	下小直径新套管	用于膏体充填,2004 年报废	二期 A 组
二矿区	1997	堵孔	下小直径新套管	用于自流充填,1999 年报废	二期 A 组

冲击性磨蚀导致的破损钻孔修复是一项世界性的技术难题。为了揭示当前充填钻孔使用现状,在金川矿区开展了充填钻孔调查与分析:

（1）查清当前破损充填钻孔数量及分布；

（2）确认充填钻孔破损的形式、主要破损位置及破损程度；

（3）通过综合分析，研究破损充填钻孔改造为修复后可重复使用的可能性；

（4）提出新的充填钻孔改造方案；

（5）分析影响充填钻孔使用寿命的因素，建立充填管道使用寿命预测模型，以便在充填量接近或达到预测使用寿命时，利用研究开发的破损钻孔修复技术，对即将破损的充填管道进行切割更换，从而降低修复成本。

在查阅大量国内外文献基础上，分析研究破损钻孔修复可采用以下三种途径：

（1）打通堵塞钻孔，重新下较小直径的套管继续使用。这是当前最成熟的技术，如金川矿山对破损钻孔的再利用就采用此技术。

（2）对钻孔破损位置进行探测与修复，使其恢复功能。

（3）对破损钻孔加以改造，通过定期更换钻孔内安装的管道，实现充填钻孔的可重复修复使用。

第一种方法虽然工艺简单，但通孔后布设小直径套管，改变了充填料浆的管道输送参数，且直径不可能无限制缩小。一般情况下，只能再使用一次，即钻孔使用寿命最多延长一倍；

第二种方法，即钻孔管道探伤与修复，这在石油、天然气及城市供排水领域应用较为广泛。该技术是通过利用专门的管内射线探伤、超声探伤或摄像头探伤设备，确定管道磨损位置；然后利用专门的管内修复设备，通过粘贴或喷涂工艺，对破损部位进行修复。但该技术存在以下问题：

（1）与石油、天然气输送管道相比，充填料浆管道的破坏形式存在本质区别。前者主要是腐蚀破坏，高压喷涂修复材料选择范围大；而后者主要是冲击磨损破坏，高压喷涂耐磨修复材料选择比较困难。

（2）根据对破损管道的全长检测分析结果发现，当充填管道局部出现破损时，管道的其他部位也已经出现不同形式的破损，如管壁变薄，大部分厚度仅为原壁厚的50%以下。因此，仅对局部已破损部位进行修复，延长管道的使用寿命非常有限。

（3）管内探伤与修复设备价格昂贵、操作复杂、精度不高。

第三种方法是中南大学根据多年的潜心研究，提出的一种新的充填钻孔永久（可重复）修复技术。其技术的核心是在带有套管的永久性钻孔内，布设小直径充填管道（不耦合布管）。当套管内小直径充填管道出现破损漏浆（钻孔下部与水平管道联结处敞开，出现漏浆时可及时发现）或充填量达到管道预期寿命时进行修复。修复采用配有专用的切割刀具的钻机，将该管道分段切割取出；然后重新安装新的管道（图9.29）。由于钻孔与管道不耦合布置，破损管道可无限次更换，从而实现充填钻孔的多次修复和永久使用。

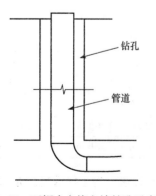

图9.29 不耦合布管充填钻孔示意图

对于金川矿区大直径破损钻孔的修复，具体采用如下两种方案。

（1）方案一。该方案的技术原理如图 9.30 所示。将破损钻孔清理后，安装小直径充填管道。

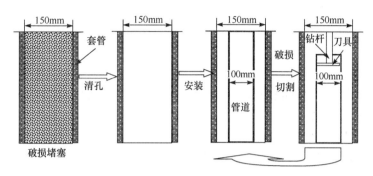

图 9.30　破损钻孔永久修复技术方案一的修复原理

（2）方案二。该方案的技术原理如图 9.31 所示。切除破损套管后，将原钻孔刷大，重新安装新套管。在新套管内安装与原套管直径相同的充填管道，使该钻孔成为可重复修复使用的钻孔。

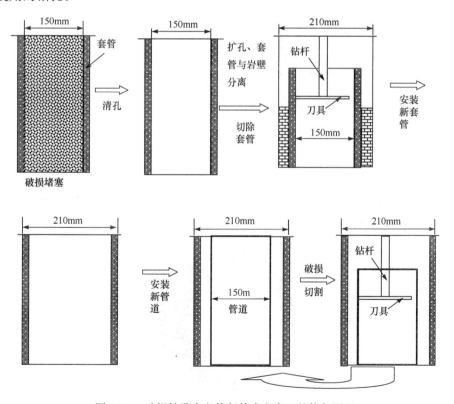

图 9.31　破损钻孔永久修复技术方案二的修复原理

综上所述，在目前技术经济条件下，采用不耦合布管工艺与孔内管道切割技术，不仅可以实现现有破损钻孔的重复修复使用，而且也可应用于新施工钻孔中，使其可重复修复使用。钻孔修复技术的关键在于解决破损管道的切割与更换工艺以及管道的固定方法。

9.4.1 充填管道的磨损机理研究

南非等国家的深井充填实践表明,垂直充填钻孔或管道中自由下落的料浆会对管壁产生很大的冲击力,曾多次发生过管道被冲击破坏的事故。如果垂直管段偏斜较大,局部磨损将会更加严重。很多矿山发生过垂直管段被磨穿后,岩壁坍塌导致钻孔报废。南非深井矿山对垂直管段磨损的统计结果如图 9.32 所示。统计结果表明,在 2000m 的垂直管道中,磨损最严重的部位在 $100\sim400$m。此范围正是料浆的自由下落区,导致该部位管道破损的比例最大,自由降落造成管壁磨损情况的截面如图 9.33 所示。料浆在空气与砂浆交界面上的碰撞产生的巨大冲量导致管壁破裂(图 9.34)。可见,减小料浆的冲击力最有效的措施是缩短以至消除料浆的自由降落高度,这样可降低料浆的最大自由下落速度,避免产生巨大冲量。

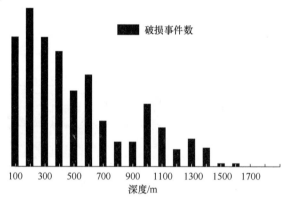

图 9.32　不同垂直高度上的管壁破损事件

威华塔斯兰得金矿的英美研究实验室(AARL)使用滚筒机进行管道磨损试验。该试验使用的滚筒机对管道磨损进行试验研究,揭示了管道的磨损率与不同材料管道及充填料浆的关系,有助于深井矿山充填材料和充填管道的选择。

图 9.33　砂浆自由降落导致管道的破坏形式

图9.34　垂直充填管道的空气与砂浆界面处的破坏图

9.4.2　降低充填管道磨损技术

国内外采用胶结充填法的矿山,除混凝土充填外,大多采用管道水力输送固体物料。因此,都不同程度的认识到管道磨损消耗及对生产影响的严重性。降低管道磨损的技术措施,一直是采矿界共同关注的研究课题。在生产实践中,矿山根据自己的工程经验,总结出了不少降低管道磨损的具体措施和技术,起到了良好的应用效果。

(1) 优化充填料粒级组成和配合比,降低料浆对管道的磨蚀作用。料浆对管道的损害包括磨损和腐蚀两方面。因此,降低料浆对管道的损害应首先优化充填材料的粒级组成和配合比,尽可能降低充填骨料的粒径,选择表面光滑的骨料,多加细粒级物料,如粉煤灰、尾砂等。同时,适当减小刚度较大的骨料含量。其次,掌握充填料浆的化学性能,调整充填材料的用量比例,减少腐蚀性较强的材料含量,调整料浆的 pH,避免空气混入料浆中,降低氧含量,以达到降低充填料浆对管道腐蚀的目的。此外,在料浆中加入减阻剂,可以减小料浆对管道的磨损。

(2) 采用满管流输送,降低垂直管道中料浆对管壁的冲击力。对于南非等国家的深井矿山,通过估算,认为垂直管道中料浆自由下落区的最终速度可达 80m/s,如此高的流速将对管壁产生巨大的冲击力。采用满管流输送系统,可以大幅度降低料浆流速,减轻料浆对管壁的压力和冲击力,延长管道的使用寿命。

(3) 采用降压输送,降低料浆对管壁的压力。在相同的流速下,管道的磨损速度随料浆的压力增大而提高。当料浆压力增大到一定程度,即使很小的料浆流速,也会对管道造成很高的磨损率。因此,减压输送是降低管道磨损的重要途径之一。

(4) 提高充填钻孔施工质量,减少管道偏斜及偏心率。矿山生产实践证明,如果充填钻孔偏斜过大,垂直管道安装时垂直度和同心度不好,会大大提高管道的磨损速度。因此,必须提高充填钻孔的施工质量和垂直管道的安装质量,保持精确的垂直度和同心度,将偏斜率控制在钻孔或垂直管道长度的 0.1%～0.3%。

(5) 对于充填倍线较小的矿山,要设法降低料浆的输送速度,减小对管道的磨损。

(6) 在磨损率高的弯管部分,采用十字管或缓冲盒弯头,避免因磨蚀而在弯管外半径出现的窄长槽磨损。

(7) 全面提高管道衬里的制造质量,确保衬里质量和涂层质量,防止衬里松脱。

(8) 使用中性水制备充填料浆和冲洗管道,避免使用矿井水。矿井水一般都有很强的腐蚀性。实践证明,某些矿井水对无衬里管道的腐蚀甚至比砂浆磨损更为严重。

9.4.3 充填管道探伤与修复技术

1. 管道探伤研究现状

在石油、天然气、市政供排水工程中,管道探伤与修复技术的研究成果及使用实例较多。管道探伤主要应用有两种情况:一种是腐蚀坑,尤其是内壁的腐蚀坑;另一种是纵向裂纹。管道探伤分为管道对接环焊缝探伤和管体探伤。

1) 环焊缝探伤

环焊缝探伤采用射线探伤和超声波探伤。因为管道在服役过程中产生的缺陷主要是纵向裂纹和腐蚀坑,而射线探伤对于裂纹不够灵敏。因此,管道维修过程中对环焊缝的探伤应尽可能采用超声波探伤。加拿大 R&D Tech 公司制造了管道环焊缝超声波自动探伤专用设备,探伤效果好,但设备比较昂贵。

2) 管体探伤

管体缺陷可以从管道外部进行检测,也可以从管道内部进行检测。超声横波法是比较成熟的一种管体缺陷探测方法,重点是检查内表面的腐蚀坑和纵向裂纹。该方法的优点是探伤灵敏度高,对裂纹和腐蚀坑均比较灵敏。缺点是探伤速度太慢,在设备大修的有限期间内很难完成大批量的管道检验。

3) 其他方法

最近几年研究开发了几种新的探测方法,如远场涡流法和漏磁法等。远场涡流法已经取得了明显的应用效果,但漏磁法的实用价值还需要进一步试验验证。

管道内部探伤主要设备包括介入式管道探伤器 pig,它是一种大型的管道探伤专用设备。从管道上游的一个开口处将 pig 送入管内,pig 在管内流体的压力作用下向下游移动。在移动过程中对管壁进行扫描,并把扫描取得的数据(主要是伤信号幅度和伤位置数据)存储在专用的数据存储计算机内。pig 向下游移动到达下一个开口时,将 pig 从管内取出,读出存储的数据就可以获得管体的检测结果。

现有部分矿山采用带旋转摄像头的充填钻孔观察器,进行人工观测管道磨损情况。该方法对破损管道探查有效,但无法观察管道壁厚的磨损情况。

2. 管道修复技术

管道修复方法包括内衬管拉(滑)入衬装、管道翻衬、管道喷涂衬装和爆管衬装等。

(1) 内衬管拉(滑)入衬装法。该法是将一条新的 HDPE 管拉入到旧管道中;无缝衬装将直径大于或等于原管道直径的热塑性 HDPE 管,通过多级缩径机将管道直径缩小10%左右,在一定的牵引力和牵引速度下拉入主管道。由于 HDPE 管具有变形后能自动恢复原始物理特性的特点,所以拉力撤销后可恢复到原来直径。HDPE 管一般为中、高密度的薄壁聚乙烯管材。

(2) 管道翻衬法。20 世纪 80 年代初,英、美、日等国兴起高分子化学新技术产业,促进了管道翻衬工艺技术的发展。该工艺技术是采用较柔软的聚合物、玻璃纤维布或无纺纤维等多孔材料制成高强纤维软管,经过饱和浸渍树脂后,采用水压或气压将软管反贴在旧管内,热固后在旧管道内形成一条坚固光滑的新管,达到修复旧管的目的。

(3)管道喷涂衬装法。该法是将水泥砂浆、环氧树脂、环氧玻璃鳞片作为喷涂材料,通过卷扬机拉力作用下的旋转喷头或人工方法,将材料依次在旧管内喷涂,形成总厚度为3.5mm的加固层。经过自然养护,形成主管道-衬里复合管,达到对旧管道的整体修复。该技术能在一定程度上提高管道的耐压、耐腐蚀及耐磨损性能,延长管道寿命。

(4)爆管衬装法。该法主要适用于易脆管材且管道老化严重的情况,具体方法是将碎管设备放入旧管中,沿途将旧管粉碎,随后的扩管头将破碎的旧管压入到周围的土壤中,最后内衬新的管道。

以上修复技术由于成本昂贵,技术复杂,目前尚未见到在矿山充填钻孔修复中应用的报道。

9.4.4　充填钻孔数字摄像调查与评价

为了全面评价龙首矿充填钻孔的使用状况,2007 年 1 月,金川镍矿采用钻孔探测仪器(即数字全景钻孔摄像与数据分析软件系统),对金川矿区大部分破损停用、在用及备用钻孔进行了详细探测。在此基础上,进行了龙首矿破损钻孔的分析与评价。

1. 数字钻孔摄像系统

1)基本原理

光学成像技术自 20 世纪 50 年代就引入到测井中,其后历经模拟方式钻孔照相、侧视旋转式钻孔电视、全景式孔内彩色电视和侧壁轴向观测的双 CCD 钻孔电视等阶段,直到发展成现在的数字钻孔摄像技术。

数字钻孔摄像测试方法是通过探头将钻孔孔壁拍摄记录后,经过软件分析处理重新形成孔壁柱面图像。具体来说,数字钻孔摄像技术是利用探头内部的 CCD 摄像头,通过反射装置,透过探头观测窗和孔壁环状间隙的空气或者井液(如清水或轻度的浑水),将探头侧方被光源照亮的一小段孔壁连续拍摄,并通过综合电缆传输到地面后叠加深度记录存储。该段孔壁图像经室内或现场数字化成图,形成完整的测孔结果图像,由此综合分析测孔情况。

2)系统组成

数字钻孔摄像系统的硬件部分由绞车、全景探头、控制箱、仪器箱、摄像机、台式计算机(含视频采集卡、1394 卡)等部分组成。

数字式全景钻孔摄像系统是一套全新的智能型勘探设备。它是电子技术、视频技术、数字技术和计算机应用技术的综合集成与应用,解决了钻孔内工程地质信息的采集问题。

2. 数字钻孔摄像系统分析原理及过程

1)深度修正

图像深度既是图像的重要信息,也是与其他手段得到测试结果相互补充与解释的基础。深度直接标记在电缆上,每隔 10m 贴有深度标记(图 9.35)。两个标记的距离为 H,零点距探头透明窗的距离为 L。图像上的深度由绞车上的深度测量轮,通过电子脉冲方式计数,电缆从测量轮上经过,轮子在摩擦力的作用下,将电缆走过的距离转换为电子信号,叠加到全景图像中。在钻孔测试现场,将探头放到孔口时,零点与绞车深度测量轮最高点的相对位置有 3 种,分别如图 9.35(a)~(c)所示。假定测量轮最高点距孔口高度为 h,则

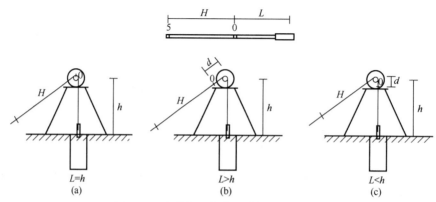

图 9.35　电缆标记深度和实际深度的关系

（1）$L=h$。此时当探头在孔口时,电缆零点在测量轮最高点,探头下降的深度就是电缆深度标记相等。

（2）$L>h$。这种情况下,探头的透明窗已到孔口,而电缆零点距离测量轮最高点距离为 d。显然 $L=h+d$,所以实际深度应该是 $H+L-h$,即 $H+d$。

（3）$L<h$。这种情况下,探头的透明窗已到孔口,而电缆零点超过测量轮最高点距离为 d。显然 $L=h-d$,所以实际深度应该是 $H+L-h$,即 $H-d$。

综上所述,修正原则是"前减后加",即当电缆零点超过测量轮最高点时,即"前"的情况,实际深度为电缆深度"减"去两点的距离;反之为"加"。

2）AVI 文件的采集

ULEAD 公司出版的绘声绘影软件,具有非常强大的视频、音频处理和多媒体制作功能。在钻孔摄像中,主要使用它的捕获功能,实现从磁带到 AVI 文件的捕获和截图的捕获。

打开绘声绘影 9.0 后,一般选择"编辑器"进入主界面。首先进行相应的设置,打开"文件"下"项目属性"对话框,设定文件格式为 720×576,帧速率为 25,帧类型为"基于帧"并保存。其次,选择"捕获"菜单,点击"捕获视频"进入捕获窗口。然后,连接 1394 线,播放摄像机(静态),将信号从 DV 导入 1394 卡中,开始捕获过程。此时点击"捕获视频"开始自动捕获,区间会显示捕获文件长度。

3）GRA 文件的采集

采集软件是数字式全景钻孔摄像系统的两个基本配置软件(采集软件和分析软件)之一,也是该系统实现对视频图像数字化的基础。采集软件实时地对钻孔视频进行数字化,识别深度信息,在控制捕获过程中完成对数字图像和重要信息的存储和维护。

GRA 文件的采集有两种路径,一种是利用内置于计算机的图像捕获卡直接从磁带上

捕获图像;另一种是从 AVI 文件中采集像素形成图像。这里采用的是从 AVI 文件中采集像素形成图像。

　　新建 GRA 文件时,选择捕获方式为 AVI 文件,则使用 AVI 捕获方式。点击"确定"后,软件会自动弹出如图 9.36 所显示的"打开"对话框,要求指定 AVI 文件。进行初始化,设定相应参数。点击捕获菜单项,在下拉菜单中选择初始化项,或者直接点击工具栏中的初始化按钮 ▦ 。完成上述操作后,弹出如图 9.37 所示的初始化窗口。首先出现的是彩色参数属性页,这时屏幕上的图像是活动的。通过调整属性页上的彩色参数(调整亮度和对比度),使得图像达到最佳效果。

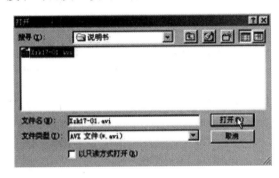

图 9.36　指定 AVI 文件

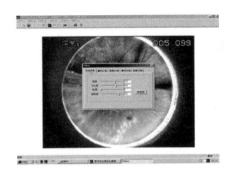

图 9.37　彩色参数

　　在完成彩色参数的调整后,就可以进入"捕获区域"属性页,这时屏幕上的图像处于静止状态。在该属性页中,"区域"的属性是固定的,显示模式是用来调整由于不同显示卡在显示 16 位图像时出现的颜色偏差。至于选择哪一种需要根据具体的显示卡来定,通常选择 RGB565。深度输入一般使用图像识别方式。在"图像区域"属性页(图 9.38)中,图像尺寸可根据全景图像的大小进行调整,但通常设定为 576×576;而图像位置坐标是用来调整由图像尺寸确定的矩形位置,使其正好包围全景图像,并且全景图像在中央。

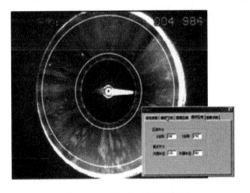

图 9.38　展开区域属性页

　　在展开区域属性页中,区域中心指的是全景图像的中心点,在图像展开时以该点为中心旋转。区域中心坐标是以图像尺寸确定的矩形的左上角为原点的局部坐标,可以通过修改其坐标值,调整区域中心的位置。展开尺寸指的是全景图像的展开范围,由内、外圆之间的区域确定,适当地调整内、外圆半径,避开由边缘引起的图像变形。注意由于区域中心选择的不好,会使展开图像产生扭曲变形,解决的办法是重新调整区域中心。在"图像识别"属性页(图 9.39)中,必须对深度和方位图像进行识别测试,达到较高的识别成功率,这样才能保证图像捕获更加完整和较高的测试精度。

图 9.39　图像识别区域

4) GRA 文件分析

　　分析软件是数字式全景钻孔摄像系统的两个基本软件(采集软件和分析软件)之一,采集软件必须与分析软件配合使用。采集软件获取数据,并为分析软件提供数据。分析软件则统计、分析这些数据,并将其结果打印、输出,同时建立相应的数据库,以便二次开发。在程序安装目录下双击 BHAnalyse.exe,启动分析软件,打开GRA 文件。

　　(1)预览图像。分析软件具有连续帧播放和单帧播放两种预览方式。按下工具栏上的连续播放命令,打开如图 9.40 所示的界面。界面中 Total Frame:显示 GRA 文件中的帧数;Current Frame:显示当前帧,如"4"表示是第 4 帧;Begin:播放的开始帧数;End:播放的终止帧数。

　　(2)图像显示变换。软件提供原始图(图 9.41)、展开图(图 9.42)和柱状图(图 9.43)3 种方式的显示功能。在工具栏上,这组按钮被安排在第 4 组,系统默认的是原始图,也可以转换为其他模式。在柱状图模式下,软件还提供了旋转功能按钮(图 9.44)。

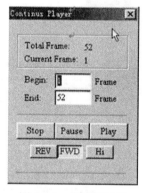

图 9.40　连续播放器

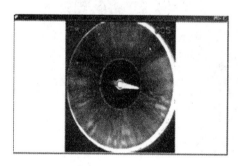

图 9.41　原始图模式

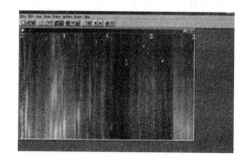

图 9.42　展开图模式

5) 裂隙产状计算

　　需要在展开图上进行裂隙产状的计算,可能需要重新生成展开图,执行 Analyse 菜单下的 Calc Orientation 命令。最重要的是要在待分析裂隙上取不在一条直线上的3 个点。注意鼠标箭头的位置,每一次按下鼠标左键,软件就会自动将所取的点坐标输入(图 9.45),等 3 个点选定后,点击按钮就出现计算结果,Depth 表示最后一个点的深度。

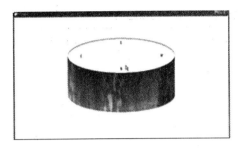 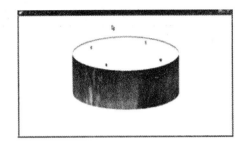

图 9.43　柱状图模式　　　　　　　　　　　图 9.44　图像左转后

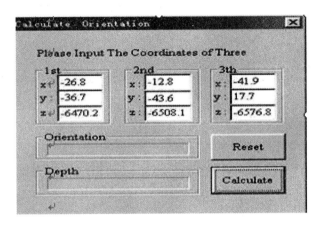

图 9.45　裂隙产状计算 3 个点的坐标输入

6）裂隙宽度的计算

裂隙宽度的计算遵照以下 3 步进行：

第一步,同计算裂隙产状一样,需要重新显示展开图；

第二步,执行 Analyse 下的 Calc Aperture 命令；

第三步,要求输入所要计算裂隙宽度的两条边上的两个点,在展开图上采用鼠标左键点击两次,分别输入两点的坐标(图 9.46)。

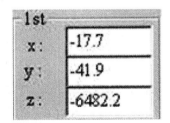 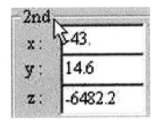

图 9.46　裂隙宽度计算 2 个点的坐标输入

3. 龙首矿数字钻孔摄像调查现场记录

在利用数字式全景钻孔摄像系统,对龙首矿充填钻孔进行调查分析时,根据摄像情况进行初步人工观测,记录情况见表 9.13。

表 9.13 龙首矿充填钻孔数字式全景钻孔摄像现场记录

孔号/观测时间	测试深度/m	影像异常深度/m	影像异常描述
西部钻孔房 3 号 WI03/2007.1.11	87.26	2.70	白圈
		3.30	白圈
		6.70	白圈
		10m 左右	半个白圈
		13.00	半个白圈
		16.00	一小白圈
		26.2~26.4	有破碎情况
		31m 后	冲刷痕迹增多
		43.30	白圈
		53.00	黑圈
		56.70	白圈
		63.20	白圈
		66.00	白圈
		70.00	白圈
		74.00	冲刷较严重
		76.90	白圈
		78.00	冲刷严重
		80.00	白圈
		80m 之后	较多磨损
		83.90	白圈
		85.20	破损区
西部钻孔房 1 号 WI01/2007.1.11	86.47	7.00	白圈
		13.00	有少许痕迹
		14m 后	有少许磨痕
		20m 后	磨痕增多
		22~24	局部颜色不一样
		38.50	白圈,呈破碎状
		41.00	大的黑圈,呈磨损状
		51.00	有几个大的磨损痕迹
		55.00	白圈
		56.00	磨损痕迹增多
		66.60	有白色区域
		67.00	黑圈
		80.00	有白色区域

续表

孔号/观测时间	测试深度/m	影像异常深度/m	影像异常描述
西部平硐二级 5 号 WII05/2007.1.12	43.32m 处堵塞,孔径 缩小为 40~50 mm	1.00	有空眼
		2.50	白圈
		4.00	有较多锈斑
		9.40	白圈
		16m 多	磨损区域较多
		17m 左右	呈破碎状
		17.80	有破碎长区域
		18m 后	磨损状况较为严重
		21.00	黑圈
		22.50	白圈
		24.20	白圈
		26.40	白色区域
		34.00	白色区域
		37.00	黑白相间区域
		38.00	大的白色区域
		43.32	孔壁坍塌,钻孔堵塞
WIII03/2007.1.12	新孔	无	无
西部 1424 中段三级 1 号 WIII01/2007.1.12	20m 处出现严重塌孔	2.00	白圈
		5.00	白圈
		8.50	白圈
		10.80	白圈
		11.40	白圈
		13.80	白圈
		14.30	白圈
		17.00	白圈
东部 1400 中段二级 6 号 EII06 /2007.1.13	109.82	5.00	条痕增多
		20m 后	磨损情况较以前增多
		21.60	白色长条带
		35.00	红绣斑增多
		78.00	黑色条带
		94.00	白圈

孔号/观测时间	测试深度/m	影像异常深度/m	影像异常描述
东部 1400 中段二级 7 号 EII07/2007.1.13	57.40	6.00	白圈
		10.00	一圈白色长条带
		15.90	白圈
		20.40	白圈
		24m 后	绣斑增多
		29.50	红黑相间区域
		34.80	红黑相间区域
		39.60	磨损区域
		40m 后	红色条纹增多
		44.00	磨损区域
		49.00	磨损区域
		49.00	磨损区域
		54.60	磨损区域
		57.40	磨损区域
东部 1400 中段二级 4 号 EII04/2007.1.13	110.84	15.75~15.96	磨损区域
		20.82~20.85	磨损区域
		25.50~25.54	磨损区域
		35.67~35.71	磨损区域
		54.95~55.00	磨损区域
		64.38~64.46	磨损区域
		69.29~69.36	磨损区域
		74.48~74.51	磨损区域
		79.58~79.63	磨损区域
		89.38~89.43	磨损区域
		94.22~94.28	磨损区域
		98.85~98.90	磨损区域
		103.98~104.08	磨损区域
		108.58~110.84	磨损区域
东部 1400 中段二级 1 号 EII01/2007.1.13	108.65	25.69~26.06	磨损区域
		59.67~59.90	磨损区域

续表

孔号/观测时间	测试深度/m	影像异常深度/m	影像异常描述
东部 1280 中段三级 5 号 EIII05/2007.1.14	55.01	2.10	磨损区域
		3.50	磨损区域
		5.00	磨损区域
		5.40	磨损区域
		6.00	磨碎区域
		8.50	磨损区域
		10.10	磨损区域
		12.54	磨损区域
		13.05	磨损区域
		15.50	大量锈蚀区
		15.90	白圈
		16.90	白圈
		20.80	磨损区域
		21.70	磨损区域
		22.00	磨损区域
		27.60	磨损区域
		29.90	磨损区域
		32.40	磨损区域
		33.90	磨损区域
		37.40	磨损区域
		38.90	磨损区域
		40.80	白圈
		42.40	白圈
		44.90	磨损
		45.90	白圈
		47.40	白圈
		49.90	白圈
		50.90	磨损
		52.40	白圈
		53.80	磨损
东部 1280 中段三级 2 号 EIII02/2007.1.14	58.00	11.0	白圈
		29.00	较多白圈
东部 1280 中段三级 3 号 EIII03/2007.1.14	57.00	无（新孔）	无（新孔）

续表

孔号/观测时间	测试深度/m	影像异常深度/m	影像异常描述
东部1280中段三级4号 EⅢ04/2007.1.14	56.70	21.60	白色长条带
		24.60	白色长条带
		30.80	两条白色长条带
		35.60	白色长条带
		56.70	进入弯头
东部制浆站1号 EI01/2007.1.19	138.3(受电缆长度 限制,未测完全孔)	1.90	白圈
		3.40	黑圈
		4.90	白圈
		6.40	白圈
		7.80	破损区
		9.40	白圈
		10.89	破损区(黑圈)
		12.22	破损区
		13.67	黑圈,磨损区
		13.00	黑灰色斑状
		15.09	白圈
		16.49	白圈
		17.92	破损区
		22.20	破损区
		23.70	黑圈
		25.10	破损区
		26.50	黑圈
		28.10	破损区
		29.60	破损区
		31.10	黑圈
		32.60	破损区
		34.20	黑圈
		35.70	黑圈
		37.20	破损区
		38.60	黑圈
		40.10	有4mm长的黑圈

续表

孔号/观测时间	测试深度/m	影像异常深度/m	影像异常描述
东部制浆站 1 号 EI01/2007.1.19	138.3(受电缆长度 限制,未测完全孔)	41.50	黑圈
		42.90	黑圈,破损区
		44.20	黑圈
		45.50	黑圈
		49.30	白圈
		49.70	破损区
		54.00	破损区
		57.10	黑圈
		60.00	破损区
		61.40	有长 3mm 的黑圈
		64.50	有 3～5mm 的破损区
		65.00	黑圈
		67.00	黑圈
		68.80	黑圈
		70.30	黑圈
		76.50	有 3～5mm 的黑圈
		78.00	黑圈
		82.60	黑圈
		84.10	黑圈
		87.10	黑圈
		91.70	白圈
		93.20	黑圈
		94.70	黑圈
		96.30	白圈
		97.80	白圈
		99.30	黑圈
		102.30	黑圈
		106.90	3～5mm 长的黑圈,破损区
		108.50	白圈
		109.90	黑圈
		111.50	黑圈
		114.50	黑圈
		120.60	黑圈
东部制浆站 3 号 EI03/2007.1.19	139.80(受电缆长度 限制,未测完全孔)	无(新孔)	无(新孔)

4. 龙首矿充填钻孔评价

利用专用分析软件对摄像记录进行综合处理,获得了该矿各个钻孔的破损情况柱状图。由于所获得的数据庞大,图 9.47～图 9.54 仅给出了钻孔破损部位的柱状图。

1) 龙首矿西部钻孔房 3 号孔(WI03)

西部钻孔房 3 号孔破损或磨损严重部位的柱状图如图 9.47 和 9.48 所示。图中白色条纹或斑点为已经磨穿的部位,乳白色区域为严重磨损部位。数字式全景钻孔摄像探测结果显示,孔口部分有磨穿痕迹,而 20～30m 深度段为严重磨损区,可能单侧已经磨穿;40m 以后状况良好。图像中出现的白圈可能是管内挂浆。

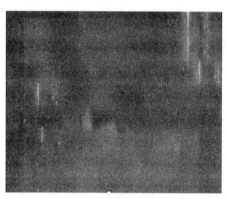 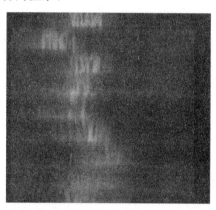

图 9.47　WI03 磨穿部位展开图　　　　　　　图 9.48　WI03 磨损部位展开图

2) 龙首矿西部平硐二级 5 号孔(WII05)

2006 年 5 月该孔上部 2m 处破损,虽然已修复且正在使用中,但此次调查发现,该孔从 16～41.7m 整个过程孔壁出现坍塌,半个孔壁已经被磨穿。孔壁岩石和探测的图像如图 9.49 所示。调查结果显示,该孔实际已经报废,已失去再修复的条件。

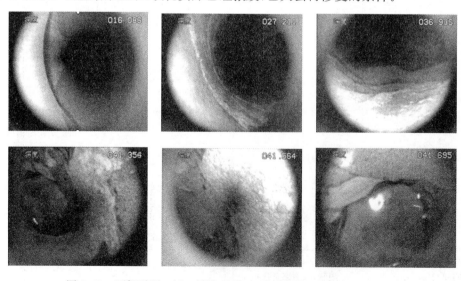

图 9.49　西部平硐二级 5 号孔(WII05)孔壁坍塌组图(16～41.7m)

3）龙首矿西部 1424m 中段三级 1 号钻孔（WIII01）

龙首矿西部 1424m 三级 1 号孔（WIII01）在孔口（0.137m 和 0.177m）处出现破损如图 9.50 所示。破碎条带的两处产状分别是方位 S61°W（南偏西 61°）、倾角 89°、深度 0.137m 和方位 N70°E（北偏东 70°）、倾角 89°、深度 0.1774m。图中的白色条纹和斑点为已经磨穿部位。该孔在 20m 附近出现严重塌孔（图 9.51）。虽暂时未出现堵孔现象，但由于失去套管保护，继续使用风险较大，建议进行处理。

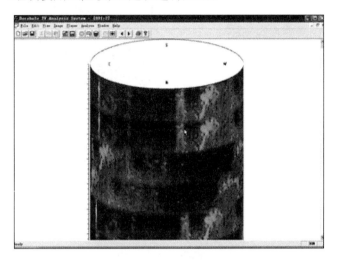

图 9.50　西部 1424m 三级 1 号孔（WIII01）孔口部位柱状图

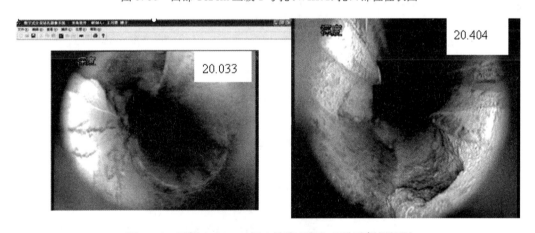

图 9.51　西部 1424m 三级 1 号孔（WIII01）孔壁坍塌组图

4）龙首矿东部 1400m 中段二级 1 号孔（EII01）

龙首矿东部 1400m 中段二级 1 号孔（EII01）虽然未出现大的成片破损情况，但在 26m、60～61m 深度出现较严重的磨损，并且在这些部位出现局部磨穿现象。但该孔通过可重复修复使用技术进行改造，可重新投入使用。

5）龙首矿东部 1400 中段二级 4 号孔（EII04）

龙首矿东部 1400m 中段二级 4 号孔（EII04）虽然使用中尚未发现问题，但在 16m、21m、70m、80m 深度出现较严重磨损和冲刷痕迹（图 9.52 和图 9.53）。根据该组钻孔平均使用寿命,当充填量达到 5 万 m³ 时,应重新观测其磨损情况,以确定方案对策。

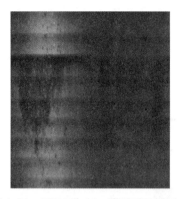
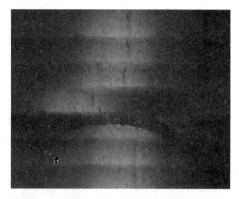

图 9.52　EII04 孔 16m 附近平面展开图　　　图 9.53　EII04 孔 21m 附近平面展开图

6) 龙首矿东部 1400m 中段二级 6 号孔(EII06)

龙首矿东部 1400m 中段二级 6 号孔(EII06)虽然未出现大的成片破损情况,但在 16m、21~22m、25m、32m 深度出现较严重磨损,且在这些部位出现局部磨穿现象。该孔通过可重复修复使用技术进行改造,可重新投入使用。

7) 龙首矿东部 1400m 中段二级 7 号孔(EII07)

龙首矿东部 1400m 中段二级 7 号孔(EII07)虽然未出现大的成片破损情况,但在 9m、11m、33m、52~53m 深度出现较严重磨损,这些部位出现了局部磨穿现象。该孔通过可重复修复使用技术进行改造,可重新投入使用。

8) 龙首矿东部 1280m 中段三级 2 号孔(EIII02)

龙首矿东部 1280m 中段三级 2 号孔(EIII02)在 14m、29m 处局部出现破损,已停止使用,建议进行修复。

9) 龙首矿东部 1280m 中段三级 5 号孔(EIII05)

龙首矿东部 1280m 中段三级 5 号孔(EIII05)虽然未出现大的成片破损情况,但孔口部位已经出现裂缝,如图 9.54 中白色条纹所示部位,其他部位也有一定程度的磨损。该孔

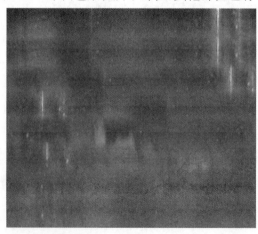

图 9.54　东部 1280m 中段三级 5 号孔(EIII05)孔口附近平面展开图

目前正在使用中,建议对孔口进行必要的处理,并加强观测,尤其是当充填量达到 10 万 m^3 时(根据同位置 2 号孔使用寿命预测)。

5. 二矿区数字钻孔摄像调查现场记录

在利用数字式全景钻孔摄像系统对二矿区充填钻孔进行调查分析期间,根据摄像情况进行了初步人工观测,记录情况见表 9.14。

表 9.14　二矿区充填钻孔数字式全景钻孔摄像现场记录

孔号/观测时间	测试深度/m	影像异常深度/m	影像异常描述
二矿 1600m 水平 A1 组 3 号钻孔(A1-3)/2007.1.16	147.82	6.15	白圈
		15.85	破损区
		53.49	有破损区
		72.10	破损区
		92.90	磨损区
		114.50	磨光
		123.60~123.70	破损区
		147.45	磨损
二矿 1600m 水平 A1 组 5 号钻孔(A1-5)/2007.1.16	31.50(堵塞)	5.70	遇积水
		31.50	钻孔堵塞
二矿 1350m 中段 Ⅵ 组 2 号(Ⅵ-2)/2007.1.17	95.20	3.80	磨损
		8.30	磨损区
		9.80	黑圈
		11.28~11.31	破损区(黑圈)
		12.70	黑圈
		13.80	黑白相间区域
		15.36	黑圈
		17.80	黑圈
		21.20	黑色条纹
		21.70	磨损区域
		23.10	磨损区域
		24.50	磨损区域
		25.80	磨损区域
		27.20	磨损区域
		28.60	破损区域
		29.90	破损区域
		31.20	破损区域
		32.40	破损区域
		33.80	破损区域

续表

孔号/观测时间	测试深度/m	影像异常深度/m	影像异常描述
二矿 1350m 中段Ⅵ组 2 号 （Ⅵ-2）/2007.1.17	95.20	41.00	破损区域
		42.00	环形磨损区域
		45.00	破损区域
		48.00	破损区域
		51.00	破损区域
		52.00	黑圈
		53.20	破损区域
		56.00	3～4mm 的破损区域
		66.00	较大破损区域
		67.00	破损区域
		69.00	破损区域
		70.50	破损区域
		71.80	破损区域
		73.00	破损区域
		74.00	3mm 左右的环形磨损区域
		75.70	破损区域
		77.00	有 3mm 左右环形磨损区域
		86.00	3mm 左右磨损区域
		95.50	磨损区域

6. 二矿区充填钻孔分孔评价

利用专用分析软件对摄像记录进行综合处理，获得各钻孔破损情况的柱状图。由于所获得的数据庞大，仅仅分析图 9.55～图 9.57 所示的破损部位的柱状图。

1) 1600m 中段 A1 组 3 号孔（A1-3）

二矿区 1600m 中段 A1 组 3 号孔（A1-3），于 2000 年 6 月 8 日启用，2005 年 6 月 24 日堵塞，该钻孔已经报废，探测发现在 6.3m、7.4m、16.0m、72.7m、115.3m 深度磨损严重。

2) 1600m 中段 A1 组 5 号孔（A1-5）

二矿区 1600m 中段 A1 组 5 号孔（A1-5），启用于 2002 年 7 月 9 日，2006 年 11 月 12 日钻孔堵塞，经钻孔摄像系统检测，该钻孔在 31.5m 处堵塞，在 5.7m 处见到积水，在 13.0～13.2m 处磨损较为严重（图 9.55）。

3) 1350m 中段Ⅵ组 2 号孔（Ⅵ-2）

二矿区 1350m 中段Ⅵ组 2 号孔（Ⅵ-2）现正在使用，通过钻孔摄像系统的调查，该钻孔在 30m 左右、40m 左右以及 61.7m 左右均磨损较为严重（图 9.56～图 9.57），使用时应防止堵孔。

图 9.55　二矿区 1600 中段 A1-5 号孔在 13.1m 左右的磨光区域

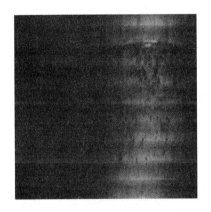

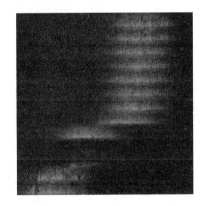

图 9.56　二矿区 1350m 中段 Ⅵ-2 号孔　　　　图 9.57　二矿区 1350m 中段 Ⅵ-2 号孔

29.3m 附近的平面展开图　　　　　　　　61.7m 附近的平面展开图

9.4.5　金川矿区充填钻孔总体评价

金川矿区矿体开采技术条件决定了充填作业在矿山生产中的重要性。通过此次对金川矿区充填钻孔现状的调查分析,发现充填钻孔破损严重,必须尽快开发破损钻孔的重复修复使用技术,从根本上解决困扰金川矿区充填钻孔破损严重和新钻孔施工位置不足的难题,为金川矿山可持续发展提供技术保障。

1. 龙首矿充填钻孔存在的主要问题

1) 龙首矿西部充填系统钻孔

在金川矿区的 6 套充填系统中,龙首矿西部充填系统钻孔保障度最低。考虑到西部充填系统仍然要服务 5 年以上,必须采取措施进行充填钻孔技术改造。根据分析,该系统钻孔存在 3 个主要问题。

（1）地表钻孔房到平硐的一级钻孔，目前仅有 2 号钻孔可以使用，1 号、3 号钻孔均因破损严重而停用。考虑到 3 条钻孔同时施工且位置临近，2 号钻孔的使用寿命也不会很长。一旦 2 号钻孔报废，则整个西部充填系统瘫痪，对西部采场的生产造成难以承受的影响。

（2）平硐到 1424m 中段的二级钻孔，原来认为有两条可以使用，但此次调查发现，5 号孔实际已不能使用。虽然 6 号孔可以使用，考虑到 5、6 号钻孔同时施工，位置临近，6 号钻孔的使用寿命估计也非常有限。一旦 6 号钻孔报废，则整个西部充填系统也将瘫痪，对西部采场生产将产生严重影响。

（3）1340～1424m 中段的三级钻孔，2、3 号经过修复后已投入使用。1 号钻孔虽然尚未使用，但在 20m 深度附近出现严重塌孔，即使勉强投入使用，估计寿命也不会很长。因此虽然与一、二级钻孔组相比，三级钻孔可靠性稍好一些，但也不容忽视。

2）龙首矿东部充填系统钻孔

与西部充填系统相比，东部充填系统钻孔情况稍好。但考虑到东部系统充填能力较大，充填钻孔磨损速度相对较快。因此对东部充填钻孔也不能掉以轻心。

（1）地表至 1408m 中段一级钻孔共 4 条，其中，EI04 号孔已经堵塞，EI01 号因连续出现耐磨层脱落而停用。当前使用的钻孔为 EI02 号，EI03 号为备用。根据 EI01 号钻孔的使用寿命及 EI02 号钻孔已完成充填量估计，EI02 号钻孔应该还可以充填 30 万 m^3 左右。

（2）1280～1400m 中段的二级钻孔和 1220～1280m 中段的三级钻孔均为盲竖井中预埋的充填管道，数量较多，基本可以保证充填的需要。但使用中的钻孔均出现不同程度的磨损甚至破损情况，应引起重视。

2. 二矿区充填钻孔存在的主要问题

二矿区充填系统钻孔数量众多，且一级钻孔直径一般比龙首矿大，正常使用寿命比龙首矿相对较长。但由于二矿区充填量远大于龙首矿。因此，充填钻孔堵塞、磨损情况也比较严重。为了保证二矿区可持续生产，也必须寻求充填钻孔可重复修复技术，以减少新施工钻孔的数量。

9.4.6 充填钻孔磨损机理及降低磨损技术

充填钻孔的磨损机理较为复杂，且具有不确定性和多变性，即随机性和模糊性，而且这些因素之间相互影响，互为因果，互为条件。因此利用传统的数学方法，如数理统计法、线性回归等方法很难进行定量分析和研究。因为许多因素对管道磨损的影响很难用一个经典的数学模型来描述，难以给出一个定量的结论。

AHP 层次分析方法能合理地将定性与定量分析结合起来，整理和综合人们的主观判断，使定性与定量分析相结合，能够为充填钻孔各种影响因素进行排序。该方法首先将分析的问题建立层次分析结构模型，将所包含的各种因素分组，每一组作为一个层次，由高到低按目标层、准则层和方案层进行排列。应用 AHP 系统分析理论，建立比较符合实际的定量化分析模型，从而确定在钻孔磨损的众多因素中，哪些是主要控制因素，哪些是次要控制因素。这为充填钻孔寿命预测以及充填钻孔的科学决策管理提供理论依据。

首先,确定影响充填钻孔磨损的主要因素。然后,分析输送料浆的能量和冲量,研究充填钻孔的磨损机理。最后,采取有效措施,降低充填钻孔的磨损速度,延长充填钻孔的使用寿命。

1. 充填钻孔内充填管道磨损的主要影响因素

通过对金川矿区充填钻孔内充填管道磨损现状调查与分析,确定影响管道磨损的主要因素有以下 6 个方面。

1) 充填料浆的特性

管道磨损是由输送充填料浆引起的,因此必然与充填料浆特性有关。首先,管道磨损速度随充填料浆输送的质量分数提高而增大,主要表现在水平管道的磨损;其次,管道磨损随骨料刚度及粒度的增大而增加,如输送刚度和粒度较大的棒磨砂料浆比全尾砂充填料浆对管道的磨损严重,这种现象贯穿于输送管道的全线;第三,管道磨损随充填骨料的颗粒形状的不规则而呈现增长趋势。棱角尖锐的棒磨砂比外形光滑的圆球形河砂对管道的磨损更为严重;最后,管道磨蚀随充填料浆的腐蚀性增大而增长。实践证明,充填管道的破坏除了磨损因素外,还存在充填料浆对管道的腐蚀作用。管道的腐蚀主要取决于浆体的 pH 与溶解的氧含量。在 pH 小于 4 时,腐蚀急剧增加。而充填浆体一般呈碱性,所以酸性腐蚀不存在。浆体中溶解的氧含量增大,腐蚀也随之增强,但是溶解氧过剩,反而会使钢的表面钝化,抑制腐蚀反应。然而浆体输送中,由于存在严重的摩擦作用,溶解氧生成的钝化表面很快会被磨掉,使氧化速度增加,腐蚀增大。因此,浆体输送过程中,管道损耗是磨损和腐蚀共同作用的结果。金川矿区主要充填骨料是粒度较大且形状不规则的棒磨砂,并且充填料浆的质量分数超过 75%,相对于其他尾砂胶结充填矿山,金川矿区的这种粗骨料高浓度充填引起的管道破损更为严重。

2) 管道材质与参数

在充填材料相同的条件下,管道磨损与所选管道的材质密切相关。通常情况下,带有耐磨内衬管道的使用寿命是普通钢管的数倍或数十倍;管道寿命还与管壁厚度有关,管壁越厚,使用寿命越长。管道磨损率还与管道直径密切相关。金川矿区的生产实践表明,在垂直下落(自由落体)管段,管道的磨损率随管道直径的增大而减小,垂直钻孔的使用寿命由长到短依管道直径大小排序为 $\phi300mm$、$\phi245mm$、$\phi219mm$、$\phi200mm$、$\phi179mm$、$\phi152mm$。究其原因,管径增大使浆体在垂直下落时,相对减轻料浆对管壁的直接冲击摩擦力。因此有助于延长管道的使用寿命。但是如果将垂直管道的直径进一步减小,如将垂直管道的直径减小到 100mm 左右,此时料浆在垂直管道中的阻力损失会急剧增加,导致自由下落带的高度明显减小。此时系统接近满管输送状态,管道的磨损率反而会降低。

3) 钻孔施工质量与钻孔内充填管道的安装质量

管道的磨损率与钻孔施工质量和钻孔内垂直管道的安装质量密切相关。衡量钻孔施工质量的重要指标是钻孔的偏斜率。偏斜率大的钻孔在使用中易磨损,使用寿命短,通过的充填量小。表 9.15 和图 9.58 给出了金川矿区部分报废、破损停用钻孔的偏斜率与累计充填量之间的统计关系。由此看出,在孔深与孔径相同的情况下,同组报废钻孔的累计充填量随偏斜率的增大而减小。例如,4 号钻孔的偏斜率最大,其充填量只有 611m³。3

号钻孔的偏斜率虽比 5 号钻孔大,但累计充填量反而大于后者。其原因是受到了钻孔深度的影响(5 号钻孔比 3 号钻孔深 100m)。垂直管道安装的垂直度和同心度对管道的磨损也有较大影响。实践表明,管道安装的垂直度和同心度越差,磨损率越高。

表 9.15　金川矿山部分报废和破损钻孔参数

序号	孔号	孔深/m	孔内径/mm	偏斜率/%	累计充填量/m³
1	EI01	279	159	1.48	363478
2	EI04	280	159	6.12	611
3	二矿 A1-1	227	219	2.497	1688000
4	二矿 A1-3	327	219	0.835	1705100
5	二矿 A1-5	327	259	1.572	1368200
6	二矿 A-1	227	219	0.71	475100
7	二矿 A-2	227	219	0.53	596400
8	二矿 A-3	227	219	1.47	506100
9	二矿 A-4	227	219	1.95	424900
10	二矿 A-5	227	219	4.33	338900

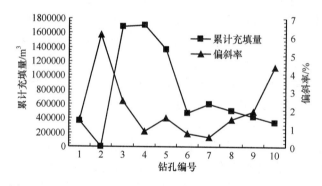

图 9.58　金川矿区部分报废钻孔偏斜率与累计充填量的关系

4)充填倍线

充填倍线也是影响管道磨损的重要因素。充填倍线越小,垂直管道中浆体自由落体区域的高度越大,料浆对管道的冲击力也越大,磨损愈加严重;同时料浆在管道中的流速增大,导致磨损率增加;充填倍线减小,还会增大管道的压力,导致磨损率的提高;此外,减小充填倍线还会使料浆出口剩余压力过大,管道振动剧烈,管道损坏严重。

5)钻孔级数

分级设计钻孔能减小钻孔深度,在充填管道管径、材质、偏斜率、充填倍线等因素相同时,钻孔深度的大小对管道磨损的影响不大。但是深度小的钻孔能更好地控制施工质量和确保管道的安装质量,从而间接地延长了管道的使用寿命。

6)其他因素

钻孔和管道磨损除了以上各因素外,随着开采的井深增加,还与系统有关,如垂直管道高度过大引起管道承压过大等。因此,有必要对管道磨损的主要因素进行定量和全面分析。

2. 充填钻孔磨损因素层次分析

1) AHP 层次分析法简介

层次分析法(analytic hierarchy process,AHP)是一种定性和定量相结合的系统化的层次分析方法。它是美国匹兹堡大学运筹学家 Saaty 于 20 世纪 70 年代中期提出的一种多层次权重分析决策方法。该方法自 1982 年被介绍到我国以来,以其定性与定量相结合地处理各种决策因素的特点,以及系统灵活简洁的优点,迅速地在我国多个领域,如能源系统、城市规划、经济管理、科研评价等方面得到了广泛应用。

AHP 法的基本原理是把研究的复杂问题看作一个大系统,通过对系统的多因素分析,划出各因素间相互联系的有序层次,请专家对每一层次的各因素进行客观判断后,相应地给出重要性的定量表示,进而建立数学模型,计算出每一层次全部因素的相对重要性的权值,并加以排序,最后根据排序结果进行规划决策和选择解决问题的对策。

2) AHP 定量化分析模型

借助于 AHP 层次分析法定量分析影响钻孔磨损的因素,可以找出影响钻孔磨损的主要和次要因素,从而更好地控制钻孔施工质量和充填工艺及参数。定量化分析方法的步骤如下:

(1) 建立定量化因果分析的指标体系。根据工程质量管理体的主要因素,建立递阶层次结构体系,即目标层、准则层和方案层(图 9.59)。

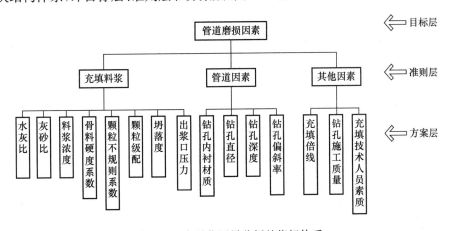

图 9.59　定量化因果分析的指标体系

(2) 构造成对比较矩阵。对 n 个影响因素 $x = \{x_1, x_2, \cdots, x_n\}$,比较它们对上一层某一准则(或目标)的影响程度,确定在该层中相对于某一准则所占的相对密度(即把 n 个因素对上层某一目标的影响排序)。上述比较是两两因素之间进行比较,比较时取 $1 \sim 9$ 尺度。用 a_{ij} 表示的 i 个因素相对于第 j 个因素的比较结果,则成对比较矩阵 $\boldsymbol{A}$ 为

$$A = (a_{ij})_{n \times n} = \begin{pmatrix} a_{11} & a_{12} & \cdots & a_{1n} \\ a_{21} & a_{22} & \cdots & a_{2n} \\ \cdots & \cdots & & \cdots \\ a_{n1} & a_{n2} & \cdots & a_{nn} \end{pmatrix} \qquad (9.2)$$

式中,$a_{ij} = 1/a_{ji}$。

比较尺度的含义见表 9.16。

表 9.16　比较尺度

标度 a_{ij}	定义
1	因素 i 与因素 j 相同重要
3	因素 i 比因素 j 稍重要
5	因素 i 比因素 j 较重要
7	因素 i 比因素 j 非常重要
9	因素 i 比因素 j 绝对重要
2,4,6,8	因素 i 与因素 j 的重要性的比较值介于上述两个相邻等级之间

由上述定义可知,成对比较矩阵 $A = (a_{ij})_{n \times n}$ 满足以下性质:
$$a_{ij} > 0, a_{ij} = 1/a_{ji}, a_{ii} = 1$$

(3) 计算各层次因素的权重。根据判断矩阵提供的信息,可以用幂法求解得到任意精度的最大特征值和特征向量。特征向量代表该层次各因素对上一层次某因素影响大小的权重。但是实际应用层次法分析时,并不需要很高的精度,因为判断矩阵本身就存在一定的误差。而应用层次分析法求得某层次中各因素的权重,从本质上就代表某种定性的概念,所以可以采用更为简便的近似求解法,如和法、根法和幂法,它们的精度完全可以满足实际应用的要求。可按以下步骤利用和法求最大特征值和对应特征向量(近似解):

① 将矩阵 $A = (a_{ij})_{n \times n}$ 的每一列向量归一化得:$\widetilde{W}_{ij} = a_{ij} / \sum\limits_{i=1}^{n} a_{ij}$;

② 对 $\widetilde{W}_{ij}$ 按行求和得到 $\widetilde{W}_i = \sum\limits_{j=1}^{n} \widetilde{W}_{ij}$;

③ 将 $\widetilde{W}_i$ 归一化得到 $W_i = \widetilde{W}_i / \sum\limits_{i=1}^{n} \widetilde{W}_i$,则特征向量 $\overline{W} = \begin{pmatrix} W_1 \\ \vdots \\ W_n \end{pmatrix}$;

④ 计算特征向量 $W = \begin{pmatrix} W_1 \\ \vdots \\ W_n \end{pmatrix}$ 对应的最大特征根 $\lambda_{\max}$ 的近似值:

$$\lambda_{\max} = \frac{1}{n} \sum_{i=1}^{n} \frac{(AW)_i}{W_i} \qquad (9.3)$$

此方法实际上是将 A 的列向量归一化后取平均值作为 A 的特征向量。因为当 A 为一致性矩阵时,它的每一列向量都是特征向量 W,所以在 A 的不一致性不严重时,取 A 的列向量(归一化后)的平均值作为近似特征向量是合理的。

（4）一致性检验。检验步骤如下：

① 确定一致性检验指标 CI。当人们对复杂事件的各因素采用两两比较时，所得到的主观判断矩阵 $\overline{A}$，一般不可直接保证正互反矩阵 $\overline{A}$ 就是一致正互反矩阵 A，因而存在误差。

由于 λ 连续的依赖于 a_{ij}，则 λ 比 n 大的越多，A 的不一致越严重。由于采用最大特征值对应的特征向量作为被比较因素对上层某因素影响程度的权向量，因而可以用 $\lambda - n$ 数值的大小来衡量 A 的不一致程度。定义一致性指标：

$$CI = \frac{\lambda - n}{n - 1} \tag{9.4}$$

式中，n 为 A 的对角线元素之和，也是 A 的特征根之和。

② 查找相应的一致性检验指标 RI。对于 $n = 1, \cdots, 11$，Saaty 给出了 RI 的值见表 9.17：

表 9.17　随机一致性指标 RI 的数值

n	1	2	3	4	5	6
RI	0	0	0.58	0.9	1.12	1.24
n	7	8	9	10	11	
RI	1.32	1.41	1.45	1.49	1.51	

RI 的值是这样得到的，用随机方法构造 500 个样本矩阵：随机地从 1～9 及其倒数中抽取数字构造正互反矩阵，求得最大特征根的平均值 λ'_{max}，并定义：

$$RI = \frac{\lambda'_{max} - n}{n - 1} \tag{9.5}$$

③ 一致性检验指标——一致性比率 CR。由随机性检验指标 RI 可知：

当 $n = 1, 2$ 时，$RI = 0$，这是因为 1，2 阶正互反阵总是一致矩阵。

对于 $n \geqslant 3$ 的成对比较矩阵 A，将它的一致性指标 CI 与同阶（指 n 相同）的随机一致性指标 RI 之比称为一致性比率，简称一致性指标，即 $CR = \frac{CI}{RI}$。当 $CR = \frac{CI}{RI} < 0.1$ 时，认为主观判断矩阵 $\overline{A}$ 的不一致程度在容许范围之内，可用其特征向量作为权向量。否则，对主观判断矩阵 $\overline{A}$ 重新进行成对比较，构成新的主观判断矩阵 $\overline{A}$。

④ 计算总排序权向量并做一致性检验。计算最下层对最上层的总排序的权向量，利用总排序一致性比率：

$$CR = \frac{a_1 CI_1 + a_2 CI_2 + \cdots + a_m CI_m}{a_1 RI_1 + a_2 RI_2 + \cdots + a_m RI_m} \tag{9.6}$$

进行检验。若 $CR < 0.1$ 通过，则可按照总排序权向量表示的结果进行决策，否则需要重新考虑模型或重新构造那些一致性比率 CR 较大的成对比较矩阵。

3）金川矿区充填钻孔磨损因素的 AHP 分析

金川矿区充填钻孔磨损因素指标体系，利用定量化因果分析方法对充填钻孔磨损因素的指标体系进行评价分析。

（1）构造成对比较矩阵。步骤如下：

① 准则层对目标层的重要性比较矩阵

准则层三个因素（充填料浆、管道因素、其他因素）对目标层的影响程度进行两两比较，得到成对比较矩阵 A：

$$A=\begin{bmatrix} a_{11} & a_{12} & a_{13} \\ a_{21} & a_{22} & a_{23} \\ a_{31} & a_{32} & a_{33} \end{bmatrix}, a_{ij}=\frac{1}{a_{ji}}, \quad a_{ii}=1 \tag{9.7}$$

式中，a_{ij} 为第 i 个因素相对于第 j 个因素对于目标层影响程度的比较结果，比较时取 1～9 尺度（尺度的定义见表 9.16）。

根据专家调查法统计结果可知：$a_{12}=1/2$，表示元素 2（管道因素）比元素 1（充填料浆）稍微重要；$a_{13}=2$，表示元素 1（充填料浆）比元素 3（其他因素）稍微重要；$a_{23}=3$，表示元素 2（管道因素）比元素 3（其他因素）略重要；又有 $a_{11}=a_{22}=a_{33}=1$，$a_{ij}=1/a_{ji}$，因此可以得到准则层对目标层的成对比较矩阵 A 为

$$A=\begin{bmatrix} 1 & \frac{1}{2} & 2 \\ 2 & 1 & 3 \\ \frac{1}{2} & \frac{1}{3} & 1 \end{bmatrix} \text{（子目标对总目标 } A \text{ 的重要性评价判断矩阵）} \tag{9.8}$$

② 方案层与准则层重要性比较矩阵。同理，可以得到各方案层对各准则层的重要性比较矩阵 B_1、B_2 和 B_3。

$$B_1=\begin{bmatrix} 1 & \frac{1}{2} & \frac{1}{2} & 3 & 2 & 2 & \frac{1}{2} & 3 \\ 2 & 1 & 1 & 6 & 4 & 4 & \frac{1}{2} & 6 \\ 2 & 1 & 1 & 6 & 4 & 4 & 1 & 6 \\ \frac{1}{3} & \frac{1}{6} & \frac{1}{6} & 1 & \frac{1}{2} & \frac{1}{2} & \frac{1}{6} & 1 \\ \frac{1}{2} & \frac{1}{4} & \frac{1}{4} & 2 & 1 & 1 & \frac{1}{4} & 2 \\ \frac{1}{2} & \frac{1}{4} & \frac{1}{4} & 2 & 1 & 1 & \frac{1}{4} & 2 \\ 2 & 2 & 1 & 6 & 4 & 4 & 1 & 6 \\ \frac{1}{6} & \frac{1}{6} & \frac{1}{6} & 1 & \frac{1}{2} & \frac{1}{2} & \frac{1}{6} & 1 \end{bmatrix} \text{（充填料浆因素矩阵）} \tag{9.9}$$

$$B_2=\begin{bmatrix} 1 & 3 & 2 & \frac{1}{4} \\ \frac{1}{3} & 1 & \frac{1}{2} & \frac{1}{9} \\ \frac{1}{2} & 2 & 1 & \frac{1}{7} \\ 4 & 9 & 7 & 1 \end{bmatrix} \text{（管道因素矩阵）} \tag{9.10}$$

$$\boldsymbol{B}_3=\begin{bmatrix}1&\dfrac{1}{2}&2\\2&1&4\\\dfrac{1}{2}&\dfrac{1}{4}&1\end{bmatrix}\quad(\text{其他因素矩阵})\tag{9.11}$$

（2）计算单排序、总排序权向量和一致性检验。利用"和法"求 $\boldsymbol{A}$ 的特征向量 $\boldsymbol{W}=\begin{bmatrix}W_1\\\vdots\\W_n\end{bmatrix}$ 和特征根 $\vec{\lambda}_{\max}$。

① 将 $\boldsymbol{A}=(W_{ij})_{n\times n}$ 的元素按列归一化得

$$\boldsymbol{A}(\widetilde{W}_{ij})_{n\times n}=\begin{bmatrix}0.286&0.273&0.333\\0.571&0.545&0.500\\0.143&0.182&0.167\end{bmatrix}\tag{9.12}$$

② 将 $\boldsymbol{A}(\widetilde{W}_{ij})_{n\times n}$ 中元素 $\widetilde{W}_{ij}$ 按行求和得各行元素之和 $\widetilde{W}_i=\sum_{j=1}^{n}\widetilde{W}_{ij}$，得

$$\boldsymbol{A}(\widetilde{W}_i)=\begin{bmatrix}0.892\\1.617\\0.491\end{bmatrix}=\widetilde{W}\tag{9.13}$$

③ 将上述矩阵向量归一化得到特征向量近似值：

$$\boldsymbol{W}=\frac{\widetilde{W}_i}{\sum_{i=1}^{n}W_i}=\frac{1}{3.000}\begin{bmatrix}0.892\\1.617\\0.491\end{bmatrix}=\begin{bmatrix}0.297\\0.539\\0.164\end{bmatrix}\tag{9.14}$$

其中，

$$\sum_{1}^{5}\widetilde{W}_i=(0.892+1.617+0.491)=3.000\tag{9.15}$$

④ 计算与特征向量相对应最大特征根（近似值）得到

$$\lambda_{\max}=\frac{1}{n}\sum_{i=1}^{n}\frac{(AW)_i}{W_i}=\frac{1}{3}\left(\frac{ia_{1j}\times W_i}{W_1}+\frac{\sum_{i=j=1}^{n}a_{2j}W_i}{W_2}+\frac{\sum_{i=j=1}^{n}a_{3j}W_i}{W_3}\right)$$

$$=\frac{1}{3}\left(\frac{(1\ \ 0.5\ \ 2)\begin{bmatrix}0.297\\0.539\\0.164\end{bmatrix}}{0.297}+\frac{(2\ \ 1\ \ 3)\begin{bmatrix}0.297\\0.539\\0.164\end{bmatrix}}{0.539}+\frac{(0.5\ \ 0.3333\ \ 1)\begin{bmatrix}0.297\\0.539\\0.164\end{bmatrix}}{0.164}\right)$$

$$=\frac{1}{3}(3.012+3.015+3.001)=3.009\tag{9.16}$$

故有最大特征根 $\lambda_{\max}=3.009$，$\boldsymbol{W}=\begin{bmatrix}0.297\\0.539\\0.164\end{bmatrix}$。

计算 A 一致性检验指标：

$$CI = \frac{\lambda_{max} - n}{n-1} + \frac{3.009 - 3}{2} = \frac{0.009}{2} = 0.0045$$

$$RI = 0.58$$

$$CR = \frac{0.0045}{0.58} = 0.008 < 0.1$$

故通过检验。

⑤ 根据上述同样的方法，计算出成对比较矩阵 B_1、B_2、B_3 的最大特征根及对应的特征向量，并进行一致性检验，所得的结果见表 9.18。其中，方案层各因素对管道磨损（目标层）所占的权重即为方案层对准则层所占的权重乘以准则层对目标层所占的权重。

表 9.18　各层排序及总排序权向量的计算结果

参数名称	充填料浆 B_1	管道因素 B_2	其他因素 B_3	组合权向量
	0.297	0.539	0.164	
水灰比	0.114	—	—	0.034
灰砂比	0.212	—	—	0.063
料浆质量分数	0.228	—	—	0.068
骨料硬度系数	0.036	—	—	0.011
颗粒不规则系数	0.062	—	—	0.018
颗粒级配	0.062	—	—	0.018
坍落度	0.252	—	—	0.075
出浆口压力	0.036	—	—	0.011
内衬材质	—	0.182	—	0.098
钻孔直径	—	0.061	—	0.033
钻孔深度	—	0.102	—	0.055
偏斜率	—	0.654	—	0.353
充填倍线	—	—	0.286	0.047
施工质量	—	—	0.571	0.094
人员素质	—	—	0.143	0.023
λ_{max}	8.066	4.023	3.0	
CI	0.009	0.0077	1E-6	
RI	1.410	0.9	0.58	
CR	0.007(<0.1)	0.0085(<0.1)	1.76×10^{-6}(<0.1)	

从计算结果可以看出，充填料浆、管道因素和其他因素的 CR 值均远小于 0.1，说明上述结果均通过一致性检验，所建立的模型可靠合理。

（3）充填钻孔磨损影响因素重要度排序。根据 AHP 层次分析可以得出管道磨损各影响因素所占的权重见表 9.19。可见，偏斜率对钻孔磨损的影响最大，其所占的权重达到 35.3%;其次为内衬材质,权重为 9.8%,然后是施工质量,权重为 9.4%。因此,钻孔施工过程中,首先应控制钻孔偏斜率,将偏斜率控制在 0.1%～0.3%。其次要控制好钻孔内衬材料和施工质量,保证钻孔内衬安装达到相应的标准。

表 9.19　管道磨损因素重要程度表

因素	水灰比	灰砂比	质量分数	骨料硬度系数	颗粒不规则系数	颗粒级配	坍落度	出浆口压力
所占权重	0.034	0.063	0.068	0.011	0.018	0.018	0.075	0.011
因素	内衬材质	钻孔直径	钻孔深度	偏斜率	充填倍线	施工质量	人员素质	—
所占权重	0.098	0.033	0.055	0.353	0.047	0.094	0.023	—

9.4.7　充填钻孔内充填管道的磨损机理

1. 钻孔内充填管道的主要磨损形式

1) 龙首矿部分调查钻孔的磨损情况

采用数字全景钻孔摄像与数据分析软件系统,对金川矿区部分破损停用、在用及备用钻孔进行详细探测,获得了有关充填管道的磨损信息。通过对资料分析整理,发现调查钻孔管道都存在局部严重磨损的情况(表 9.20)。从表中还可以看出,不同的钻孔局部严重磨损段所处的深度不一样,如龙首矿西部一级 1、3 号钻孔 WI01、WI03 的严重磨损深度在 24～31m;龙首矿东部二级 6 号钻孔 EII06 的严重磨损深度在 21～22m。一般认为,造成严重磨损深度不同的原因可能是跟钻孔内径、偏斜率和充填倍线等因素有关。虽然调查数据存在一定的误差,但是钻孔局部严重磨损的现象,反映出钻孔的磨损主要是由料浆高速冲刷局部管壁而造成的。因为如果料浆在管道内均匀流动摩擦管壁,则不可能造成管道的局部严重破损。

表 9.20　金川矿山部分钻孔严重破损段所处深度情况

钻孔编号	WI01	WI03	WII05	WIII01	EI01	EII01	EII04	EII06	EII07	EIII02	EIII05
孔深/m	88	88	143	84	279	172	172	172	60	60	60
孔内径/mm	152	152	152	152	159	100	100	100	100	100	100
严重磨损位置/m	24～30	26～31	16～41.7	17～20	60～65	60～61	63～64	21～22	29～33	29	15～17

2) 龙首矿修复试验破损钻孔的磨损形式

2008 年 4～6 月,在龙首矿西部充填站地表钻孔房 3 号钻孔(WI03)进行了破损钻孔修复工业试验,共取出 84.55m 长的 φ180mm×14mm 充填管道,其磨损情况如下。

(1) 孔口部分(0～3.2m)。由于龙首矿充填料浆通过弯管进入 WI03 钻孔,料浆与孔口壁发生反复碰撞(图 9.60),因此孔口部分极易磨损。孔口破损后,龙首矿采用人工开挖方式,将破损孔口部分切除,焊接一段短管后继续使用,直至深部其他部位磨穿后停用。

(2) 3.2～27m 段。充填来浆方向对面一侧充填管道管壁随着深度的增加,磨损越来越严重。在 13m 左右开始出现开口,并且开口的宽度随着深度的增加而越来越大,到

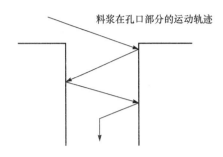

图 9.60 充填料浆在充填钻孔孔口部分的运动轨迹

27m 深的位置开口已经有 14cm 宽(图 9.61 和图 9.62);而另一侧管壁的磨损虽然也随深度的增加而增大,但磨损程度相对较小。17~27m 段管壁厚度由 9.5mm 减小到 3.2mm(原始厚度 14mm)。

图 9.61 管道 13.2~13.84m 深度磨损状况

图 9.62 管道 17.2~20.6m(右)、20.6~23.9m(中)、23.9~27.3m(左)磨损状况

(3) 27~31m 段。该段充填钻孔的磨损最严重,两侧管壁厚度非常小,29~30m 段位置被分离钻头磨成了碎铁片,掉至孔底。

(4) 31m 以下。充填管道两侧管壁的厚度开始变得比较均匀,并逐渐增加,到 40m 深度以后,管道两侧管壁的厚度保持在 12~13mm。

分析取出的管道磨损情况可以发现,该充填钻孔的主要磨损部位是在 31m 以上的位置,其主要磨损形式是充填料浆自由落体运动造成的冲击磨损。

2. 充填钻孔磨损位置确定

1) 料浆在充填钻孔内的流态

自流充填系统中,料浆流动的动力来自料浆在垂直管段产生的静压头。假设某充填系统管道直径不变,垂直高度为 H,水平管长 L,料浆体重 γ_j,摩擦阻力损失 i,则料浆输送存在下面三种情况:

(1) 当 $\gamma_j H < i(H+L)$ 时,料浆的压头不足,难以克服管道沿程阻力损失,系统处于

不能流动或堵管状态；

（2）当 $\gamma_j H = i(H+L)$ 时，料浆的压头正好平衡掉管道沿程阻力损失，系统处于满管流动状态；

（3）当 $\gamma_j H > i(H+L)$ 时，系统中料浆的自然压头过剩，垂直管段上部处于自由下落流动状态。

国内大部分细砂管道胶结充填矿山，料浆在垂直管中的输送形式均为自由下落输送系统。充填料浆进入垂直管道后，在重力作用下自由下落，直至到达空气与砂浆的交界面。在垂直往下的管道中存在两种流动形式，即上部为自由降落段和下部为满流段（图 9.63）。

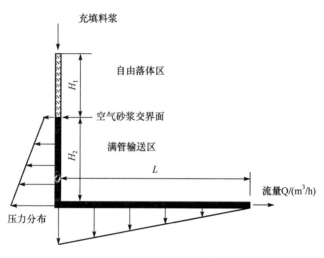

图 9.63　单段自由下落输送系统

（1）自由降落段料浆输送。由分析可知，在自由降落段，料浆主要做自由落体运动。自由下落输送存在以下缺点，在生产实践，尤其是深井充填中应尽量避免。① 在自由下落中，砂浆最终速度很高，达到 50m/s 或者更高。高速流动的砂浆向管壁迁移冲刷会导致管路的高速磨损。如果垂直管段带有偏斜，管路局部的磨损将更加严重；② 料浆在空气与砂浆交界面因碰撞产生巨大的冲击压力，可导致管路破裂。减小冲击力的最好办法是缩短以至消除料浆的自由降落区域，由此降低料浆的最大自由下落速度，避免巨大冲量作用；③ 在垂直管段由于料浆存在自由降落区域，给垂直管和水平管的交界处产生巨大压力；同时，由于此部分料浆的流向发生突然转向，料浆对管壁的法向冲击力非常大，因此加快了管道的局部磨损，导致管壁穿孔现象十分严重。

（2）满流段料浆输送。在满流段输送区，充填料浆以比较均匀的速度运动。满管流动的最大优点是管道局部冲击磨损率降低，从而减轻了管道磨损。满管流动与自由下落流动引起的管道磨损情况对比如图 9.64 和图 9.65 所示。由此可见，满流系统管道的磨损平整均匀，磨损率低（图 9.64）；而自由下落系统管道的磨损严重，往往无规律出现，形成沟槽磨损形状（图 9.65）。这些沟槽破损往往会导致管道裂口式损坏。

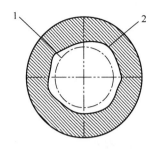

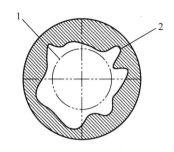

图 9.64　满管流输送条件下管道磨损形式　　　图 9.65　自由下落条件下管道磨损形式

1.管道原始内表面；2.磨损后内表面　　　　　　1.管道原始内表面；2.磨损后内表面

2）充填管道磨损位置的确定

（1）充填钻孔磨损位置的确定方法。充填料浆在上部管道内做自由落体运动，到达空气砂浆交界面时，料浆速度达到最大。所以理论上空气砂浆交界面附近是最容易也是最早破损的位置。因此，可以通过计算空气砂浆交界面高度来推测充填管道最容易磨损的部位。根据能量守恒定律计算空气砂浆交界面的高度。垂直管道中的浆体静压头（势能）主要消耗在浆体输送过程中沿管道摩擦损失所做的功上。在工程计算中，利用下述公式确定满管高度（图 9.63）：

$$\gamma_j H_2 = i_1 H_2 + i_2 L \tag{9.17}$$

或

$$H_2 = \frac{i_2 L}{\gamma_j - i_1} \tag{9.18}$$

式中，γ_j 为充填料浆的体重，t/m^3；H_2 为满管高度，m；i_1 为充填料浆垂直段的水力坡度；i_2 为充填料浆水平段的水力坡度；L 为水平管长度，m。

如果垂直段与水平段管径相同，则 $i_1 = i_2 = i$，即

$$H_2 = \frac{iL}{\gamma_j - i} \tag{9.19}$$

很明显，在充填料浆一定的前提下，H_2 的大小主要取决于以下两个方面的因素：① 水平管的长度 L。L 越大，即系统充填倍线越大，消耗掉料浆的势能也就越大，那么 H_2 就越大；反之 H_2 越小。② 充填料浆的水力坡度 i。增大料浆的水力坡度，也可以达到增加 H_2 的目的。增大 H_2 可以减小自由下落区的高度，有效降低料浆对管壁的冲击。最理想的情况是使空气砂浆交界面高度保持在垂直管的顶部，即实现满管流动，此时料浆的自然静压头正好等于料浆沿管道的摩擦阻力损失。

根据满管高度，可以估算垂直钻孔的磨损位置 H_1 为

$$H_1 = H - H_2 = \frac{H - i_2 L}{\gamma_j - i_1} \tag{9.20}$$

式中，H 为钻孔高度，m。

（2）金川矿区充填钻孔磨损位置的确定。如式（9.20）所示，确定充填钻孔的破损位置，在充填钻孔高度和水平管道长度已知的条件下，需要计算浆体的体重和水力坡度。

① 浆体体重。金川矿区目前生产中成熟的充填工艺是棒磨砂高浓度自流充填工艺。充填骨料为棒磨砂，胶结材料为水泥，灰砂比为 1∶4，充填料浆设计质量分数 78%，该配比浆体体重为 $\gamma_j = 1.98 t/m^3$。

② 水力坡度 i。金川水力坡度计算的经验公式如下：

$$i=i_0\left\{1+108C_v^{3.96}\left[\frac{gD(\gamma_j-1)}{v^2\sqrt{C_x}}\right]^{1.12}\right\} \tag{9.21}$$

式中，i_0 为清水水力坡度。

按下式计算 i_0：

$$i_0=\lambda\frac{v^2}{2gD} \tag{9.22}$$

式中，v 为浆体流速，m/s。

按下式计算 v：

$$v=\frac{Q}{3600\pi D^2} \tag{9.23}$$

式中，Q 为浆体流量，m^3/h；C_v 为浆体体积分数，灰砂比 1∶4，质量分数 78% 的浆体体积分数为 56.6%；D 为管道内径，m；λ 为清水摩擦阻力系数。

按下式计算 λ：

$$\lambda=\frac{K_1K_2}{\left(2\lg\dfrac{D}{0.00024}+1.74\right)^2} \tag{9.24}$$

式中，K_1 为管道敷设系数，取 1.1；K_2 为管道连接质量系数，取 1.1；C_x 为沉降阻力系数。

按下式计算 C_x：

$$C_x=\frac{1308(\gamma_j-1)d_{\text{cp}}}{\omega^2} \tag{9.25}$$

式中，d_{cp} 为充填料平均粒径，cm。因为棒磨砂和水泥平均粒径分别为 0.98mm 和 13.8μm，1∶4 配比充填混合料的平均粒径为 $(0.0138\times1+0.98\times4)/5=0.79$mm，即 0.079cm。

ω 为颗粒平均沉降速度，cm/s，为计算 ω 值，引入参数 A

$$A=\sqrt[3]{\frac{0.0001}{\gamma_j-1}}=0.047$$

因为，

$$A=0.047<d_{\text{cp}}=0.079<4.5A=0.21$$

所以，

$$\omega=102.71d_{\text{cp}}(\gamma_j-1)^{0.7}=8\text{cm/s}$$

按式(9.20)计算的龙首矿西部钻孔房 1 级钻孔 WI03 最严重磨损位置高度为 30.79m（表 9.21），计算结果与实际情况(27~31m)相符，证明钻孔破损高度可按该式计算。

表 9.21　龙首矿西部充填站 3 号钻孔(WI03)充填管道最严重磨损位置高度计算结果

序号	参数名称	单位	数值	备注
1	钻孔高度	m	84.55	实际高度
2	水平管道长度	m	425	至 2 级钻孔
3	垂直段水力坡度	—	0.1087	内径 152mm，流量 100 m^3/h
4	水平段水力坡度	—	0.2367	内径 100mm，流量 100 m^3/h
5	最严重磨损位置	m	30.79	—

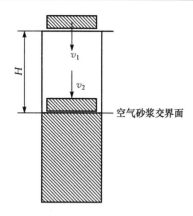

图 9.66　垂直充填管道
冲击磨损物理模型

3. 充填钻孔磨损机理

如上所述,冲击磨损是充填钻孔内充填管道的主要磨损形式。建立如图 9.66 所示的物理模型,从动量与能量的角度分析充填料浆对空气与砂浆交界面以上管道的冲击,进而研究磨损机理。

假设充填料浆的初始速度为 v_1(通过料浆流量和管道断面积计算),到达空气砂浆交界面的速度为 v_2,管口到交界面的高度为 H。

1) 充填料浆的动量分析

(1) 充填料浆的速度变化。充填料浆在自由下落段的运动形式可以看作是一初速度为 v_1,加速度为 g,运动位移为 H 的匀加速直线运动。根据匀加速运动,有

$$H = v_1 t + \frac{1}{2} g t^2 \tag{9.26}$$

$$v_2 = v_1 + gt \tag{9.27}$$

式中,t 为料浆从管口运动到空气砂浆交界面所需的时间,s。

整理式(9.26)与式(9.27)可得:

$$v_2 = \sqrt{v_1^2 + 2gH} \tag{9.28}$$

$$H = \frac{1}{2g}(v_2^2 - v_1^2) \tag{9.29}$$

实际计算中,因为充填料浆的运动不可能完全符合理论上的匀加速运动形式,所以在式(9.28)中还要加通常小于 1 的速度修正系数 c。该系数依据管道的直径和粗糙度等因素决定,采用实验的方法来确定(一般取 0.7~0.8)。修正后计算式为

$$v_2 = c \sqrt{v_1^2 + 2gH} \tag{9.30}$$

从式(9.30)可以看出,充填料浆到空气砂浆交界面的速度 v_2 随自由下落带高度 H 的增大而增大,与 H 在几何图形上成一抛物线的关系(图 9.67)。如果 $v_1 = 0$,料浆在自由下落段的运动形式就为自由落体运动,分析时只要将上面公式中的 v_1 用零替代即可。

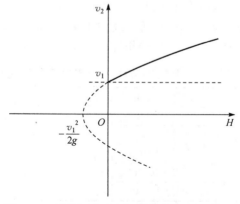

图 9.67　料浆终端速度与下落高度之间的关系

根据龙首矿西部充填站 3 号钻孔中取出的 $\phi180mm \times 14mm$ 充填管道的相关情况，采用式(9.30)计算充填料浆到达空气砂浆交界面的终端速度 v_2。

已知龙首矿西部充填站的料浆流量 Q 为 $100 \sim 120m^3/h$，充填管道的内径为 $\phi152mm$，故料浆初始速度 v_1 为 $1.53 \sim 1.84m/s$。又知充填管道在 30.79m 磨损最严重。取修正系数 $c=0.8$，重力加速度 $g=10m/s^2$，根据式(9.30)计算出充填料浆到达空气交界面的终端速度约为 19.9m/s，接近初始速度的 13 倍。料浆以如此高速度对空气交界面附近产生的冲击磨损非常严重。

(2) 充填料浆的动量变化。充填料浆的动量会随着速度的变化而变化，速度越高，动量越大。当料浆下落到空气砂浆交界面时，速度达到最大，此时动量也达到最大值。由于料浆在空气交界面发生碰撞，动量在短时间内($\Delta t = 0.01 \sim 0.1s$)减小到几乎接近为零。动量的急剧减小，会产生巨大的冲击力，加速管道的局部磨损，甚至导致管道的破裂。

若充填料浆密度为 ρ，料浆到达空气砂浆交界面的终端速度为 v_2，则冲击时间 Δt 内，撞击到交界面的料浆总质量 Δm 为

$$\Delta m = \rho v_2 \Delta t S \tag{9.31}$$

式中，S 为充填管道的横截面积，m^2。

因为动量 $P = \Delta m v_2$，而冲击力的物理表述为单位时间内动量的变化量，即 $F = P/\Delta t$，故充填料浆对交界面的冲击力的计算公式为

$$F = \frac{\Delta m v_2}{\Delta t} \tag{9.32}$$

将式(9.31)代入式(9.32)，整理可得料浆的冲击力：

$$F = a\rho v_2^2 S \tag{9.33}$$

式中，a 为试验修正系数。

从式(9.33)看出，料浆对交界面的冲击力 F 与速度 v 的二次方成正比。可见充填料浆的速度对冲击力的影响，这也说明自由下落高度越大，料浆对管壁的冲击磨损也就越严重。

2) 充填料浆的能量分析

(1) 管壁单位面积的耗能量。充填料浆从管口运动到空气砂浆交界面消耗的总能量为进入管口的初始动能加上重力所做的功。假设时间 Δt 内进入管道的料浆的质量为 Δm，则这部分料浆从管口运动到空气砂浆交界面这一过程消耗的能量 E 为

$$E = \frac{1}{2}\Delta m v^2 + \Delta m g H \tag{9.34}$$

式中，v 为料浆流速，m/s；其他符号同前。

因为 $\Delta m = \rho v_2 \Delta t S = \rho Q \Delta t$，式(9.34)可表示为

$$E = \frac{1}{2}\rho Q v^2 \Delta t + \rho Q g H \Delta t \tag{9.35}$$

式中，Q 为料浆流量，m^3/s。

料浆的这部分能量主要消耗在对管壁的做功上，也就是说料浆在对管壁的磨损过程中消耗这部分能量。因此，管壁单位面积的耗能量 E_w 反应料浆对管壁磨损的大小程度，即单位面积管壁的耗能量越大，料浆对管壁的磨损越严重。E_w 按下式计算：

$$E_w = \frac{0.5\rho Q v^2 \Delta t + \rho Q g H \Delta t}{\sigma S_w} \tag{9.36}$$

式中,σ 为不同条件下有效接触面积的修正参数($0 < \sigma \leqslant 1$),料浆满管流输送时,$\sigma = 1$;料浆自由下落输送时,σ 受管道的内径,偏斜率等因素的影响;S_w 为料浆与管壁的有效磨损接触面积。

对于单位质量的料浆,对管壁的有效磨损接触面积越小,则消耗在单位面积上的能量就越多,对管壁的磨损也就越严重;若对管壁的有效接触面积越大,则情况正好相反,这能很好地说明管道在自由下落段的磨损要比满管流段严重的原因。假如单位质量的料浆作满管流运动,其有效磨损接触面积就是整段管道的管壁面积;而料浆在自由下落段作自由落体运动时接触到的只是管道的部分管壁,所以料浆自由下落运动时,有效磨损接触面积要远远小于满管流时接触面积,以至局部管壁上的单位面积耗能量远远大于满管流时的管壁单位面积耗能量,故自由下落段的局部管壁磨损速度也就要比满管流时管壁磨损速度大得多。

自由下落段的料浆有效磨损接触面积也能很好地解释偏斜率对管道磨损的影响。管道偏斜率越高,料浆在自由下落段与管壁的有效磨损接触面积就越小,从而管壁单位面积的耗能量越大,局部磨损越严重。

由于 $S_w = \pi D H$(D 为管道内径),式(9.36)又可改写为

$$E_w = \frac{0.5\rho Q v^2 \Delta t + \rho Q g H \Delta t}{\pi D H \sigma} \tag{9.37}$$

从上式看出,充填管道的内径 D 越大,管壁单位面积的耗能量就越小,从而管壁磨损速度也就变小。另外,充填料浆的密度 ρ,料浆流量 Q 及料浆流速 v 越大,管壁单位面积的耗能量就越大,管道磨损也就越严重。

(2)试验钻孔磨损机理能量分析。从能量的观点分析龙首矿西部充填站 3 号钻孔的磨损情况。已知钻孔内充填管道内径为 152mm,在 13m 左右开始出现开口,到 27m 深处开口已经有 14cm 宽,29~30m 位置磨损最严重。取出的上部 30m 充填管道侧面展开如图 9.68 所示。图中 L 是充填管道内横截面圆的周长,A 是空气砂浆交界面上管道开口(内截面圆上成一条弦)对应的圆弧长(图中右边圆的虚线部分),以 A 为底、h_2 为高的三角形可以看作是被磨损开口的管壁,三角形下面阴影部分是 29~30m 段磨损最严重的部位。

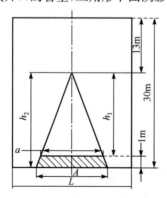
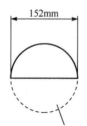

空气砂浆交界面管道横截面:30m 深处,磨损开口宽度已达 15cm 左右,几乎只剩半边管道

图 9.68　龙首矿 WI03 钻孔自由下落段管道的侧面展开理想效果图

设料浆运动到交界面消耗的总能量为 E。根据磨损情况,大部分能量(50%以上)消耗在破损最严重的 29～30m 开口处管壁上(图中阴影部分),仅有极小部分(假定 5%)消耗在浅部(13m 以上),其余部分(假定 45%以下)消耗在磨损较严重的 13～29m 开口处管壁上(图中表示为以 a 为底、h_1 为高的三角形)。考虑到深部料浆储存的势能最大,因此总能量的分布比例虽然是假定值,仍然可以作为定性分析的依据。

根据取出管道的破损情况,可以假设 30m 深处管道只剩半边,A 是管道内截面圆周长的 1/2,则以 A 为底、h_2 为高的三角形面积 S 为

$$S = \frac{1}{2}Ah_2 = \frac{1}{2}\pi Dh_2 \qquad (9.38)$$

已知 $h_2 = 17m$,$D = 152mm$,代入上式可以计算出 $S_0 = 2.028m^2$。

同理,计算出以 $a = 16/17 \times A = 0.2246m$ 为底,$h_1 = 16m$ 为高的三角形的面积 $S_1 = 1.7968m^2$。阴影部分的面积 $S_2 = S_0 - S_1 = 0.2312m^2$。根据以上数据,分别计算出 13～29m 开口处管壁的单位面积耗能量 E_{w1} 与严重破损及 29～30m 开口处管壁的单位面积耗能量 E_{w2}:

$$E_{w1} = \frac{0.45E}{2.028} = 0.22E \qquad (9.39)$$

$$E_{w2} = \frac{0.5E}{0.2312} = 2.16E \qquad (9.40)$$

如果料浆在自由下落段作的是满管流运动,则料浆与管壁的有效接触面积为整段管道的侧面展开面积,即 $S_3 = 14.318\ m^2$,此时管壁单位面积上的能耗量为

$$E_{w3} = \frac{E}{14.318} = 0.0698E \qquad (9.41)$$

$E_{w1}/E_{w3} = 3.16$,$E_{w2}/E_{w3} = 30.95$,即 13～29m 开口处管壁的单位面积耗能量是满管流动时的 3.16 倍,严重破损 29～30m 开口处管壁单位面积耗能量甚至达到了满管流动时的 30.95 倍。

能量分析很好地解释了自由下落段充填管道一侧有开口,局部严重破损的磨损情况。同时也说明自由下落段要比满管流段磨损严重的内在原因。

9.4.8　满管输送降低管道磨损措施

国内外采用胶结充填的矿山,除混凝土充填外,均采用管道输送方式。料浆在输送过程中都不同程度的出现管道磨损甚至破损情况。因此降低管道磨损措施是采矿界共同关注的研究课题。在生产实践中,各个矿山根据自己的实际经验,总结出了不少降低管道磨损的具体措施,起到良好效果,保证矿山正常生产。依据上述影响管道磨损因素的分析以及管道磨损的机理研究,通过采取如下技术和工程措施,达到有效降低管道磨损的目的。

充填钻孔磨损机理研究结果表明,降低充填管道磨损,延长充填管道使用寿命的最有效办法,是最大程度地缩短以至消除充填料浆的自由降落区高度,使料浆尽可能在管道内进行满管流输送。一般来说,深井矿山的有效静压头远远大于摩擦损失,因此欲获得满管

流动系统可以考虑从增大料浆沿程阻力损失、采用变径管输送、系统中添加耗能装置等多种技术途径来实现。

1. 变径管输送

1）变径管输送的满管流原理

为了耗散垂直管道产生的剩余静压头,采取变径管输送系统。其目的是将垂直或水平管道的直径减小,以增大料浆通过此部分的摩擦阻力。如果将水平管道的直径减小,就可获得高压满流输送系统;如果将垂直管道的直径减小,就可获得低压满流输送系统。变径管输送满管流原理如下:对于水平管段,不同管径随流速的压头损失如图 9.69 中的系统曲线。对一定的流速 v 而言,小直径管或长管道会形成较陡的系统曲线,因此要求垂直管道提供较高的静压头,从而形成较高的压力;大直径管或短管道会形成较缓的系统曲线,因此垂直管段提供较低的静压头足以克服阻力,故形成较低的压力。

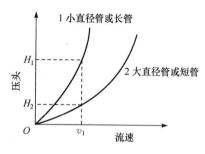

图 9.69　不同直径水平管道系统曲线

垂直管段提供的静压头相当于离心泵的作用,其作用曲线如图 9.70 所示。随着垂直管段流速的逐步提高,消耗于垂直管道的压头也在逐渐增大,导致分配到水平管道的压头逐步减小;如果流速升高到"极限流速"(如图 9.70 中的 v_1、v_2),垂直管道产生的静压头全部被水平管道的摩擦阻力所消耗。垂直管道直径越小,则到达极限流速的流速越低;反之则越大。将垂直管道的"泵"曲线和水平管道的"系统"曲线结合起来,就形成了一个组合系统(图 9.71)。

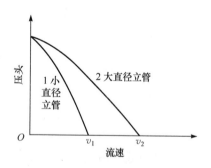

图 9.70　不同直径垂直管道的泵曲线

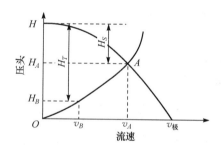

图 9.71　垂直、水平管道组成的管网曲线

图 9.71 中两条曲线的交点 A 代表系统处于平衡的点,此时可采用的压头(即垂直立管中的料浆产生的静压头)全部消耗于垂直立管和水平管,即可采用的静压头等于消耗于井筒立管或钻孔的压头与消耗于水平管段的压头(系统的最高压力是在井筒立管段与水平管段的连接点上,即最高压力＝$\rho g H_A$)之和。此时系统处于流速为 v_A 的满流状态,即以最高的流速流动。当流速低于 v_A,即在平衡点 A 的左边时,系统处于非平衡状态,为自由下落输送系统;而当流速为 v_B 时,存在以下物理状态:

（1）水平管段内的摩擦会引起充填料浆的空气与砂浆界面回行到 H_B 的高度；

（2）最高压力为 H_T；

（3）因为存在自由下落状态时，充填料浆的流动不再是连续的，一般的摩擦流动关系就不成立。可采用压头的其余部分消耗于垂直管道自由落体部分的湍流方面，导致磨损形式不规则，磨损速率很高；

（4）如改变垂直管或水平管直径，则起离心泵作用的"泵"曲线和系统曲线的斜度都会发生变化（图9.72）。由此可见，两种不同的管道系统（小直径垂直管道1和大直径水平管道4、大直径垂直管道3和小直径水平管道2），在满流状态下的流速 Q_1 相同。但在由小直径垂直管道和大直径水平管道组成的系统中，大部分可利用的静压头都消耗在垂直管道的摩擦阻力损失方面（在平衡点 A），消耗在水平管道方面的压头很小（H_A），因而水平管道方面的系统压力低，流速适当；而在由大直径垂直管道和小直径水平管道组成的系统中，料浆的静压头几乎没有消耗在垂直管道上面（在平衡点 B），消耗在水平管段的压头很高（H_B），因而导致在水平管段的系统压力和流速都很高。

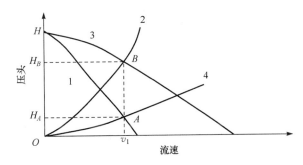

图9.72 不同管径垂直、水平管道组成的管网曲线

1. 井筒小直径立管；2. 小直径水平管；3. 大直径立管；4. 大直径水平管

2）变径满管流输送方案

变径管满管流输送的系统如图9.73所示。在地表垂直管道（或钻孔）附近设置一个地表储料槽，主要目的是向垂直管道供应过量的充填料。因而确保垂直管道中的满管流条件，使输送的流速可抵消管内摩擦损失。同时可以防止由于垂直管道的静压头不足而产生堵管现象。如果地表的充填料分配装置的设计抑制了充填料的供应，则会形成自由下落系统。

从地表储料槽到主垂直管道之间安装大直径输送管，内径一般为主垂直管道内径的两倍。大直径管道直接与储料槽相接，无需歧管或锥形漏斗。该大直径管用大半径弯管（70°变径接头）与井筒中主垂直立管连接。大直径管要铺设到井筒或钻孔内，其长度至少为一节立管的长度。

上述系统可以最大限度的利用储料槽内充填料浆的可用压头，使储料槽与井筒间管段的摩擦损失减到最小，确保在立管或钻孔中形成充填料浆的正压，即要向垂直管道（或钻孔）供应过量的充填料浆。所有安装的充填料浆供应装置的储料槽位置都应当尽可能升高，并应靠近井筒立管或钻孔，以便优化给料条件。在理论上，地表管道应该从储料槽向井筒立管或钻孔方向倾斜。对于节流管道的长度选取及具体安放，矿山应根据充填系统倍线、垂高、充填料浆配比及其摩擦阻力损失等具体情况,作出合理的布置和设计。

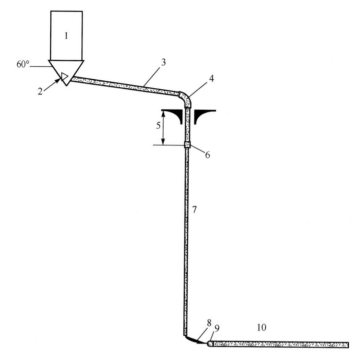

图 9.73 变径管满管流输送系统示意图

1.7m 直径的地表储料槽;2.压气搅拌;3.内径 2D 的管道;4.弯管;5.一根管段长为 2D 立管;
6.70°渐缩管;7.内径 1D 的垂直管道;8.大半径弯管;9.鹅颈管;10.内径 2D 的水平管

2. 添加耗能装置

采用非连续性耗能装置也是使料浆达到满管流动的有效措施,其原理是增大管道中的局部阻力损失,消耗垂直管道中过高的静压头,从而增大空气砂浆交界面高度。

1) 阻尼节流孔装置

阻尼孔装置是一种对浆体流动产生的约束装置,用于形成不连续管柱或用于消耗单位管长的全部过剩能量。其中采用的型号有厚板阻尼孔、薄板阻尼孔、喷嘴、文式管喷嘴和文式管等。浆体通过阻尼孔装置后压力明显降低(图 9.74)。

在恒定的流速下,对于某一给定流速的限制,其压差是由压力计根据各测压孔的位置而限定的。如果管道内径为 D,则通过测压孔 $2.5D$(上流点)和 $8D$(下流点)的压力差的测量,显示恒定的或系统的压力损失。测压孔 $1D$(上流点)和 $1.5D$(下流点)之间的压力差,显示了充填料浆通过阻尼孔的压力损失。当将阻尼孔用于消耗能量时,考虑系统的永久压力损失是非常必要的。

阻尼孔有两种布置方案(图 9.75),第一种方案为在达到最大自由落体速度的距离内放置阻尼孔。采用这种方法可以限制最大自由落体速度,但不完全消除自由落体。假如阻尼孔沿管路布置不合理,将会出现更多的问题。如果能使用第二种方案,即阻尼孔装置间隔布置,料浆的流动形式是较为理想,但阻尼孔的尺寸必须合理选择,确保每一部分(一般指阻尼孔之间距离的管道长度)总的永久阻力损失等于该部分可形成的自然压头。阻尼孔装置应设在垂直管路中足以保证浆体顺利通过水平管路的垂直浆体柱的上方。

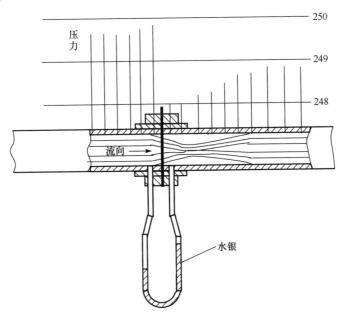

图 9.74　料浆穿过阻尼孔前后的压力变化

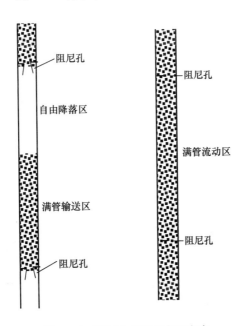

图 9.75　阻尼孔的两种布置方案

为了保证阻尼孔布置合理,必须进行精心测试。阻尼孔能否成功采用受到两个条件的限制。一个是制造阻尼孔(管)的材料本身的耐磨性;另一个是当阻尼孔受磨损,孔口越来越大时,系统所能承受的流量变化的适应性。

采用阻尼孔减压和采用变径管一样,要对浆体的流量和密度进行计算和设计,达到满管流动状态。在很宽的流量范围内不可能达到满管流动条件,特别是当料浆的流速低于设计流速时难以形成满管流。因此,为了增大系统压力,应该尽量少设阻尼孔。

2)滚动球阀门和比例流动控制阀装置

滚动球阀门(RBV)内含有一组直径大约为 20mm 的陶瓷球,这些球均被装入缸体中。然后在坑内充填管线的不同位置安装这些阀门。这种装置将使浆体产生高压力降,从而形成充填料浆的满管流动状态(图 9.76)。压力降的大小随该装置长度的变化而变化,即增大料浆的局部阻力损失,必须通过增加陶瓷球的数目来实现。

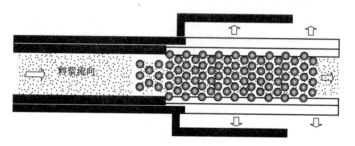

图 9.76　滚动球阀门结构示意图

该阀门在南非的全尾砂充填料浆中获得成功应用,但如果在分级尾砂料浆系统中采用,容易发生堵管事故。因此,为了确定滚动球阀门在充填系统中的适用性,必须针对不同的料浆进行大量的试验研究。

对于要求达到满管流动状态的充填系统,采用流量协调控制阀,也可调节或消除浆体特性变化带来的影响,控制阀结构如图 9.77 所示。流量比例控制阀主体部件是带加强筋的柔性管道。该管道被安装在充满油且带压力的箱体内,整个箱体连接在充填料输送系统上。管道形状随筒式滚柱位置的不同而变化,筒式滚柱的运行路线由导向槽限定。橡胶管衬于箱体内壁,由于柔性管道具有高压下任意变形的特征,因此可通过施压于内部系统达到充填系统的压力来补偿调整。据预测,该阀门可使流动速度得到有效控制,且速度调节变化范围幅度大,同时也可使流速保持最低。

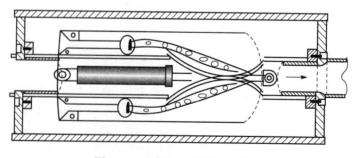

图 9.77　比例流动控制阀示意图

3）孔状节流管装置

带孔节流管的基本原理类似阻尼孔,其结构如图9.78所示。节流管两头厚度逐渐减小,即内径逐渐增大,到管头位置节流管内径基本与外径相同。使用方法是,将孔状节流管套入充填管道内,依据其消耗的能量,调整互相之间的间距,使充填料浆的流动达到满管流动状态。孔状节流管在一定程度上克服了普通节流管和阻尼孔等耗能装置当料浆通过之后在下方形成自由落体区域的不足,同时增大了管壁的粗糙度,因此消耗的能量更多。其优点是使用方便、灵活;缺点是节流管本身的磨损大,使用寿命短。

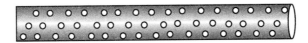

图 9.78　孔状节流管结构示意图

9.5　炉渣空心砖充填挡墙及充填滤水技术

9.5.1　炉渣空心砖充填挡墙应用

充填挡墙的安全可靠对采场作业人员及设备的安全极其重要。在下向胶结充填初期,采用木材封口,内衬编织袋的封口方式作充填挡墙。采场封口用200mm×200mm方木作横撑,间距为400mm;100mm×100mm方木作竖撑,间距为400mm,厚度为5cm木板堵漏,250mm×250mm方木作斜撑(图9.79)。这种结构存在以下4个问题。

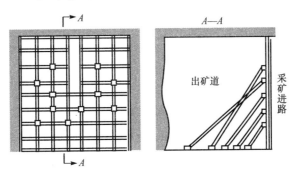

图 9.79　木材充填板墙

（1）成本高,效率低。每个20m² 截面充填进路需2.5m³ 以上木材。

（2）安全可靠性差。由于两帮接触面小,在砂浆压力下,木板易变形开裂,造成跑浆漏浆,甚至发生倒墙事故。

（3）影响采矿效率。由于斜撑占据出矿分层道,无轨设备不能顺利通过,妨碍其他进路的回采,大大降低回采速度,影响出矿效率。

（4）采场污染严重。砂浆渗漏及木板拆除堆放影响采场作业环境。

为了解决以上问题,1991年金川二矿区采用炉渣空心砖替代木材作挡墙封口研究获得成功。采用砖砌墙工艺简单、易操作,不仅解决木材封口存在的诸多问题,而且为工业废料的开发利用开辟了新的途径,有利于保护生态资源,减轻环境污染。现采用的炉渣砖规格为 390mm×190mm×190mm(图 9.80),容重 780kg/m³,抗压强度为 2.5MPa,吸水率为 12%。

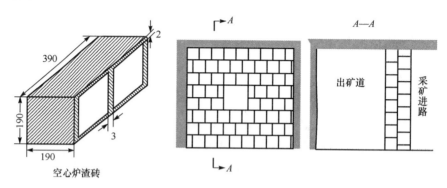

图 9.80　炉渣空心砖充填挡墙

实践证明,炉渣空心砖墙体坚固可靠,不需斜撑及拆除,不易跑漏料浆,且成本较木板挡墙低 80% 以上(包括其替代充填料浆费用),封口工效提高 1/3。炉渣空心挡墙的利用,为合理布置采矿顺序均衡采矿,提高机械化采矿效率提供了有力保证。

在固定式充填挡墙中,炉渣空心砖挡墙已在机械化下向分层胶结充填中得到普遍应用。充填挡墙的砌筑位置应尽量处于进路开口处,并在超过 40m 的充填进路中间砌一道 2.5m 高的充填挡墙。砌墙时先将墙基清净,再用高标号混凝土砂浆砌筑 600mm 宽的基础;然后再用砂浆将砖块上下层交错砌筑。墙体两端和两帮之间必须保证密实坚固,墙体厚度 600mm。并在挡墙上部预留一个规格为 600mm×800mm 的观察口;然后再喷射 50mm 的砂浆料,一天后即可进行充填。同时在设计中明确,长度超过 50m 的进路,要求在进路中间适当位置砌筑半板墙,保证充填质量。

9.5.2　充填滤水技术的应用

自从二矿区投产以来,一直采用细砂自流充填工艺。由于细砂自流充填工艺固有的局限性,尤其砂浆中的水不能及时排放出等原因,充填砂浆存在分层离析,影响充填体早期强度的形成和充填体的整体质量。自 1999 年以来,随着金川矿山充填材料种类的变化、二期尾砂充填系统投产后运行的不稳定,加重了矿山井下充填砂浆的分层和离析,造成充填体一次打底充填、二次补口充填和接顶充填之间存在明显分界线。特别是由于充填砂浆中的水不能及时排放,造成打底充填与二次补口充填之间有一层 300~800mm 厚的强度极低泥浆层。泥浆层的存在,严重影响充填体的整体强度和完整性,给矿山安全生产带来较大的安全隐患。

自流充填料浆是靠重力和水输送的,它比建筑混凝土的水灰比高得多,在采场必然有多余的水析出。经标定,金川矿山高浓度充填料浆析出水量为 10% 左右。高水灰比充填料浆具有较高的充填体强度关键在于采场的滤水排水措施,避免料浆的分层离析,保证料浆的快速沉积固结。因而,各国采用自流充填矿山均重视对充填料浆的滤水脱水方式的研究和利用。高浓度自流充填是一种较先进的充填工艺技术,按技术标准制备的料浆具有不离析和不易沉淀特性。若事故停车或滤水排水措施不落实,必然降低高浓度料浆充填效果。

由于充填砂浆中多余的水是造成充填砂浆分层离析和形成泥浆层的根本原因,只有及时排放充填砂浆中的多余水分,才能降低砂浆的分层离析,消除充填体中泥浆层,从而提高充填体的早期强度、整体强度和完整性。2003 年金川镍矿开始对充填砂浆滤水排放技术的专题研究。主要研究内容包括以下几个方面:

(1) 造成充填砂浆泥浆层原因的调查与分析;

(2) 砂浆滤水材料的室内试验研究;

(3) 砂浆滤水与脱水工艺的工业试验研究;

(4) 编制矿山砂浆滤水脱水技术规范。

在现场进行了 20 多条充填进路的充填体质量调查,发现充填砂浆的分层离析普遍存在,打底充填和二次补口充填之间均存在一层 300～800mm 厚的强度很低的泥浆层。其充填砂浆的流动坡度达到 7°～11°。

在调查研究的基础上,对充填工艺过程进行分析。在充填作业过程中,充填砂浆的质量分数 77%～79%,充填能力 110～120m³/h,一次充填量 500～800m³,一条进路需要 2～4 次充填才能完成,一条进路累计充填量 1000～2000m³。打底充填时,先充填板墙处,板墙处的充填高度达到 2m 左右时,停止充填、清洗管路、倒管路,再从进路的里端往外进行二次打底充填。充填砂浆中的水是在打底充填作业完成后,间隔 12～24h 等水泥固化反应完成后,在板墙上方打洞流出,然后用泵抽走。在这个过程中,当充填板墙处的细泥与水流动到进路的里端,这层细泥在水的浸泡下与水泥浆发生的固化反应很弱,无法形成强度。当倒换充填管从进路的里端往外二次打底充填时,这一层没有固化而不具有强度的泥浆又被冲刷到进路的外端,加上二次打底充填自身的泥浆和水,从而造成泥浆层的形成,并加重了砂浆的分层和离析(图 9.81)。

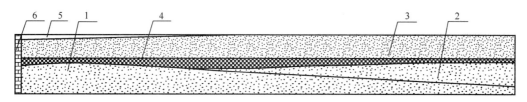

图 9.81 二矿区充填工艺及充填体结构示意图
1.第一次打底充填形成的充填体;2.第二次打底充填形成的充填体;3.接顶充填形成的充填体;
4.充填体中形成的泥浆层;5.充填不接顶层;6.充填挡墙

根据调查分析的结果,结合混凝土学的有关原理,初步确定充填砂浆中多余的水是造成砂浆分层离析和形成泥浆层的根本原因。解决充填砂浆分层离析和泥浆层问题,需首先解决砂浆中多余水分的及时排放问题。

在调查研究的基础上,提出了采用 PSD100 砂浆滤水管滤水脱水方案。该方案既能够保证充填砂浆中的水分过滤排出,又能够保证充填砂浆中的水泥浆不流失,现场试验效果很好。为此,分别在二矿区一工区、三工区、四工区和七工区的 3# 盘区、4# 盘区、5# 盘区和 6# 盘区进行了不同技术方案的砂浆滤水试验。

对实施滤水试验的进路段揭露的充填体,进行分层离析情况和泥浆层情况的现场调查。从现场观察的情况看,没有发现充填体中的分层;充填体密实性相对于没有滤水的进路有很大提高。靠近板墙部分的充填体颗粒粒度比进路里端的细,但充填体强度仍较高;打底充填与接顶充填之间没有任何泥浆层,也没有明显的分界线,仅仅在靠近板墙处局部有 4mm 左右的分界线。图 9.82 是二矿区三工区 4# 盘区 41# 进路充填体实际调查结果。

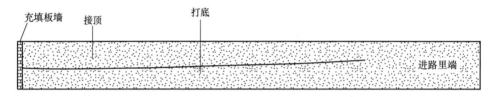

图 9.82　三工区Ⅳ盘区 41# 进路充填体结构示意图

9.6　关键充填工艺的技术革新

通过充填技术攻关使得多项新工艺、新技术和新方法在充填生产中得到应用,从而提升了金川充填采矿工艺技术水平,充填系统得到进一步优化。

9.6.1　压风清洗充填管路新技术

利用压缩空气检查和清洗充填管路,是自流输送充填工艺技术的一项革新。该技术的主要作用如下:

(1) 每次充填前采用压风检查管路是否倒顺畅通;

(2) 每次充填结束后采用少量的水和高压风清洗充填管路;

(3) 在充填堵管事故发生时采用压风处理充填管路。

与大量采用清水清洗充填管路相比,压风清洗管路技术的应用杜绝了采用清水检查充填管路的弊端,减少清洗充填管路用水量 60% 以上。不仅节约用水,还保证采场料浆的最终浓度,提高了充填体质量,减少料浆的脱水量及由此造成的采场泥水污染环境的问题。

1990 年二矿区成功研制出用于检查清洗充填管路的风力喷射器。自 1991 年对压风清洗充填管路的试验取得成功后一直采用该技术进行充填采矿生产,为完善自流充填工艺发挥了积极作用。但随着采场充填量的逐年加大,采场距离延伸,按中段安装的压风清洗充填管路的喷射器的作用明显不足,无法达到干净彻底清洗充填管路的目的,这些无疑给充填生产带来不必要的麻烦和操作要求。如果堵管次数增加,充填结束时使用水冲洗时间必然延长,由此给井下生产工区带来排水困难和一定的安全隐患。

针对上述问题,充填工区研究采取改进措施,即从地表引入一高压风管接至充填管路上,风管上安装控制阀采用手动或电动方法,在充填结束规定的下水时间后,开启风阀清洗充填管路,从而实现利用风带动水冲洗充填管路。于 1999 年采用地表压风三通进行试验获得成功,使得压风清洗管路技术获得发展与完善。

在地表充填水平管低于搅拌桶 4m 的情况下,在正常充填时因负压作用,存在进风管产生返浆堵塞的现象。如图 9.83 所示的清洗、检查充填管道的压风装置,由地表充填管道上的压风三通和井下充填管道上串接的压风喷射器组成。采用喷射器风力清洗装置,不仅系统维护简单、费用低、风量大、效率高,而且操作更方便。

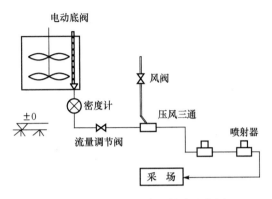

图 9.83　典型风力清洗管路示意图

9.6.2　耐磨管及充填钻孔改进试验

目前使用的耐磨管主要有 $\phi133$mm 钼铬双金属耐磨管和 $\phi133$mm 刚玉耐磨管(陶瓷)两种,出自于 4 个生产厂家。一是西安生产的钼铬双金属耐磨管;二是扬州生产的刚玉耐磨管;三是河南巩义生产的金属陶瓷耐磨管;四是张家界生产的陶瓷耐磨管。从近年来的使用情况看,弯管及钻孔底部承受冲击较大部位采用钼铬双金属耐磨管效果最佳,因此井下所采用的弯管均采用此管。各种耐磨管的性能和效益见表 9.22。

表 9.22　各种管的性能效益

名称	管壁厚/mm	耐磨层/mm	单位质量/(kg/m)	单价/(元/t)	平巷使用寿命/万 m³
钼铬双金属耐磨管	14.0	9.0	43	12500	≥120
刚玉耐磨管	11.5	6.5	37	12500	≥100
普通无缝钢管	5.0	0.0	13	6700	20

二矿区一期和二期工程设计的充填钻孔一般都存在管径小($\phi152 \sim 219$mm)、管壁薄($\delta = 15 \sim 20$mm)、充填寿命短(5 万~25 万 m³)等问题,对充填生产造成严重影响。近几年施工的充填钻孔中,对技术参数进行了重大改进。通过合理地选择钻孔最佳施工位置、钻孔采用分段设计、选用大直径耐磨套管以及增加钻孔施工的垂直度等技术措施,大大提高了充填钻孔的使用寿命。单孔充填量从原来的 25 万 m³ 提高到 100 万 m³ 以上。在 A1 组钻孔的设计中采用新工艺施工,钻孔套管选用 KTB-Cr28 型合金材料,单孔充填量已经超过一期钻孔充填量的 5 倍,目前仍处于良好使用状态(表 9.23)。

表 9.23　充填钻孔使用情况

钻孔名称	钻孔外径/mm	壁厚/mm	套管材质	钻孔号	钻孔标高/m	充填量/万 m³	钻孔使用情况
A2组	245	20	16Mn耐磨管	1	1600/1350	105.2	现用于二期系统充填
				2	1600/1350	0.00	备用钻孔
				3	1600/1350	0.00	备用钻孔
				4	1600/1350	107.16	现用于一期Ⅳ系统充填
				5	1600/1350	110.5	现用于一期Ⅴ系统充填
				6	1600/1350	0.00	备用钻孔
D组	146	20	普通钢管	1	1600/1500	44.82	报废
				2	1600/1500	53.37	报废
V组	146	20	普通钢管	1	1500/1350	26.10	报废
				2	1500/1350	20.51	报废
				3	1500/1350	50.53	报废
A1组	299	20	KTBCr28型合金耐磨管	1	1577/1350	168.8	报废
				2	1577/1250	170.51	2005年6月24日堵管 2008年3月大修完毕
				3	1577/1250	136.82	2006年12月11日堵管 2008年3月大修完毕

9.6.3　新式耐磨闸板流量调节阀研制

在自流充填系统中,料浆流量控制阀是实现生产自动控制的一个关键环节,目前国内外矿山充填中多采用调节线性好的电动夹管阀作为充填料浆流量控制阀,但存在橡胶夹管阀芯易磨损的缺点,国内橡胶夹管阀芯在金川矿山充填工况条件下,使用寿命仅为300~800 m³充填料浆量,成为制约充填连续生产和充填质量的一个重要环节。

为了解决流量调节阀体及阀芯易磨损,阀卡、阀堵、泄漏灰浆的弊病,充填工区曾进行过多次技术攻关和改造,制作了一种既耐磨又耐腐蚀的流量调节阀,阀芯制作分两部分,上半部分为普通钢板,下部1/3为耐磨材料,可以根据磨损情况进行更换(图9.84);阀体采用普通的Q235钢板焊接制作,内衬陶瓷或刚玉等耐磨材料,密封部位使用胶皮密封,不但很好地解决了阀板与阀连杆处的密封问题,而且制作工艺简单经济,耐磨性好。另外,该阀也解决了以往改造的箱体阀砂浆流"死角"多的弊病,从工艺上解决了这些地方由于灰浆积累多,导致阀芯动作不灵敏,电动执行机构失灵的问题。并且阀的各部件易更换、易维修,适用于矿山井下充填。

9.6.4　提升单套自流系统充填能力的技术

1. 自流充填系统能力的理论分析

当充填材料确定后,自流充填系统的充填能力主要取决于充填倍线和料浆浓度。充

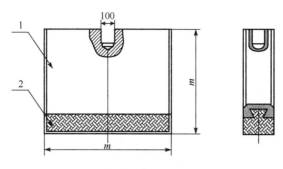

图 9.84　新式耐磨闸板流量调节阀

1.阀板上半部分；2.阀板下半部分

填倍线既影响充填系统的充填能力,也显示充填料浆的综合阻力。而料浆浓度影响到输送阻力以及料浆的输送速度。

金川高浓度细砂管道自流输送充填系统,是建立在－3mm 棒磨砂、(1∶6)～(1∶4)的灰砂比和 78％充填质量分数的基础上,设计单套充填系统充填能力 80m³/h。随着矿山采矿能力增加,采矿深度延伸,充填倍线减小,棒磨砂颗粒粒径标准增大,提高自流充填系统的充填能力,是保证采充均衡和料浆稳定输送的关键所在。

为此,金川矿区首先制定了提高自流充填输送能力的指导原则:保证料浆输送浓度不降低,料浆搅拌充分,充填体强度质量满足工艺标准要求;同时保证浆体满管运行和稳定输送。按照“大流量、高流速、高浓度”的研究目标,提高自流充填输送能力,由此确定金川矿区单套自流充填系统的制备和输送能力为 100～110m³/h。

为了安全可靠的提高自流充填系统的充填能力,为此开展充填搅拌时间和输送流速合理性、充填体强度的可靠性以及充填管路输送的稳定性理论分析和论证工作。

1) 充填料浆合理输送流速

临界流速对浆体管道的稳定输送十分重要,它象征着安全运行的下限。低于临界流速输送必将导致管底形成固体颗粒沉积床面,不仅增大管道输送的摩擦阻力损失,而且常常伴随着脉动性。如果进一步减慢流速,将导致管道堵塞。临界流速是区别两种不同流动状态的流速界限,是影响管道水力输送的重要参数。如果能稳定保持在临界流速条件下进行浆体输送,其压头损失最小,能耗最低。但在生产实践中,一般情况下料浆输送的最低工作流速要比临界流速高出 10％～20％。

通常称临界流速为零时所对应的料浆浓度为临界流态浓度。当料浆浓度接近临界流态浓度时则临界流速接近于零。料浆的流速与密度和浓度的关系曲线如图 9.85 所示。

称大于临界流态浓度而小于极限可输送浓度的固液混合流体的浓度为“高浓度”。料浆在管道输送的过程中,固体颗粒粒径对浓度产生很大影响。平均颗粒较大的固体物料适合于采用较高的输送浓度,而平均颗粒较小的固体物料适合于采用较低的输送浓度。对于金川矿山,－3mm 棒磨砂的平均粒径为 0.615mm,适合的输送质量分数为 78％;而分级尾砂的平均粒径为 0.054mm,只能采用 70％左右的质量分数输送(表 9.24)。究其原因是因为充填骨料的平均粒径大、比表面积小,相应的包裹物料表面的水量也小。因此,同样质量的固体物料,配制同样质量分数的大粒级砂浆所需水量也少。

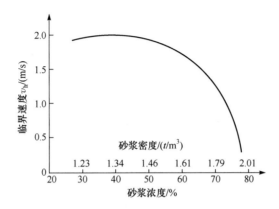

图 9.85　金川矿山－3mm 砂浆临界流速与密度和浓度的关系曲线

表 9.24　各种不同粒径砂浆浓度的状态

砂浆名称	充填骨料平均粒径/mm	极限可输送浓度/%	临界流态浓度		设计使用浓度/%
			质量分数/%	体积分数/%	
尾砂胶结砂浆	0.054	73	70~71	47.0	75~77
风砂胶结砂浆	0.213	80	76~77	54.8	—
棒磨砂胶结砂浆	0.615	83	77	55.5	76~78

为了适应不断增大的采矿规模,从 2002 年开始,矿山调整了充填用棒磨砂的标准,即只控制－0.074mm 含量和＋3mm 含量,使充填的棒磨砂平均粒径提高到 1.2~1.4mm。为此,料浆的极限可输送浓度随之提高,或者料浆浓度不变,则需要提高输送流速。这正是金川矿山自流充填工艺标准中提高输送浓度的内在原因。根据工程经验,高浓度自流输送的合理流速为 2.8~3.2m/s。但在实际生产中,料浆输送流速均高于合理的输送流速。其主要原因是为了满足充填系统的生产能力。分析可知,当充填管有效内径为 100mm 时,输送料浆能力为 100m³/h,料浆流速 $v=Q/[3600(D/2)^2\pi]=Q/(900\pi D^2)=$ 3.53m/s;当充填管有效内径为 100mm 时,输送料浆能力为 110m³/h,则料浆的输送流速 $v=Q/3600(D/2)^2\pi=Q/900\pi D^2=3.89m/s$。

2) 料浆合理的搅拌时间

制备低浓度料浆时,搅拌不是很重要。但对于高浓度料浆,适当的搅拌时间有利于提高料浆的均匀性和充填体强度。研究表明,通常料浆的搅拌时间为 3~5min。但在实际生产中,通常则需要根据料浆的黏稠度和搅拌设备的能力来确定合理的搅拌时间。

二矿区充填搅拌站所采用的搅拌设备为 ϕ2m×2.1m 高浓度强力搅拌桶,叶轮直径 ϕ650mm,上下叶轮转速为 240r/min。在实际生产中,搅拌桶的料浆液位控制为 1.7~1.8m,其有效搅拌容积 $V=\pi(D/2)^2H=5.34~5.65m^3$。当料浆输送能力为 100m³/h,搅拌时间为 $t=V/(Q/60)=3.2~3.39min$。提高料浆输送能力后,经对搅拌桶内充填料浆取样做强度试验,测得 3 天、7 天、28 天的试块强度值均达到工艺标准的要求。

3) 充填管路输送的稳定性

通过提高自流充填系统的料浆输送能力,基本保证充填料浆在充填管道中的满管运行,有效避免充填流量调节阀的频繁调节和充填管道的不正常窜动,充填管路输送的稳定性得到了保证。

(1) 为了使充填能力能够满足 430 万 t/a 的出矿要求,在保证充填体强度不降低的前提下,通过理论分析和试验验证,将单套自流系统充填生产能力由设计的 $60\sim80\text{m}^3/\text{h}$ 提高到 $100\sim110\text{m}^3/\text{h}$。

(2) 通过技术改造,提升了供砂、供灰、供水等环节的能力和稳定性,不仅保证自流充填系统对其能力提升的要求,也使得充填系统纯作业时间由 2007 年的 12.46h/d 提高到目前的 14.35h/d。充填故障停车率由 2007 年的 1.36 次/万方降至目前的 0.99 次/万方。

(3) 增加料浆搅拌能力。通过在搅拌桶上部安装水环,消除筒壁挂浆现象;搅拌叶轮采用耐磨材质,提高了使用寿命;料浆流量调节阀采用内衬钼铬合金的耐磨阀体、闸板,减少泄漏量和故障停车率。

(4) 提高系统供砂能力。改造 3 台桥式抓斗吊提升抓砂能力;在不改变输送机机架和支腿的情况下,通过改进驱动装置,电动滚筒带速由 $V=1.00\text{m/s}$ 提高到 $V=1.25\text{m/s}$,单套系统的供砂能力从 100t/h 提高到 150t/h。

(5) 提高供灰能力和稳定性,减少故障率。在水泥仓底部安装压缩空气循环脉冲电磁阀装置,提高了水泥在仓内的流动性;水泥仓底部单管喂料机螺旋实体与驱动轴之间采用万向节联结方式,消除轴的不同心度;供灰系统 $\phi500$U 形螺旋实体联结轴采用“十”字联结加悬吊方式,并在应力集中处安装加强筋板,解决了 27m 长距离螺旋输送水泥时轴易断裂,维护量大的问题;水泥稳料仓下 $\phi200$mm 喂料双管螺旋改造为 $\phi300$mm 螺旋,提高了水泥输送能力。通过减小螺旋实体的螺距,提高内部加工精度,安装闸门,解决了供灰系统波动问题。

(6) 通过优化充填管路的布置,采用标准长度的各类充填管以及主充填道和充填小井采用耐磨管等措施,大大减少了管道泄露,延长充填管的使用寿命。开发研究了倒水阀和耐磨柔性接头,有效提高接管效率,减轻劳动强度。

(7) 充填搅拌站人均生产效率由 2007 年的 0.508 万 $\text{m}^3/($人·a$)$,提高至 0.65 万 $\text{m}^3/($人·a$)$。

9.6.5　充填导水阀研制及其应用

为了保证管路畅通,矿山井下充填生产前后,通常要用压风试管,采用水和水泥浆对充填管路进行 $4\sim5$min 的引流、清洗和润滑后,正常进入高浓度充填。任何原因造成的中途停车和充填结束,都要根据充填使用管路的长短对其进行 $6\sim8$min 的清洗管路。统计显示,充填从开车到停车一次正常注入进路的水达到 $7\sim12$t,仅打底按 800m³ 充填量计算,进入进路的充填料浆浓度将降低 0.86%$\sim$1.35%。根据经验计算,充填浓度每降低 1%,充填体强度降低 10%。引流清洗水对充填体的质量和充填接顶效果产生较大影响。

针对这一问题,研究设计如图 9.86、图 9.87 所示的一种由阀体、阀板及曲柄连杆机构等部件组成的“卜”立方体形导水阀。阀的进口、出口及导水口均为方形,端部与法兰焊接联结。阀板由钢板与具有密封功能且不易磨损的特殊胶皮连接。阀体设计有 45°角形料浆出口和导水口两个输出口。充填前在进路前的合适位置,将导水阀连接在距离板墙5~6m的充填管路中。为了便于开关阀门,将导水阀尽量安装在操作人员不借助任何工具就可接触到的高度或地面上。进口与充填管连接,出口与进采场管路连接,导水口接塑料充填管至工区集中排水处。充填前导水时,通过丝杠曲柄连杆机构推动阀板关闭出口打开导水口,将充填开始时的试管水、引流灰浆、故障停车管路清洗水以及处理堵管水通过该装置直接排到采矿工区集中排水处,让水不再直接进入充填进路。引流结束后,将阀板拉回,关闭导水口同时打开出浆口位,进入采场进路正常充填作业状态。充填结束后,进行相反的操作,再将充填结束后管路洗管水导出。

图 9.86　导水阀实物图

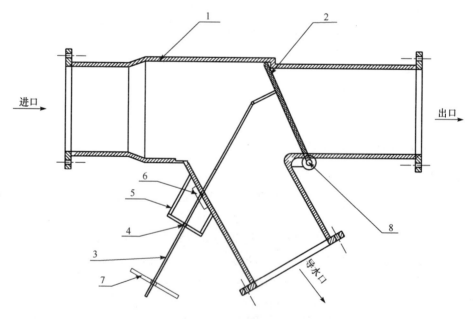

图 9.87　导水阀结构图

1.阀体;2.阀板;3.传动丝杠;4.梯形螺母;
5.支架;6.密封压盖;7.手轮;8.转动轴

该导水阀具有较好的密封性能,无料浆泄漏现象。结构轻巧,质量仅 15kg 左右,在采场安装简便,操作简便和安全可靠,可明显提高进路接顶率,提高进路充填体质量。

二矿区井下的主充填管道有 4 条,其中 3 条作为自流充填使用。主充填管道经过 1600m、1350m、1250m、1200m、1150m、1000m 6 个中段,各盘区管线又经多层充填通风道(风筒)及充填小井进入充填采场。管线总长超过 10000m,单套系统管线最长在 2500m 左右,最大落差 672m。主系统管路均采用耐磨管连接,管道外径 ϕ133mm,充填回风道内大多采用 ϕ108mm 的普通钢管,全系统管线内径为 ϕ100~108mm。

9.6.6　充填引流技术的应用

采场充填过程中的接顶问题,也是下向分层水平进路胶结充填采矿方法的关键。相邻充填不接顶造成回采进路顶板暴露面积大,给顶板管理和安全回采带来很大难度。接顶在生产现场采用估算,具体充填多长时间不能精确计量,现场结果往往是要么不接顶,要么充填溢流物很多,浪费材料和污染采场。针对这一问题,从 2005 年开始进行技术攻关。由此采取了如图 9.88 所示的实施方案,即在充填接顶时专门接一组充填管到相邻已充填打底结束的进路。在接顶充填时,溢流充填砂浆通过充填管进入相邻进路。这样既保证充填进路的接顶,也不会使溢流物进入其他生产场所。

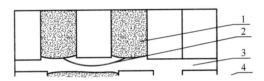

图 9.88　充填引流管示意图
1.进路；2.引流管；3.沿脉分层道；4.穿脉分层道

9.6.7　充填管疏通器的应用

在充填生产作业中,充填堵管事故不可避免。如果由于各种原因对堵管处理不及时,将可能导致充填管堵塞报废,造成材料的巨大损失。为了寻求更好的修复利用办法,针对堵塞充填耐磨钢管,利用井下凿岩机的原理,试制如图 9.89 所示的堵塞管道疏通器。如图 9.90 所示为充填管道疏通器的使用情况。

充填管道疏通器所利用的型号为 CZJ-100B 的轻型潜孔钻机与凿岩机原理相似,且钻头口径达到 100mm,符合再用充填管的口径。通过现场试验,该疏通器具有如下 3 个特点。

(1) 将 CZJ-100B 轻型潜孔钻机分解重新改装,制作成长 1500mm、宽 500mm、高 800mm 的潜孔钻机支架,加工合适的高压风管,使高压风管与潜孔钻机和操作手柄可靠连接。

(2) 制作长 1800mm、宽 500mm、高 800mm 的充填耐磨钢管支架,使充填耐磨钢管能快速固定在支架上,并使耐磨钢管的内孔中心线与潜孔钻机的钻杆中心线在同一线上。

图 9.89　充填管道疏通器的研制　　　　　图 9.90　充填管道疏通器的使用

(3) 制作耐磨钢管支架移动式轨道,给耐磨钢管支架安装滚动轮并做分段挡轨器。

充填堵管疏通器能够处理各类不同堵塞程度的充填管,处理效率高,成本低。以 ϕ133mm 充填耐磨钢管为例,将堵塞的耐磨钢管全部疏通只需用 20min。同时,充填堵管疏通器可就近安装于井下充填巷道,可做成移动式,方便井下作业。

9.6.8　充填耐磨万向柔性接头应用

二矿区井下采空区充填是通过分布在井下各处的钻孔及与之相连的管网进行料浆输送的。井下有 7 个作业平面,即 1600m 水平、1350m 水平、1250m 水平、1200m 水平、1150m 水平、1100m 水平和 1000m 水平。其中,1600m 水平与 1350m 水平为井下充填的主工作面,1250m 水平与 1150m 水平承接井下 1000m 中段各盘区采场充填的主要连接工作,1200m 副中段承接 1150m 中段各盘区采场充填的连接工作。

系统在 1350m 水平通过切换管道接口实现对 1150m 中段和 1000m 中段的充填。1200m 副中段与 1150m 中段在各盘区口,通过切换管道接口,实现各盘区内的充填作业。目前井下 1350m、1250m、1200m、1150m 各段的充填作业,需要根据采场情况随时进行系统切换。主要是将固定充填管的快速接头打开,用撬棍将待充填采场管路的管头拨到相应的系统管路,对上管口,然后再固定好快速接头。但由于井下充填管线大多采用 ϕ133mm 刚性耐磨管,管头与管头属刚性连接,倒口管管头位置的改变,使管子中心线偏斜,对口时必须通过调整管口前后 30~40m 的管线来实现,有时还需加工小短接强行对接。这样每次倒口作业的时间需要 70~80min,个别中段多系统充填时,管线交叉倒口作业时间甚至达到两个小时,不仅工人劳动强度较大,同时也制约充填生产效率。

针对这一问题,研究主要突破两点:一是刚性管伸缩以实现倒口后管线路径长度的变化;二是刚性管的转角对口以实现管线接口的同心问题。为此,设计了耐磨柔性接头。根据井下生产现场的实际,柔性接头的设计紧紧结合充填工艺的需要,由 3 个部分组成:一端为带卡盘的伸缩头,另一端为球形带卡盘结构的万向头,通过中间带密封装置的伸缩套管、辅助配件连接为一个整体。耐磨柔性接头如图 9.91 所示。

图 9.91　耐磨柔性接头

耐磨柔性接头具有以下特点:球形旋转的接头密封设计,内衬耐磨层,柔性连接,最大可调节 200mm。其技术特点在于将充填倒口作业的管线连接方式由刚性连接变为柔性连接,较好地解决了充填倒口作业过程中产生的管口偏斜与位移,减少由此产生的泄漏,大大节约了倒口作业时间,从而提高了系统的纯作业时间,为提高劳动生产率奠定了基础,同时也降低了职工的劳动强度。

9.7　金川矿山充填技术成果概述

金川矿山多年来开展了一系列的充填技术研究,致力于以科技创新推动产业发展。经过长期的艰苦努力,实现了科技发展与进步,在科技成果和发明专利方面,取得了诸多重大技术成果,为金川集团公司技术创新奠定了坚实基础。

9.7.1　充填技术与工艺科研项目

金川矿山开展的涉及充填系统与充填工艺的部分科研课题项目、完成单位和实施时间列于表 9.25 中。

表 9.25　金川矿山历年完成的部分充填技术项目

序号	项目名称	参加单位	实施时间
1	混凝土充填系统	北京有色冶金设计研究总院,长沙矿冶研究所,龙首矿	1971~1974
2	细砂胶结管道充填试验研究	金川有色金属公司研究所,长沙矿山研究院,长沙矿冶研究所	1972~1974
3	降低二矿区胶结充填料水泥用量试验研究	金川镍钴研究所,二矿区	1975~1983

续表

序号	项目名称	参加单位	实施时间
4	金川二期工程精矿尾矿管道输送试验	金川镍钴研究所,二矿区	1985.4~1985.12
5	金川二矿区上向胶结充填体作用机理	金川镍钴研究所,二矿区,北京有色冶金设计研究总院	1985~1987
6	利用一期尾矿库自然分级尾砂做充填料的试验研究	金川镍钴研究设计院	1988.4~1988.6
7	机械化下向分层水平进路胶结充填采矿法试验研究	金川镍钴研究所,二矿区,北京有色冶金设计研究总院	1985~1988.10
8	全尾砂下向胶结充填及设备的研究	金川公司,北京有色冶金设计研究总院	1986.3~1989.8
9	降低粗骨料胶结充填水泥耗量试验	金川镍钴研究设计院	1991.1~1992.12
10	新型充填材料及工艺试验研究	金川镍钴研究设计院	1992.4~1993.8
11	脱泥尾砂胶结充填室内试验	金川镍钴研究设计院	1993.7~1994.1
12	二期水淬渣代替矿山充填骨料技术开发	金川镍钴研究设计院	1995.2~1995.4
13	二期水淬渣掺合棒磨砂充填骨料室内试验研究	金川镍钴研究设计院	1995.4~1995.7
14	二矿区胶结充填工艺技术综合研究	金川镍钴研究设计院	1994.7~1995.6
15	用水淬二次渣进行胶结充填试验研究	金川镍钴研究设计院	1994.1~1995.10
16	二矿区西部膏体泵送充填工业化试验	金川镍钴研究设计院	1996.3~1997.12
17	二矿区一期自流输送充填工艺主要参数调查和标定	金川镍钴研究设计院	1999.3~1999.4
18	二矿区泵送膏体充填系统流程参数的检测及两种膏体泵送性能和流变性能的检测与研究	金川镍钴研究设计院	1999.7~2000.3
19	二矿区充填系统的完善与发展	金川镍钴研究设计院	2000.3~2001.12
20	龙首矿粗骨料胶结充填系统物料配比参数优化研究	金川镍钴研究设计院	2001.1~2001.12
21	二矿区二期充填系统技术改造现场服务	金川镍钴研究设计院	2002.7~2003.11
22	二矿区细砂自流胶结充填早强剂试验	金川镍钴研究设计院,二矿区	2004.3~2005.3
23	金川二矿区下向进路式采矿废石胶结充填工艺可行性研究	金川集团有限公司,昆明理工大学,同济大学,金川镍钴研究设计院	2005.3
24	全尾砂＋棒磨砂充填试验研究	金川镍钴研究设计院	2005.8~2007.7
25	矿山工程用砂质量调查及技术整改建议	金川镍钴研究设计院矿山分院	2005.8~2005.11
26	二矿区膏体充填系统泵送减水剂试验研究	金川镍钴研究设计院矿山分院	2005.10~2006.6
27	粗颗粒棒磨砂、河砂充填砂浆配合比试验研究	金川镍钴研究设计院	2006.2~2006.3

序号	项目名称	参加单位	实施时间
28	金川公司三矿区棒磨砂生产系统调查	由公司科技部委托,金川镍钴研究设计院矿山分院	2007.7～2007.8
29	水细砂用于金川矿山充填的室内试验研究	金川镍钴研究设计院矿山分院	2008.5～2008.6
30	金川矿区破损充填钻孔重复修复使用综合技术研究	金川集团公司,中南大学	2008.7
31	巴斯夫充填化学外加剂 Minefill 501 室内试验	金川集团公司二矿区,巴斯夫化学建材(中国)有限公司	2011
32	废石充填综合技术研究	金川公司,昆明理工大学、同济大学	2011

9.7.2　充填技术与工艺研究成果

金川矿山在充填系统与充填工艺方面获得的部分科技进步奖项列于表 9.26 中。

表 9.26　金川矿山历年获得的部分科技进步奖

序号	项目名称	参加单位	奖项	年份
1	胶结充填采矿法-细砂管道输送充填	金川公司	冶金部科技成果奖,甘肃省科技成果奖	1977、1978
2	金川龙首矿粗骨料胶结充填系统	北京有色冶金设计研究总院,长沙矿冶研究所,龙首矿	全国科学大会奖	1978
3	龙首矿下向胶结充填采矿方法改进试验	金川公司,长沙矿山研究院	冶金部科技成果二等奖	1982
4	高浓度胶结充填料浆管道自流输送新工艺	金川公司,北京有色冶金设计研究总院,长沙矿山研究院	中国有色金属工业总公司科技成果一等奖,国家科技进步二等奖	1984、1985
5	金川龙首矿下向高进路胶结充填采矿法推广应用	金川公司	中国有色金属工业总公司科技成果一等奖	1988
6	金川二矿区机械化盘区胶结充填采矿法试验研究	金川公司,北京有色冶金设计研究总院	中国有色金属工业总公司科技成果一等奖	1989
7	金川资源综合利用系统工程	金川公司,多家设计研究机构、大专院校共同完成	国家科技进步特等奖	1989
8	二矿区 1# 矿体下向胶结充填大面积充填体作用机理试验研究	金川公司,长沙矿山研究院	中国有色金属工业总公司科技成果三等奖	1991
9	全尾砂下向胶结充填采矿技术及设备	金川公司,北京有色冶金设计研究总院	中国有色金属工业总公司科技成果一等奖	1992

续表

序号	项目名称	参加单位	奖项	年份
10	金川二矿区上向胶结充填体作用机理研究	金川镍钴研究设计院,二矿区	甘肃省科技进步二等奖	1994
11	金川二矿区西部第二搅拌站膏体泵送充填系统	金川公司,北京有色冶金设计研究总院	中国有色金属建设协会部级优秀工程设计二等奖	2000
12	空心砖挡墙及压风清洗充填管技术及应用	二矿区	金川集团公司科技进步二等奖	1995
13	喷锚网加注浆支护及尾矿充填新技术在二矿区的应用	金川镍钴研究设计院,二矿区	金川集团公司科技进步三等奖	1998
14	膏体充填新技术的研究与工业化	金川镍钴研究设计院,二矿区	国家科学技术进步二等奖	2001
15	矿山充填砂浆滤水新工艺	金川镍钴研究设计院,二矿区	金川集团公司科技进步三等奖	2007
16	二矿区膏体充填20万 m³达产达标技术攻关	金川镍钴研究设计院,二矿区	获金川公司科技进步三等奖	2009
17	井下毛石搅拌充填	二矿区	金川公司科技进步二等奖	2005
18	加压泵送充填系统	ENFI公司,龙首矿	金川公司技术改进一等奖	2011
19	特大型坑采矿山大面积连续开采工艺综合技术研究及实践	金川集团公司	中国有色金属工业科学技术奖(一等奖)	2010
20	大型复杂镍矿床贫富矿充填法开采关键技术及应用	金川集团公司	中国有色金属工业科学技术奖(一等奖)	2012

9.7.3 充填技术与工艺发明专利

金川矿山在充填系统与充填工艺方面取得的部分发明专利见表9.27。

表9.27　金川矿山历年获得的部分发明专利

序号	专利名称	专利号	获得时间
1	一种卧式混合料浆搅拌槽	CN200720187452.0	2008.11.12
2	坑采矿山废石-全尾砂管道输送充填系统及充填方法	201110310049	2011.10.13
3	矿山井下充填管道疏通器	201120200592	2012.01.11
4	一种矿用充填改向阀	CN201020282439.5	2011.02.02
5	一种矿用充填调整阀	CN201020282401.8	2011.02.02
6	一种矿用充填调节阀	CN201020529671.4	2011.03.16
7	一种充填采矿法充填浆体输送管道的疏堵装置	CN200720194808.3	2008.11.12
8	一种下向胶结充填采矿法采场的充填管道	CN200720181363.5	2007.10.25
9	一种下向充填采矿法浆体取样的装置	CN200720194806.4	2008.08.06

序号	专利名称	专利号	获得时间
10	一种破损钻孔修复的装置	CN200720194804.5	2007.10.25
11	采场充填液位控制装置	CN200720181361.6	2008.07.23
12	空腔补灰充填装置	CN201120200575.X	2012.01.11

9.8　本章小结

　　金川矿山历年开展了一系列的充填采矿技术攻关与技术革新,为矿山科技进步及产能提升起到了重要作用,由此获得了丰硕的科研成果及技术专利。本章结合金川镍矿的研究与发展,详细介绍了金川矿区所开展的研究工作、研究方案与技术路线,并重点介绍金川矿山的废石全尾砂地表环管试验、废石全尾砂泵送充填工业试验、粗骨料高浓度高流态管输充填关键技术、废石破碎集料高浓度高流态泵压管输充填技术、粗骨料高浓度高流态自流充填技术、充填钻孔修复技术、管道磨损机理研究、降低管道磨损技术研究、管道探伤与修复技术研究,以及充填钻孔重复修复使用技术等关键技术与充填工艺。在新产品开发方面,金川矿山研制了新式耐磨闸板流量调节阀、充填导水阀和充填管疏通器等诸多实用型产品。

第10章　金川镍矿充填技术与工艺研究展望

自20世纪60年代金川矿山开始进行充填采矿技术研究与生产实践的近50年来,在充填材料及制备、充填工艺、充填系统自动控制及采场充填工艺等方面开展了广泛而深入的研究,取得了大量的研究成果,并在金川矿山的采场生产中推广应用,不仅满足了矿山不断扩大采矿生产能力的需要,而且也为金川特大型镍矿的安全高效开采奠定了基础。

随着金川镍矿"十二五"发展规划的实施,矿山生产规模将进一步扩大达到1000万t/a。其中,二矿区到2015年采矿量将达到500万t,年充填量将达到190万 m³。随着开采深度增加,850m及以下中段的采矿生产将使开采深度超过800m,输送管道总长度将超过2500m。由于二矿区一期充填站建于1982年,投入运行30年,其工艺流程复杂,设备老化,自动控制系统相对落后。二期充填站建成于1999年,虽然经过多次技术改造,使膏体泵送充填系统已达到设计能力,但二矿区整体充填设施布置主要服务于297万t/a的设计生产能力,在2011年采矿生产能力达到430万t的条件下,充填能力难以满足生产要求,使现有生产设施产能达到极限状态。随着采矿生产能力的进一步提高和开采深度增加,充填系统必将面临严峻挑战。为了金川矿山企业的发展需要,不仅需要总结矿山生产实践和借鉴国内外充填技术的工程经验,而且针对金川矿山的发展规划,进一步开展充填技术的技术攻关和成果应用,不仅十分必要,而且势在必行。

10.1　粗骨料充填技术工业化应用研究

金川矿山目前所采用的主体充填集料仍以棒磨砂为主。随着采矿规模的不断扩大,棒磨砂的需求量不断增加。由于棒磨砂加工由戈壁集料的采集、筛分、棒磨、脱泥、脱水和运输等生产环节组成。因此,棒磨砂的生产工艺流程长,加工成本高。国内类似矿山,新疆的阿色勒铜矿、喀拉通克铜镍矿的生产实践表明,天然戈壁集料经过筛分后,最大粒径为20mm,添加适当比例全尾砂及水泥后,同样能够制备成呈结构流或膏体流态的充填料浆,不仅充填体强度满足下向进路充填采矿法的要求,而且采用重力自流或泵送加压方式,也能实现料浆管道的顺利输送。采用"以筛代磨"工艺不仅能够大幅度降低充填原料成本,而且由于不经破碎或磨细的天然状态的戈壁集料外表圆滑,在管道的输送过程中阻力小,对钻孔及管道的磨损程度得以降低,有利于管道的输送。

减少棒磨砂使用量的另一途径是破碎废石作为充填集料,即"以破代磨"。例如,贵州锦丰矿业公司烂泥沟金矿将露天剥离废石破碎至-8～10mm的粒径,不分级和不脱泥,添加适量的全尾砂及水泥胶结剂,制备成浓度为76%～78%的结构流充填料浆。通过钻孔及管道自流输送至井下充填,充填体强度满足上向进路充填采矿法的要求。

金川矿山每年产生的掘进废石接近100万t,其中二矿区产生的废石约45万t。废石堆放于地表,既占用土地,又污染环境。实施废石破碎应用于充填,既可替代棒磨砂降低充填材料成本,还可减少固体废弃物的堆放,从而保护矿山环境,实现绿色开采。

　　胶结充填技术与工艺的研究目标主要在于降低充填成本,提高充填体质量。充填采矿技术正在向全尾砂、高浓度(膏体)和大流量的方向研究与发展。这不仅是采矿工艺要求和产能提升的需要,也是保护矿山生态环境,实现无废开采的必由之路。同时也是从根本上降低充填材料成本,提高充填采矿效益的最有效途径。

　　一般来说,选择充填材料遵循的原则,首先是矿山废渣的利用;其次是就地取材,加工成符合质量指标的充填料;最后才是就近取材或就近外购。充分利用金川矿山井下生产的废石和地表细颗粒物料(尾砂)作为充填骨料,以普通硅酸盐水泥为胶结剂,与井下废水进行有机组合配制废石充填料,实现矿山固体废弃物的综合利用。采用粗粒级废石骨料可有效降低胶结剂用量,降低充填成本,但在废石充填料浆泵压管输方面,由于粗粒级碎石的影响,料浆流变特性和输送阻力发生根本变化,工业化应用存在技术难题。同时,配制的废石混凝土强度必须满足下向进路式采场人工假顶的强度要求,即 $R_3 \geqslant 1.5$MPa, $R_7 \geqslant 2.5$MPa, $R_{28} \geqslant 5.0$MPa。

　　针对粗骨料和废石的应用,首先,需要研究建立管输废石料浆的本构方程,揭示废石料浆流变特性与影响因素;建立流变特性与浆体浓度、胶结剂含量、充填骨料级配和细粒级含量之间的关系,从而实现充填料浆的优化配比;其次,研究建立废石料浆管道输送阻力数学模型,揭示影响废石充填管输的关键参数,建立浆体在垂直方向上的高度、水平管道长度、管道管径、流量与摩擦阻力的关系,为输送管路设计、充填参数优化和降低管路破损提供理论依据。由此可见,粗骨料充填技术研究,既符合金川矿山充填技术发展趋势,又能解决当前充填采矿中的技术难题。因此,金川矿山开展了“粗骨料高浓度管输充填技术”攻关研究。其研究内容涉及以下 3 个方面。

　　(1) 废石破碎集料高浓度(不加尾砂)泵压管输充填技术。主要研究不加入全尾砂,仅采用废石破碎集料的高浓度泵压管输充填模式,为充分利用井下大宗废石,降低充填成本,实现矿山井下废石的循环利用(井下废石破碎集料高浓度管输充填工艺)提供技术支持。

　　(2) 废石破碎集料＋细砂、破碎戈壁集料＋细砂高浓度自流充填技术。主要涉及连续级配的粗粒级废石破碎集料(−8～−12mm)、粗粒级棒磨砂(−8～−10mm)与细砂的高浓度复合浆体自流充填技术。金川矿区目前建有多套高浓度自流充填系统,但仅有一套泵送充填系统。因此实现废石、棒磨砂等粗骨料自流充填,仍是金川充填技术的主攻目标,也是降低充填成本和提高充填质量的根本途径。

　　(3) 二矿区废石破碎集料泵压管输充填系统工艺。主要开展二矿区各类废石产能与混合配比分析,包括废石破碎、存储、供料、搅拌、泵送管输工艺系统及设备选型以及工艺方案设计与研究等。

　　前期试验研究的初步成果表明,粗骨料高浓度浆体具有可泵性、流动性、稳定性以及成本低的特点,适应下向进路式充填采矿工艺。但实现粗骨料的工业化应用,仍需在理论和应用方面开展深入研究和工业化试验。

　　(1) 理论研究。矿山粗骨料最优级配理论方程和管输应用边界条件,完成管输废石破碎集料高浓度浆体、破碎戈壁集料高浓度浆体的本构模型及其流变特性、管输阻力、强度特性、工作性能及其影响因素的研究。

（2）应用研究。研究解决在金川矿山井下、地表建设废石破碎集料高浓度管输充填工艺系统的技术难题，提出科学合理和切实可行的工艺方案；研究解决金川矿山粗骨料高浓度料浆搅拌与输送技术，废石破碎集料高浓度充填料浆、破碎戈壁集料高浓度浆体对金川矿区下向水平分层胶结充填采矿工艺长距离进路流动适应性以及强度要求等。

10.2　大流量管道充填关键技术

目前金川矿山自流输送系统单套制备输送能力为 $80 \sim 100 m^3/h$，膏体泵送系统制备输送能力也为 $80 \sim 100 m^3/h$。随着矿山生产规模的提高，国内外大型地下矿山均在大力研究和开发 $150 \sim 180 m^3/h$，甚至 $200 m^3/h$ 及以上的大流量充填系统，如澳大利亚芒特艾萨膏体自流输送系统充填能力达到 $200 m^3/h$，我国具有 $180 \sim 200 m^3/h$ 充填能力的李楼铁矿全尾砂高浓度自流输送系统已经投入生产。

大流量充填系统具有生产能力大、劳动效率高、系统建设投资省、经营费用低、采充循环快等优点，特别对采用大空场嗣后充填的矿山，是实现安全高效强化开采的重要保证。

金川矿山普遍采用下向分层进路充填采矿法，进路断面积 $24 \sim 26 m^2$，进路长度一般为 $40 \sim 50 m$，最长 $70 m$，充填体积 $1000 \sim 1200 m^3$，分 $2 \sim 3$ 次充填接顶。结合该采矿方法及进路尺寸，金川矿山正在与中国恩菲工程技术有限公司合作，进行了二矿区 $150 m^3/h$ 大流量充填系统的可行性论证，并于 2010 年 5 月提交了新搅拌站初步设计。据此将在二矿区西部二期搅拌站的西南侧新建一个搅拌站。站内设 3 套充填系统，单套系统充填料浆制备输送能力将达到 $150 m^3/h$。

10.2.1　大流量充填系统开发

提高单套系统充填能力，可以减少设备套数，降低充填生产管理成本和综合能耗，从而增加企业经济效益；研究确定大流量充填系统的搅拌设备与管道输送的最佳匹配，为充填系统设计提供理论依据，有必要开展大流量充填系统的关键技术和工业化试验研究。

1. 大流量充填系统理论与关键设备开发

针对开发建设大流量充填系统，亟待开展研究的理论与关键技术如下。

1）$150 m^3/h$ 高浓度自流充填系统设备研究

（1）大容量搅拌槽设备研制，大容量搅拌槽设备性能验证的工业试验，大流量高浓度自流充填系统工业验证试验，$150 m^3/h$ 高浓度自流充填系统理论计算。

（2）搅拌能力计算。原有搅拌槽规格为 $\phi 2000 mm \times 2100 mm$，总容积 $6.6 m^3$，有效搅拌容积约 $5.6 m^3$。搅拌槽制备的设计能力为 $80 m^3/h$，最大搅拌能力为 $100 m^3/h$。按有效容积核算设计能力和最大生产能力的搅拌时间为 $3.4 \sim 4.2 min$。

新设计搅拌槽规格 $\phi 2600 mm \times 3000 mm$，总容积 $15.9 m^3$，有效搅拌容积约 $12.7 m^3$。搅拌槽制备设计能力 $150 m^3/h$，最大能力约为 $180 m^3/h$。按目前设计有效容积核算设计能力及最大生产能力的搅拌时间为 $4.23 \sim 5.08 min$。

以上两种搅拌槽均满足达到充分搅拌效果的基本要求,搅拌时间为 3~5min。新设计大容量搅拌槽留有达到充分搅拌时间的一定余量。

(3)给料能力计算。分别按照灰砂比为 1:4 和 1:10、质量分数为 78% 的两种工况,并要求留有富余量的给料能力,计算结果见表 10.1 和表 10.2。

表 10.1　灰砂比为 1:4 的充填配比给料量

充填料	单耗/(kg/m³)	150m³/h 时给料量/(t/h)	180m³/h 时给料量/(t/h)
棒磨砂(干料)	1234	185.1	222.12
水泥	308.5	46.275	55.53
水	435.1	65.26	78.318

表 10.2　灰砂比为 1:10 的充填配比给料量

充填料	单耗/(kg/m³)	150m³/h 时给料量/(t/h)	180m³/h 时给料量/(t/h)
棒磨砂(干料)	1393	208.95	250.74
水泥	139.3	20.895	25.074
水	432.2	64.83	77.796

由此可见,棒磨砂的给料能力要求达到 260t/h;水泥的给料能力达到 60t/h;添加水量满足 80t/h。工业试验系统按照以上能力满足物料供给要求。

(4)管路输送流速计算。原有充填系统输送管道内径 105mm,单套系统能力增大后,设置管路的设计内径 130mm 和 149mm 两种规格的管路。表 10.3 列出了不同钢管内径所对应的不同流量的输送流速值。

表 10.3　管径流速对应表

序号	钢管内径/mm	对应流速			
		80m³/h	100m³/h	150m³/h	180m³/h
1	105	2.57	3.21	4.81	5.77
2	130	1.67	2.09	3.14	3.77
3	149	1.27	1.59	2.39	2.87

(5)充填料物理特性研究。二矿区所采用的充填原料采用棒磨砂和水泥厂提供的加入粉煤灰的复合水泥胶结剂。物理特性研究内容包括测定棒磨砂相对密度、孔隙率、松散容重;测定棒磨砂粒径粒级组成;根据现场试验开展骨料含水率测试工作。

(6)大容量搅拌槽设备研制设计、论证和委托加工。首先在设备制造厂完成单体测试。设备制造完毕后在工厂进行出厂前设备空转测试,并带水轻载测试。

(7)大容量搅拌槽设备性能验证试验。新设计大容量搅拌槽的规格为 $\phi2600\text{mm}\times3000\text{mm}$,新设备制造完毕后进行完整的测试、运转及单体试验。工业现场单体测试在使用现场进行空转测试、带水轻载测试以及浓度由低至高的带料重载测试。

2. 大流量高浓度自流充填系统工业化试验

利用新制造大流量搅拌槽,改造现有充填系统配套的水泥和棒磨砂的上料添加系统

（更换设备或部件），连接现有管路系统进行 $150\sim180m^3/h$ 大流量井下采场自流输送充填的工业化试验。在试验过程中测试不同浓度（$75\%\sim80\%$）、不同流量（流速）、不同水泥棒磨砂配比（1∶4、1∶6、1∶10）条件下的输送管道的水平阻力、局部阻力以及料浆的流变特性。

10.2.2 大流量管输耐磨管选择研究

在主充填管路中按照 $200m^3/h$ 的输送能力要求，在保持浆体流速 3.54m/s 不变的条件下，充填管道内径应不低于 141mm，据此可选用 $\phi168mm\times(9+4.5)mm$ 耐磨陶瓷复合钢管。管道内径 $D=141mm$，钢管壁厚 9mm，耐磨复合层厚度 4.5mm，理论质量 47.71kg/m。

采场充填通风井采用聚乙烯管材来代替钢管、铸铁管及聚氯乙烯管。经验表明，金属管存在质量大、易腐蚀、易结垢，维护保养费用高，搬运安装困难等致命弱点。井下采用聚乙烯管材除了具有普通聚乙烯管的优点外，还具有良好稳定性与永久性阻燃、抗静电等性能。它是以聚乙烯为主要原料，加入一定比例的阻燃剂和抗静电剂进行混炼处理，再经过特殊的工艺处理使之均匀分布在树脂中。矿用聚乙烯管道是目前国内 PE 管道又一新的发展方向。

1. 聚乙烯管道结构与特点

为了提高产品竞争力，最新开发出钢骨架快速硅烷交联聚乙烯复合管材和多层快速硅烷交联聚乙烯复合管材。井下采用钢骨架快速硅烷交联聚乙烯复合管材是用于给排水、通风、充填的一种管材，它是中间具有钢丝层的新型四层结构的快速硅烷交联聚乙烯管材。除了满足矿用聚乙烯管材的要求外，每层对聚乙烯进行改性，从而使管材具有高强度、高耐磨性、高冲击性及成本低的特点。针对钢丝层的不同结构分为 3 类。

1）钢丝网结构

钢丝网结构的特点是把多根钢丝高速编织成网状，承受的正常工作压力达到 $3\sim4MPa$，爆破压力达到 $7\sim8MPa$。目前最大管径为 $\phi315mm$，完全可满足充填管输要求。

2）单层钢丝缠绕结构

单层钢丝缠绕结构的特点是由 $2\sim4$ 根的钢丝高速缠绕而成。优点是采用较少的钢丝达到较高的环向刚度，在确定的承压条件下可以大幅度地降低壁厚。正常工作压力达到 $1\sim2MPa$，爆破压力可达到 $3\sim4MPa$，并且可做到大口径。缺点是高速缠绕机制作成本较高。也可以不用多层聚乙烯，而在外面包覆一层热收缩带作为外层。

3）双层钢丝缠绕结构

双层钢丝缠绕结构的特点是多根钢丝低速缠绕成网状结构，采用左旋和右旋方式完成。优点是采用低速缠绕机缠绕，达到较高的环向刚度，在一定的承压能力下，也可大幅度地降低壁厚。正常工作压力达到 $1\sim2MPa$，爆破压力可达到 $3\sim4MPa$，并且可以做到大口径。缺点是由于低速缠绕且钢丝头数太多，在缠绕过程中会出现不易均匀分布的现象。

2. 大流量耐磨管选择试验研究

为了进行二矿区充填扩能技术改造,实现单套系统达到 $150m^3/h$ 的生产能力,有必要开展井下充填管道选择的研究。一是管径的选择,即对 $\phi146mm$、$\phi159mm$ 及更大管径的选择;二是管道材料的选择,涉及刚玉耐磨管、双金属耐磨管、高堆焊管、纳米材料耐磨管等充填小井管材分析与选择;三是井下钻孔与管路的连接方式、充填小井管路安装方式、充填小井与采场进路管路连接方式、充填小井与充填主巷道内管路连接方式的研究。

1) 主系统管径的选择

根据 $150m^3/h$ 的充填流量,结合料浆在管路中的流速和阻力等情况,测算适合料浆输送需要的管径,并适当考虑系统能力进一步提升的需求。

2) 管材的选择

随着材料科学的发展,各种耐磨材料层出不穷。为大流量充填工艺条件的充填耐磨管提供了更多选择。例如,单位质量轻,冲击韧性达 $15J/cm^2$ 的高强度堆焊耐磨管也可为充填竖井试验所选用;单位质量轻,具有抗撕强度达到 $6.8MPa/cm$,扯离强度达 $11MPa/cm^2$ 的纳米(改性)聚氨酯复合钢管也可为充填平巷和充填采场试验所选用。

按现有的充填工艺条件,现选用的 $\phi133mm(8+3.5mm)$ 充填耐磨管质量 $31\sim47kg/m$。从多年来的使用效果看,双金属耐磨管在充填料浆冲击和磨损严重的充填竖井和充填钻孔弯管的应用效果较为突出,性价比最高。在水平巷道内,质量较轻的刚玉耐磨管和金属陶瓷内衬复合管也具有较为明显的优势。现用的充填耐磨管规格见表 10.4。

表 10.4　几种充填耐磨管管材规格及适用范围

管名	管材规格 /mm	耐磨层厚度 /mm	实际内径 /mm	理论质量 /(kg/m)	备注
高强度堆焊耐磨管	133×8	4	109	35.8	可为充填竖井试验选用
	146×8	4	122	39.7	
	152×8	4	128	41.4	
纳米(改性)聚氨酯复合钢管	133×4	5	115	15.09	可为充填平巷试验选用
	159×5	5	139	21.8	
刚玉耐磨管	133×8	3.5	110	32.85	现主要用充填平巷
	146×8	4	122	35.39	—
	152×8	4	128	36.0	—
双金属耐磨管	133×8	6	109	47	主要用于充填竖井
	152×8	—	—	—	—
金属陶瓷内衬复合管	133×8	3	111	30.82	现主要用充填平巷
	146×8	4	122	35.39	—
	152×8	—	—	38.37	—

3）充填小井管材及管径选择

充填小井因其环境的特殊性，安装维护困难，故选择质量相对较轻的管材。但必须满足耐磨需要及承载一定的冲击载荷。目前充填小井使用的是普通流体管，规格为 $\phi108mm\times4mm$，其内径在 $\phi100mm$ 左右，与 $\phi133mm$ 耐磨管内径基本一致。与耐磨管相比，流体管具有质量轻、充填小井安装吊挂方便。从近年生产实际来看，基本满足生产需求。新系统管路管径增大后，充填小井管选择与之管径相匹配的流体管的单重将大大增加，小井内管路材质、管径、安装吊挂方式都需要进行进一步的研究确定。

4）井下钻孔与管路的连接方式

二矿区井下充填钻孔有两种规格，地表至 1350m 使用的 A2 组钻孔、A3 组钻孔外径是 $\phi299mm$，1350m 中段以下所有钻孔外径均为 $\phi219mm$。目前系统钻孔的连接方式、充填钻孔上端管路连接顺序是：下法兰→上法兰→插管→短接→钻孔上弯管→直管。下法兰与钻孔外壁采用双面连续焊接，上法兰与下法兰采用螺栓连接，在上法兰上必须安装插管，以减小料浆对钻孔上端的磨损，插管与上法兰之间采用快速接头连接，充填管与插管之间也采用快速接头连接。

充填钻孔下端管路连接顺序是：法兰→锥体→（短接）→三通→弯管→短接→三通→直管。法兰与钻孔外壁采用双面连续焊接，法兰与锥体之间采用螺栓连接，锥体以下全部采用快速接头连接。$\phi299mm$ 钻孔的锥体分两段，第一锥大径 299mm，小径 219mm，第二锥大径 219mm，小径 133mm，第一锥与钻孔和第二锥之间采用法兰，第二锥大径为法兰，小径与卡盘尺寸一致。在系统管径发生变化时，需要重新对钻孔与管路之间的连接方式进行确立。

5）充填小井与充填主巷道内管路的连接方式

假坑道内与盘区采场相连的充填小井采用 $\phi108mm\times3m$ 或 $\phi108mm\times2m$ 规格的充填管，为保证小井管路使用可靠性，充填小井上下弯管均采用 $\phi133mm$ 耐磨弯管，小井从上往下依次为：$\phi133mm$ 耐磨弯管（小井上弯管）→ $\phi133mm$ 变 $\phi108mm$ 变径管→ $\phi108mm$ 普通钢管→$\phi133mm$ 耐磨弯管（小井下弯管）→$\phi133mm$ 变 $\phi108mm$ 变径管—采场钢管。所有小井内的垂直管路都采用钢丝绳进行吊挂。管径增大后需研究确定小井安装吊挂及与主巷道中管道的连接方式。

6）充填小井与采场进路管路连接方式

充填小井与采场采用钢管连接，充填进路一般采用塑料管与 $\phi108mm$ 钢管连接，目前采场使用的 $\phi110mm$ 聚氯乙烯增强管，通过一个变径管（一段 200~300mm 的 $\phi108mm$ 管，一端焊接 $\phi108mm$ 的卡盘，一端焊接 $\phi108mm$ 的法兰盘）与钢管连接。

7）与系统管路相匹配的各种辅助配件的设计

充填管路在安装过程中需要根据现场的不同位置，通过一些辅助配件与主管道进行连接，如与钻孔上、下端连接的法兰、锥体，调整料浆在钻孔中流向的插管，巷道转弯处使用的不同角度的弯管，处理堵管的三通，不同材质充填管之间连接的变径等。在系统管径变化时，所有辅助配件必须根据管径和现场情况重新进行设计加工。

8）系统建成后新旧系统的对接问题

新系统建成后将与现有系统进行对接，需要对井下所有管路按照新系统的设计管径进行改造，工作量非常大。为了保证现有系统在高负荷生产的情况下正常组织，实现新旧系统的对接，使新系统达产达标，是需要认真研究并加以解决的问题。

10.3　充填工艺设备与仪表升级

目前金川矿山充填系统工艺设备均已使用较长年限，特别是二矿区一期充填站水泥供料流程长、设备老化，影响系统运行效率的发挥。二期膏体充填系统主体泵送设备为德国 20 世纪 80 年代的产品，备品备件无从供应，且为单台配置，虽在运行过程中采取多项措施保证系统正常运行，但一旦出现较大故障将使膏体系统停止运行。经几十年发展，国内目前已能生产同类型产品，其输送压力、流量及综合性能指标均可达到或超过该产品。因此，需要对该设备进行更换的论证。将该设备替换为国内产品并采用双台配备（一用一备），从而更有效地发挥膏体泵送系统的充填能力。

充填系统检测仪表的准确性及精度是确保充填系统稳定运行的保证。目前在用的部分检测仪表如冲量流量计存在零点漂移现象，部分电磁流量计安装位置需调整，充填料浆电动夹管阀磨损严重需定期更换，水泥仓料位检测所采用的重锤料位计或阻旋式料位计均为接触式料位计，可更换为非接触连续测量的雷达料位计。准备采用的微粉秤及定量给料机还需在实际生产中验证其使用效果。

工艺过程控制系统均是 20 世纪 80～90 年代产品，虽然达到了当时的先进水平，但近 20 年来电子计算机技术、数据通信技术发展迅速，结合充填系统工艺流程改造及一次仪表更新，需要对工艺过程控制系统进行升级，以提高充填系统运行的可靠性及稳定性，从而提高劳动生产效率，降低工人劳动强度。

10.4　扩大全尾砂充填应用技术

金川矿山目前尾砂充填仅用于膏体充填系统，尾砂在膏体充填集料中添加比例仅为 40%～50%，按年膏体充填 20 万 m^3 计算，年充填尾砂使用量约 10.8 万 t。

全尾砂用于膏体充填所采用的工艺为：尾砂在砂仓中经循环水造浆后，经管道直接将尾砂浆添加至地面膏体搅拌槽中，其放砂流量为 50～60m^3/h，放砂浓度 60%～70%。尾砂放砂流量由电磁流量计检测、电动夹管阀（红阀）进行调节，尾砂放砂浓度由 γ 射线浓度计进行检测。

在高浓度自流输送系统中添加尾砂先后采用了多种工艺，如早在 1994 年于二矿区东部充填系统，将尾矿库尾砂由汽车运至充填站后与棒磨砂混合使用，全尾砂添加比例为 30% 左右。混合方式为将堆场的尾砂和棒磨砂由装载机按比例卸运至砂池，再由天车抓斗倒匀后抓入供料砂仓。但由于尾砂含水率变动大，易造成混料不匀和圆盘给料机供料不畅，加之尾砂运输成本较高、运输和生产过程中形成二次污染、尾砂中所含的浮选药剂对工人皮肤有过敏损害等原因而未能推广应用。

在二矿区二期充填站自流输送系统中添加 30％～40％的全尾砂,采用的工艺为:分级尾砂由选厂输送至搅拌站的立式砂仓中存储,充填时通过高压水造浆,使分级尾砂依靠重力从立式砂仓自流输送到搅拌桶与其他物料混合。尾砂造浆浓度由分布在立式砂仓底部和中部的造浆水管来控制,尾砂流量则由计算机根据尾砂浓度,并通过电动夹管阀(红阀)来调节。通过几年的生产应用表明,该工艺存在尾砂放砂浓度波动较大、尾砂和棒磨砂的添加比例难以准确控制、充填料浆在进路中分层离析明显以及整体性较差等问题,2007 年之后停止在自流输送系统中的应用。

通过多方试验研究及工业生产表明,采用粗颗粒自然砂(戈壁砂)或破碎废石(人造砂)作为充填集料,另添加适当比例全尾砂(30％左右)及水泥,可制备成输送性能良好的充填料浆,充填体强度可满足各种采矿方法的要求。在充填料中添加全尾砂还可减少其他集料的使用量,降低充填成本,减少尾砂排放,减轻对充填管道的磨损,从而具有良好的技术、经济及环境效益。金川矿山增加尾砂充填利用量的关键在于,研究采用新的尾砂浆制备及添加工艺,使尾砂棒磨砂配比准确、制备的充填料浆浓度及流量稳定。同时在充填倍线允许的条件下,尽量提高充填料浆浓度,减少充填料浆脱水量,或采取有效措施使充填料浆尽快脱水,从而避免充填料浆的离析分层,最终确保充填体强度满足采矿方法的要求。

立式砂仓为目前充填站最常用的储砂方式,二矿区二期充填站建有 6 个直径为 7m、净高为 18m、容积为 520m³ 的立式砂仓,为实现尾砂充填的扩大利用提供了条件。

国内多家设计研究机构和矿山企业近十年来在立式砂仓放砂技术方面取得了多项成果,并在矿山推广应用,获得了显著的技术经济效益。例如,中国恩菲工程技术有限公司与铜陵有色金属集团公司合作,在冬瓜山铜矿开发的极细颗粒全尾砂连续放砂技术,能连续放出浓度为 70％～75％的全尾砂浆。长沙矿山研究院与南京银茂铅锌矿业有限公司合作开发的全面造浆管道放砂技术,可连续稳定地放出高浓度尾砂浆,放砂浓度波动范围小于 2％。这些技术的工业化应用为充分发挥立式砂仓的功能提供了成功的经验,无论是自流输送系统还是膏体泵送系统,无论是棒磨砂还是戈壁砂或破碎废石,均可探讨采用这些技术的可行性,从而实现尾砂充填的扩大使用。金川全尾砂的扩大利用,重点是对酸浸后形成的极细尾砂在充填中的利用展开技术攻关,从而进一步提高资源利用率,促进循环经济发展。

10.5　深部高应力采场充填技术

金川矿山特别是二矿区深部开采给充填带来的挑战主要体现在两个方面:一方面,确保充填质量满足采矿生产要求;另一方面,确保充填料浆的顺利输送。随着开采深度的增加,原岩应力增大,采场地压活动更加显著,因此采矿作业对充填质量要求更高。所以要求进一步优化充填材料组成及配比,尽量提高充填料浆浓度,使充填接顶程度和充填体的整体强度更好。

深部开采时充填管道垂直深度增大,充填倍线更小,从而使管道输送压力更大。迫切需要在优化充填料组成及配比的基础上,改善充填料浆输送性能,降低充填料浆流速及管道磨损;同时优化充填钻孔及井下管网布置形式及参数。在阶梯式管道布置的基础上,开展增阻圈布置形式、布设地点及布设数量的分析研究。一方面使管道压力平衡分布;另一方面控制管内料浆流速,延长管道的使用寿命,保证充填料浆的顺利输送。

10.5.1　高压头低倍线管道输送技术

为了实现高浓度棒磨砂充填料浆的顺利自流输送,亟待开展充填料浆在管道中的运动状态研究,通过优化管道布置形式改善压力分布,从而达到降低管道压力的目的。为此金川公司与国家金属采矿工程技术研究中心合作开展了高压头低倍线充填管道输送技术研究,取得以下 5 个研究成果。

1. 充填管道调压原理研究

金川二矿区充填管网调研表明,目前 978m 水平Ⅲ盘区进路充填管道总长度 2374m,高差 708m,充填倍线 3.35。国外特别是南非深井黄金矿山一般采用地面及井下料仓分配系统或小直径竖管、大直径水平管进行调压,也曾研究采用节流板调压或压力耗散器调压。国内外条件具备的矿山还采用阶梯式管道布置,使管道压力均衡分布。通过分析比较国内外多种充填管道调压方式及原理后认为,降低管道压力,避免爆管的关键在于,采取减少管道磨损与延长管道使用寿命相结合的方式,从而确保充填作业的顺利进行。

2. 高压头充填管道压力分析

针对二矿区现有的管网布置,结合充填料浆流变参数研究,建立了充填管网压力计算模型。分别对 L 形管道布置、阶梯型管道布置以及自平衡满管流输送状态进行管道压力模拟。计算结果表明,阶梯型管道布置有利于降低管道最大压力。在正常输送条件下,尽量避免大高程垂直管段的应用。特别是需要保证充填料浆处于正常流动状态,避免深部中段水平管道的堵管造成的充填管道高压状态。

3. 高压头充填管道调压装置研究

在对多种调压装置原理进行分析比较后,提出了增阻圈调压结构与实施方案,即在阶梯式管道布置的基础上,在竖管底部的水平管道部位增设多个 90°弯头进行增阻调压。一方面使管道压力处于平衡分布状态。另一方面使管内料浆流速得到控制,从而减轻管道磨损,延长管道使用寿命,保证充填料浆的顺利输送。为此,需要开展增阻圈的布置形式、布置地点研究,分析设置增阻圈后充填管道的压力分布。

4. 充填管路布置优化研究

通过对金川公司二矿区近 30 年充填钻孔及井下管网使用经验,对充填管道布置采取的主要技术措施有:各组充填钻孔普遍采用 ϕ299mm×20mm 或 ϕ219mm×20mm 双金属耐磨管;各中段主水平管采用 ϕ133mm×11.5mm 刚玉复合耐磨管或 ϕ133mm×14mm 铬钼双金属耐磨管;增阻圈 90°弯头采用 ϕ133mm×14mm 铬钼双金属耐磨管;水平管采用快速卡箍连接;管道切换采用耐磨柔性接头;进路口应用充填导水阀,阻止洗管水进入采场进路等。

5. 高压头充填管道调压输送工业试验

对 978m 水平进路,利用高浓度自流输送系统开展了高压头充填管道调压输送的工业试验研究。采用水泥棒磨砂作为充填材料,开展 78%~79% 的料浆浓度、100m³/h 的输送流量和 2.924m/s 的管道流速等参数的工业试验,并取得了成功,实现了充填料浆顺利的自流输送。

目前二矿区一期 2 套自流输送系统加二期 1 套自流输送系统合计年充填量 130 万 m³ 以上,充填钻孔及井下管网压力分布处于平衡状态,水平管道流速更为合理,管道磨损大为降低,钻孔及管道使用寿命从原有的平均不到 20 万 m³ 提高至 100 万 m³ 以上。由充填钻孔及水平管道因素引起的事故停车率从 2.56 次/万 m³ 降低至 1.70 次/万 m³。

10.5.2 低倍线管道输送技术初步总结

在室内试验和理论分析的基础上,并结合工业试验,高压头低倍线充填管道输送技术总结如下 5 个方面。

(1) 随着开采深度的增加,二矿区单套独立输送管网深度达到 700m 以上,最大管道长度约 2500m,最小充填倍线小于 2,最大充填倍线小于 3.5,属高压头低倍线管网输送系统。由于目前主要采用棒磨砂作为充填集料,因此高浓度充填料浆对管道磨蚀严重。当料浆流速过大时导致充填管道磨损加剧。为了实现充填料浆的顺利输送,满足不断扩大的充填能力的要求,需对影响充填管道压力的各因素进行分析研究,采取综合措施降低管道压力,以避免爆管事故的发生。同时,必须控制充填料浆流速,使充填系统在设定的工况参数下稳定运行,从而减小管道磨损,并发挥充填系统的充填能力。

(2) 在测定不同配比充填料浆流变参数的基础上,对不同管道布置形式的管道压力及输送参数进行分析与优化。初步结果表明,阶梯式管道布置与 L 形管道布置相比,可使管道压力降低且分布均衡。金川二矿区自流输送系统采用定量给料自平衡底阀调节方式,在充填料浆正常输送的过程中,当料浆浓度达到 76%~82% 时,L 形管道布置钻孔底部压力达到 9.65~10.47MPa。而当阶梯型布置时,钻孔底部压力则降低至 5.18~5.62MPa。

(3) 通过对国内外多种管道调压原理进行分析比较,提出了采用增阻圈进行管道调压。增阻圈与其他调压方式相比,具有充填料浆流速不变、调压效果显著、成本低、易于实施、操作简便等优点。在金川二矿目前采用的自流输送系统中,采用增阻圈增阻、调节阀节流以及弯管及变径管的局部增阻的共同作用,使充填料浆处于稳定流动状态。在阶梯型管道布置形式下,采用 79% 的料浆浓度进行管道输送时,测得的分段钻孔底部压力仅为 5.09MPa。

(4) 增阻圈增大水平管道输送阻力的同时,还提高了竖管的满管段高度,从而也降低了竖管段自由下落段高度。对于敞口式管道布置,可减少充填料浆自由下落对竖管的冲击破坏。而对于自平衡自流输送系统,则可减弱搅拌桶放砂管上调节阀的节流作用,使该阀的开度更大,从而有利于减少调节阀的磨损,降低由该阀损坏所引起的故障停车,使充填系统运行更稳定,充填系统生产能力易于得到保证。

（5）通过试验研究，结合充填管网布置形式、管道材质及连接方式优化、柔性接头及导水阀的综合应用，实现了高浓度棒磨砂充填料浆的顺利输送，充填钻孔及水平管道通过能力从 20 万 m^3 提高至 100 万 m^3 以上，为二矿 430 万 t/a 下向进路充填采矿法的安全开采提供了技术保障。

10.6　本 章 小 结

随着矿山生产能力的提升和开采深度的增加，金川矿山针对充填系统开展了广泛而深入的研究。本章主要介绍近年来金川镍矿开展的研究工作以及获得的初步成果。主要研究包括粗骨料充填技术、150m^3/h 大流量充填的系统建设、工艺设备和仪表的更新和升级、尾砂充填扩大利用技术、深部充填高压头低倍线充填管道输送技术、高压头充填管道压力计算与调压技术、高压头充填管道调压装置、充填管路布置优化以及高压头充填管道调压输送等。由于这些课题涉及诸多的关键技术难题，当前乃至今后数年内仍需进一步开展研究和技术攻关。充填采矿中的关键技术攻关和工业化应用，必将为金川矿山的发展起到积极作用，也为金川企业做大做强、树百年企业风范、打造"千亿企业"、实现跨越式发展打下坚实的基础。

参 考 文 献

把多恒,王永才.2003.金川镍矿1#矿体稳定性问题研究.岩石力学与工程学报,(S2):2607-2614.

蔡建德,刘建辉,李化敏.2008.镍矿资源深部开采面临的技术问题及对策,采矿技术,(4):34-36,58.

蔡美峰.2002.岩石力学与工程.北京:科学出版社.

蔡嗣经.1994.矿山充填力学基础.北京:冶金工业出版社.

蔡嗣经,陈长杰.2004.关联系统的可靠性及其在金川二矿膏体充填系统中的应用.第八届国际充填采矿会议论文集.38-40.

长沙矿山研究院,南京栖霞山锌阳矿业有限责任公司.2006.全尾砂结构流体胶结充填及无间柱分层充填采矿法研究报告.

常忠义,张鸿恩.1996.不留矿柱下向大面积胶结充填体的地压控制效果.岩石力学与工程学报,(2):102-108.

陈长杰,蔡嗣经.2001.金川二矿区膏体充填系统试运行有关问题的探讨.矿业研究与开发,(3):21-23.

陈长杰,蔡嗣经.2002.金川二矿膏体泵送充填系统可靠性研究.金属矿山,(1):8-9,53.

陈俊智,庙延钢,乔登攀.2007.金川龙首矿深部开采充填体的充填高度模拟研究.矿业研究与开发,(1):9-11.

陈俊智,庙延钢,杨溢,等.2006.金川龙首矿深部开采的数值模拟分析研究.矿业研究与开发,(4):13-16.

陈跃达,谢源,袁向全,等.1997.爆破载荷作用下充填体稳定条件分析.工程爆破,(3):29-32.

陈忠平,翟淑花,高谦.2010.泡沫砂浆充填体力学特性及其应用研究.金属矿山,(8):7-10.

党明智,田维,莫亚斌.2004.高浓度尾砂胶结充填在金川二矿区的应用.第八届国际充填采矿会议论文集.73-75.

邓代强,高永涛,康瑞海,等.2009.尾砂胶固充填材料的力学性能.石河子大学学报(自然科学版),(1):88-91.

邓代强,高永涛,姚中亮.2009.水泥-分级尾砂充填料浆的沉降性能研究.地下空间与工程学报,(4):803-807.

邓代强,韩浩亮,汪令辉,等.2012.充填料浆的泌水沉缩性能分析.矿业研究与开发,32(2):1-3.

邓代强,姚中亮,唐绍辉,等.2010.粒度组成对胶结充填体力学性能的影响.矿业研究与开发,(4):1-2.

邓代强,姚中亮,唐绍辉.2008.深井充填体细观破坏及充填机制研究.矿冶工程,(6):15-17.

邓代强,姚中亮,杨耀亮,等.2008.水泥-分级尾砂充填料浆的凝结性能.有色金属(季刊),(3):112-115.

丁德民,马凤山,张亚民,等.2010.急倾斜矿体分步充填开采对地表沉陷的影响.采矿与安全工程学报,(2):249-254.

杜国栋,李晓,韩现民,等.2008.充填采矿法引起的地表变形数值模拟研究.金属矿山,(1):39-43.

范永丽.2010.浅谈优化矿山技术经济指标对节能减排的影响.铜业工程,(3):117-120.

方理刚.2001.膏体泵送特性及减阻试验.中国有色金属学报,(4):676-679.

傅长怀.1994.充填理论基础及应用.沈阳:东北大学出版社.

高建科,郭慧高.2008.金川集团二矿区科技创新及所面临的问题与对策.采矿技术,(4):27-33.

高建科,杨长祥.2003.金川二矿区深部采场围岩与充填体变形规律预测.岩石力学与工程学报,(S2):2625-2632.

高建科.2005.大规模下向胶结充填采矿法在金川镍矿的应用.金属矿山,(2005年全国金属矿山采矿学术研讨与技术交流会论文集):36-39,59.

高直,张海军,郭慧高,等.2008.金川二矿区地表裂缝沉降变化规律及形成机制分析.采矿技术,(4):40-44.

顾贵先.1994.粉煤灰在金川矿山胶结充填中的应用.有色矿山,(4):15-16.

郭采守,刘州基,莫亚斌.2010.二矿区充填系统产能提升及准备发展途径和措施.金川科技,2.

郭春林.1990.机械化盘区式下向水平分层充填法在金川二矿的试验应用.有色矿山,(4):6-12.

郭三军.2011.金川矿区破损充填钻孔永久性可修复综合技术.中国矿山工程,(1):1-3,39.

郭三军,汤燕红.2005.SLC-500控制系统在矿山充填系统应用.金川科技,2.

韩斌,张升学,陶向辉,等.2005.金川二矿区16行大型垂直矿柱的地压控制效果研究.采矿技术,(4):82-84.

贺发运.2005.金川二矿区充填工艺优化及效益评价.采矿技术,(4):6-8

贺发运.2006.金川公司二矿区流体和细粒散体钻孔输送技术.采矿技术,(3):205-206.

黄顺利,莫亚斌,1993.粉煤灰炉渣空心砖替代木材砌筑充填档墙技术.金川科技.4.

金川公司,北京有色冶金设计研究总院.1989.全尾砂下向胶结充填及设备的研究.

金川公司科技部,金川镍钴研究设计院矿山分院.2007.金川公司三矿区棒磨砂生产系统调查.

金川集团公司,昆明理工大学,同济大学.2011.废石充填综合技术研究.

金川集团公司,中南大学.2008.金川矿区破损充填钻孔重复修复使用综合技术研究.

金川集团公司.2007.采矿工培训教材.甘肃教育出版社.

金川集团公司.2007.矿山充填砂浆滤水新工艺科学技术报告.

金川集团公司.2008.二矿区尾砂膏体泵送充填20万 m³ 达产达标技术攻关科学技术报告.

金川集团公司.2009.二矿区自流充填挖潜扩能综合技术研究与实践科学技术报告.

金川集团公司二矿区,巴斯夫化学建材(中国)有限公司.2011.巴斯夫充填化学外加剂 Minefill501 室内试验.

金川集团有限公司,昆明理工大学,同济大学,金川镍钴研究设计院.2009.金川二矿区下向进路式采矿废石胶结充填
    工艺可行性研究.

金川集团有限公司.采场充填液位控制装置.中国专利:CN200720181361.6,2008.07.23.

金川集团有限公司.空膛补灰充填装置.中国专利:CN2011 2 0200575.X,2012.01.11.

金川集团有限公司.一种充填采矿法充填浆体输送管道的疏堵装置.中国专利:CN200720194808.3,2008.11.12.

金川集团有限公司.一种矿用充填调节阀.中国专利:CN201020529671.4,2011.03.16.

金川集团有限公司.一种矿用充填调整阀.中国专利:CN201020282401.8,2011.02.02.

金川集团有限公司.一种破损钻孔修复的装置.中国专利:CN200720194804.5,2007.10.25.

金川集团有限公司.一种下向充填采矿法浆体取样的装置.中国专利:CN200720194806.4,2008.08.06.

金川集团有限公司.一种下向胶结充填采矿法采场的充填管道.中国专利:CN200720181363.5,2007.10.25.

金川集团有限公司.一种卧式混合料浆搅拌槽.中国专利:CN200720187452.0,2008.11.12.

金川集团有限公司.坑采矿山废石-全尾砂管道输送充填系统及充填方法.中国专利:201110310049,2011.10.13.

金川集团有限公司.矿山井下充填管道疏通器.中国专利:201120200592,2012.01.11.

金川集团有限公司.一种矿用充填改向阀.中国专利:CN201020282439.5,2011.02.02.

金川镍钴研究设计院,金川二矿区.2005.二矿区细砂自流胶结充填早强剂试验.

金川镍钴研究设计院.1988.利用一期尾矿库自然分级尾砂做充填料的试验研究.

金川镍钴研究设计院.1992.降低粗骨料胶结充填水泥耗量试验.

金川镍钴研究设计院.1993.新型充填材料及工艺试验研究.

金川镍钴研究设计院.1994.脱泥尾砂胶结充填室内试验.

金川镍钴研究设计院.1995.二矿区胶结充填工艺技术综合研究.

金川镍钴研究设计院.1995.二期水淬渣掺合棒磨砂充填骨料室内试验研究.

金川镍钴研究设计院.1995.二期水淬渣代替矿山充填骨料技术开发.

金川镍钴研究设计院.1995.用水淬二次渣进行胶结充填试验研究.

金川镍钴研究设计院.1999.二矿区一期自流输送充填工艺主要参数调查和标定.

金川镍钴研究设计院.2000.二矿区泵送膏体充填系统流程参数的检测及两种膏体泵送性能和流变性能的检测与研
    究.

金川镍钴研究设计院.2001.二矿区充填系统的完善与发展.

金川镍钴研究设计院.2001.龙首矿粗骨料胶结充填系统物料配比参数优化研究.

金川镍钴研究设计院.2003.二矿区二期充填系统技术改造现场服务.

金川镍钴研究设计院.2006.粗颗粒棒磨砂、河砂充填砂浆配合比试验研究.

金川镍钴研究设计院.2007.全尾砂+棒磨砂充填试验研究.

金川镍钴研究设计院开展了.1997.二矿区西部膏体泵送充填工业化试验.

金川镍钴研究设计院矿山分院.2005.矿山工程用砂质量调查及技术整改建议.

金川镍钴研究设计院矿山分院.2006.二矿区膏体充填系统泵送减水剂试验研究.

金川镍钴研究设计院矿山分院.2008.水细砂用于金川矿山充填的室内试验研究.

金川镍钴研究设计院矿山分院.2009.金川集团公司二矿区32.5级增强复合水泥用于矿山充填的试验.

金川镍钴研究所,金川二矿区,北京有色冶金设计研究总院.1987.金川二矿区上向胶结充填体作用机理.

金川镍钴研究所,金川二矿区,北京有色冶金设计研究总院.1988.机械化下向分层水平进路胶结充填采矿法试验研究.

金川镍钴研究所,金川二矿区.1983.降低二矿区胶结充填料水泥用量试验研究.

金川镍钴研究所,金川二矿区.1985.金川二期工程精矿尾矿管道输送试验.

金川有色金属公司二矿区.1997.VVVF在金川公司二矿区的应用与发展.有色冶金节能,(1):15-16.

金川有色金属公司研究所,长沙矿山研究院,长沙矿冶研究所.1974.细砂胶结管道充填试验研究.

金铭良,蔡士鹏,方宗翰.1976.下向倾斜分层胶结充填采矿法.有色金属(采矿部分),(1):25-36.

金铭良,刘同有,高成立.1992.金川矿区的下向胶结充填采矿法.中国矿业,(3):11-16.

金铭良.1990.金川镍矿的下向胶结充填采矿法及其围岩控制.岩石力学与工程学报,(1):30-37.

金铭良.1991.论下向胶结充填采矿法的大面积开采.水电与矿业工程中的岩石力学问题——中国北方岩石力学与工程应用学术会议文集.407-414.

金铭良.1992.大面积开采的下向胶结充填采矿法.有色金属(矿山部分),(1):19-23.

金铭良.1993.斜坡道与机械化下向胶结充填采矿法.铀矿冶,(4):217-225.

金铭良.1997.中国镍矿资源及其综合利用.中国矿业,(2):12-17.

赖甲彬,王有斌.1992.上向进路充填采矿法.长沙矿山研究院季刊,(S1):40-45.

李建军.1990.充填料对镍可浮性的影响及消除.有色矿山,(3):28-32.

李普礼,高春霞.1985.矿山最佳充填材料-细石混凝土的特性.有色矿山,(5):20-23.

李耀武,王新民,赵彬,等.2008.充填钻孔磨损因素分析.金属矿山,(6):27-30.

李元辉,解世俊.2006.阶段充填采矿方法,金属矿山,(6):13-15.

李云武.2004.膏体泵送充填技术在金川二矿区的试验研究及应用.有色金属(矿山部分),(5):9-11.

梁永顺,索文德.2002.金川铜镍矿资源综合利用和矿山生态环境建设.有色金属,(2):111-113.

刘大荣,黄燮中.1990.全尾砂膏体泵送充填及其在格隆德矿的应用与发展.有色矿山,(2):1-12.

刘同有,蔡嗣经.1998.国内外膏体充填技术的应用与研究现状.中国矿业,(5):1-4.

刘同有,韩斌,王小卫.2000.镍闪速炉水淬渣胶结充填配合比优化选择与分析.中国矿业,(6):19-22.

刘同有,黄业英.1999.第六届国际充填采矿会议论文选集.

刘同有,金铭良,周成浦.1998.中国镍矿-金川高浓度充填料浆管道自溜输送新工艺.中国矿业,(1):31-38.

刘同有,王佩勋.2004.金川集团公司充填采矿技术与应用.第八届国际充填采矿会议论文集.8-14.

刘同有,周成浦.1999.金川镍矿充填采矿技术的发展.有色冶炼,(S1):20-22.

刘同有,周成浦.2000.金川镍矿胶结充填采矿技术的进步.西部大开发 科教先行与可持续发展——中国科协2000年学术年会文集.762.

刘同有.1998.中国镍矿-金川胶结充填采矿法新工艺新技术.中国矿业,(6):1-7.

刘同有.1999.中国镍矿-金川镍矿充填采矿技术的发展.中国矿业,(5):40-43.

刘同有.2001.充填采矿技术与应用.北京:冶金工业出版社.

刘卫东,陈玉明.2005.金川矿区F17以东机械化盘区采场结构优化.云南冶金,(3):7-8,23,26.

刘兴利,吴礼春.1988.金川资源综合利用的十年.有色金属,(3):63-66.

刘秀礼,方祖烈.1997.金川公司矿山冒顶片帮原因分析与预防对策.四川有色金属,(1):39-42.

刘洲基.2010.Bredel软管泵在金川矿山充填中的工业试验.采矿技术,(4):40-43.

卢平.1992.确定胶结充填体强度的理论与实践.黄金,(3):14-19.

鲁全胜,高谦.2005.金川二矿区采场巷道围岩与充填体收敛变形监测研究.岩石力学与工程学报,(S2):2633-2638.

马长年,徐国元,倪彬.2010.金川二矿区厚大矿体开采新技术研究.矿冶工程,(6):6-9.

马崇武,慕青松,陈晓辉,等.2007.金川二矿区上盘巷道变形破坏与水平矿柱的关系.矿业研究与开发,(5):13-16.

梅维岑.1993.金川矿区充填钻孔的应用经验与体会.有色矿山,(6):11-13.

莫亚斌,刘州基.2007.膏体充填系统优化及实施.金川科技,2.

莫亚斌.2003.二矿区尾砂自流胶结充填工艺过程控制.金川科技,2.

彭志华.2008.废石尾砂胶结充填力学研究进展.中国矿业,(9):83-85.

彭志华.2009.胶结充填体力学作用机理及稳定性分析.有色金属(矿山部分),(1):39-41.

孙恒虎,黄玉诚,杨宝贵.2002.当代胶结充填技术.北京:冶金工业出版社.

孙三壮,梅维岑,黄顺利,等.1997.金川二矿区井下废石料充填利用及充填体受力状态分析.矿冶工程,(1):1-4.

汤丽,肖卫国.2005.采场中充填料浆流动规律的研究.矿业研究与开发,(2):7-9.

唐礼忠,彭续承.1996.尾砂胶结充填体变形及强度试验研究.中南工业大学学报(自然科学版),(02):145-148.

唐学军.1998.金川二矿下向高进路充填采矿过程中结构力学形态的变化研究.岩石力学与工程学报,(03):225-236.

王洪江,吴爱祥,肖卫国,等.2009.粗粒级膏体充填的技术进展及存在的问题.金属矿山,(11):1-5.

王健,高卫红,龚囱.2008.下向进路胶结充填顶板稳定性数值模拟.江西有色金属,(4):4-7,11.

王爵鹤,姜渭中,周成浦.1981.高浓度胶结充填料管道水力输送.长沙矿山研究院季刊,(1):10-23.

王佩勋,王五松.1999.膏体泵送充填工艺试验研究与应用.第六届全国采矿学术会议论文集.412-416.

王佩勋,王正辉.2004.胶结充填体质量问题探析.第八届国际充填采矿会议论文集.205-208.

王佩勋.2003.矿山充填料浆水力坡度计算.有色矿山,(1):8-11.

王贤来,郑晶晶,张钦礼,等.2009.充填钻孔内管道磨损的影响因素及保护措施.矿冶工程,(5):9-12.

王小卫.1999.影响金川矿山细砂胶结充填体质量的因素分析.铀矿冶,(1):32-36.

王新民,史良贵,肖智政,等.2004.减水剂在充填料浆中的作用机理及应用研究.金属矿山,(4):11-13,37.

王新民,肖卫国,王小卫,等.2002.金川全尾砂膏体充填料浆流变特性研究.矿冶工程,(3):13-16.

王新民,肖卫国,张钦礼.2005.深井矿山充填理论与技术.长沙:中南大学出版社.

王正辉,高谦.2003.胶结充填采矿法充填作用机理与稳定性研究.金属矿山,(10):18-20.

王正辉,张丰田,莫亚斌.2006.尾砂充填料浆的配合比试验研究.矿业研究与开发,1.

王正辉.2001.充填体的质量与控制.采矿技术,(3):16-18.

王正辉.2010.胶结充填中粉煤灰替代水泥的比例研究.采矿技术,(3):43-45.

吴统顺,朱毓新,叶粤文,等.1982.龙首矿下向高进路采场胶结充填体的力学机理研究.长沙矿山研究院季刊,(1):10-19.

肖国清.1992.金川龙首矿下向高进路胶结充填法的试验研究.长沙矿山研究院季刊,(S1):11-20.

徐树岚.1995.金属矿山矿柱回采实践.长沙:中南工业大学出版社.

许毓海,许新启.2004.高浓度(膏体)充填流变特性及自流输送参数的合理确定.矿冶,(3):16-19.

言军跃.1998.全尾砂胶结充填工艺在金属矿山中的应用.有色矿山,(4):16-19.

阎学增,苏跃武,肖国清.1982.高进路下向胶结充填采矿法.长沙矿山研究院季刊,(3):57-66.

杨长祥,辜大志,张海军,等.2008.镍矿资源深部开采面临的技术问题及对策.采矿技术,(4):34-36.

杨长祥,张海军,林卫星,等.2007.金川二矿区1#矿体Fc断层以东贫矿资源开采方案.采矿技术,(2):14-15.

杨承祥,罗周全,胡国斌,等.2006.深井金属矿床安全高效开采技术研究.采矿技术,(3):142-146,177.

杨金维,余伟健,高谦.2010.金川二矿机械化盘区充填采矿方法优化及应用.矿业工程研究,(3):11-15.

姚维信,王贤来.2010.金川矿山采矿装备大型化自动化的发展.采矿技术,(3):78-81.

于润沧.1984.料浆浓度对细砂胶结充填的影响.有色金属,(2):6-11.

于学馥,刘同有.1996.金川的充填机理与采矿理论.面向21世纪的岩石力学与工程:中国岩石力学与工程学会第四次学术大会论文集,366-370.

于学馥.1995.现代工程岩土力学基础.北京:科学出版社.

苑雪超,乔登攀.2010.金川二矿废石胶结充填料浆搅拌方式的研究.有色金属(矿山部分),(4):6-10.

翟淑花,高谦,张梅花,等.2010.高强轻质泡沫砂浆充填体在矿山的应用研究.化工矿物与加工,(12):30-34.

张传信,郭金峰,远洋.2006.我国冶金矿山复杂难采矿体开采技术现状与展望.采矿技术,(3):8-10,29.

张海军,陈怀利,梁艇栋,等.2009.提高胶结充填体早期强度的试验研究.金属矿山,(S1):284-286.

张海军,李英,赵永贤.2009.粉煤灰替代部分水泥的膏体充填技术.有色金属(矿山部分),(3):1-2.

张鸿恩.1996.用于充填料输送的新型耐磨钢管.矿业研究与开发,(S1):121-123.

张巨伟,高谦,王福玉.2006.金属矿山岩移与工程稳定性研究及动态预测.地质与勘探,(5):98-102.

张梅花,高谦,翟淑花,等.2009.金川二矿贫矿开采充填设计优化及数值分析.金属矿山,(11):28-31,138.

张卫焜.1990.下向六角形高进路胶结充填采矿法试验与应用.世界采矿快报,(16):21-22.

张秀勇,乔登攀.2010.金川二矿区胶结充填料浆可泵性影响因素分析.金属矿山,(9):34-37.

赵传卿,胡乃联.2008.胶结充填对采场稳定性的影响.辽宁工程技术大学学报(自然科学版),(1):13-16.

赵海军,马凤山,李国庆,等.2008.充填法开采引起地表移动、变形和破坏的过程分析与机理研究.岩土工程学报,(5):670-676.

郑晶晶,张钦礼,王新民,等.2008.基于BP神经网络的充填钻孔使用寿命预测.湘潭师范学院学报(自然科学版),(4):40-44.

郑晶晶,张钦礼,王新民,等.2009.充填管道系统失效模式与影响分析(FMEA)及失效影响模糊评估.中国安全科学学报,(6):166-171.

周爱民.2007.矿山废料胶结充填.北京:冶金工业出版社.

周西峰.1995.金川公司西充填搅拌系统的DCS.冶金自动化,(6):30-33.

周先明,常忠义,张鸿恩,等.1992.大面积下向胶结充填法开采中的充填体作用机理研究.有色金属(矿山部分),(2):25-28,9.

周先明,张鸿恩,张卫焜,等.1993.金川二矿区1号矿体大面积充填体-岩体稳定性有限元分析.岩石力学与工程学报,(02):95-104.

周先明.1992.金属矿山充填体作用机理研究实践.长沙矿山研究院季刊,(S1):179-186.

周正濂,王维德.1992.充填体爆破载荷的离心模型研究.采矿技术,(08):12-14.

周自昌,贺发运.2002.降低金川二矿区充填成本的途径.西部探矿工程,(02):68-69.

Seppanen P. 1995. Mine backfill technology in the Outokumpu Group. Transactions of the Institution of Mining&Metallurgy, Section A:Mining Industry,104:178-183.

Wang X M,Li J X,Xiao Z Z,et al. 2004. Rheological properties of tailing paste slurry. Central South University of Tech,(01):75-79.

Zhou A M. 2004. Mining backfill technology in China:An Overview. Proceedings of the 8th International Symposium on Mining with Backfill. Beijing,1-11.